MECÂNICA DOS SOLOS

Pedro Murrieta Santos Neto

ISBN: 978-85-352-8801-8
ISBN (versão digital): 978-85-352-8802-5

Copidesque: Augusto Rabello Coutinho
Revisão tipográfica: Alexandra Aguirre
Editoração Eletrônica: Rosane Guedes

Elsevier Editora Ltda.
Conhecimento sem Fronteiras

Rua da Assembleia, nº 100 – 6º andar – Sala 601
20011-904 – Centro – Rio de Janeiro – RJ

Rua Quintana, 753 – 8º andar
04569-011 – Brooklin – São Paulo – SP

Serviço de Atendimento ao Cliente
0800 026 53 40
atendimento1@elsevier.com

Consulte nosso catálogo completo, os últimos lançamentos e os serviços exclusivos no site www.elsevier.com.br

NOTA

Muito zelo e técnica foram empregados na edição desta obra. No entanto, podem ocorrer erros de digitação, impressão ou dúvida conceitual. Em qualquer das hipóteses, solicitamos a comunicação ao nosso serviço de Atendimento ao Cliente para que possamos esclarecer ou encaminhar a questão.
Para todos os efeitos legais, a Editora, os autores, os editores ou colaboradores relacionados a esta obra não assumem responsabilidade por qualquer dano/ou prejuízo causado a pessoas ou propriedades envolvendo responsabilidade pelo produto, negligência ou outros, ou advindos de qualquer uso ou aplicação de quaisquer métodos, produtos, instruções ou ideias contidos no conteúdo aqui publicado.

A Editora

CIP-BRASIL. CATALOGAÇÃO NA PUBLICAÇÃO
SINDICATO NACIONAL DOS EDITORES DE LIVROS, RJ

S237m

Santos Neto, Pedro Murrieta
Mecânica dos solos / Pedro Murrieta Santos Neto. - 1. ed. - Rio de Janeiro : Elsevier, 2018.
376 p. : il.

Inclui bibliografia
ISBN 978-85-352-8801-8

1. Mecânica dos solo. 2. Engenharia civil. I. Título.

18-49332 CDD: 624.15136
CDU: 624.131

Meri Gleice Rodrigues de Souza - Bibliotecária CRB-7/6439

26/04/2018 04/05/2018

Dedicatória

Dedico este livro a meu pai, Victoriano Murrieta,
pelos exemplos de vida e apoios afetivo e financeiro que ele,
generosamente, sempre me concedeu enquanto esteve conosco.

Agradecimentos

Em primeiro lugar, agradeço aos professores, técnicos e alunos do Departamento de Engenharia Civil da Universidade de Brasília que contribuíram e acompanharam com grande estímulo a elaboração deste livro.

Especial agradecimento ao professor aposentado Dr. Eraldo Luporini Pastore, que contribuiu enormemente no Capítulo 1 – Origem e Formação dos Solos – e no Capítulo 5 – Classificação dos Solos – e por isso é considerado, formalmente, coautor destes capítulos.

Finalmente, registro meu agradecimento ao professor Ennio Palmeira, do Departamento de Engenharia Civil (ENC), pelas valiosas observações feitas sobre a parte referente à resistência ao cisalhamento dos solos, no Capítulo 10.

Prefácio

Com a ausência natural dos professores Homero Pinto Caputo (*Mecânica dos Solos e suas Aplicações*) e Milton Vargas (*Introdução à Mecânica dos Solos*) os livros didáticos de boa qualidade escritos no Brasil na área do comportamento mecânico dos solos começaram a rarear. Esta obra, assim como o excelente livro do professor Carlos Souza Pinto, *Curso Básico de Mecânica dos Solos* – em 16 aulas –, tenta diminuir esse problema.

Este é fruto de 40 anos como professor na área de Geotecnia do Departamento de Engenharia Civil e Ambiental da Universidade de Brasília (UnB). É um livro voltado principalmente para o aluno de graduação da Engenharia Civil, em que procuro dar ênfase à apresentação de exercícios propostos ou resolvidos, em geral trazidos pelos alunos ou elaborados para as centenas de provas que apliquei ao longo desses anos. É consequência de duas apostilas produzidas para as disciplinas ministradas na UnB que, em um pós-doutorado na Universidade da Catalunha, foram, pouco a pouco, transformando-se em um livro com mais de 600 páginas, reduzidas, sensatamente, para o tamanho atual. Infelizmente, atividades técnicas e administrativas na UnB e fora dela retardaram muito a conclusão deste projeto, que ocorre só agora, mais de 10 anos depois.

A apresentação dos capítulos obedece à sequência das disciplinas de Geotecnia 1 e 2 da UnB e, cobre com folga, as disciplinas de Mecânica dos Solos 1 e 2 ministradas nos cursos de Engenharia Civil da maioria das universidades brasileiras.

Ainda que existam aprimoramentos a serem feitos – talvez em futuras edições – até chegar a ser um livro didático do nível que desejo, acredito que esta modesta contribuição possa ajudar os muitos estudantes e até profissionais da Engenharia Civil em nosso país, sendo uma alternativa ou complemento à atual bibliografia disponível.

Prof. Pedro Murrieta, DSc
Departamento de Engenharia Civil e Ambiental
Universidade de Brasília

Sobre o autor

O prof. Pedro Murrieta Santos Neto nasceu em 14/05/1950, em Belém-PA. Graduou-se como engenheiro civil na Escola de Engenharia da UFPa em 1972. Após um proveitoso período em empresas privadas de engenharia, entrou na Universidade de Brasília (UnB), em 1978, no Departamento de Engenharia Civil (ENC). Em 1981, obteve o título de Mestre em Engenharia Civil na Coordenação dos Programas de Pós-Graduação de Engenharia da Universidade Federal do Rio de Janeiro (COPPE/UFRJ). De 1987 a 1989 desenvolveu, em um doutorado Sandwich na Universidade de Oxford, UK, toda a parte experimental de sua tese de Doutor em Engenharia Civil, apresentada em 1990, também na COPPE. De 2003 a 2004 fez o pós-doutorado na Universidade Politécnica da Catalunha, na Espanha. Na UnB foi Decano de Administração e Finanças, Presidente do Conselho de Administração, membro do Conselho Universitário, do Conselho de Ensino, Pesquisa e Extensão, Coordenador do Programa de Pós-Graduação em Geotecnia, membro do Conselho Diretor da Faculdade de Tecnologia, Coordenador de Pós-Graduação do ENC, Coordenador de Extensão do ENC, entre outros. Foi também Presidente da Companhia Urbanizadora da Nova Capital (NOVACAP), Presidente do Conselho Fiscal da Fundação Educacional do Distrito Federal e membro do Conselho Fiscal da Companhia Energética de Brasília (CEB/DF). Por fim, é um apaixonado torcedor do Paysandu.

Sumário

CAPÍTULO 1

Origem e Formação dos Solos

1.1- INTRODUÇÃO

Como observou o professor Milton Vargas (1987), o conceito da palavra solo em português é diferente dependendo da área de conhecimento. O significado mais comum dado a esta palavra é o de "chão" ou "terra".

A Associação Brasileiras de Normas Técnicas, na ABNT/NBR 6502, define solo como: "Material proveniente da decomposição das rochas pela ação de agentes físicos ou químicos, podendo ou não ter matéria orgânica."

Em Agronomia, solo é a parte agriculturável da crosta terrestre, enquanto que em Geologia a porção desagregável que recobre a rocha é denominada de rególito ou regolito (do grego *regos* = cobertor).

Em Geotecnia, solo é o material natural com origem conhecida, que forma a crosta terrestre, sendo de fácil desmonte, isto é, escavável com trator de lâmina e ferramentas manuais como a pá e a enxada.

O conceito do material natural ser de fácil desmonte ou não, não é relevante para os geólogos, pois esses materiais são indistintamente denominados de rocha, interessando tão somente sua gênese ou origem e distribuição. No entanto, em Geologia de Engenharia, que juntamente com a Mecânica dos Solos e a Mecânica das Rochas compõem a Geotecnia, tanto é importante considerar a origem do material, quanto a maior ou menor dificuldade de se desmontar o material natural que compõe a crosta terrestre.

Em vista destas diferentes conceituações, neste livro será considerado como solo todo o material natural da crosta terrestre com origem definida, de fácil desmonte, onde as escavações possam ser feitas com o emprego de trator de lâmina, escavadeiras ou ferramentas manuais, tais como a enxada ou pá. O material mais resistente da crosta terrestre, onde para seu desmonte seja necessário o uso de explosivos ou a combinação de explosivos e escarificador, será denominado de rocha.

NOTA 1.1 - Ressalva

Em certos casos quando se emprega trator de lâmina muito potente, D8, por exemplo, é possível escavar rocha alterada sem o uso de explosivos ou escarificador.

Para facilitar a compreensão dos tópicos que se seguem, apresenta-se na **Tabela 1.1** uma primeira classificação de solos, baseada apenas no tamanho dos grãos, de acordo com a ABNT/NBR 6502.

TABELA 1.1 - Classificação dos solos pelo tamanho dos grãos (ABNT)

Textura	Nome	Tamanho dos grãos (mm)	
		Menor que	Maior que
Solos grossos	pedregulhos	60	2
	areias	2	0,06
Solos finos	siltes	0,06	0,002
	argilas	0,002	

1.2- FORMAÇÃO DOS SOLOS

A origem imediata ou remota de um solo é sempre a decomposição das rochas por intemperismo. Entende-se por intemperismo o conjunto de processos que ocorrem na superfície terrestre que ocasionam decomposição dos minerais das rochas pela ação de agentes atmosféricos e biológicos.

NOTA 1.2 - Litificação

> **Pode ocorrer que no tempo geológico um solo retorne à condição de rocha, em um processo chamado de litificação, formando, neste caso, uma rocha sedimentar.**

Os fatores que mais influenciam na formação dos solos são: o clima, o tipo de rocha, a vegetação, o relevo e o tempo de atuação destes fatores. Dentre esses destaca-se o clima. A mesma rocha poderá formar solos completamente diferentes se a decomposição ocorre sob clima diferente. A tendência será formar solos com partículas finas (siltes e argilas) em regiões de clima quente e úmido – devido à decomposição da rocha ocorrer quimicamente, isto é, com a transformação química dos minerais – e solos com partículas mais grosseiras (areias e pedregulhos) devido à decomposição da rocha ocorrer fisicamente, isto é, por fragmentação provocada por agentes físicos.

Por outro lado, diferentes rochas podem formar solos semelhantes quando a decomposição ocorre em clima semelhante. Pode-se dizer que, sob o mesmo clima, a tendência é que se forme o mesmo tipo de solo ainda que as rochas sejam diferentes (Leinz & Amaral, 1978).

Os mecanismos de ataque às rochas, que resultarão na formação dos solos, podem ser incluídos em dois grupos:

i – desintegração mecânica: refere-se à intemperização das rochas por agentes físicos, tais como:
- variação periódica de temperatura – que provoca a expansão e contração das rochas e, por consequência, fraturas que aumentam com o tempo;
- congelamento da água nas juntas e gretas – como a água dilata quando congela, este processo amplia as fraturas;
- efeito de raízes – é visível em calçadas quando estas se quebram em função do crescimento das raízes.

ii – decomposição química: quando a água, em abundância, com a ocorrência de elevadas temperaturas, promove o ataque aos minerais que compõem as rochas, modificando sua constituição mineralógica.

A desintegração mecânica chega a formar areias (excepcionalmente, siltes). A decomposição química forma argila como último produto. A oxidação, hidrólise, dissolução e o ataque por águas que contenham ácidos orgânicos, juntamente com temperaturas mais elevadas, são os principais agentes da decomposição química.

NOTA 1.3 - A importância da água na decomposição química

> **É a falta de água que faz com que, nos desertos, os fenômenos de decomposição química não se desenvolvam, motivo pelo qual a areia predomina nestas zonas. A análise de fragmentos naturais de rocha trazidas da Lua mostrou uma composição semelhante a da Terra, só que sem a decomposição química uma vez que não há água na Lua.**

1.3- TIPOS DE SOLO EM FUNÇÃO DO MECANISMO DE FORMAÇÃO

Em função do mecanismo de formação, costuma-se dividir os solos em três grandes grupos:

i – residual - aquele que, após o intemperismo, permaneceu no local da rocha de origem;

ii – sedimentar - que sofreu a ação de um ou mais agentes transportadores;

iii – orgânico - quando mistura-se ao solo de origem mineral matéria de origem orgânica.

1.3.1- Formação dos Solos Residuais

Um exemplo típico descrito por Vargas (1987) de formação deste tipo de solo em clima tropical úmido é o do solo residual de granito, também denominado de solo de alteração de granito ou, mais apropriadamente em Geotecnia, de solo saprolítico de granito. Para se formar a partir do granito, rocha constituída por quartzo, feldspato e mica, e muito comum em várias regiões do Brasil, são necessárias as seguintes etapas:

- Depois da massa granítica ter se formado em profundidade na crosta terrestre e ficar exposta na superfície devido à erosão, a mesma sofre intenso fraturamento provocado pela alternância de temperatura.
- Em seguida, tem início o ataque químico de água acidulada, geralmente contendo gás carbônico proveniente da decomposição de vegetais. Essa acidulação é proporcional à temperatura e, portanto, bem mais efetiva nas regiões com clima tropical. Nesta etapa, o feldspato presente é atacado transformando-se em caulinita e sais solúveis que são carreados pelas águas.
- A rocha desintegra-se e os grãos de quartzo, que são minerais estáveis e, portanto, não se decompõem, soltam-se, formando areia e pedregulho. Algumas espécies de mica sofrem processo de alteração semelhante ao do feldspato, formando argilominerais, enquanto outras, como a moscovita, mais resistentes, formam os pontos brilhantes presentes nos solos micáceos.

Se a rocha matriz for basalto, o resultado será um solo argiloso, pois o basalto não contém quartzo. Um exemplo disto é a "terra roxa" da bacia do rio Paraná, um solo argiloso com grande fertilidade, produto da decomposição do maior derrame de basalto que se tem notícia no planeta (Leinz & Amaral, 1978).

Nos exemplos citados, não ocorreu a ação de agentes transportadores o que caracteriza, portanto, esses solos como residuais.

NOTA 1.4 - Variação da resistência nos grupos de solos

Os perfis de sondagens em solos residuais mostram uma gradual transição de solo até rocha matriz e por isso mesmo uma tendência de resistência crescente com a profundidade. Nos solos sedimentares, devido às variações de compressibilidade e de resistência que pode haver entre as várias camadas que compõem um mesmo pacote, ocorre um grande número de problemas de fundações: uma camada subjacente pode ter maior compressibilidade e menor resistência que a sobrejacente e a sondagem, por algum motivo, pode não ter atingido a profundidade necessária para detectá-la. Os solos orgânicos, por sua vez, são geralmente indesejáveis como fundações de obras civis devido a sua alta compressibilidade e baixa resistência. Já para um agrônomo são os melhores solos para as culturas pois apresentam elevada fertilidade.

1.3.2- Formação dos Solos Sedimentares

Há quatro principais agentes transportadores:
i – a gravidade, que forma o solo coluvionar;
ii – a água, que forma o solo aluvionar;
iii – o vento, que forma o solo eólico;
iv – as geleiras, que formam o solo glacial.

1.3.2.1- Solos coluvionares e coluviões

Os solos coluvionares são depósitos compostos predominantemente por materiais com granulometria mais fina, tais como areias argilosas e argilas arenosas, bastante homogêneos, que ocorrem, em geral, em regiões de relevo plano recobrindo espigões. Sua espessura é bastante variável, podendo ir de apenas 0,5 m até 15 a 20 m.

Uma das características importante desses solos é a de apresentar frequentemente estrutura porosa, baixos valores de SPT (3 a 6 golpes no ensaio de sondagem a percussão) e colapso da estrutura quando submetidos a carregamento.

Os coluviões, por sua vez, são depósitos pouco espessos (0,5 a 1 m) compostos por misturas de solo e blocos de rocha pequenos (15 a 20 cm), normalmente encontrados recobrindo escarpas de serras. Estes materiais têm como característica importante apresentar baixa resistência ao cisalhamento, sendo, frequentemente, responsáveis pela maioria dos escorregamentos das encostas nestas regiões.

No topo dos altiplanos e na depressão geomorfológica onde situa-se Brasília, é comum a ocorrência de depósitos de solos coluvionares formados pela erosão e transporte de material fino proveniente de outras áreas mais antigas. No sopé das escarpas, geralmente associadas a zonas de dissecação de relevo, isto é, onde a erosão atualmente é ainda bastante intensa, encontram-se depósitos de coluvião.

Tálus são depósitos formados pela ação da água e, principalmente, da gravidade, compostos predominantemente por blocos de rocha de variados tamanhos, em geral, arredondados, envolvidos por uma matriz arenosiltoargilosa, frequentemente, saturada. Estes depósitos podem ter variadas dimensões, ocorrendo, ao contrário dos coluviões, de forma localizada, com morfologia própria, ocupando anfiteatros nos sopés das encostas de serras. Os tálus podem apresentar movimentos extremamente lentos (*creep*) que podem se acelerar caso tenham seu frágil equilíbrio alterado, por exemplo, por um talude de corte. Em vista disso, são depósitos quase sempre problemáticos e de difícil contenção quando instáveis.

Depósitos de tálus mais antigos, provavelmente de idade terciária, apresentam quase sempre a matriz laterizada, sendo, nestes casos, depósitos mais consolidados, sem nível d'água e mais estáveis.

1.3.2.2- Solos aluvionares e marinhos

No caso dos solos aluvionares e marinhos, a água é o mais efetivo agente de transporte. Geralmente o solo residual ou transportado que se encontra em regiões mais elevadas é erodido e transportado de montanhas ou regiões mais altas pelos rios e enxurradas. As partículas vão se depositando de acordo com sua massa à medida que a velocidade de escoamento da água diminui. Desta forma, a água é um agente transportador bastante seletivo sendo comum nas embocaduras dos rios, camadas de argila muito finas, cujas partículas (coloides) se depositam após a união em flóculos pela ação eletrolítica da água salgada do mar, gerando "aluviões" muito compressíveis.

Os solos aluvionares são constituídos por materiais erodidos, retrabalhados e transportados pelos cursos d' água e depositados nos seus leitos e margens. São também depositados nos fundos e nas margens de lagoas e lagos, sempre associados a ambientes fluviais.

Cada camada formada representa uma fase de deposição e, consequentemente, apresenta espessura, continuidade lateral, mineralogia e granulometria particulares. Em decorrência, o pacote aluvionar é altamente heterogêneo, entretanto, as camadas isoladas podem apresentar-se muito homogêneas.

Depósitos mais antigos de aluviões formam frequentemente os terraços fluviais que foram depositados, quando o nível do curso d' água encontrava-se numa posição superior à atual. Em consequência, os terraços são sempre encontrados em cotas mais altas do que os aluviões.

Os solos marinhos, por sua vez, são produzidos em ambiente de praia e de manguezais. Em regiões tropicais, ao longo das praias, a deposição é, essencialmente, de areias limpas, de finas a médias, quartzosas. Nos manguezais, as marés transportam apenas sedimentos muito finos, argilosos, que se depositam incorporando matéria orgânica, dando origem às argilas orgânicas marinhas.

A linha de praia sofre deslocamentos horizontais devido aos processos de erosão e deposição aos quais está submetida, bem como variações verticais pronunciadas, decorrentes de oscilações do nível do mar. Nas regressões marinhas, os sedimentos previamente depositados são esculpidos pela erosão e novos sedimentos são depositados ao lado dos antigos quando o mar volta a invadir a planície costeira. Em consequência, camadas arenosas interdigitam-se com camadas de argila orgânica, resultando num pacote com camadas diferentemente adensadas devido à origem e idade distintas.

Quando a costa é bordejada por elevações de porte expressivo, como ocorre em regiões serranas próximas ao mar, parte apreciável da planície costeira fica constituída por aluviões depositados pelos rios que provém da serra, sendo frequentes ambientes mistos, fluviais e marinhos.

NOTA 1.5 - Considerações sobre a água como agente de transporte

Um grave problema do mundo moderno são as enchentes. O escoamento superficial das águas, agindo como agente de erosão e transporte, contribui para aumentar o problema provocando o assoreamento dos rios. Deve-se registrar que a ação antrópica ligada ao desmatamento é a causa principal do assoreamento. Leinz & Amaral (1978) citam que a perda anual de solo em uma floresta natural é da ordem de 4 kg por hectare; a transformação desta floresta em pastagem aumenta esta perda para 700 kg por hectare e em uma plantação de algodão, para 38000 kg por hectare. É impressionante a capacidade de transporte dos rios. O volume de detritos mais sais solúveis carreados pelo rio Amazonas em um ano, equivale a um cubo de 620 m de aresta. Um rio pequeno como o Paraíba do Sul transporta diariamente cerca de 15000 t em suspensão (174 kg por segundo).

1.3.2.3- Solos eólicos

A força dos ventos pode transportar partículas de solo por centenas de quilômetros de distância. Há registros de transporte de grãos de areia pelo vento do deserto do Saara até a Inglaterra, que fica cerca de 3.200 km distantes.

Os solos eólicos mais conhecidos são as dunas das praias e o Loess, este último, formado por partículas de silte, cobre grandes áreas na Alemanha, Argentina, Rússia e China onde chega a formar paredões verticais de até 150 m de altura. No Brasil não há registro de sua ocorrência.

O vento é mais seletivo ainda que a água. A deposição das partículas levadas pelo vento pode acarretar graves problemas de soterramento de prédios e na fertilidade do solo.

No Brasil os solos eólicos ocorrem comumente junto à costa, principalmente, nas regiões nordeste, sudeste e sul. São constituídos por areia fina quartzosa, bem arredondada, ocorrendo na forma de franjas de dunas, margeando a costa ou, quando os ventos são mais intensos, como na costa do Maranhão, na forma de campos de dunas. As dunas apresentam a típica estratificação cruzada dos solos eólicos.

NOTA 1.6 - Considerações sobre o vento como agente de transporte

No Brasil, felizmente as condições não favorecem o surgimento de ventos com grande intensidade, mesmo assim, há registro de uma intensa deposição eólica na vila de Itaúna, no Espírito Santo, que soterrou cerca de 100 residências, a igreja local e o cemitério (Leinz & Amaral, 1978). As dunas da região chegam a 30 m de altura. O deslocamento das dunas pode também criar problemas para os moradores da região litorânea. É usual a fixação destas dunas com cercas interceptando seu caminho. O plantio de vegetação do tipo psamofítica (que tem preferência por solos arenosos) também serve para esta finalidade. Outro exemplo do vento como agente transportador é a lagoa dos Patos onde é necessário um serviço contínuo de dragagem para evitar seu assoreamento por partículas trazidas pelo vento

1.3.2.4- Solos glaciais

As geleiras são um agente geológico transportador muito importante uma vez que, em eras anteriores, cerca de 30% da superfície dos continentes era coberta por gelo perene. Dessas regiões, em virtude de desequilíbrio entre a quantidade de gelo que se forma e a que se funde, grandes massas se deslocam a uma velocidade muito pequena (alguns metros por ano, embora as geleiras da Groelândia possam atingir velocidade de até 24 m/dia). Quando ocorre o degelo, o material incorporado nas geleiras durante sua movimentação, que pode chegar a 50% do volume da geleira, se deposita no mesmo local, formando um depósito altamente heterogêneo, e por isto mesmo problemático como terreno de fundação.

Desta forma, os depósitos glaciais são formados por misturas de blocos de rocha arredondados e estriados devido ao atrito que estes sofrem com o substrato rochoso durante o transporte, além de areia e frações finas. Intercalam-se a estes materiais altamente heterogêneos depósitos de argila e silte glaciais devido à deposição de partículas em lagos glaciais.

NOTA 1.7 - Considerações sobre o gelo como agente de transporte

O Brasil, há cerca de 200 milhões de anos, sofreu intensa atividade glacial, havendo claros vestígios desta atividade no Sul do país, registrada pela ocorrência de rochas glaciais, isto é, solos glaciais que com o decorrer do tempo geológico foram litificados, transformando-se em rocha.

1.3.3- Formação de Solos Orgânicos

A formação se dá ou pela impregnação de matéria orgânica nas partículas existentes no solo ou ainda pela decomposição da matéria orgânica que já ocorria naquele sedimento.

O húmus, produto da decomposição da matéria orgânica, é uma substância escura e relativamente estável, capaz de se fixar em alguns solos. Por ser facilmente carreado pela água em suspensão, o húmus só impregna permanentemente os solos finos (as argilas, os siltes e, em pequena escala, as areias finas). Assim, não ocorrem areias grossas orgânicas ou pedregulhos orgânicos (Vargas, 1978).

Quando ocorre a decomposição sobre o solo de grande quantidade de folhas, caules e troncos de plantas, forma-se um solo fibroso, de alta compressibilidade e baixíssima resistência, que se chama turfa. Neste caso não há, praticamente, partículas minerais. A turfa constitui-se em um dos piores tipo de solo para os propósitos do engenheiro geotécnico, sendo sua remoção, muitas vezes, a única alternativa para a boa execução da obra.

A diferença entre argilas e siltes orgânicos e a turfa está no fato de que os primeiros são mais pesados, pois a turfa, tendo grandes teores de carbono, possui densidade menor. Por outro lado, a turfa é combustível quando seca e as argilas e siltes orgânicos não o são.

1.4- COMPOSIÇÃO MINERALÓGICA

1.4.1- Solos Grossos

Os pedregulhos são formados, em sua grande maioria, por rochas resistentes como quartzitos, arenitos silicificados, granitos e gnaisses e por minerais também resistentes ao desgaste como o quartzo, o sílex e a calcedônia. As areias são principalmente compostas por quartzo e secundariamente por feldspatos e micas. No caso dos pedregulhos o comportamento mecânico e hidráulico está ligado, em primeiro lugar, à compacidade e em menor grau à mineralogia. Nas areias a mineralogia pode ter maior importância, por exemplo, solos arenosos formados por micas são solos que apresentam grande dificuldade de compactação.

NOTA 1.8 - Principais minerais que compõem as rochas

O feldspato forma o grupo mais importante (60%) entre os minerais constituinte das rochas; são translúcidos ou opacos. Os piroxênios e anfibólios (17%) são minerais de aparência muito similar, com cor quase preta. O quartzo (12%) tem alta resistência química e física; em geral apresenta-se na cor branca ou incolor, com brilho vítreo, transparente ou opaco; é usado como matéria prima para fabricação do vidro. A mica (4%) caracteriza-se pela ótima clivagem laminar e boa elasticidade; cor desde incolor, amarelada (moscovita ou mica branca) a preta (biotita ou mica preta); é usada na indústria elétrica como isolante.

1.4.2- Solos Finos

No caso dos solos finos, a fração silte é predominantemente composta por grãos de quartzo, caulinita e mica, enquanto que a fração argilosa é constituída em sua grande maioria por minerais de argila. Os minerais de argila formam-se a partir da decomposição química dos minerais primários existentes na rocha matriz, principalmente feldspatos, piroxênios e anfibólios. Ainda estarão presentes na fração argila outros minerais decorrentes das reações químicas ocorridas no processo. A investigação dos minerais de argila é de grande importância em alguns solos, pois o comportamento mecânico dos mesmos é função, principalmente, de sua estrutura, a qual é fortemente influenciada pela constituição mineralógica.

Os minerais de argila são constituídos por pequenos minerais cristalinos, cuja estrutura é composta por duas unidades cristalográficas fundamentais: uma com a configuração de um tetraedro, formada por um átomo de silício equidistante de quatro átomos de oxigênio, e outro representada por um octaedro, em que um átomo de alumínio, no centro, é envolvido por seis átomos de oxigênio, ou grupos de oxidrilas (**Figura 1.1**). A associação desses elementos formam as diversas espécies de minerais de argila, sendo as mais comuns na fração argila do solo as caulinitas, as haloisitas, as vermiculitas e os argilominerais do grupo das montemorilonitas.

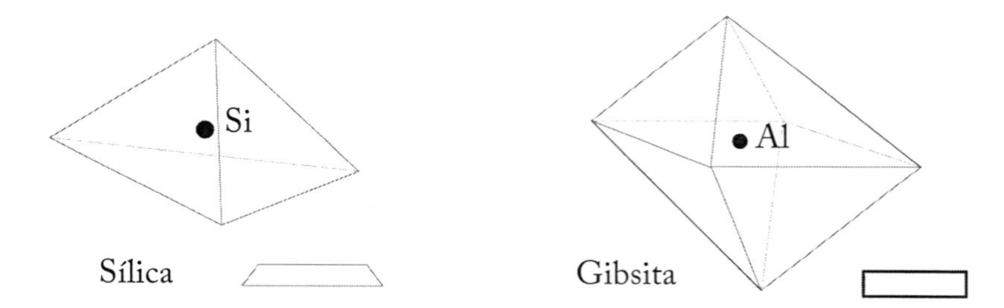

FIGURA 1.1 - Unidades cristalográficas fundamentais

1.4.2.1- Caolinitas

A caolinita é formada por unidades de silício e alumínio unidas alternadamente, conforme mostra a **Figura 1.2** , conferindo-lhes uma estrutura rígida. A espessura deste mineral é da ordem de 0,72 x 10^{-9} m. A ligação entre as unidades é suficientemente firme para não permitir a penetração de moléculas de água entre elas. Em consequência, as caolinitas são estáveis em presença da água. Nos solos tropicais laterizados, os minerais de argila encontram-se geralmente envolvidos por películas de óxidos e hidróxidos de ferro e alumínio, o que lhes modifica radicalmente as propriedades geotécnicas, quando comparado com os solos que contém caolinitas com cristais hexagonais bem cristalizados.

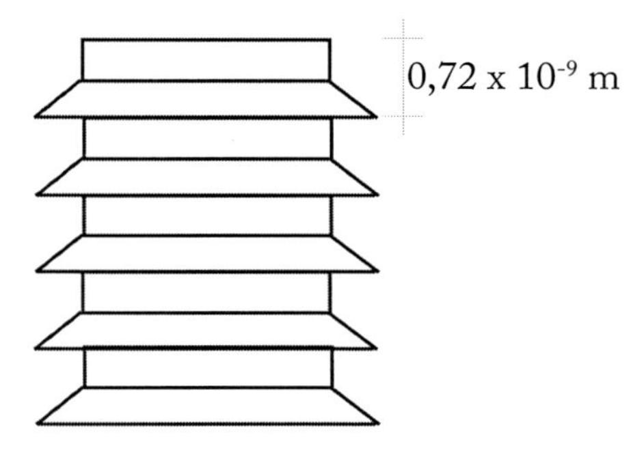

FIGURA 1.2 - Mineral argílico do grupo das caolinitas

1.4.2.2- Montmorilonitas

Os minerais do grupo das montmorilonitas são formados por uma unidade de alumínio entre duas de silício (**Figura 1.3**). A espessura deste mineral é da ordem de $0{,}96 \times 10^{-9}$ m. As ligações entre essas unidades, não sendo suficientemente firmes para impedir a entrada de moléculasde água, tornam as montmorilonitas muito expansivas, e portanto instáveis em presença de água. As bentonitas, nome genérico aplicado às argilas expansivas do grupo das montmorilonitas, são muito usadas em obras de engenharia como contenção das paredes de furos de sondagem e de estacas escavadas.

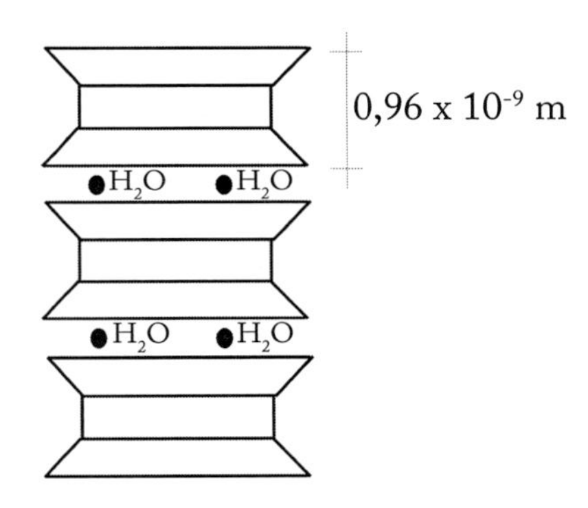

FIGURA 1.3 - Mineral argílico do grupo das Montmorilonitas

1.4.2.3- Ilitas

As ilitas, estruturalmente análogas às montmorilonitas, são, porém, menos expansivas, devido principalmente às ligações de íons de potássio entre os minerais argílicos como se vê na **Figura 1.4**.

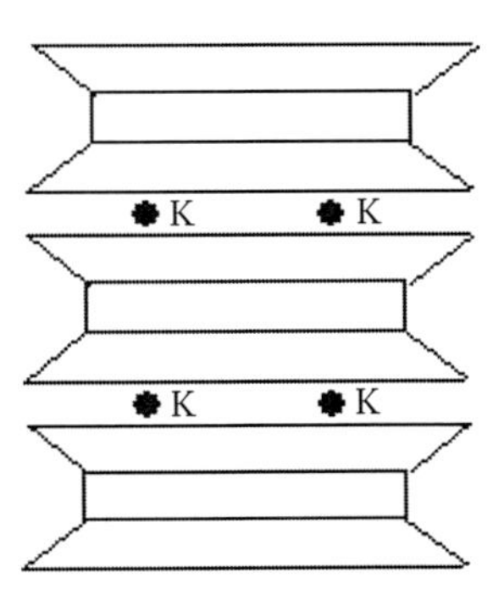

FIGURA 1.4 - Mineral argílico do grupo das Ilitas

1.5- FORMA DAS PARTÍCULAS

As partículas de solo apresentam-se, geralmente, sob uma das três formas a seguir:

i – **equidimensional**: todas as três dimensões são equivalentes; é o tipo predominante em pedregulhos, areias e siltes que sofreram desgaste das arestas por abrasão durante o processo de arraste pelos agentes geológicos; em função da intensidade do desgaste sofrido pela partícula são divididas em:

- **arredondada**;
- **subarredondada**;
- **subangulosa**;
- **angulosa**.

ii – **lamelar**: quando duas dimensões predominam sobre a terceira, sendo mais comum nos minerais de argila bem cristalizados. Lambe e Withman (1974) mostram a fotografia destas partículas na **Figura 1.5**.

iii – **fibrilar**: uma dimensão predomina sobre as outras, sendo comum nos solos turfosos.

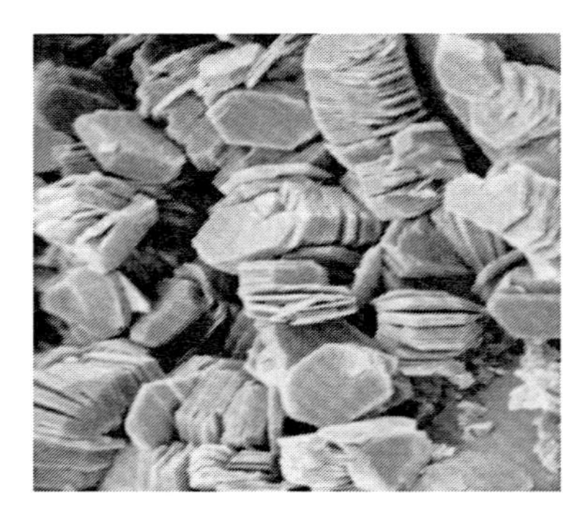

FIGURA 1.5 - **Partículas de caolinitas**

A forma da partícula tem influência decisiva em algumas propriedades mecânicas importantes, como a compressibilidade e a plasticidade.

1.6- ESTRUTURA DOS SOLOS

Estrutura é o arranjo relativo das partículas. Nos solos grossos, a estrutura é bem menos complexa porque as forças de massa (gravitacionais) são as que predominam para definir a posição das partículas. Nos solos finos, principalmente, o equilíbrio das forças eletromagnéticas entre as partículas é quem define a posição relativa de cada partícula e, portanto, o tipo de mineral argílico, que compõe a partícula, tem importância fundamental na estrutura formada.

Para os solos granulares, os tipos de estrutura mais comumente aceitos são: em um extremo a **granular compacta**, que corresponderia ao menor índice de vazios para aquele solo; em outro extremo a **granular fofa**, que corresponderia ao maior índice de vazios para aquele solo (**Figura 1.6**).

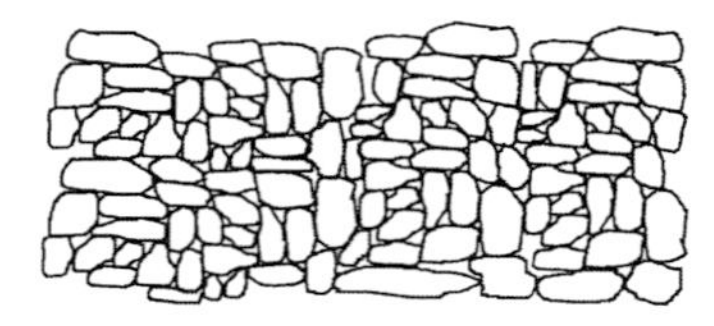

Granular compacta

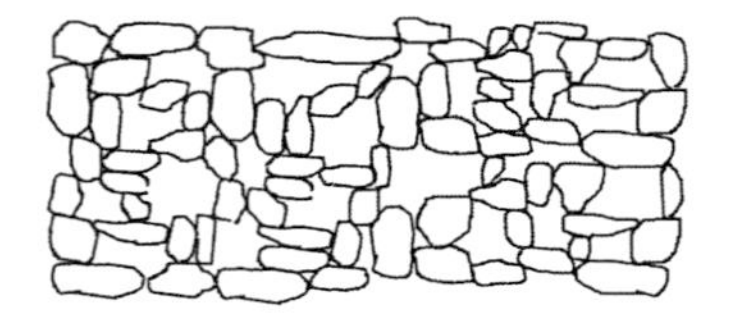

Granular fofa

FIGURA 1.6 - **Estrutura dos solos granulares**

NOTA 1.9 - Ensaios em solos granulares

A maior simplicidade da estrutura dos solos grossos permite que, para a determinação de parâmetros geotécnicos em laboratório, essas amostras sejam trazidas do campo sem cuidados especiais em manter a estrutura original. Admite-se que, se as características de campo da amostra forem reproduzidas no laboratório, os parâmetros encontrados nos ensaios serão iguais aos de campo.

Para os solos coesivos as estruturas extremas são a **floculada,** em que as partículas apresentam, preponderantemente, contatos ponta-face e ponta-ponta, conforme mostra a **Figura 1.7**, e a **dispersa** quando as partículas apresentam um alinhamento preferencial. Os dois tipos de estrutura pressupõem comportamento mecânico bastante diferentes, como será analisado em capítulos posteriores.

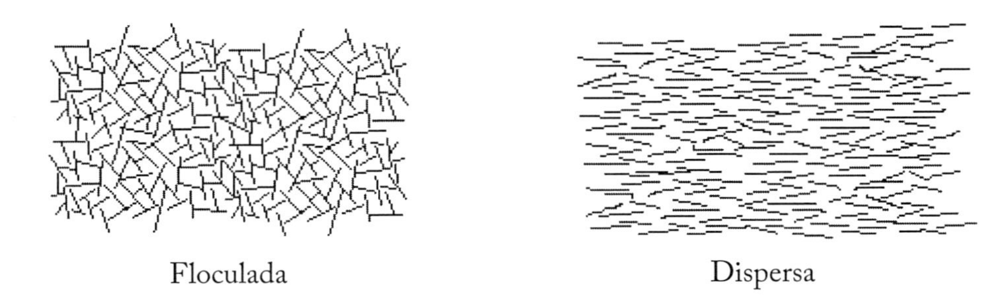

FIGURA 1.7 - Estrutura dos solos coesivos

NOTA 1.10 - Ensaios em solos coesivos

A influência da estrutura no comportamento dos solos finos é decisiva. Se, no processo de análise do comportamento de uma argila, a estrutura original for destruída, esta nunca poderá ser reproduzida em laboratório e as propriedades deste solo podem se alterar substancialmente; os resultados dos ensaios realizados nesta amostra poderão não ser representativos do comportamento no campo. A necessidade de alguns ensaios terem que ser executados em amostras "indeformadas" vem da tentativa de manter a integridade da estrutura original da amostra e, supõe-se, o mesmo comportamento de campo.

1.7- SENSIBILIDADE DOS SOLOS FINOS

Um índice que pode dar uma ideia da influência da estrutura no comportamento das argilas é o **Grau de Sensibilidade** ($\mathbf{I_S}$), definido como a relação entre a resistência à compressão simples de uma amostra indeformada ($\mathbf{R_C}$) e a resistência à compressão simples da mesma amostra amolgada ($\mathbf{R'_C}$), na mesma umidade.

$$\mathbf{I_s = \frac{R_c}{R'_c}} \qquad \textbf{Eq. 1.1}$$

A **Figura 1.8** apresenta as curvas de resistência à compressão versus deformação específica, de um ensaio de compressão simples, executado em dois corpos de prova de uma mesma amostra, um com a estrutura de campo e o outro, após amolgamento e destruição da estrutura original. Da relação das resistências à compressão simples obtidas nas curvas apresentadas pelas duas amostras, pode-se avaliar a influência da estrutura na resistência destas amostras, que pode ir desde nenhuma, quando $\mathbf{I_S = 1}$, a muito grande quando $\mathbf{I_S > 8}$.

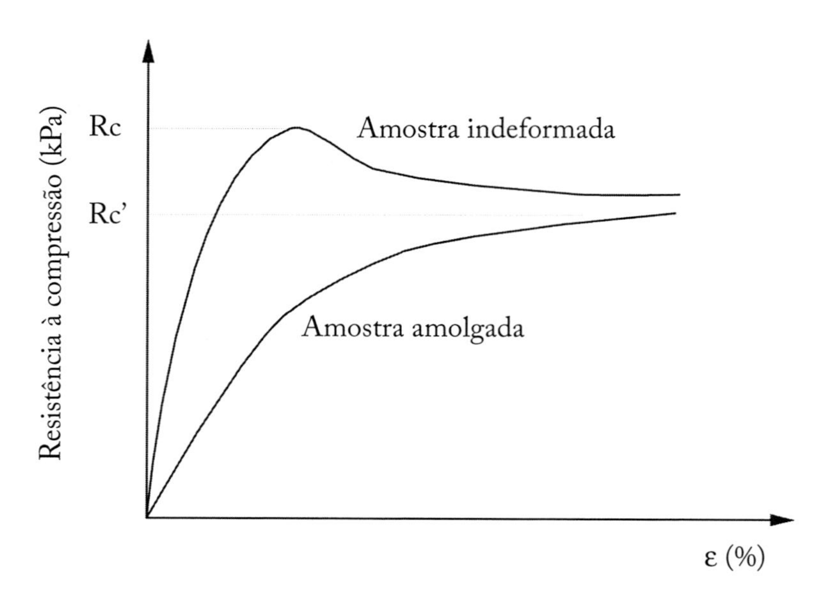

FIGURA 1.8 - Curvas tensão x deformação de um ensaio de compressão simples

Com a valor de $\mathbf{I_S}$ classifica-se a argila como:

$I_s \leq 1$ - insensível

$1 < I_s \leq 2$ - baixa sensibilidade

$2 < I_s \leq 4$ - média sensibilidade

$4 < I_s \leq 8$ - sensível

$I_s > 8$ - extra sensível

Algumas argilas da Escandinávia e do Canadá, chamadas de "*quickclay*", estão entre as mais sensíveis do mundo. Uma conhecida argila de Ottawa chamada de *Leda Clay* tem $\mathbf{I_S}$ em torno de 1500; quando sofre amolgamento esta argila comporta-se como um líquido denso (Coduto, 1998).

1.8- TIXOTROPIA

A tixotropia é uma propriedade muito relacionada com a estrutura das argilas. É a recuperação, com o tempo, da resistência perdida com o amolgamento do solo. Deve-se à gradual reorientação das partículas de uma estrutura dispersa para uma floculada, acompanhada de uma reorientação das moléculas de água da camada adsorvida para uma estrutura mais ordenada (Mitchell, 1960).

Um exemplo de argila com propriedades tixotrópicas é a **bentonita**, argila do grupo das montmorilonitas, como já citado, muito usada para evitar desmoronamento das paredes em furos escavados em solos.

CAPÍTULO 2

Índices Físicos

2.1- INTRODUÇÃO

Índices físicos são valores que tentam representar as condições físicas de um solo no estado em que ele se encontra. São de fácil determinação em laboratórios de geotecnia e podem servir como dados valiosos para identificação e previsão do comportamento mecânico do solo.

Embora existam em número considerável - alguns já em desuso - todos os índices físicos podem ser obtidos a partir do conhecimento de quaisquer três deles.

Em um solo ocorrem, geralmente, três fases: a sólida, a líquida e a gasosa. Os índices físicos são, direta ou indiretamente, as diversas relações de peso, massa ou volume destas três fases.

NOTA 2.1 - A quarta fase

Fredlund e Rahardo (1993), além das três fases citadas, acrescentam uma quarta que seria formada pela película contráctil que se forma na fronteira entre a fase líquida e a fase gasosa nos vazios dos solos não saturados, devido à tensão superficial da água.

2.2- PRINCIPAIS ÍNDICES FÍSICOS

Admita-se a abstração apresentada na **Figura 2.1** em que as três fases, a sólida, a líquida e a gasosa são apresentadas separadas. À esquerda está a coluna de volume e à direita a coluna de peso:

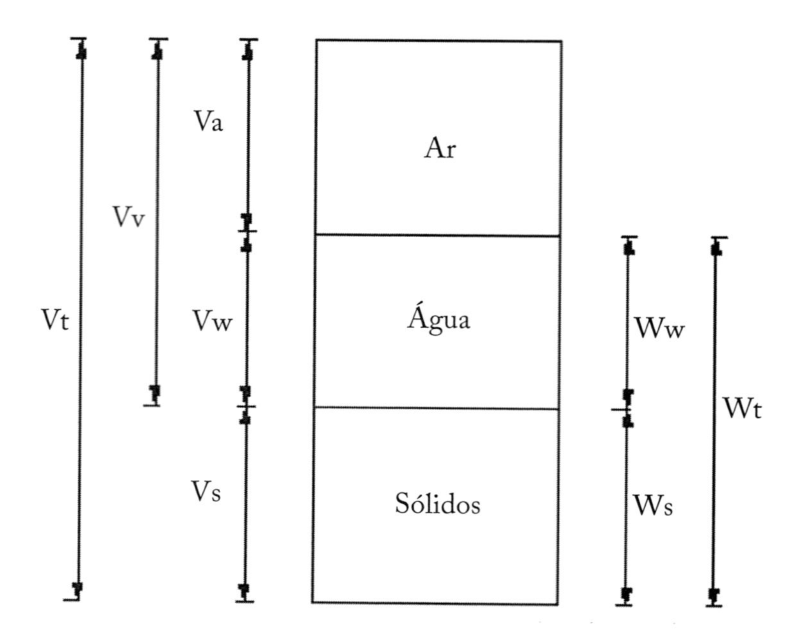

FIGURA 2.1 - Amostra Idealizada

onde:
$\mathbf{V_t}$ = volume total da amostra;
$\mathbf{V_s}$ = volume da fase sólida da amostra;
$\mathbf{V_w}$ = volume da fase líquida;
$\mathbf{V_a}$ = volume da fase gasosa;
$\mathbf{V_v}$ = volume de vazios da amostra = $\mathbf{V_a} + \mathbf{V_w}$;
$\mathbf{W_t}$ = peso total da amostra;
$\mathbf{W_s}$ = peso da fase sólida da amostra;
$\mathbf{W_w}$ = peso da fase líquida da amostra.

Como se considera o peso da fase gasosa igual a zero, o peso da fase sólida é igual ao peso seco da amostra.

Alguns índices físicos são obtidos com a massa e não com o peso do material. Neste caso, pode-se pensar na **Figura 2.1** com a coluna da direita sendo uma coluna de massa, onde $\mathbf{M_t}$ seria a massa total da amostra, $\mathbf{M_w}$ a massa da fase líquida da amostra e $\mathbf{M_s}$ a massa da fase sólida.

NOTA 2.2 - Conceito de peso e massa

Para evitar equívocos frequentes reafirma-se aqui o conceito de peso e o de massa de um corpo. O peso é uma força igual à massa do corpo multiplicada pela aceleração da gravidade (W = Mg) e portanto, variável com esta. Sua unidade no Sistema Internacional (SI) é o Newton com seus múltiplos e submúltiplos. A massa de um corpo é uma propriedade constante daquele corpo. Sua unidade é o grama com seus múltiplos e submúltiplos.

2.2.1- Peso Específico das Partículas - γ_g

É o peso da fase sólida por unidade de volume de sólidos como mostra a **Eq. 2.1**. Sendo uma relação de força por volume a unidade usada no SI é o **kN/m³** e seus múltiplos e submúltiplos.

$$\gamma_g = \frac{W_s}{V_s} \qquad \text{Eq. 2.1}$$

2.2.2- Massa Específica das Partículas - ρ_g

É a massa da fase sólida por unidade de volume de sólidos (**Eq. 2.2**). Sendo uma relação de massa por volume a unidade mais usada é a **t/m³**, que numericamente é igual ao **g/cm³**, preferida em laboratórios de geotecnia.

$$\rho_g = \frac{M_s}{V_s} \qquad \text{Eq. 2.2}$$

NOTA 2.3 - O megagrama

A tonelada (t) é muito usada no Brasil como unidade de massa, valendo 10^6 gramas. O termo tecnicamente mais adequado para este valor seria o megagrama (Mg) mas será mantido neste livro o termo consagrado no país.

Considerando que o peso de um corpo é o produto de sua massa pela aceleração da gravidade (**W = Mg**) é fácil concluir que a massa específica das partículas pode ser obtida com a relação do peso específico dos grãos pela aceleração da gravidade como pode ser visto na **Eq. 2.3**.

$$\rho_g = \frac{\gamma_g}{g} \qquad \textbf{Eq. 2.3}$$

2.2.3- Densidade Relativa dos Grãos - G_S

É a razão entre o peso específico ou a massa específica da parte sólida e o peso específico ou a massa específica de água pura a 4°C (**Eq. 2.4** e **Eq. 2.5**). Como é uma relação de massas ou de pesos específicos, G_S é adimensional, e, portanto, de mesmo valor numérico em qualquer sistema de unidade.

$$G_s = \frac{\gamma_g}{\gamma_w} \qquad \textbf{Eq. 2.4}$$

$$G_s = \frac{\rho_g}{\rho_w} \qquad \textbf{Eq. 2.5}$$

NOTA 2.4 - Valores de Gs

O valor de G_S pode ser uma indicação do tipo de solo. Se:

2,9	<	**Gs**			=> **solo inorgânico, provavelmente, contendo ferro;**
2,6	<	**G_S**	<	**2,8**	=> **solo inorgânico (maioria dos solos brasileiros);**
		G_S	<	**2,5**	=> **solo orgânico;**
		G_S	<	**2,2**	=> **solo essencialmente orgânico (turfa).**

2.2.4- Teor de Umidade - w

É a relação entre o peso ou a massa da água contida no solo e o peso ou a massa de sua fase sólida, expressa em percentagem, como mostra a **Eq. 2.6** e a **Eq. 2.7**.

$$w = \frac{W_w}{W_s} 100 \qquad \textbf{Eq. 2.6}$$

$$w = \frac{M_w}{M_s} 100 \qquad \textbf{Eq. 2.7}$$

A umidade varia, teoricamente, de 0 a 100%. Os maiores valores conhecidos são os de algumas argilas japonesas que chegam a 1.400%. Em geral os solos brasileiros apresentam umidade natural abaixo de 50%. Se ocorre matéria orgânica, esta umidade pode aumentar muito, podendo chegar até a 400% em solos turfosos.

NOTA 2.5 - A umidade volumétrica

> **Cada vez é mais usada pelos geotécnicos, especialmente entre os que trabalham com resíduos sólidos urbanos (lixo), a umidade volumétrica (θ), também expressa em percentagem e definida como a relação entre o volume de água e o volume total da amostra.**

2.2.5- Grau de Saturação – S_r

É a relação entre o volume de água e o volume de vazios de um solo, expressa em percentagem, como mostra a **Eq. 2.8**. Varia de 0% para um solo seco a 100% para um solo saturado.

$$S_r = \frac{V_w}{V_v} 100 \qquad \text{Eq. 2.8}$$

NOTA 2.6- Solos saturados

> **A ocorrência só das fases sólida e líquida é bastante comum. Neste caso, todos os vazios do solo encontram-se ocupados por água e o solo é chamado de saturado. A condição de saturado não admite meio termo: ou um solo está saturado ou não está; por isto, a expressão "parcialmente saturado", bastante utilizada para referir-se a um solo com alto de grau de saturação, não é adequada.**

2.2.6- Peso Específico Aparente (ou Natural) - γ (ou γ_{nat})

É a relação entre o peso total e o volume total da amostra apresentada na **Eq. 2.9**.

$$\gamma = \gamma_{nat} = \frac{W_t}{V_t} \qquad \text{Eq. 2.9}$$

2.2.7- Peso Específico Seco - γ_d

É definido como o peso específico aparente para a situação de umidade nula. Obtém-se com a relação entre o peso seco e o volume total da amostra (**Eq. 2.10**).

$$\gamma_d = \frac{W_s}{V_t} \qquad \text{Eq. 2.10}$$

NOTA 2.7 - Solo seco

> **Em condição natural não se encontram solos secos (ausência da fase líquida). Em laboratório isso pode ser conseguido facilmente, mas torna-se necessário definir o que é solo seco, uma vez que as partículas de argilas têm uma película de água que as envolve, chamada água adsorvida, que faz parte de sua estrutura. Essa água está submetida a pressões altíssimas que fazem com que se apresente congelada à temperatura ambiente. Dependendo da temperatura de secagem, parte ou até toda água adsorvida pode ser removida junto com a água livre dos vazios o que daria diferentes pesos secos em função da temperatura da estufa. Para resolver isto, convenciona-se em Mecânica dos Solos que *solo seco é aquele que apresenta constância de peso em duas pesagens consecutivas após secagem em uma estufa de 105° a 110°*.**

2.2.8- Peso Específico Saturado - γ_{sat}

É a relação entre o peso da amostra saturada (**W_{sat}**) e o volume total apresentada na **Eq. 2.11**.

$$\gamma_{sat} = \frac{W_{sat}}{V_t} \quad \textbf{Eq. 2.11}$$

2.2.9- Peso Específico Submerso - γ_{sub}

É a relação mostrada na **Eq. 2.12** entre o peso da amostra submersa (**W_{sub}**) e o volume total.

$$\gamma_{sub} = \frac{W_{sub}}{V_t} \quad \textbf{Eq. 2.12}$$

NOTA 2.8 - Solo submerso

> **Quase sempre o solo submerso é considerado saturado - nesta condição, o γ_{nat} deste solo é o γ_{sat} - muito embora, o solo submerso estar saturado nem sempre é a realidade, especialmente em argilas, em que é comum a existência de bolhas de gás retidas nos vazios, produzidas pela atividade biológica dos microrganismos presentes.**

2.2.10- Massa Específica Aparente (ou Natural) - ρ (ou ρ_{nat})

É a relação entre a massa total e o volume total da amostra (**Eq. 2.13**).

$$\rho = \rho_{nat} = \frac{M_t}{V_t} \quad \textbf{Eq. 2.13}$$

De forma análoga à **Eq. 2.3**, é fácil concluir que a massa específica aparente ou natural pode ser obtida com a relação do peso específico aparente ou natural pela aceleração da gravidade, conforme mostra a **Eq. 2.14**:

$$\rho = \frac{\gamma}{g} \quad \textbf{Eq. 2.14}$$

2.2.11- Massa Específica Seca - ρ_d

É definida como a massa específica aparente para a situação de umidade nula. É a relação entre a massa seca e o volume total da amostra (**Eq. 2.15**).

$$\rho_d = \frac{M_s}{V_t} \quad \textbf{Eq. 2.15}$$

Também pode-se obter a massa específica seca com a **Eq. 2.16**.

$$\rho_d = \frac{\gamma_d}{g} \qquad \textbf{Eq. 2.16}$$

2.2.12- Massa Específica Saturada - ρ_{sat}

É a relação entre a massa da amostra saturada e o volume total da amostra mostrada na **Eq. 2.17**.

$$\rho_{sat} = \frac{M_{sat}}{V_t} \qquad \textbf{Eq. 2.17}$$

Da mesma forma pode-se obter a massa específica saturada com a **Eq. 2.18**

$$\rho_{sat} = \frac{\gamma_{sat}}{g} \qquad \textbf{Eq. 2.18}$$

2.2.13- Massa Específica Submersa - ρ_{sub}

É a relação entre a massa da amostra submersa e o volume total da amostra como pode ser visto na **Eq. 2.19**.

$$\rho_{sub} = \frac{M_{sub}}{V_t} \qquad \textbf{Eq. 2.19}$$

De forma análoga pode-se obter a massa específica submersa com a **Eq. 2.20**.

$$\rho_{sub} = \frac{\gamma_{sub}}{g} \qquad \textbf{Eq. 2.20}$$

2.2.14- Índice de Vazios - e

É a relação entre o volume de vazios e o volume de sólidos expressa na **Eq. 2.21**. Embora possa variar, teoricamente, de 0 a ∞ o menor valor encontrado em campo para o índice de vazios é de 0,25 (para uma areia muito compacta com finos) e o maior de 15 (para uma argila altamente compressível).

$$e = \frac{V_v}{V_s} \qquad \textbf{Eq. 2.21}$$

2.2.15- Porosidade - n

É a relação entre o volume de vazios e o volume total da amostra, expressa em percentagem (**Eq. 2.22**).

$$n = \frac{V_v}{V_t} 100 \qquad \textbf{Eq. 2.22}$$

Teoricamente varia de 0 a 100%. Na prática varia de 20 a 90%.

2.3- PROBLEMAS PROPOSTOS E RESOLVIDOS

1- A partir do peso específico aparente (γ) e da umidade de um solo (**w**), deduza uma expressão para o peso específico seco (γ_d).

SOLUÇÃO:

Como pode-se ver na **Eq. 2.10**: $\gamma_d = \dfrac{W_s}{V_t}$

Dividindo-se o numerador e o denominador por W_t:

$$\gamma_d = \frac{\dfrac{W_s}{W_t}}{\dfrac{V_t}{W_t}}$$

Substituindo-se W_t por $W_s + W_w$ (**Figura 2.1**):

$$\gamma_d = \frac{\dfrac{W_s}{W_s + W_w}}{\dfrac{V_t}{W_t}}$$

Invertendo-se o numerador e o denominador, tem-se:

$$\gamma_d = \frac{\dfrac{1}{\dfrac{W_s + W_w}{W_s}}}{\dfrac{1}{\dfrac{W_t}{V_t}}}$$

Substituindo-se $w = \dfrac{W_w}{W_s} 100$ e $\gamma = \dfrac{W_t}{V_t}$ (**Eq. 2.9**):

$$\gamma_d = \frac{\dfrac{1}{1 + \dfrac{w}{100}}}{\dfrac{1}{\gamma}}$$

o que leva à **Eq. 2.23**:

$$\gamma_d = \frac{\gamma}{1 + \dfrac{w}{100}} \qquad \textbf{Eq. 2.23}$$

2- Considerando o empuxo, ache uma relação para o peso específico submerso (γ_{sub}).

SOLUÇÃO:

Se o solo está submerso, passa a atuar nas partículas o empuxo de água que é uma força vertical, de baixo para cima, igual ao peso do volume de água deslocado. Considere-se, como mostra a **Figura 2.2**, uma amostra de solo submersa e saturada, com volume V_t e peso W_t:

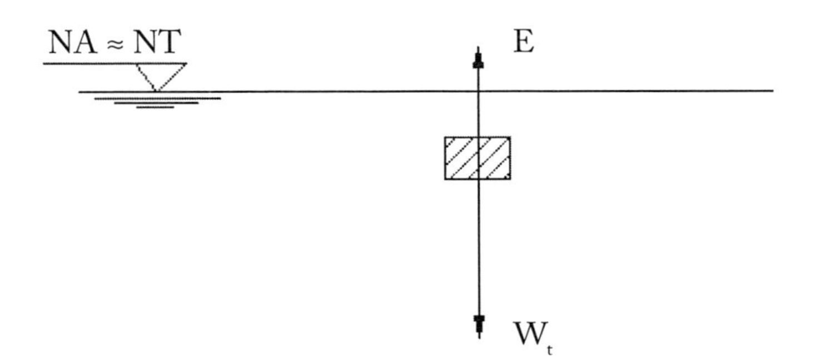

FIGURA 2.2 - Perfil de solo

Pelo equilíbrio de forças na direção vertical, chega-se à **Eq. 2.24**:

$$W_{sub} = W_t - E \qquad \textbf{Eq. 2.24}$$

sendo:
W_{sub} = o peso submerso da amostra;
W_t = peso da amostra ao ar;
E = empuxo.

Pode-se ainda escrever:

$$V_t\ \gamma_{sub} = V_t\ \gamma_{sat} - V_t\ \gamma_w$$

o que leva à **Eq. 2.25**:

$$\gamma_{sub} = \gamma_{sat} - \gamma_w \qquad \textbf{Eq. 2.25}$$

3- Ache uma relação biunívoca entre o índice de vazios (**e**) e a porosidade (**n**).

SOLUÇÃO:

Usando a **Eq. 2.22**: $n = \frac{V_v}{V_t} 100$

Dividindo-se o numerador e o denominador por V_s:

$$n = \frac{\frac{V_v}{V_s}}{\frac{V_t}{V_s}} 100$$

Substituindo-se V_t por $V_s + V_v$ (ver **Figura 2.1**):

$$n = \frac{\frac{V_v}{V_s}}{\frac{V_s + V_v}{V_s}} 100$$

Como $e = \frac{V_v}{V_s}$, pode-se chegar à **Eq. 2.26**:

$$n = \frac{e}{1+e} 100 \qquad \text{Eq. 2.26}$$

ou ainda à **Eq. 2.27**:

$$e = \frac{\frac{n}{100}}{1 - \frac{n}{100}} \qquad \text{Eq. 2.27}$$

4- A partir das definições básicas dos índices físicos, chegue às seguintes relações importantes:

$$\gamma = \gamma_g \frac{1 + \frac{w}{100}}{1+e} \qquad \text{Eq. 2.28}$$

$$\gamma = \frac{G_s\left(1 + \frac{w}{100}\right)}{1+e} \gamma_w \qquad \text{Eq. 2.29}$$

$$\gamma_{sat} = \frac{G_s + e}{1+e} \gamma_w \qquad \text{Eq. 2.30}$$

$$\gamma_d = \frac{\gamma_g}{1+e} \qquad \text{Eq. 2.31}$$

$$e = \frac{\gamma_g}{\gamma_d} - 1 \qquad \text{Eq. 2.32}$$

$$G_s \frac{w}{100} = \frac{S_r}{100} e \qquad \text{Eq. 2.33}$$

5- Mostre um esquema demonstrativo para a determinação dos principais índices físicos obtidos em uma amostra indeformada de argila trazida ao laboratório.

SOLUÇÃO

Conhecendo-se três índices físicos de um solo, todos os demais podem ser obtidos. Para conhecer estes três índices, determina-se no laboratório o volume da amostra (**V_t**), sua massa na condição natural (**M_t**) e após seca em estufa (**M_d**) e a densidade relativa dos grãos (**G_s**).

Para a determinação do volume, o método mais usado é a moldagem de uma amostra em uma forma geométrica simples – em geral cilíndrica – na qual se possa determinar o volume através de uma fórmula conhecida. Outra alternativa é pesar a amostra ao ar, cobri-la com parafina e pesá-la submersa; aplicando o princípio do empuxo pode-se chegar facilmente ao volume da amostra (ver problema **19**).

A determinação da massa da amostra é obtida com a utilização de uma balança comum de laboratório. Em geral, as balanças de laboratório são de compensação e medem a massa do corpo. A determinação do peso de um corpo exige a utilização de um dinamômetro, i.e., um medidor de força, como o mostrado na **Figura 2.3**.

NOTA 2.9 - Um dinamômetro doméstico

A Figura 2.3 mostra um dinamômetro mecânico muito utilizado por vendedores ambulantes de pescado em cidades de veraneio no litoral do país – e por isto conhecido popularmente por balança de peixeiro – que mede a força necessária para distender uma mola calibrada.

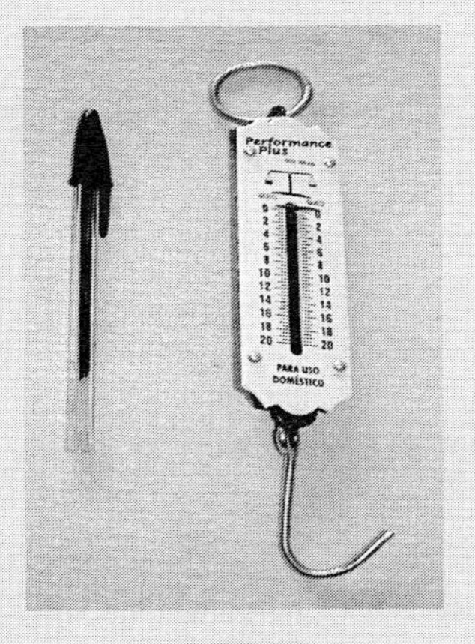

FIGURA 2.3 - Dinamômetro

A massa seca é obtida após secagem da amostra em estufa de **105° a 110°C**, até ocorrer a constância de massa, i.e., em duas pesagens consecutivas, espaçadas por um tempo não inferior a **30 minutos**, obtenha-se o mesmo valor na balança. Quando se tratar de amostras de solo orgânico, sugere-se o uso de estufa de **60°C** para evitar a queima da matéria orgânica. Métodos alternativos usados para acelerar a secagem das amostras – como a adição de álcool à amostra, com queimas sucessivas – só podem ser usados quando comparações prévias garantirem, para aquele solo, a validade do processo.

A determinação da densidade relativa dos grãos pode ser feita a partir da proposta da ABNT/NBR- 6508 para a determinação da massa específica dos grãos de solo.

Com estes quatro valores, pode-se seguir o modelo da **Figura 2.4** para obter-se os índices físicos desejados. Cabe observar que a simples divisão dos pesos específicos obtidos pela aceleração da gravidade **g** fornece as massas específicas equivalentes.

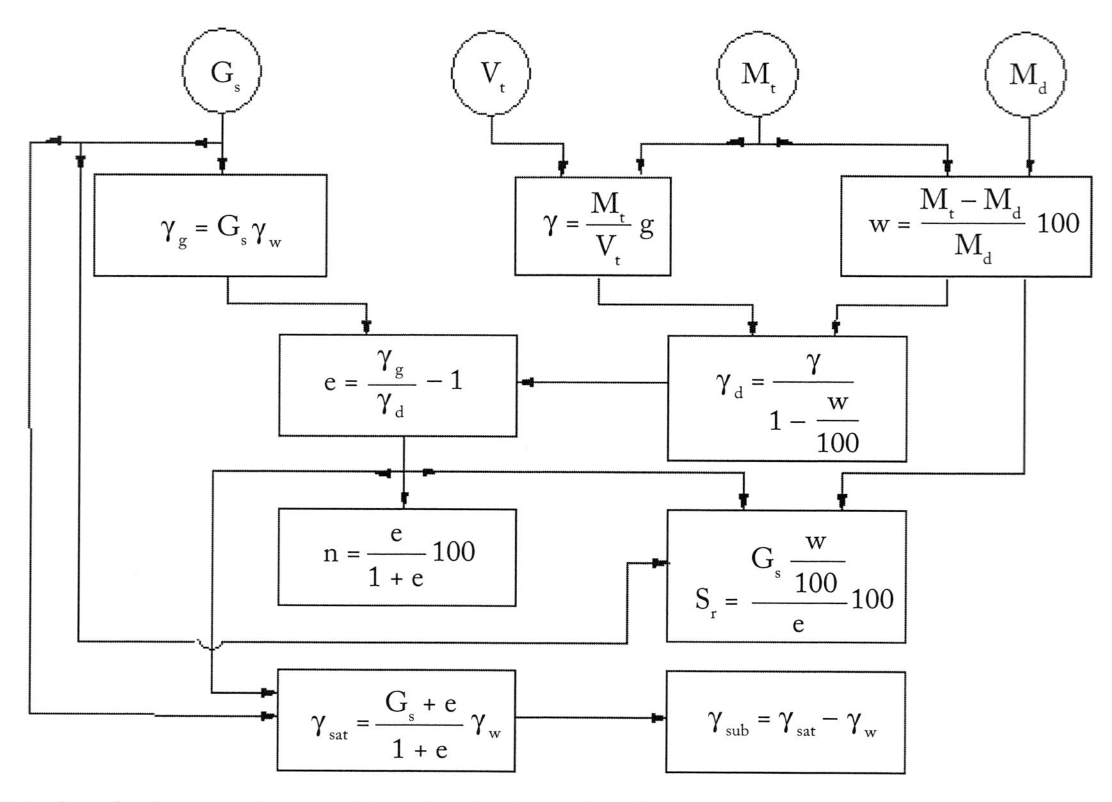

FIGURA 2.4 - Sequência proposta para determinação dos índices físicos

6- Um recipiente de vidro e uma amostra indeformada de um solo saturado tem massa de 68,959 g. Depois de seco baixou para 62,011 g. A massa do recipiente é 35,04 g e o peso específico dos grãos é 28 kN/m^3. Determine o índice de vazios, a porosidade e o teor de umidade da amostra original.

SOLUÇÃO:

TEOR DE UMIDADE - w

A partir da **Eq. 2.7**: $w = \frac{M_w}{M_s} 100$ pode-se escrever:

$$w = \frac{M_{am_{sat}+vidro} - M_{am_{seca}+vidro}}{M_{am_{seca}+vidro} - M_{vidro}} 100 = \frac{68,959 - 62,011}{62,01 - 35,046} 100 = 25,8\ \%$$

ÍNDICE DE VAZIOS - e

Aplicando-se a **Eq. 2.4** : $G_s = \frac{\gamma_g}{\gamma_w}$ e a **Eq. 2.33** : $G_s \frac{w}{100} = \frac{S_r}{100} e$, tem-se

$$e = \frac{\frac{\gamma_g}{\gamma_w} \frac{w}{100}}{\frac{S_r}{100}} = \frac{\frac{28}{9,81} \times \frac{25,8}{100}}{\frac{100}{100}} = 0,74$$

POROSIDADE - n

Aplicando-se a **Eq. 2.26**: $n = \frac{e}{1+e}100 = \frac{0,74}{1+0,74}100 = 42,41\ \%$

7- Uma amostra de solo saturado tem um volume de 0,028 m³ e massa de 57,2 kg. Considerando que os vazios estão tomados por água, determine o índice de vazios, o teor de umidade e o peso específico seco deste solo. Considerar G_S = 2,79.

SOLUÇÃO:

ÍNDICE DE VAZIOS - e

Se o solo está saturado, S_r = 100% e $\gamma_{nat} = \gamma_{sat}$.

Aplicando-se a **Eq. 2.17**: $\rho_{sat} = \frac{M_{sat}}{V_t}$, a **Eq. 2.18**: $\rho_{sat} = \frac{\gamma_{sat}}{g}$

e a **Eq. 2.30**: $\gamma_{sat} = \frac{G_s + e}{1+e}\gamma_w$, tem-se:

$$\frac{M_{sat}g}{V_t} = \frac{G_s + e}{1+e}\gamma_w \quad \rightarrow \quad \frac{0,0572 \text{ x } 9,81}{0,0283} = \frac{2,79 - e}{1+e}9,81$$

$$e = 0,75$$

TEOR DE UMIDADE - w

Aplicando-se **Eq. 2.33**: $G_s \frac{w}{100} = \frac{S_r}{100}e$ tem-se:

$$w = \frac{\frac{S_r}{100}e}{G_s}100 = \frac{\frac{100}{100}0,75}{2,79}100 = 27\%$$

PESO ESPECÍFICO APARENTE SECO - γ_d:

A partir da **Eq. 2.4**: $G_s = \frac{\gamma_g}{\gamma_w}$ e da **Eq. 2.31**: $\gamma_d = \frac{\gamma_g}{1+e}$ tem-se:

$$\gamma_d = \frac{G_s\ \gamma_w}{1+e} = \frac{2,79 \text{ x } 9,81}{1+0,72} = 15,61 \text{ kN/m}^3$$

8- Um solo saturado tem um peso específico aparente de 18,83 kN/m³ e umidade de 32,5%. Calcule o índice de vazios e o peso específico dos grãos do solo.

SOLUÇÃO:

ÍNDICE DE VAZIOS - e

Se o solo está saturado, $\mathbf{S_r}$ = 100% e $\gamma_{nat} = \gamma_{sat}$.

Usando a **Eq. 2.30**: $\gamma_{sat} = \dfrac{G_s + e}{1+e}\gamma_w$ e a **Eq. 2.33**: $G_s \dfrac{w}{100} = \dfrac{S_r}{100} e$

$$\gamma_{sat} = \frac{\dfrac{\frac{S_r}{100}e}{\frac{w}{100}} + e}{1+e}\gamma_w \quad \rightarrow \quad 18,83 = \frac{\dfrac{\frac{100}{100}e}{\frac{32,5}{100}} + e}{1+e} 9,81$$

$$e = 0,89$$

PESO ESPECÍFICO DOS GRÃOS - γ_g

Da **Eq. 2.33** : $G_s \dfrac{w}{100} = \dfrac{S_r}{100} e$ e da **Eq. 2.4** : $G_s = \dfrac{\gamma_g}{\gamma_w}$ tem-se:

$$\frac{w}{100}\frac{\gamma_g}{\gamma_w} = \frac{S_r}{100} e \quad \rightarrow \quad \frac{32.5}{100}\frac{\gamma_g}{9,81} = \frac{100}{100} 0.89$$

$$\gamma_g = 26,86 \text{ kN/m}^3$$

9- A massa de uma amostra de argila saturada é 1526 g. Depois de seca em estufa passa a ser 1053 g. Se $\mathbf{G_s}$ = 2,7, calcule **e**, **n**, **w**, γ, γ_d.
(Resposta: **e** = 1,21 ; **n** = 54,81 % ; **w** = 44,92 % ; γ = 17,37 kN/m³; γ_d = 11,99 kN/m³)

10- Em um solo saturado são conhecidos o peso específico aparente (γ = 20,1 kN/m³) e seu teor de umidade (**w** = 23%). Encontre a densidade relativa dos grãos desse solo.
(Resposta: $\mathbf{G_s}$ = 2,71)

11- Em um solo saturado $\mathbf{G_s}$ = 2,55 , γ_{nat} = 17,65 kN/m³. Calcule o índice de vazios e a umidade deste solo.
(Resposta: **e** = 0,94 ; **w** = 36,8%)

12- Em uma amostra de solo são conhecidos o γ_{sub}, **w** e $\mathbf{G_s}$. Encontre o peso específico seco, o índice de vazios e o grau de saturação em função dos valores conhecidos.

(Resposta: $e = \dfrac{G_s - 1}{\gamma_{sub}}\gamma_w - 1$ **Eq. 2.34** $\qquad \gamma_d = \dfrac{G_s \gamma_{sub}}{G_s - 1}$ **Eq. 2.35**

$$S_r = \frac{G_s \frac{w}{100}\gamma_{sub}}{(G_s - 1)\gamma_w - \gamma_{sub}} \qquad \textbf{Eq. 2.36}$$

13- Um recipiente de vidro e uma amostra indeformada de um solo saturado pesaram 0,674 N. Depois de seco em estufa o peso tornou-se 0,608 N. O recipiente de vidro pesa 0,344 N e o peso específico dos grãos do solo é 27,5 kN/m^3. Determine o índice de vazios e o teor de umidade da amostra original. (Resposta: **e** = 0,70; **w** = 25%)

14- Por imersão em mercúrio, o volume de uma amostra siltosa foi determinado igual a 14,83 cm^3. Sua massa, no teor natural de umidade era 28,81 g e depois de seca em estufa 24,83 g. O peso específico dos grãos era 26,5 kN/m^3. Calcule o índice de vazios e o grau de saturação da amostra.

SOLUÇÃO:

Aplicando a **Eq. 2.7** tem-se:

$$w = \frac{M_w}{M_s} = \frac{M_t - M_s}{M_s}100 = \frac{28,81 - 24,83}{24,83}100 = 16,03\%$$

com a **Eq. 2.9** : $\gamma = \gamma_{nat} = \frac{W_t}{V_t}$, pode-se achar o peso específico aparente:

$$\gamma = \frac{M_t g}{V_t} = \frac{28,81 \text{ x } 10^{-6} \text{ x } 9,81}{14,83 \text{x } 10^{-6}} = 19,06 \text{ kN/m}^3$$

Com a **Eq. 2.28** pode-se achar o índice de vazios:

$$\gamma = \frac{\gamma_g\left(1 + \frac{w}{100}\right)}{1+e} \quad \rightarrow \quad 19,06 = \frac{26,5\left(1 + \frac{16,03}{100}\right)}{1+e}$$

$$e = 0,61$$

e com a **Eq. 2.4** $G_s = \frac{\gamma_g}{\gamma_s}$ e a **Eq 2.33** $G_s \frac{w}{100} = \frac{S_r}{100}e$

chega-se à expressão:

$$S_r = \frac{\frac{\gamma_g}{\gamma_w} \text{ x } \frac{w}{100}}{e}100 = \frac{\frac{26,5}{9,81} \text{ x } \frac{16,03}{100}}{0,61} 100 = 70,59\%$$

15- Do perfil de terreno mostrado na **Figura 2.5**, retirou-se uma amostra a 6 m de profundidade. O peso da amostra foi de 0,39 N e após secagem em estufa foi de 0,28 N. Sabendo que $\mathbf{G_S}$ = 2,69, pede-se: **w, e,** γ_{nat}, γ_{sub}.

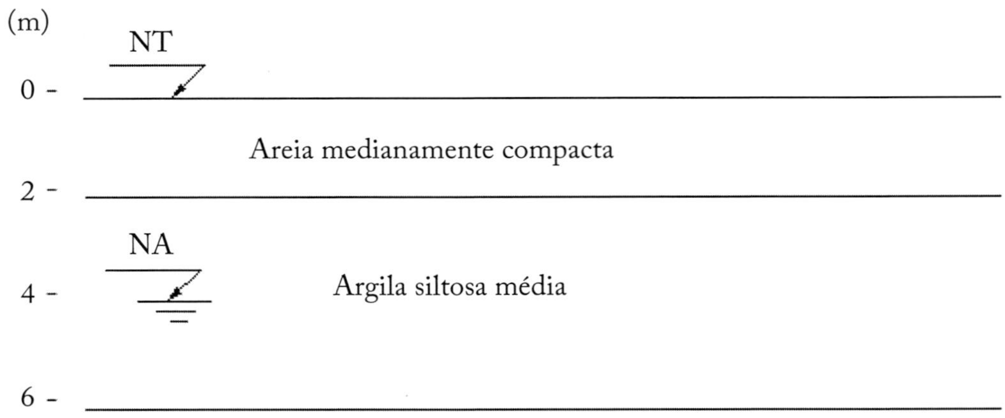

FIGURA 2.5 - Perfil do terreno

SOLUÇÃO:

Como a amostra estava submersa a consideração de estar saturada é plenamente aceitável, logo: S_r = 100%. Considerando a **Eq. 2.6,** tem-se:

$$w = \frac{W_t - W_s}{W_s} = \frac{0,39 - 0,28}{0,28} 100 = 39,28\%$$

A **Eq. 2.33** $G_s \frac{w}{100} = \frac{S_r}{100} e$ permite determinar o valor do índice de vazios:

$$e = \frac{G_s \frac{w}{100}}{\frac{S_r}{100}} = \frac{2,69 \frac{39,28}{100}}{\frac{100}{100}} = 1,06$$

Com a **Eq. 2.30** pode-se calcular o γ_{sat}:

$$\gamma_{nat} = \gamma_{sat} = \frac{G_s + e}{1 + e} \gamma_w = \frac{2,69 + 1,06}{1 + 1,06} 9,81 = 17,87 \text{ kN/m}^3$$

e finalmente, com a **Eq. 2.25**:

$$\gamma_{sub} = \gamma_{sat} - \gamma_w = 17,87 - 9,81 = 8,06 \text{ kN/m}^3$$

16- As amostras **A, B ,C** e **D** foram recolhidas por meio da cravação de um cilindro de aço de 1 litro de volume e massa de 100 g, com paredes suficientemente finas para não alterar o volume inicial da amostra. Foram tomadas todas as precauções para preservar a umidade da amostra até sua chegada em laboratório, onde foram pesadas dentro do cilindro e depois levadas para uma estufa a 110°C até chegar-se à constância de peso. Foram obtidos os resultados mostrados na **Tabela 2.1**:

TABELA 2.1 - Dados do problema 16

AMOSTRAS	A	B	C	D
massa da amostra + cilindro (g)	1520	2050	1450	2030
massa da amostra seca (g)	1210	1640	1165	1720

Admitindo-se $G_S = 2,65$, determine os pesos específicos aparentes e secos, os teores de umidade, os índices de vazios e os graus de saturação dessas amostras.

TABELA 2.2 - Resposta do problema 16

	A	B	C	D
γ (kN/m^3)	13,93	19,13	13,24	18,93
w (%)	17,36	18,9	15,88	12,21
γ_d (kN/m^3)	11,87	16,09	11,43	16,87
e	1,19	0,62	1,27	0,54
S_r (%)	38,65	81,34	33,01	59,84

17- Escavou-se um buraco em um terreno, retirando-se 1080 g de solo. Logo em seguida, preencheu-se esse buraco com 1500 g de uma areia seca com peso específico aparente de 18,63 kN/m^3. Calcule o peso específico seco, o índice de vazios e o grau de saturação deste terreno sabendo que de uma parcela do solo retirado do buraco determinou-se a umidade do terreno em 14% e a densidade relativa dos grãos em 2,5.

SOLUÇÃO:

Este problema representa um ensaio de frasco de areia, usado para determinações *in situ* do peso específico natural do terreno.

O primeiro passo do ensaio em campo, consiste em escavar, cuidadosamente, um buraco no solo na forma aproximada de um cilindro de 20 cm de diâmetro por 15 cm de altura. Após isto, preenche-se o buraco com uma areia de peso específico conhecido, determinando-se a massa de areia necessária para enchê-lo; o volume do buraco pode ser determinado a partir da massa da areia que preencheu o buraco e do peso específico, previamente conhecido, da areia. Com a massa do terreno retirado para escavar o buraco e o volume do mesmo, determina-se o peso específico natural do terreno.

Massa da areia necessária para preencher o buraco = 1500 g; peso específico desta areia = 18,63 kN/m^3, logo, de acordo com a **Eq. 2.9** $\gamma = \gamma_{nat} = \frac{W_t}{V_t}$ o volume do buraco será:

$$V_{buraco} = \frac{M_{areia}\,g}{\gamma_{areia}} = \frac{1500 \times 10^{-6} \times 9{,}81}{18{,}63} = 0{,}788 \text{ m}^3$$

Como a massa do material retirado para fazer o buraco = 1080 g e o volume do buraco = 0,788 m^3, o peso específico natural do terreno será:

$$\gamma_{nat} = \frac{1080 \times 10^{-6} \times 9{,}81}{0{,}788} = 13{,}41 \text{ kN/m}^3$$

e o peso específico seco poderá ser obtido a partir da **Eq. 2.23**:

$$\gamma_d = \frac{\gamma}{1+\frac{w}{100}} = \frac{13,41}{1+\frac{14}{100}} = 11,77\ kN/m^3$$

O índice de vazios com a **Eq. 2.29**:

$$\gamma = \frac{G_s\left(1+\frac{w}{100}\right)}{1+e}\gamma_w = 13,41 = \frac{2,5\left(1+\frac{14}{100}\right)}{1+e}9,81$$

$$e = 1,08$$

Finalmente o grau de saturação pode ser obtido com a **Eq. 2.33**:

$$S_r = \frac{G_s\frac{w}{100}}{e}100 = \frac{2,5\frac{14}{100}}{1,05}100 = 32,28\%$$

18- Retirou-se uma amostra a 3 m de profundidade no perfil abaixo (**Figura 2.6**), com massa de 18,0 kg e volume de 0,011 m^3. Sabendo que a densidade relativa dos grãos deste solo é 2,69, calcule:

- o peso específico natural;
- o peso específico submerso;
- o índice de vazios;
- a umidade.

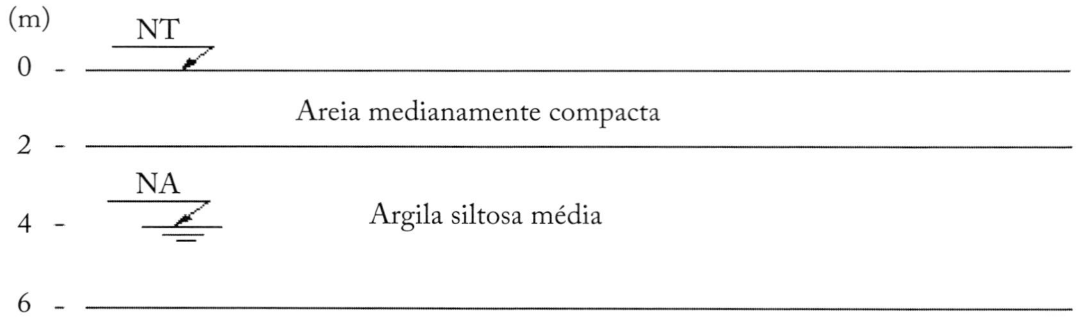

FIGURA 2.6 - Perfil do terreno

A amostra retirada a 3 m de profundidade encontrava-se na camada argilosa, 1,0 m acima do lençol freático. Nestas condições, a consideração de a amostra estar saturada por capilaridade é plenamente aceitável tratando-se de uma argila. Com esta consideração de **S_r** = 100%, pode-se resolver facilmente o problema.

(Resposta: $\boldsymbol{\gamma_{nat}}$ = 16,05 kN/m , $\boldsymbol{\gamma_{sub}}$ = 6,24 kN/m^3, **e** = 1,66 ; **w** = 61,55%)

19- O volume de uma amostra irregular de solo foi determinado, cobrindo-se a amostra com cera e pesando-a ao ar e debaixo d'água. Encontre o γ_d e o S_r deste solo sabendo que:

- massa total da amostra ao ar = 184 g;
- massa da amostra envolta em cera, ao ar = 203 g;
- massa da amostra envolta em cera, submersa = 80 g;
- umidade da amostra = 13,6%;
- densidade relativa dos grãos = 2,61;
- peso específico da cera = 8,2 kN/m³.

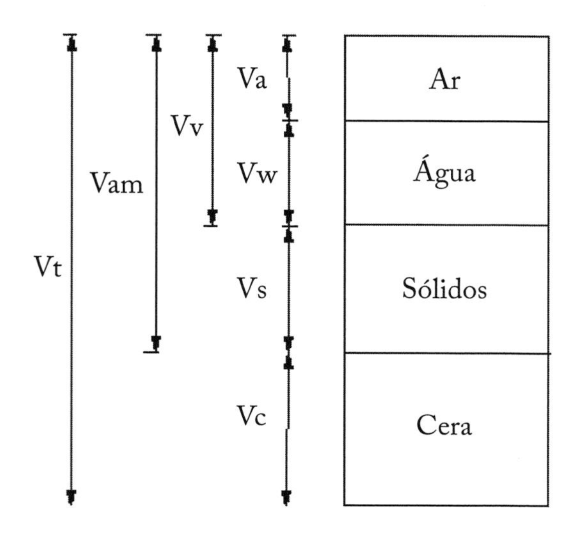

FIGURA 2.7 - Amostra idealizada

SOLUÇÃO:

Admitindo-se a amostra idealizada mostrada na **Figura 2.7**:

O empuxo – que é igual ao peso de água deslocado pela submersão da amostra – é obtido pela diferença da pesagem ao ar e submersa e, portanto:

$$\mathbf{E = W_{ar} - W_{submerso} = (203 - 80)\ x\ 10^{-3}\ x\ 9{,}81 = 1{,}21\ N}$$

logo, o volume total (amostra + cera) será igual a:

$$\mathbf{V_{am+cera} = \frac{E}{\gamma_w} = \frac{1{,}21\ x\ 10^{-3}}{9{,}81} = 1{,}23\ x\ 10^{-4}\ m^3}$$

o peso da cera será igual a:

$$\mathbf{W_c = (M_{am} - M_{am+cera})g = (203 - 184)\ x\ 10^{-3}\ x\ 9{,}81 = 0{,}19\ N}$$

o volume de cera será igual a:

$$\mathbf{V_c = \frac{W_c}{\gamma_c} = \frac{0{,}19\ x\ 10^{-3}}{8{,}2} = 0{,}23\ x\ 10^{-4}\ m^3}$$

o volume da amostra será:

$$V_{am} = V_t - V_c = 1{,}23 \times 10^{-4} - 0{,}23 \times 10^{-4} = 1{,}0 \times 10^{-4}\ m^3$$

o peso específico da amostra pode ser obtido com a **Eq. 2.13** $\rho = \dfrac{M_t}{V_t}$ e a **Eq. 2.14** $\rho = \dfrac{\gamma}{g}$ leva a:

$$\gamma_{am} = \frac{M_{am} g}{V_{am}} = \frac{184 \times 10^{-3} \times 9{,}81 \times 10^{3}}{1{,}0\ 10^{-4}} = 18{,}0\ kN/m^3$$

o peso específico seco da amostra com a **Eq. 2.31**:

$$\gamma_d = \frac{\gamma}{1 + \frac{w}{100}} = \frac{18{,}0}{1 + \frac{13{,}6}{100}} = 15{,}85\ kN/m^3$$

o índice de vazios com a **Eq. 2.4** $G = \dfrac{\gamma_g}{\gamma_w}$ e a **Eq 2.30** $e = \dfrac{\gamma_g}{\gamma_d} - 1$:

$$e = \frac{G_s \gamma_w}{\gamma_d} - 1 = \frac{2{,}61 \times 9{,}81}{15{,}85} - 1 = 0{,}62$$

e, finalmente, o grau de saturação com a **Eq. 2.33** $G_s \dfrac{w}{100} = \dfrac{S_r}{100} e$:

$$S_r = \frac{2{,}61 \frac{13{,}6}{100}}{0{,}62} 100 = 57{,}65\ \%$$

20- Uma amostra de solo saturado tem o volume de 0,0396 m^3 e massa de 79,2 kg. A densidade relativa dos grãos é 2,75.

a) considerando que os vazios estão tomados por água pura, determine o teor de umidade e o índice de vazios deste solo.

b) considerando agora que a água dos vazios seja salgada (com os sais totalmente dissolvidos), tendo o peso específico de 10,1 kN/m^3, determine o peso de água pura, o peso do sal e o índice de vazios desta amostra.

SOLUÇÃO:

a) para esta situação aplicam-se as **Eq. 2.17, 2.18, 2.30** e **2.33**:

$$\rho_{sat} = \frac{M_{sat}}{V_t} = \frac{0{,}0792}{0{,}0396} = 2{,}0\ t/m^3$$

$$\rho_{sat} g = \frac{G_s + e}{1 + e} \gamma_w \quad \rightarrow \quad 2 \times 9{,}81 = \frac{2{,}75 + e}{1 + e} 9{,}81$$

$$e = 0{,}75$$

$$w = \frac{\frac{S_r}{100} e}{G_s} 100 = \frac{\frac{100}{100} 0{,}75}{2{,}75} 100 = 27{,}27\%$$

b) neste caso, como os sais nos vazios estão completamente dissolvidos, eles não ocupam espaço adicional ao da água; com a dissolução integral, as moléculas de sal ocuparão os espaços entre as moléculas da água, portanto, na amostra saturada com água salgada, o volume de vazios ($\mathbf{V_v}$) será igual ao volume de água nos vazios ($\mathbf{V_w}$) e igual ao volume de água salgada nos vazios ($\mathbf{V_{wsal}}$):

$$V_v = V_w = V_{wsal}$$

o volume total da amostra será igual:

$$V_{am} = V_s + V_v = V_s + V_{wsal}$$

como $V_s = \frac{W_s}{\gamma_g}$ e $V_{wsal} = \frac{W_{wsal}}{\gamma_{wsal}}$, pode-se escrever:

$$V_{am} = \frac{W_s}{\gamma_g} + \frac{W_{wsal}}{\gamma_{wsal}}$$ **Eq. 2.37**

o peso da amostra ($\mathbf{W_{am}}$) é igual a:

$$W_{am} = W_s + W_{wsal}$$ **Eq. 2.38**

aplicando-se o valor de $\mathbf{W_s}$ obtido na **Eq. 2.37** na **Eq. 2.38**, tem-se:

$$V_{am} = \frac{W_{am} - W_{wsal}}{\gamma_g} + \frac{W_{wsal}}{\gamma_{wsal}}$$

que leva a:

$$0{,}0396 = \frac{79{,}2 \times 10^{-3} \times 9{,}81 - W_{sal}}{2{,}75 \times 9{,}81} + \frac{W_{sal}}{10{,}1}$$

$$W_{sal} = 0{,}174 \text{ kN}$$

o volume de água salgada nos vazios ($\mathbf{V_{wsal}}$) será:

$$V_{wsal} = \frac{W_{wsal}}{\gamma_{wsal}} = \frac{0{,}174}{10{,}1} = 0{,}0173 \text{ m}^3$$

como o volume de água salgada é igual ao volume de água, o peso de água será:

$$W_w = V_{w\,sal}\gamma_w = 0,0173 \text{ x } 9,81 = 0,169 \text{ kN}$$

o que dá para o peso de sal:

$$W_{sal} = W_{wsal} - W_w = (0,174 - 0,169) = 10^3 = 5,01 \text{ N}$$

o índice de vazios poderá ser calculado com a **Eq. 2.21**:

$$e = \frac{V_v}{V_s} = \frac{V_{w\,sal}}{V_{am} - V_{w\,sal}} = \frac{0,0173}{0,0396 - 0,0173} = 0,77$$

21- Retirou-se uma amostra de argila do fundo do mar. Para obter seu volume, cobriu-se a amostra com parafina e determinou-se a massa ao ar e debaixo d'água:

- massa da amostra ao ar = 12 Kg;
- massa da amostra coberta com parafina ao ar = 13 Kg;
- massa da amostra coberta com parafina debaixo d'água = 3,5 Kg.

Admitindo-se que a água existente nos vazios da amostra tem peso específico de 10,3 kN/m^3, pede-se o peso do sal contido nos vazios da amostra. Considerar:

- peso específico da parafina = 8,2 kN/m^3;
- densidade relativa dos grãos = 2,65.

(Resposta: $\gamma_{nat} = \gamma_{sat}$ = 14,18 kN/m; **e** = 2,71; **w** = 102,1%)

22- A construção de um aterro consumirá um volume de 400.000 m^3 de solo de empréstimo com um índice de vazios, após a compactação, de 0,64. Há três jazidas que podem ser utilizadas com as seguintes características:

TABELA 2.3 - **Dados do problema 22**

JAZIDA	DISTÂNCIA (km)	e
Serrinha	3	1,9
Araras	5	0,8
Pitomba	4	1,1

Admitindo-se que o preço do transporte do material por km seja igual, qual a jazida economicamente mais favorável?

SOLUÇÃO:

Neste caso, independentemente do índice de vazios original, o volume de sólidos a ser utilizado no aterro tem que ser igual nas três jazidas, uma vez que o volume total no aterro e o índice de vazios final são os mesmos.

A partir da **Eq. 2.21** $e = \frac{V_v}{V_s}$ pode-se chegar à expressão:

$$V_s = \frac{V_t}{1+e} \qquad \textbf{Eq. 2.39}$$

$$V_s = \frac{400.000}{1+0{,}64} = 243.902 \ m^3$$

Conhecido o V_S, pode-se achar o volume total que terá que ser trazido de cada jazida, para se ter no aterro um volume total compactado de **400.000 m³** com um índice de vazios de **0,64**. Para isto usa-se a mesma expressão anterior e monta-se a tabela:

TABELA 2.4 - **Resposta do problema 22**

JAZIDA	ÍNDICE DE VAZIOS	DISTÂNCIA km	VOLUME TOTAL m³	DISTÂNCIA x VOLUME
Serrinha	1,85	3	695122	2085365,85
Araras	0,78	5	434146	2170731,71
Pitomba	1,1	4	512195	2048780,49

Para obter-se o custo para cada jazida teria que se multiplicar o valor da coluna **DISTÂNCIA x VOLUME** pelo custo do quilômetro, porém como o preço é o mesmo para todas as jazidas, já se pode concluir que a opção Pitomba é a mais favorável.

23- Uma amostra de um solo argiloso apresentava os seguintes índices físicos: γ_{nat} = 18,5 kN/m, γ_g = 27 kN/m e **w** = 15%. Qual o volume de água a ser acrescentado para que a amostra fique completamente saturada?

SOLUÇÃO:

INDÍCE DE VAZIOS

Aplicando-se a **Eq. 2.29**:

$$\gamma = \frac{G_s\left(1+\frac{w}{100}\right)}{1+e}\gamma_w \quad \rightarrow \quad 18{,}5 = \frac{\frac{27}{9{,}81}\left(1+\frac{15}{100}\right)}{1+e}9{,}81$$

$$e = 0{,}68$$

UMIDADE DE SATURAÇÃO

Considerando-se S_r = 100%, na **Eq. 2.33** $G_s \frac{w}{100} = \frac{S_r}{100} e$ tem-se a umidade para a condição saturada:

$$w_{sat} = \frac{e}{G_s} - \frac{0{,}68}{\frac{27}{9{,}81}}100 = 24{,}65\%$$

Um volume de **1 m³** deste solo pesa **18,5 kN/m³**. Considerando a **Eq. 2.6**, pode-se chegar ao peso da água neste **m³** de solo:

$$w = \frac{W_w}{W_t - W_w}100 \quad \rightarrow \quad \frac{15}{100} = \frac{W_{w_0}}{18{,}5 - W_{w_0}}$$

$$W_{w_0} = 2{,}41\ kN$$

O que leva ao peso de sólido:

$$W_s = W_t - W_w = 18{,}45 - 2{,}41 = 16{,}09 kN$$

E, portanto, o peso de água de um **m³** da amostra saturada é:

$$W_{w_{sat}} = W_s \frac{w_{sat}}{100} = 16{,}09\frac{24{,}65}{100} = 3{,}97 kN$$

O que faz com que o volume de água a acrescentar, necessário para saturar **1 m³** de amostra, seja:

$$\Delta V_w = \frac{W_{w_{sat}} - W_{w_0}}{\gamma_w} = \frac{3{,}97 - 2{,}41}{9{,}81}1000 = 158\ \text{litros}$$

24- Uma amostra de areia tem uma porosidade de 34%. A densidade relativa dos grãos é igual a 2,7. Calcule o peso específico seco e o saturado desta areia.
(Resposta: γ_d = 17,48 kN/m³; γ_{sat} = 20,82 kN/m³)

25- Determinou-se a umidade de duas amostras iguais de um solo argiloso, utilizando diferentes estufas para a secagem das amostras. Na amostra A usou-se uma estufa de 300ºC e na amostra B uma de 110ºC. É de se esperar que:
a) a umidade determinada para o solo A seja maior que a do solo B.
b) a umidade determinada para o o solo A seja menor que a do solo A.
c) a umidade determinada para o o solo A seja igual a do solo B.
d) nenhuma das respostas anteriores.
(Resposta: é de se esperar que a umidade determinada para o solo A seja maior que a do solo B porque a estufa de 300ºC irá retirar parte da água adsorvida das partículas levando a um peso seco menor para a amostra A e, por consequência, a uma umidade maior).

26- Em uma amostra de solo, tem-se $\mathbf{G_s}$ = 2,75 e **w** = 43%. Determinou-se o peso específico aparente deste solo duas vezes, sendo γ_1 = 16,7 kN/m³ e γ_2 = 18,6 kN/m³. Sabendo-se que houve erro em um dos ensaios, qual o peso específico correto?

SOLUÇÃO:

Como são conhecidos três índices físicos da amostra pode-se calcular qualquer outro que se queira. Um caminho possível para determinar um erro nestes casos é achar índices físicos com faixas limitadas, e verificar se estes limites são obedecidos. O índice que mais se adequa a isto é o grau de saturação que tem limites de 0% a 100%. O primeiro passo então será calcular o grau de saturação admitindo o peso específico de 16,7 kN/m³:

CÁLCULO DE S_{r1}:
Aplicando-se as **Eq. 2.23, 2.32** e **2.33**, tem-se:

$$\gamma_{d1} = \frac{\gamma_1}{1+\frac{w}{100}} = \frac{16,7}{1+\frac{43}{100}} = 11,68 \text{ kN/m}^3$$

$$e_1 = \frac{\gamma_g}{\gamma_{d1}} - 1 = \frac{2,75 \text{ x } 9,81}{11,68} - 1 = 1,31$$

$$S_1 = \frac{G_s \frac{w}{100}}{e_1} 100 = \frac{2,75 \frac{43}{100}}{1,31} 100 = 90,3\%$$

O valor de S_{r1} não dá nenhuma indicação de erro.

CÁLCULO DE S_{r2}:

Fazendo o mesmo para o segundo ensaio:

$$\gamma_{d_2} = \frac{\gamma_2}{1+\frac{w}{100}} = \frac{18,6}{1+\frac{43}{100}} = 13,0 \text{ kN / m}^3$$

$$e_2 = \frac{\gamma_g}{\gamma_{d2}} - 1 = \frac{2,75 \text{ x } 9,81}{13,0} - 1 = 1,07$$

$$S_2 = \frac{G_s \frac{w}{100}}{e_2} 100 = \frac{2,75 \frac{43}{100}}{1,07} 100 = 110\%$$

Como S_r tem que ser menor ou igual a 100% o valor de γ = 18,6 kN/m é incorreto e portanto o peso específico da amostra deve ser considerado igual a 16,7 kN/m³.

27- Um certo volume de lodo (resíduo industrial) deverá ser estocado em laboratório para deposição de sólidos. Sabe-se que o lodo contém 20% em peso de sólidos, sendo seu peso específico 11,28 kN/m³. Após sedimentação total, foi retirada uma amostra indeformada do sedimento, tendo um volume de 35,4 cm³ e massa de 50,3 g. Depois de seca em estufa esta amostra teve sua massa alterada para 22,5 g. Determinar o peso específico dos grãos, o índice de vazios do lodo e o índice de vazios do sedimento.

SOLUÇÃO:

SEDIMENTO

PESO ESPECÍFICO APARENTE

Com a **Eq. 2.13** $\rho = \rho_{nat} = \frac{M_t}{V_t}$ e a **Eq. 2.14** $\rho = \frac{\gamma}{g}$ chega-se à:

$$\gamma = \frac{50,3}{35,4} 9,81 = 13,94 \text{ kN/m}^3$$

TEOR DE UMIDADE

$$w = \frac{50,3 - 22,5}{22,5} 100 = 123,5\%$$

PESO ESPECÍFICO DOS GRÃOS

Como o sedimento decantou em água a consideração de S_r **= 100%** é correta, logo, usando-se a **Eq. 2.29** $\gamma = \frac{G_s\left(1 + \frac{w}{100}\right)}{1 + e}\gamma_w$:

$$13,94 = \frac{G_s + G_s \frac{123,5}{100}}{1 + G_s \frac{123,5}{100}} 9,81 \quad \rightarrow \quad G_s = 2,95$$

o que leva a $\begin{cases} \gamma_g = 2,95 \text{ x } 9,81 = 29,04 \text{ kN/m}^3 \\ e = 2,95 \frac{123,5}{100} = 3,66 \end{cases}$

LODO

$W_s = 0,20\, W_t$

UMIDADE

$$w_{lodo} = \frac{W_w}{W_s} 100 = \left(\frac{W_t}{W_s} - 1\right) 100 = \left(\frac{W_t}{0,20 W_t} - 1\right) 100 = 400\%$$

ÍNDICE DE VAZIOS

Usando a **Eq.2.29**, chega-se à equação:

$$e = \frac{G_s\left(1+\frac{w}{100}\right)}{\gamma}\gamma_w - 1 = 11{,}87$$

28- Duas porções de solo (1) e (2) da mesma amostra apresentam respectivamente $\mathbf{w_1}$ = 10% e $\mathbf{w_2}$ = 25%. Quanto da porção (1), em peso, deve ser acrescentado à porção (2) para obter-se a umidade final da mistura igual a 22% ?

SOLUÇÃO:

Da **Eq. 2.6** tira-se:

$$w = \frac{W_t - W_s}{W_s}100 \rightarrow \frac{W_t}{W_s} = \frac{w}{100} + 1$$

para a porção (1) : $\frac{W_{t_1}}{W_{s_1}} = 1{,}10$

para a porção (2) : $\frac{W_{t_2}}{W_{s_2}} = 1{,}25$

para a porção (3) : $\frac{W_{t_f}}{W_{s_f}} = 1{,}22$

A última expressão pode ser escrita: $\frac{W_{t_1} + W_{t_2}}{W_{s_1} + W_{s_2}} = 1{,}22$

ou ainda: $\frac{W_{t_1} + W_{t_2}}{\frac{W_{t_1}}{1{,}10} + \frac{W_{t_2}}{1{,}25}} = 1{,}22$

daí tira-se: $\frac{W_{t_1}}{W_{t_2}} = 0{,}22$

Isto é, a mistura de 22 g do solo (1) com 100 g do solo (2) produzirá uma amostra com **w** = 22%.

29- Uma camada arenosa com índice de vazios **e** = 0,60 sofreu o efeito de um terremoto de tal forma que a espessura desta camada reduziu-se em 3% da espessura inicial. Pede-se o índice de vazios desta areia depois do terremoto.

SOLUÇÃO:

ANTES DO TERREMOTO

$$\begin{cases} \text{espessura da camada} = H_0 \\ \text{volume de sólidos} = V_s \\ \text{volume total} = A\ H_0 \\ \text{índice de vazios inicial} = e_0 = 0{,}60 \end{cases}$$

DEPOIS DO TERREMOTO

$$\begin{cases} \text{espessura da camada} = 0{,}97\ H_0 \\ \text{volume de sólidos} = V_s \\ \text{volume total} = A \times 0{,}97\ H_0 \\ \text{índice de vazios final} = e_f \end{cases}$$

A partir da **Eq. 2.39** $V_s = \frac{V_t}{1+e}$ e considerando que o volume de sólido não se altera com o terremoto, pode-se chegar à expressão:

$$\frac{A\ H_0}{1+e_0} = \frac{A \times 0{,}97\ H_0}{1+e_f}$$

Substituindo-se o valor de e_0 encontra-se $e_f = 0{,}55$.

CAPÍTULO 3

Granulometria

3.1- INTRODUÇÃO

A medida dos tamanhos dos grãos dos solos é chamada de granulometria e o resultado desta determinação é representado por uma curva granulométrica do tipo mostrado na **Figura 3.1**, onde se pode ler as percentagens em peso de grãos menores que qualquer diâmetro que existe naquele solo.

NOTA 3.1 - Diâmetro das partículas

> **O termo diâmetro, embora não muito adequado uma vez que as partículas não são esféricas, costuma ser usado para denominar a dimensão da partícula medida nos ensaios de granulometria.**

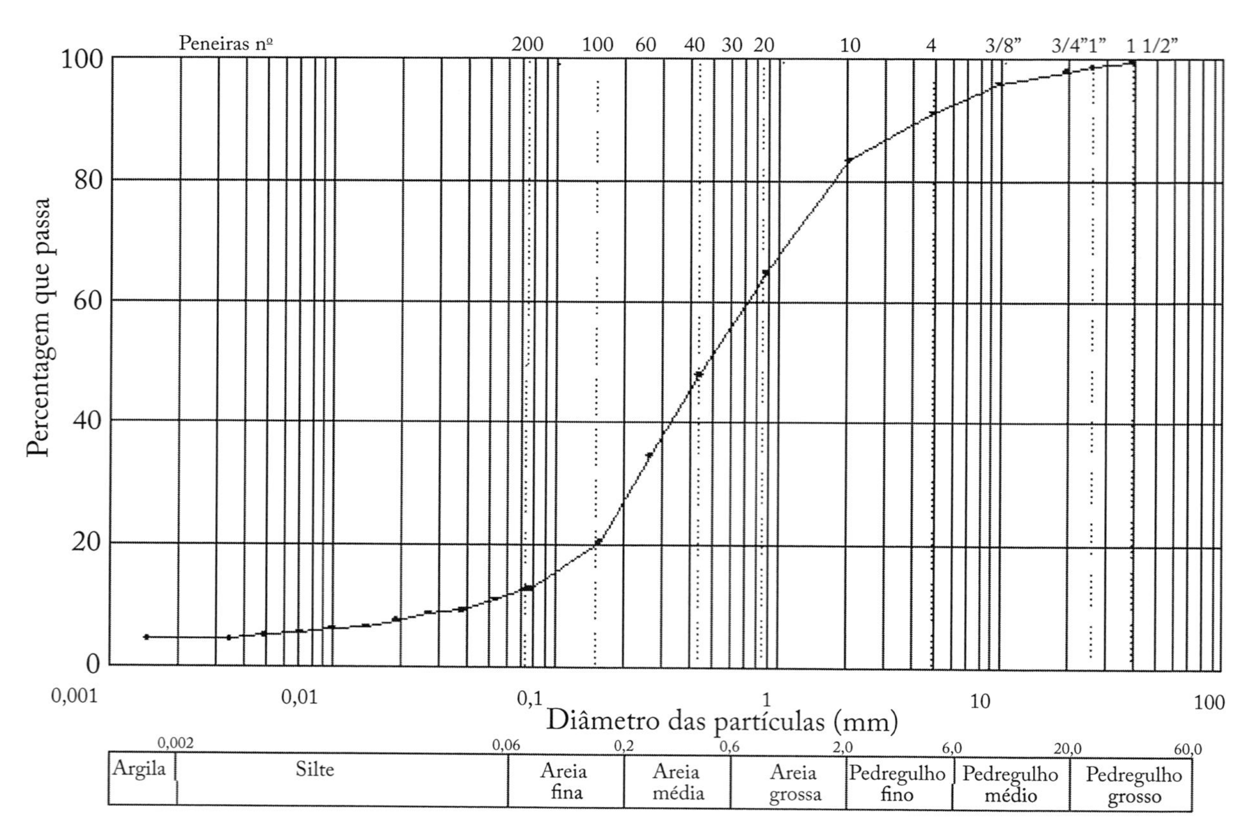

FIGURA 3.1 - Curva Granulométrica

Há algum tempo, achava-se que o tamanho dos grãos era fator determinante no comportamento mecânico dos solos e por isso a definição dos tamanhos das partículas era considerada indispensável em qualquer análise geotécnica. Hoje, com o maior conhecimento que se dispõe, a granulometria é usada mais para efeito de classificação dos solos, perdendo muito da importância anterior.

Os métodos mais usados para medir os tamanhos dos grãos dos solos são:
i - o peneiramento – para os solos de textura grossa;
ii -a sedimentação – para os solos de textura fina.

NOTA 3.2 - Granulômetro a laser

Uma técnica moderna e muito eficiente para medir o tamanho das partículas, embora ainda pouco difundida em laboratórios de solos, é com o uso dos granulômetros a laser. Uma fonte emite um feixe de raios laser através de uma amostra de solo. Uma tela receptora, em função dos desvios sofridos pelos raios laser devido aos choques com as partículas, fornece dados para se obter com um adequado software, a curva granulométrica do solo em questão de minutos, com uma precisão e repetibilidade admiráveis, podendo o ensaio ser feito em amostras em suspensão em um líquido ou secas.

Será adotado neste capítulo para os ensaios de granulometria por peneiramento e por sedimentação, a metodologia da norma brasileira ABNT/NBR 7181, chamada de granulometria com lavagem, embora, em alguns casos, possa ser conveniente executar o ensaio sem lavagem, também previsto na Norma e mostrado no exercício 12 deste capítulo.

3.2- GRANULOMETRIA POR PENEIRAMENTO

O ensaio de granulometria por peneiramento divide os solos em dois grupos: o peneiramento grosso para partícula maiores que 2,0 mm de diâmetro, os pedregulhos, e o peneiramento fino para solos com partículas entre 2,0 mm e 0,074 mm, as areias.

Para executar o peneiramento utilizam-se peneiras padronizadas (**Figura 3.2**) que são conhecidas pela própria abertura, em milímetros ou polegadas, ou por números que significam a quantidade de aberturas em uma polegada linear.

FIGURA 3.2 - Peneira 1" (25,4 mm)

O símbolo # deve ser interpretado como "peneira", por isto, quando se lê, por exemplo, #40 deve-se entender como "peneira nº 40 que tem abertura de 0,42 mm". O padrão usado no Brasil, do US BUREAU OF STANDARDS, é mostrado na **Tabela 3.1**:

TABELA 3.1 - Peneiras da USBS

NOME	ABERTURA (mm)	NOME	ABERTURA (mm)	NOME	ABERTURA (mm)
#2"	50,8	**#6**	3,36	**#50**	0,297
#1½"	38,1	**#8**	2,38	**#60**	0,25
#1"	25,4	**#10**	2	**#70**	0,21
#¾"	19,1	**#12**	1,68	**#100**	0,149
#½"	12,7	**#16**	1,19	**#140**	0,105
#3/8"	9,52	**#20**	0,84	**#200**	0,074
#¼"	6,35	**#30**	0,59	**#270**	0,053
#4	4,76	**#40**	0,42	**#400**	0,037

Para executar o ensaio de granulometria, inicialmente, a amostra que vem do campo é destorroada e espalhada para secar ao ar, de acordo com a ABNT/NBR 6457, para preparação de amostras para ensaios de caracterização. Após isto, é passada na peneira de 2,0 mm de abertura (#10). O material retido na #10 é lixiviado e seco em uma estufa de 105º a 110º. Após seco, este material é pesado ($\mathbf{M_g}$) e usado no peneiramento grosso.

Do material que passou na #10, retira-se uma certa quantidade para a determinação da umidade higroscópica (seca ao ar). Separa-se cerca de 120 g para fazer o peneiramento fino.

3.2.1 - Peneiramento Grosso

A amostra retida na #10 é retirada da estufa, pesada e colocada no topo de uma sequência de peneiras previamente definidas, decrescentes em relação à abertura da malha, como por exemplo, as peneiras com abertura de 25 mm, 19 mm, 9,5 mm, 4,8 mm (#4), 2,0 mm (#10) e Fundo.

FIGURA 3.3 - Peneirador mecânico

Leva-se o conjunto ao peneirador mecânico mostrado na **Figura 3.3** e, após um determinado tempo de peneiramento, pesa-se cada peneira e obtém-se, por subtração da massa da peneira previamente conhecido, a massa do material nela retido. A princípio, nada deveria passar na #10, uma vez que a amostra foi lixiviada nesta peneira, no entanto, devido às quebras de grãos, é comum encontrar algum vestígio de amostra no Fundo que deve ser acrescido à parte retida na #10.

NOTA 3.3- Tempo de peneiramento

O tempo que deve durar o peneiramento é aquele que permita ocorrer a constância de massa em uma peneira representativa; para esta determinação, após o tempo inicial de peneiramento, escolhe-se uma peneira em que haja bastante amostra; faz-se a pesagem da mesma e a retorna para um novo peneiramento por 1 minuto, após o qual, pesa-se novamente a peneira; o tempo de peneiramento será considerado satisfatório quando em duas pesagens consecutivas os valores forem iguais.

Calcula-se então:

i- massa total da amostra seca:

$$M_s = M_g + \frac{M_t - M_g}{1 + \frac{w_h}{100}} \qquad \textbf{Eq. 3.1}$$

onde:

M_s = massa total da amostra seca;
M_t = massa total da amostra seca ao ar usada no ensaio;
M_g = massa do material seco em estufa retido na #10;
w_h = umidade higroscópica.

ii- a porcentagem que passa em cada peneira:

$$Q_g = \frac{M_s - M_i}{Ms} 100 \qquad \textbf{Eq. 3.2}$$

onde:

Q_g = percentagem do material passando em cada peneira;
M_s = massa total da amostra seca;
M_i = massa do material seco retido acumulado em cada peneira.

Traça-se em um papel semilogarítmico a curva granulométrica desta amostra onde, no eixo das abcissas, lançam-se as aberturas das peneiras (os "diâmetros" das partículas) e, no das ordenadas, as percentagens que passam em cada peneira obtida com a **Eq. 3.2** .

3.2.2 - Peneiramento Fino

Do material separado para o peneiramento fino que passou na #10, faz-se a lixiviação na peneira com abertura de 0,074 mm (#200) e leva-se a parte retida para a estufa. Após secagem, coloca-se a amostra no topo de uma série de peneiras decrescente em abertura, como, por exemplo, a #20, #40, #60, #100, #200 e Fundo.

Leva-se o conjunto ao peneirador mecânico e, após ocorrer a constância de massa em uma peneira representativa, obtém-se a massa de cada peneira com o material nela retido. Subtraindo-se da massa previamente conhecida da peneira tem-se a massa do material retido naquela peneira. Da mesma forma que no peneiramento grosso nenhum material deveria passar na #200 mas, devido ao mesmo motivo, pode ocorrer alguma parcela no Fundo que deve ser adicionada ao retido na #200.

Calcula-se, então, a percentagem que passa em cada peneira com a **Eq. 3.3**:

$$Q_f = \frac{\dfrac{M_h}{1+\dfrac{w_h}{100}} - M_i}{\dfrac{M_h}{1+\dfrac{w_h}{100}}} \frac{N}{100} \times 100 \qquad \text{Eq. 3.3}$$

onde:

Q_f = percentagem do material passando em cada peneira;

M_h =massa do material seco ao ar submetido ao peneiramento fino;

M_i = massa do material seco em estufa, retido e acumulado em cada peneira;

w_h = umidade higroscópica;

N = percentagem do material que passa na #10 (pode ocorrer que todo o material tenha passado na #10; neste caso, evidentemente, N = 100).

Complementa-se a curva obtida com o peneiramento grosso com os dados do peneiramento fino, obtendo-se a curva granulométrica por peneiramento completa.

3.3- GRANULOMETRIA POR SEDIMENTAÇÃO

Para as partículas menores que 0,074 mm (#200), as peneiras tornam-se inoperantes. A análise, então, é feita por sedimentação da amostra em uma solução de água e um defloculante – substância química que provoca a desagregação das partículas.

Durante a sedimentação, faz-se leituras na mistura com um densímetro calibrado, conforme mostra a **Figura 3.4**, em intervalos de tempo controlados por um cronômetro. As leituras no densímetro fornecem a massa específica da mistura na profundidade em que se encontra o centro de gravidade do densímetro. Esta leitura também fornece, com a ajuda de curvas de calibração do densímetro, a "altura de queda", que é a distância do centro de gravidade do densímetro até o nível superior da solução. Com esses dados e a formulação adequada, pode-se obter a curva granulométrica do material posto a sedimentar-se.

Para a determinação dos diâmetros das partículas usa-se a lei de Stokes, **Eq. 3.4,** proposta inicialmente para calcular a velocidade de queda de uma esfera em meio viscoso:

$$d = \sqrt{\frac{1800}{\rho_g - \rho_w} \eta \frac{a}{t}} \qquad \text{Eq.3.4}$$

onde:

d = diâmetro da partícula em mm;

η = viscosidade do meio dispersor em $g.s/cm^2$;

ρ_g = massa específica dos grãos em g/cm^3;

FIGURA 3.4 - Leitura densimétrica

ρ_w = massa específica da água na temperatura do ensaio em g/cm^3;
a = altura de queda em cm (obtida em gráficos de calibração do densímetro em função da leitura do densímetro);
t = tempo em segundos.

NOTA 3.4 - Estimativas para η e ρw

As equações polinomiais propostas por Murrieta (1994) para a viscosidade e por Bardet (1997) para a massa específica da água dão uma estimativa muito boa como se pode ver abaixo:

$$\eta = 1{,}81 \times 10^{-5} - 5{,}73 \times 10^{-7}\, t + 1{,}1 \times 10^{-8}\, t^2 - 9{,}6 \times 10^{-11} t^3 \qquad \text{Eq. 3.5}$$

$$\rho_w = 0{,}99991 + 5{,}202 \times 10^{-5}\, t - 7{,}512 \times 10^{-6}\, t^2 + 3{,}606 \times 10^{-8}\, t^3 \qquad \text{Eq. 3.6}$$

com η em g.s/cm^2; ρw em g/cm^3 e t em °C. Por exemplo, para t = 23°C, usando as equações acima encontram-se η = 9,57 x 10-6 g.s/cm^2 e ρw = 0,9975 g/cm^3. Obtidos em tabelas da ABNT da NBR7181, os valores seriam iguais a η = 9,576 x 10-6 g.s/cm^2 e ρ_w = 0,99757 g/cm^3.

A aplicação da lei de Stokes é admitida como válida para partículas com diâmetro entre 0,2 e 0,0002 mm, o que compreende a faixa de areias, siltes e argilas.

Para achar a percentagem em peso de grãos com diâmetros menores que os calculados com a **Eq. 3.4**, faz-se uso da **Eq. 3.7**:

$$Q_s = \frac{\rho_g}{\rho_g - \rho_w} \frac{\rho_c V \left(L - L_d\right)}{\dfrac{M_h}{1 + \dfrac{w_h}{100}}} \frac{N}{100} \times 100 \qquad \text{Eq. 3.7}$$

onde:

Q_S = percentagem do material com diâmetro menor que o achado com a **Eq. 3.4**;
ρ_g = massa específica dos grãos em g/cm^3;
ρ_w = massa específica da água na temperatura do ensaio em g/cm^3;
ρ_c = massa específica da água na temperatura de calibração do densímetro em g/cm^3;
V = volume da suspensão em cm^3;
M_h = massa do material seco ao ar submetido à sedimentação em g;
w_h = umidade da amostra;
L = leitura do densímetro na suspensão em g/cm^3;
L_d = leitura do densímetro em água à temperatura do ensaio em g/cm^3 (obtido em gráfico de calibração do densímetro em função da temperatura);
N = percentagem do material que passa na #10.

Com as leituras obtidas com o densímetro e com a ajuda dos gráficos de calibração efetuam-se os cálculos e após, traça-se em um papel semilogarítmico, do tipo mostrado na **Figura 3.1**, a curva granulométrica onde no eixo das abcissas são lançados os diâmetros obtidos com a **Eq. 3.4** e no das ordenadas as percentagens obtidas com a **Eq. 3.7**.

NOTA 3.5 - **Considerações sobre o ensaio de sedimentação**

Muitas críticas podem ser feitas ao ensaio de sedimentação com o uso do densímetro:

i- o ensaio se baseia na queda de uma esfera isolada em meio viscoso; ocorre que uma partícula de argila tem forma lamelar e portanto sedimenta de forma inteiramente diferente de uma esfera;

ii- como no ensaio trabalha-se com milhares de partículas com diferentes velocidades de sedimentação, nada garante que a queda de uma partícula não interfira na trajetória de outra;

iii- a massa específica das partículas que sedimentam são diferentes entre si, dependendo do mineral que as forma; nos cálculos do ensaio usa-se uma massa específica média;

iv- durante o ensaio faz-se frequentes leituras com o densímetro que é imerso na mistura amostra-água-defloculante; esta inserção, inevitavelmente, interfere na sedimentação das partículas de forma direta ou devido à agitação que causa na mistura;

v- alguns tipos de solos apresentam grande descontinuidade na curva granulométrica na passagem do ensaio de peneiramento para o de sedimentação. Silveira (1991), Freire (1995) e Manso (1999), referem-se a este problema e apontam as falhas do ensaio de sedimentação como causa.

vi- o tipo de defloculante – se hexametafosfato de sódio, silicato de sódio, ou outro qualquer – tem influência diferenciada no resultado do ensaio;

vii-há situações em que a água em que a amostra é mantida em suspensão altera o volume das partículas. É o caso das argilas do grupo das montmorilonitas que expandem na presença de água.

3.4- GRANULOMETRIA MISTA

Na maioria das vezes, o solo é formado por uma ampla variação de tamanhos de partículas, desde pedregulhos a argilas. Nestes casos pode ser conveniente a execução da granulometria mista, onde se usam as técnicas do peneiramento e da sedimentação. Para isto, inicialmente passa-se o solo na #10. A porção retida é ensaiada como no peneiramento grosso mostrado anteriormente. Da fração que passou na #10, separa-se de 70 a 120 g de material e faz-se o ensaio de sedimentação. Após concluído o ensaio de sedimentação, verte-se o material da proveta na #200. Lixivia-se a parte retida e após a água passar completamente limpa pela amostra, leva-se para a estufa de 105° a 110°C para secagem. Após seca executa-se nesta amostra o peneiramento fino. As equações a serem usadas para o traçado da curva granulométrica são as mesmas mostradas anteriormente.

3.5- CURVA GRANULOMÉTRICA

A curva granulométrica é um dado importante para a classificação dos solos, porém, para a previsão de seu comportamento, os solos dependem de muitos outros fatores, sendo o principal deles, sua estrutura. O comportamento de um solo granular é principalmente influenciado por ter uma estrutura granular fofa ou por ter uma estrutura granular compacta, da mesma forma que nos solos finos o grau de dispersão ou floculação das partículas é o fator mais importante para definir suas propriedades mecânicas.

Nos solos grossos o conhecimento dos tamanhos dos grãos pode ter muita relevância em situações que envolvam aquele solo como material de filtro ou dreno. Também nos solos grossos, se a forma das partículas e as curvas granulométricas são semelhantes, é de se esperar comportamentos semelhantes caso se encontrem com a mesma compacidade. Nem isto se pode dizer para solos finos. É comum argilas com curvas granulométricas semelhantes que, mesmo moldadas com o mesmo índice de vazios e a mesma umidade, apresentam comportamentos bastante distintos em relação à resistência, à compressibilidade e à permeabilidade devido às estruturas completamente distintas que podem ter se formado.

Com o objetivo de classificar os solos, são propostos alguns índices obtidos a partir da curva granulométrica. São eles:

i- **Diâmetro Efetivo (φ_{10})**: diâmetro correspondente a 10% do peso total de todas as partículas menores que ele.

ii- **Coeficiente de Desuniformidade**: obtido com a **Eq. 3.8**,

$$C_D = \frac{\varphi_{60}}{\varphi_{10}} \qquad \textbf{Eq. 3.8}$$

com φ_{60} sendo o diâmetro correspondente a 60% do peso total de todas as partículas menores que ele.

Se:
$C_D < 5$ => solo muito uniforme;
$5 < C_D < 15$ => solo com uniformidade média;
$15 < C_D$ => solo desuniforme.

NOTA 3.6 -Considerações sobre o C_D

Muitos autores se referem a este índice como Coeficiente de Uniformidade (C_U); esta denominação é inadequada uma vez que quanto maior o valor, menos uniforme é o solo, por isto, usa-se neste livro o termo Coeficiente de Desuniformidade (C_D).

iii-**Coeficiente de Curvatura:** obtido com a **Eq. 3.9**.

$$C_C = \frac{\varphi_{30}^2}{\varphi_{60}\varphi_{10}} \qquad \textbf{Eq. 3.9}$$

com φ_{30} sendo o diâmetro correspondente a 30% do peso total de todas as partículas menores que ele. Se C_C for maior que 1 e menor que 3 diz-se que o solo é bem graduado. Fora deste intervalo o solo é considerado mal graduado.

Na verdade, esses índices foram propostos com a intenção de tornar desnecessário o exame da curva granulométrica. A simples observação de que pode haver casos de amostras com índices iguais e curvas diferentes já mostra que essa intenção não foi atingida.

3.6 - SUPERFÍCIE ESPECÍFICA

Superfície específica é a soma das superfícies de todas as partículas contidas na unidade de massa ou de volume de um solo. Há uma ligação direta entre a superfície específica de um solo e o tamanho das partículas.

Admitindo-se um solo muito homogêneo com as partículas de tal forma arredondadas que possam ser consideradas como esferas com diâmetro **d**, o volume de cada partícula seria $V = \frac{\pi d^3}{6}$ o que daria, na unidade de volume, um número de partículas igual a $\frac{6}{\pi d^3}$.

Considerando que cada partícula teria superfície de πd^2, a superfície específica (**s**) deste solo seria:

$$s = \frac{6}{\pi d^3} \pi d^2 = \frac{6}{d} \ cm^2 / cm^3$$

ou ainda, considerando que a massa dos grãos é igual ao produto da massa específica dos grãos (ρ_g) pelo seu volume:

$$s = \frac{6}{\rho_g d} \ cm^2 / g \qquad \textbf{Eq. 3.10}$$

Da formulação acima conclui-se que a superfície específica é inversamente proporcional ao diâmetro: se o solo for um pedregulho com ρ_g = 2,7 g/cm e d^3 = 10,0 mm, a superfície específica **s** será igual a 2,2 cm^2/g; se o solo for um silte com mesmo ρ e **d** = 0,01 mm, **s** será igual a 2,222 cm^2/g.

Isto explica, em grande parte, a diferença de comportamento entre os solos grossos e os solos finos. Como as forças elétricas atuam na superfície das partículas, quanto maior for a superfície específica maior a influência dessas forças. Nos pedregulhos e areias, pela pequena superfície específica, as forças gravitacionais (de massa) predominarão amplamente sobre as forças elétricas; nas partículas de argilas ocorre o contrário: as forças de massa serão desprezíveis frente às forças elétricas.

O tamanho das partículas argilosas está intimamente ligado ao tipo de mineral argílico. As argilas formadas pelo mineral argílico do grupo das montmorilonitas são as que apresentam as menores partículas e, portanto, a maior superfície específica – da ordem de 8.000.000 cm^2/g. O arranjo relativo destas partículas, i.e., sua estrutura, se fará em função das forças eletromagnéticas que atuarão em sua superfície e o resultado é a formação de estruturas muito complexas, que, uma vez desfeitas, podem alterar completamente o comportamento dessas argilas.

3.7 - PROBLEMAS PROPOSTOS E RESOLVIDOS

1- Em um ensaio de granulometria por peneiramento, passou-se 766,66 g de solo na #10. Nas 391,0 g retidas nesta peneira fez-se a lixiviação e, após secagem em estufa, o peneiramento grosso, obtendo-se:

TABELA 3.2 - Peneiramento grosso

Peneira	Massa da pen. (g)	pen. + solo (g)	Peneira	Massa da pen. (g)	pen. + solo (g)
1"	556	601,1	4	452	542,2
3/4"	530	537,5	10	437	662,3
3/8"	471	493,6	Fundo	419,9	419,9

Da amostra que passou na #10, determinou-se a umidade higroscópica de 2,5% e separou-se 133,25 g para o peneiramento fino; lixiviou-se na #200 este material e após secagem passou-se na série de peneiras obtendo-se o resultado mostrado na **Tabela 3.3.** Trace a curva granulométrica deste solo e determine seu Coeficiente de Desuniformidade e o de Curvatura.

TABELA 3.3 - Peneiramento fino

Peneira nº	Massa da pen. (g)	Pen. + solo (g)	Peneira nº	Massa da pen. (g)	Pen. + solo (g)
12	390	406,25	100	428	438,83
20	367,7	408,33	200	300,4	303,11
40	367	391,38	Fundo	335,9	335,9
60	352,9	369,15			

SOLUÇÃO:

- cálculo da massa total da amostra seca com a **Eq. 3.1**:

$$M_s = \frac{M_t - M_g}{1 + \frac{w_h}{100}} + M_g$$

$$M_s = \frac{766,66 - 391,0}{1 + \frac{2,5}{100}} + 391,0 = 757,5 \text{ g}$$

- com o resultado do peneiramento grosso mostrado na **Tabela 3.2**, pode-se montar a **Tabela 3.4**:

TABELA 3.4 - Peneiramento grosso

Peneira	Massa ret. (g)	Massa ret. acum. (g)	Q_g (%)
1"	45,1	45,1	94,0
3/4"	7,5	52,6	93,1
3/8"	22,6	75,2	90,1
4	90,2	165,4	78,2
10	225,3	391,0	48,4

Q_g foi obtido com a **Eq. 3.2**, como mostra o exemplo da #4:

$$Q_g = \frac{M_s - M_i}{M_s} 100$$

$$Q_g = \frac{757,5 - 165,4}{757,5} 100 = 78,2\%$$

- com o resultado do peneiramento fino mostrado na **Tabela 3.3**, pode-se montar a **Tabela 3.5**:

TABELA 3.5 - **Peneiramento fino**

Peneira nº	Solo ret. g	Ret. acum. g	Q_f %
20	56,88	56,88	27,21
40	24,38	81,26	18,14
60	16,25	97,51	12,09
100	10,83	108,34	8,06
200	2,71	111,05	7,05

Q_f foi obtido com a **Eq. 3.3**, como mostra o exemplo da #20:

$$Q_f = \frac{\dfrac{M_h}{1+\dfrac{w_h}{100}} - M_i}{\dfrac{M_h}{1+\dfrac{w_h}{100}}} \frac{N}{100} 100$$

$$Q_f = \frac{\dfrac{130}{1+\dfrac{2,5}{100}} - 43,8}{\dfrac{130}{1+\dfrac{2,5}{100}}} \frac{48,4}{100} 100 = 27,21\%$$

Com estes resultados pode-se traçar a curva granulométrica da **Figura 3.5**, obter-se o valor de φ_{10} = 0,19 mm, φ_{30} = 0,94 mm e φ_{60} = 2,81 mm e calcular, aplicando as **Eq. 3.8** e **3.9** o Coeficiente de Curvatura e o Coeficiente de Desuniformidade deste solo:

$$C_C = \frac{\varphi_{30}^2}{\varphi_{60}\varphi_{10}} \qquad C_D = \frac{\varphi_{60}}{\varphi_{10}}$$

$$C_D = \frac{2,81}{0,19} = 14,68$$

$$C_C = \frac{0,94^2}{2,81 \text{ x } 0,19} = 1,65$$

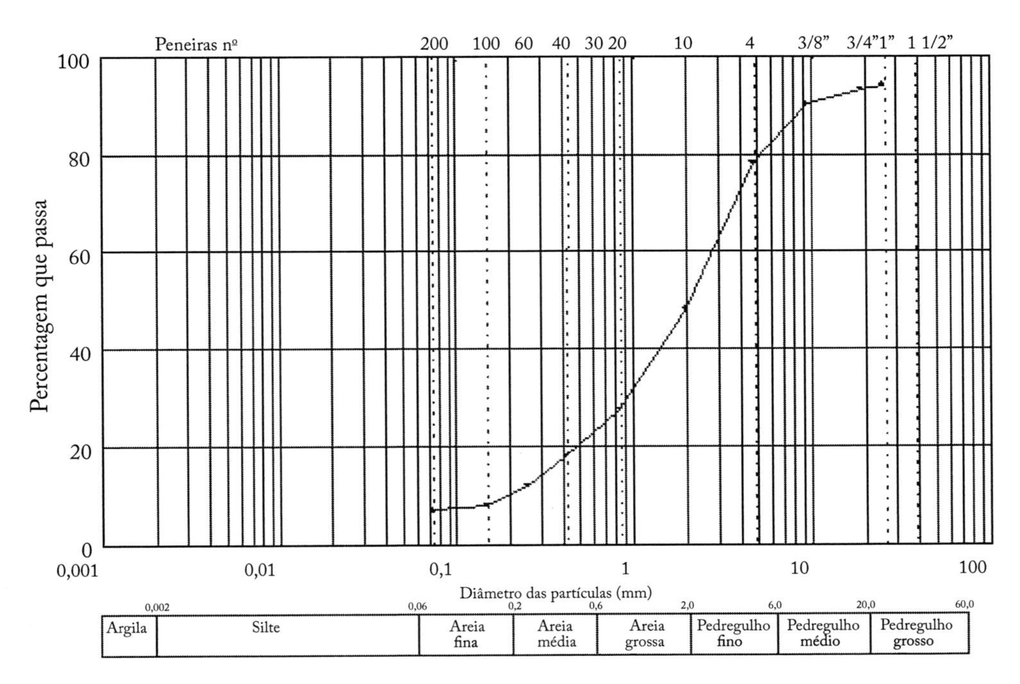

FIGURA 3.5 - Curva granulométrica

2- Traçar a curva granulométrica de um solo em que se fez um ensaio de granulometria por sedimentação. No ensaio utilizou-se 70,0 g de uma amostra com 4,5% de umidade higroscópica. O ρ_g deste solo é 27,5 g/cm³. O densímetro usado foi calibrado a 20ºC. Toda amostra passou na #10. A altura de queda **a** e a correção do densímetro $\mathbf{L_d}$ podem ser obtidas com as expressões de calibração do densímetro:

$$a = 203,6 - 186\ L \qquad (L \text{ em g/cm}^3 \Rightarrow a \text{ em cm})$$

$$L_d = 1,01 - 2,1 \times 10^{-4}\ t \qquad (t \text{ em °C} \Rightarrow L_d \text{ em g/cm}^3)$$

As leituras no densímetro durante a sedimentação são apresentadas na **Tabela 3.6**.

TABELA 3.6 - Sedimentação

Tempo	Temperatura ºC	L g/cm³	Tempo	Temperatura ºC	L g/cm³
15 seg	23	1,0450	15 min	24	1,0102
30 seg	23	1,042	30 min	25	1,0083
1 min	23	1,0359	1 h	25	1,0074
2 min	23	1,0271	2 h	25	1,0066
4 min	23	1,0203	8 h	26	1,0058
8 min	23	1,0135	24 h	24	1,0061

SOLUÇÃO:

A partir dos dados da **Tabela 3.6**, pode-se montar a **Tabela 3.7**, considerando que **a** e **L_d** são obtidos com as equações de calibração do densímetro, como no exemplo para o tempo de 30 segundos:

$$\mathbf{a = 203,6 - 186 \times 1,042 = 9,8\ cm}$$

$$\mathbf{L_d = 1,01 - 2,1 \times 10^{-4} \times 23 = 1,0052\ g/cm^3}$$

TABELA 3.7 - Sedimentação

t seg	L_d g/cm³	a cm	Q_s %	d mm
15	1,0052	9,2	93,0	0,0778
30	1,0052	9,8	86,0	0,0566
60	1,0052	10,9	71,7	0,0423
120	1,0052	12,6	51,2	0,0321
240	1,0052	13,8	35,3	0,0238
480	1,0052	15,1	19,4	0,0176
900	1,0050	15,7	12,2	0,0129
1800	1,0048	16,1	8,3	0,0092
3600	1,0048	16,2	6,2	0,0065
7200	1,0048	16,4	4,3	0,0046
28800	1,0045	16,5	2,9	0,0032
86400	1,0050	16,5	2,7	0,0014

Q_s e **d** são obtidos com as **Eq. 3.4** e **3.7**, cujo exemplo de aplicação é dado para o tempo de 30 segundos.

$$d = \sqrt{\frac{1800}{\rho_g - \rho_w}\eta\frac{a}{t}} \qquad Q_s = \frac{\rho_g}{\rho_g - \rho_w}\frac{\rho_c V(L - L_d)}{\dfrac{M_h}{1 + \dfrac{w_h}{100}}}\frac{N}{100} \times 100$$

$$d = \sqrt{\frac{1800}{(2,75 - 0,978)} 9,39 \times 10^{-6}\ \frac{9,8}{30}} = 0,0566\ mm$$

$$Q_s = \frac{2,75}{2,75 - 0,9978}\frac{0,9988 \times 1000}{\dfrac{70,0}{1 + \dfrac{4,5}{100}}}(1,0420 - 1,0052)\frac{100}{100}100$$

$Q_s = 86,0\%$

A partir destes dados traça-se a curva granulométrica mostrada na **Figura 3.6.**

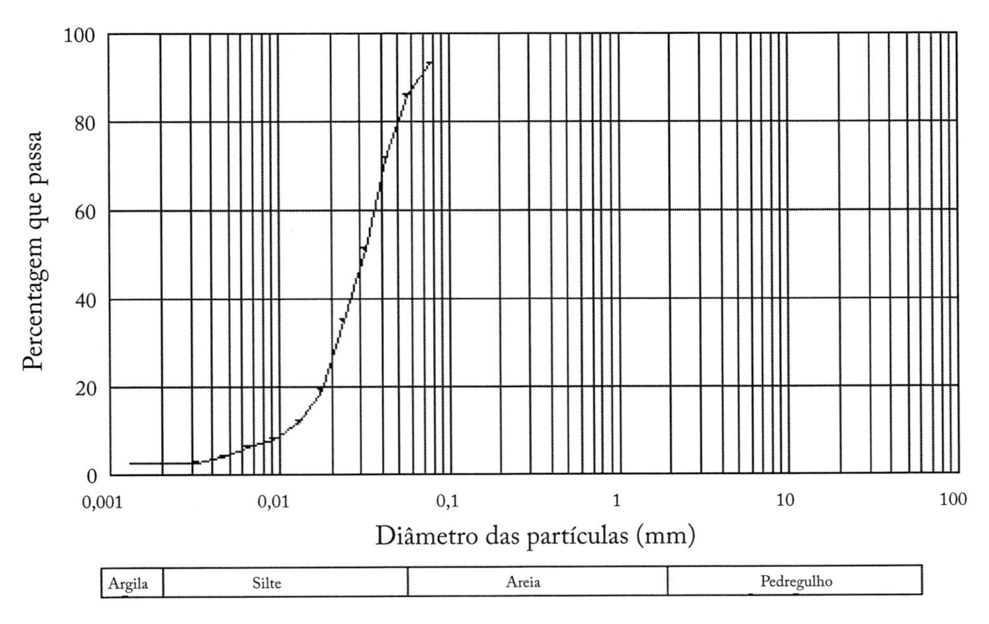

FIGURA 3.6 - **Curva granulométrica**

3- Executou-se em um ensaio de granulometria mista com lavagem em um solo com G_S = 2,68, os seguintes passos:

- passou-se na #10, 1250 g da amostra seca ao ar;
- pesou-se o material retido na #10 após lavagem e secagem na estufa, obtendo-se 202,3 g; passou-se, então, este material na série de peneiras mostrada na **Tabela 3.8**, obtendo-se:

TABELA 3.8 - **Peneiramento grosso**

Peneira	Peneira (g)	Peneira + solo (g)	Peneira	Peneira (g)	Peneira + solo (g)
1 1/2"	561,4	561,40	3/8"	658,7	683,15
1"	548,5	560,59	4	517,0	576,30
3/4"	533,3	543,26	10	437,7	534,23

Do material que passou na #10 determinou-se a umidade higroscópica (w_{higr} = 2,9%) e separou-se 85,0 g para a sedimentação, obtendo-se:

TABELA 3.9 - **Sedimentação**

Tempo seg	Temperatura °C	L g/cm³	Tempo seg	Temperatura °C	L g/cm³
30	25	1,0121	1800	25	1,0079
60	25	1,0110	3600	25	1,0075
120	25	1,0099	7200	27	1,0064
240	25	1,0095	14400	27	1,0058
480	25	1,0088	86400	26	1,0056
900	25	1,0081			

Após a sedimentação, verteu-se todo o conteúdo da proveta na #200, fez-se a lixiviação, levou-se a uma estufa de 105 °C para secagem e executou-se neste material o peneiramento fino, obtendo-se os resultados apresentados na **Tabela 3.10**.

TABELA 3.10 - Peneiramento fino

Peneira nº	Peneira g	Pen. + solo (g)	Peneira nº	Peneira g	Pen. + solo (g)
20	413,0	431,70	100	410,0	424,25
40	409,0	425,90	200	380,0	387,59
60	402,0	415,51	fundo	330,0	330,00

A altura de queda **a** e a correção do densímetro $\mathbf{L_d}$ podem ser obtidas com as expressões de calibração do densímetro:

$$a = 211{,}33 - 196{,}38\ L \qquad (L \text{ em g/cm}^3 \Rightarrow a \text{ em cm})$$

$$L_d = 1{,}0198 - 6 \times 10^{-4}\ t \qquad (t \text{ em °C} \Rightarrow L_d \text{ em g/cm}^3)$$

Trace a curva granulométrica deste solo e determine seu Coeficiente de Desuniformidade e o Coeficiente de Curvatura.

SOLUÇÃO:

Com a **Equação 3.1** calcula-se da massa total da amostra seca:

$$M_s = \frac{M_t - M_g}{1 + \frac{w_h}{100}} + M_g$$

$$M_s = \frac{1250 - 202{,}33}{1 + \frac{2{,}9}{100}} + 202{,}33 = 1220{,}47\ g$$

Com o resultado do peneiramento grosso pode-se montar a **Tabela 3.11**:

TABELA 3.11 - Peneiramento grosso

Peneira	Solo ret. (g)	Ret. acum (g)	Qg %
1 1/2"	0	0	100,0
1"	12,09	12,09	99,0
3/4"	9,96	22,05	98,2
3/8"	24,45	45,50	96,2
4	59,30	105,80	91,3
10	96,53	202,33	83,4

Q_g foi obtido com a **Eq. 3.2**, como mostra o exemplo da peneira de 3/4":

$$Q_g = \frac{M_s - M_i}{Ms} 100 = \frac{1220{,}47 - 22{,}05}{1220{,}47} 100 = 98{,}2\%$$

Do resultado da sedimentação, pode-se montar a **Tabela 3.12**.
A correção do densímetro L_d foi obtida com a equação:

L_d = 1,0198 - 6 x 10^{-4} t **(t em °C => L_d em g/cm³)**

A altura de queda a, foi obtida com a expressão:

a = 211,33 - 196,38 L **(L em g/cm³ => a em cm)**

d e **Q_s** foram achados com as **Equação 3.4** e **3.7**, conforme o exemplo para **t = 60 seg**:

TABELA 3.12 - Sedimentação

Tempo seg	L_d g/cm³	a cm	Qs %	d mm
30	1,0048	12,57	11,70	0,0640
60	1,0048	12,79	9,94	0,0457
120	1,0048	13,01	8,17	0,0326
240	1,0048	13,08	7,53	0,0231
480	1,0048	13,22	6,41	0,0164
900	1,0048	13,36	5,29	0,0121
1800	1,0048	13,40	4,97	0,0085
3600	1,0048	13,48	4,33	0,0061
7200	1,0036	13,69	4,49	0,0042
14400	1,0036	13,81	3,52	0,0030
86400	1,0042	13,85	2,24	12

$$Q_s = \frac{\rho_g}{\rho_g - \rho_w} \frac{\rho_c V (L - L_d)}{\dfrac{M_h}{1 + \dfrac{w_h}{100}}} \frac{N}{100} \text{ x } 100 \qquad d = \sqrt{\frac{1800}{\rho_g - \rho_w} \eta \frac{a}{t}}$$

$$Q_s = \frac{2{,}72}{2{,}72 - 0{,}9971} \frac{0{,}99823 \text{ x } 1000}{\dfrac{85}{1 + \dfrac{2{,}9}{100}}} (1{,}011 - 1{,}0048) \frac{83{,}4}{100} 100$$

$$= 9{,}94\%$$

$$d = \sqrt{\frac{1800 \text{ x } 9,2 \text{ x } 10^{-6} \text{ x } 12,79}{(2,72 - 0,9971)60}} = 0,0457 \text{ mm}$$

A partir dos dados da **Tabela 3.13** obtém-se para o peneiramento fino:

TABELA 3.13 - Peneiramento fino

Peneira nº	Solo ret. g	Ret. acum. g	Q_f %
20	18,7	18,7	64,5
40	16,9	35,6	47,5
60	13,51	49,11	33,8
100	14,25	63,36	19,4
200	7,59	70,95	11,8

Com a **Eq. 3.3**, obteve-se Q_f , como mostra o exemplo da #40:

$$Q_f = \frac{\dfrac{M_h}{1+\dfrac{w_h}{100}} - M_i}{\dfrac{M_h}{1+\dfrac{w_h}{100}}} \frac{N}{100} \text{ x } 100$$

Com estes resultados traça-se a curva granulométrica mostrada na **Figura 3.7** e obtém-se os valores de $\varphi 10$
= 0,046 mm, $\varphi 30$
= 0,22 mm e $\varphi 60$
= 0,70 mm; com estes valores, o Coeficiente de Desuniformidade e o Coeficiente de Curvatura podem ser calculados com a **Eq. 3.8** e **Eq. 3.9**:

$$C_D = \frac{\varphi_{60}}{\varphi_{10}} \qquad C_C = \frac{\varphi_{30}^2}{\varphi_{60}\varphi_{10}}$$

$$C_D = \frac{0,70}{0,046} = 15,21$$

$$C_C = \frac{0,22^2}{0,70 \text{ x } 0,046} = 1,50$$

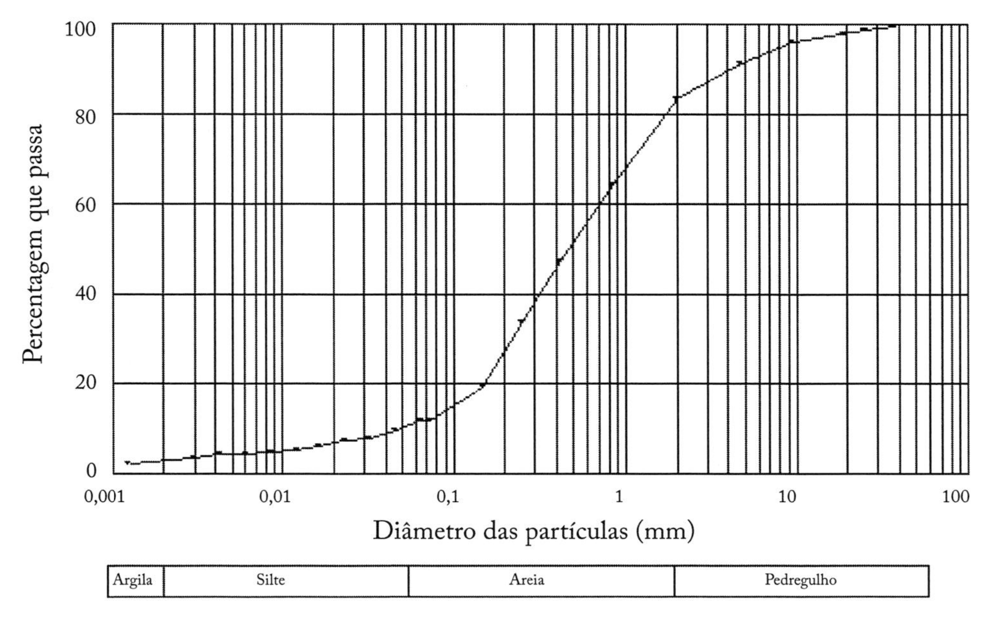

FIGURA 3.7 - Curva granulométrica

4- Executou-se um ensaio de granulometria por peneiramento em uma amostra granular com 1000 g. Inicialmente passou-se esta amostra na #10. A porção retida na #10 foi lixiviada, seca em estufa e em seguida feito o peneiramento grosso, com os resultados mostrados na **Tabela 3.14**.

TABELA 3.14 - Peneiramento grosso

Peneira	Solo retido (g)	Peneira	Solo retido (g)
1"	8,2	4	24,7
3/4"	4,1	10	41,2
3/8"	20,6	FUNDO	0

De parte do material que passou na #10, determinou-se a umidade (**3%**), separou-se 247,2 g, fez-se a lavagem na #200 e, após secagem, o peneiramento fino, obtendo-se a **Tabela 3.15**.

TABELA 3.15 - Peneiramento fino

Peneira	Solo retido (g)	Peneira	Solo retido (g)
20	41,7	100	51,7
40	46,1	200	51,9
60	33,6	FUNDO	0

Trace a curva granulométrica deste solo e determine seu Coeficiente de Desuniformidade e Coeficiente de Curvatura.
(Resposta: $\mathbf{C_D}$ = 5,47; $\mathbf{C_C}$ = 0,70, obtidos na curva mostrada na **Figura 3.8**)

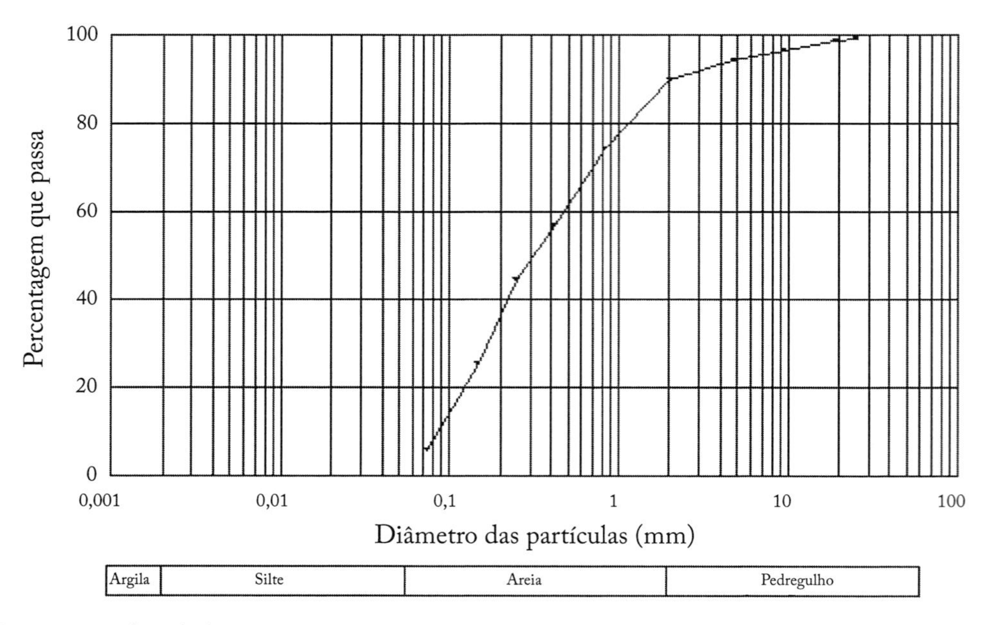

FIGURA 3.8 - Curva granulométrica

5- Separou-se 1400 g de solo para ensaio de granulometria mista. Inicialmente passou-se a amostra na #10. Da fração retida na #10, fez-se a lixiviação, secou-se em estufa e executou-se o peneiramento grosso, obtendo-se:

TABELA 3.16 - Peneiramento grosso

Peneira	Peneira (g)	Pen. + solo (g)	Peneira	Peneira (g)	Pen. + solo (g)
1"	556	556	4	452	479
3/4"	530	530	10	437	491,9
3/8"	471	471	FUNDO	462	462

Da amostra que passou na #10, determinou-se a umidade (1,96%), a densidade relativa dos grãos (G_S = 2,68) e separou-se 79 g para o ensaio de sedimentação. A altura de queda **a** e a correção do densímetro L_d podem ser obtidas com as expressões de calibração do densímetro:

$$a = 343,49 - 323,33\ L \qquad (L \text{ em g/cm}^3 \Rightarrow a \text{ em cm})$$

$$L_d = 1,0067 - 1 \times 10^{-4}\ t \qquad (t \text{ em °C} \Rightarrow L_d \text{ em g/cm}^3)$$

As leituras densimétricas são apresentadas na **Tabela 3.17**.

TABELA 3.17 - Sedimentação

t (seg)	Temperatura (°C)	L (g/cm³)	t (seg)	Temperatura (°C)	L (g/cm³)
30	23	1,027	1800	23	1,011
60	23	1,024	3600	23	1,010
120	23	1,021	7200	24	1,008
240	23	1,017	14400	26	1,007
480	23	1,016	86400	21	1,006
900	23	1,013			

O material usado na sedimentação após ser lixiviado na #200 e seco em estufa, forneceu no peneiramento fino:

TABELA 3.18 -Peneiramento fino

Pen. nº	Massa Pen. (g)	Pen. + solo (g)	Pen. nº	Massa Pen. (g)	Pen. + solo (g)
20	413	417,9	100	410	417,3
40	409	414,7	200	380	395,4
60	402	407,7	FUNDO	330	330

Trace a curva granulométrica deste solo.
(Resposta: **Figura 3.9**)

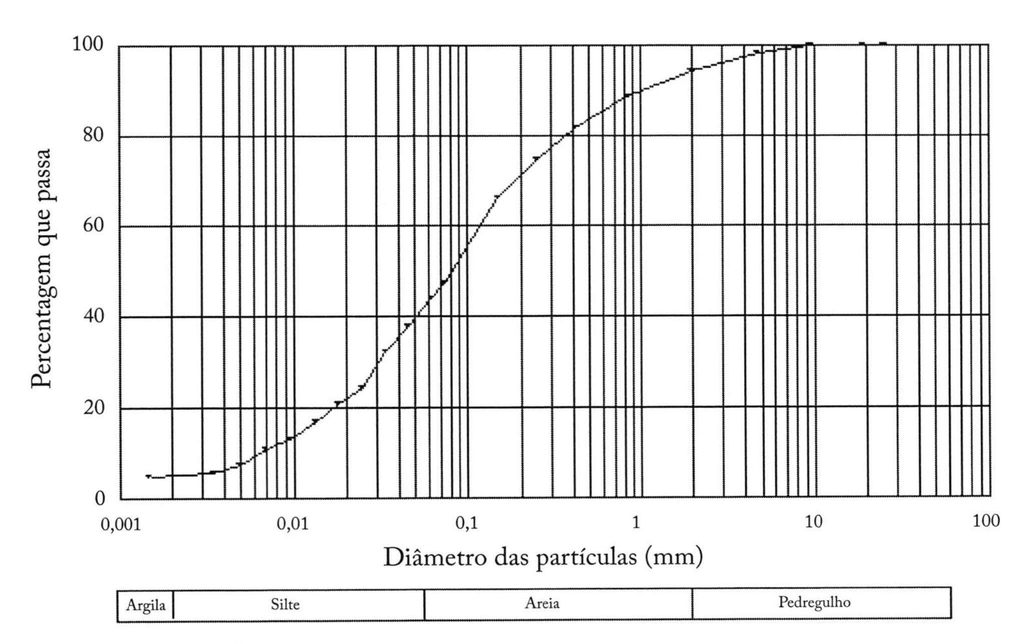

FIGURA 3.9 - Curva granulométrica

6- Separou-se 900 g de solo para ensaio de granulometria por peneiramento. Passou-se a amostra na #10. Da fração retida na #10, fez-se a lixiviação, secou-se em estufa e executou-se o peneiramento grosso, obtendo-se:

TABELA 3.19 - Peneiramento grosso

Peneira (mm)	Solo retido (g)	Peneira (mm)	Solo retido (g)
25	20,8	48	97,8
19	17,2	20	114,1
95	58,1	FUNDO	0

Da amostra que passou na #10, determinou-se a umidade (4%), separou-se 120 g e passou-se na #20. Da fração retida na #20, fez-se a lixiviação e após secagem em estufa, executou-se o peneiramento fino, obtendo-se:

TABELA 3.20 - Peneiramento fino

Peneira	Solo retido (g)	Peneira	Solo retido (g)
20	27,2	100	7,5
40	36,8	200	3,2
60	21,2	FUNDO	0

Ache o Coeficiente de Desuniformidade e o Coeficiente de Curvatura deste solo.
(Resposta: C_D =23,12; C_C = 3,07)

7- Separou-se 556,24 g de solo para um ensaio de granulometria. Inicialmente a amostra foi passada na #10. Da fração retida fez-se a lixiviação, secou-se em estufa e pesou-se obtendo-se 26,24 g. Da fração que passou na #10, determinou-se a umidade (6 %) e separou-se 106 g para o ensaio de sedimentação. Após a sedimentação lixiviou-se o conteúdo da proveta na #200, secou-se na estufa a parte retida e pesou-se obtendo-se 26,97 g. Qual a percentagem deste solo que passa na #200?
(Resposta: 69,39%)

8- Em um ensaio de sedimentação utilizou-se 120 g de uma amostra com umidade higroscópica de 5,0%. As leituras no densímetro foram:

TABELA 3.21 - Sedimentação

Tempo seg	Temperatura °C	Leit. dens. g/cm³	Tempo seg	Temperatura °C	Leit. dens. g/cm³
15	25	1,0504	900	25	1,0224
30	25	1,0454	1800	27	1,0170
60	25	1,0420	3600	28	1,0127
120	25	1,0370	7200	28	1,0099
240	25	1,0325	14400	27	1,0078
480	25	1,0280	86400	25	1,0074

Após a sedimentação, verteu-se a proveta com a amostra na #200 e, da fração retida, secou-se em estufa e fez-se o peneiramento fino, obtendo-se:

TABELA 3.22 - Peneiramento fino

Peneira nº	Peneira g	Pen.+am. g	Peneira nº	Peneira g	Pen.+am. g
20	486,1	486,1	100	361,9	371,5
40	395,4	401,46	200	358	374,91
60	382,4	389,71	fundo	490,3	490,3

Admitindo-se que: o densímetro usado é o mesmo do exercício 2, que a densidade relativa dos grãos seja igual a 2,75 e a massa específica da água a 1 g/cm^3 a qualquer temperatura, traçar a curva granulométrica deste solo.
(Resposta: **Figura 3.10)**

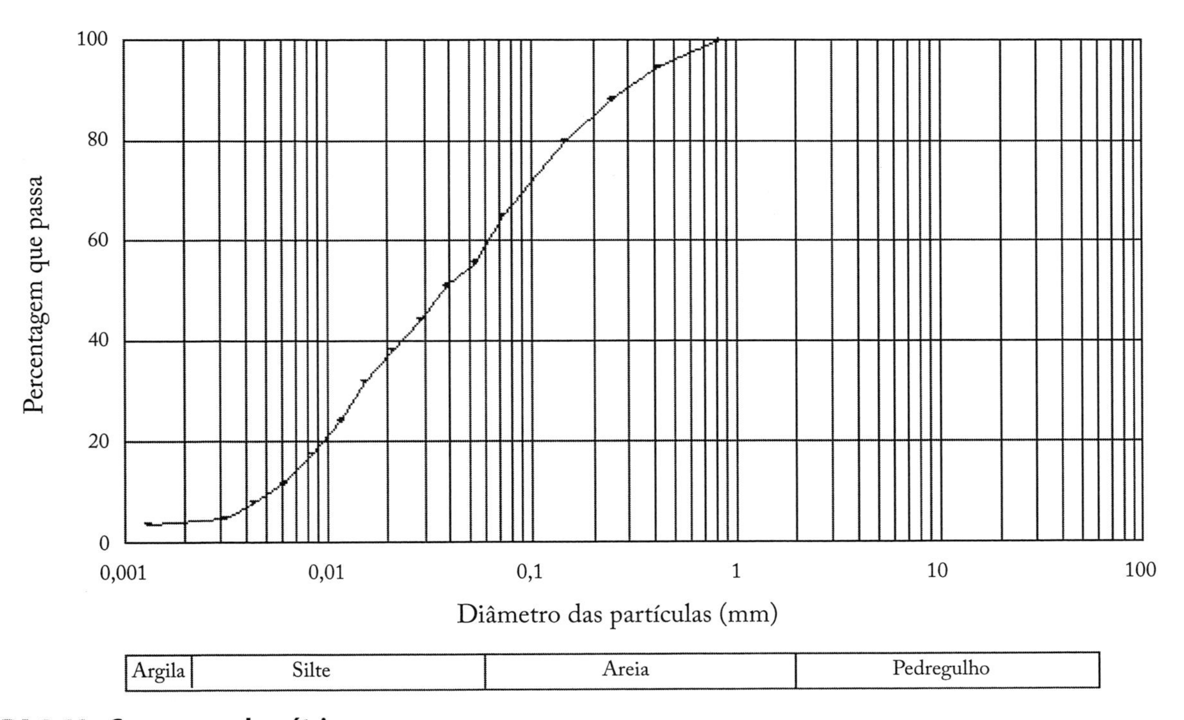

FIGURA 3.10 - Curva granulométrica

9- Separou-se 63 g de um solo para ensaio de granulometria. Inicialmente passou-se a amostra na #10, observando-se que nada ficou retido nesta peneira. A umidade desta amostra era de 5% e a densidade relativa dos grãos (G_S) igual a 2,56. Executou-se, então o ensaio de sedimentação nesta amostra, obtendo-se:

TABELA 3.23 - Sedimentação

t (seg)	Temp. (°C)	L (g/cm³)	t (seg)	Temp. (°C)	L (g/cm³)
60	21,5	1,032	1800	21,5	1,017
120	21,5	1,028	3600	22	1,014
240	21,5	1,025	7200	23	1,011
480	21,5	1,023	14400	25	1,009
900	21,5	1,020	86400	20,5	1,007

A altura de queda **a** e a correção do densímetro $\mathbf{L_d}$ podem ser obtidas com as expressões de calibração do densímetro:

$$\mathbf{a = 343,49 - 323,33\ L} \qquad \mathbf{(L\ em\ g/cm^3 \Rightarrow a\ em\ cm)}$$

$$\mathbf{L_d = 1,0067 - 1 \times 10^{-4}\ t} \qquad \mathbf{(t\ em\ °C\ 0 \Rightarrow L_d\ em\ g/cm^3)}$$

O material usado na sedimentação após ser lixiviado na #200 e seco em estufa, forneceu no peneiramento fino:

TABELA 2.24 - Peneiramento fino

Pen. nº - mm	Massa Pen. (g)	Pen. + solo (g)	Pen. nº - mm	Massa Pen. (g)	Pen + solo (g)
20 - 0,84	413	413	100-0,149	410	411,33
40 - 0,42	409	409,03	200-0,074	380	384,7
50 - 0,297	402	402,05	FUNDO	330	330

Trace a curva granulométrica deste solo; ache o grau de desuniformidade e o coeficiente de curvatura; as percentagens de areia, silte e argila.
(Resposta: $\mathbf{C_D}$ =11,59; $\mathbf{C_C}$ = 1,0; areia = 17%; silte = 74%; argila = 9%).

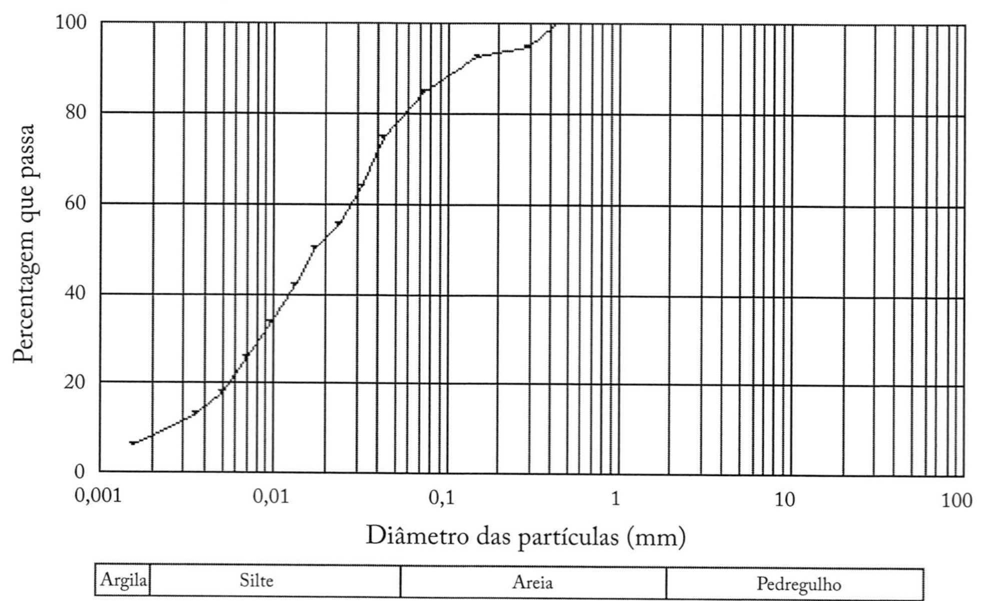

FIGURA 3.11 - Curva granulométrica

10- Calcule a superfície específica de uma areia homogênea com grãos arredondados e diâmetro médio de 0,05 cm.

Volume de cada partícula:

$$V = \frac{4\,\pi\,r^3}{3} = \frac{4\,\pi\,0{,}025^3}{3} = 6{,}54 \times 10^{-5}\ cm^3$$

Número de partículas na unidade de volume:

$$N = \frac{1}{6{,}54 \times 10^{-5}} = 15279\ \text{particulas}$$

Área de cada partícula:

$$A = 4\,\pi r^2 = 4\,\pi\,0{,}025^2 = 0{,}00785\ cm^2$$

Superfície específica:

$$s = 0{,}00785 \times 15729 = 120\ \frac{cm^2}{cm^3}$$

11- Uma argila do grupo das montmorilonitas tem as partículas em forma de prismas quadrados com $0{,}1 \times 10^{-6}$ m de aresta e $0{,}001 \times 10^{-6}$ m de altura. Qual a superfície específica desta argila em m^2/g, sabendo-se que o peso específico das partículas é de 27 kN/m^3.
(Resposta: **s** = 741,8 m^2/g).

12- Trace a curva granulométrica de um solo cujo os resultados mostrados na **Tabela 3.21** foram obtidos em um ensaio por peneiramento sem lavagem, em 248,34 g de amostra seca ao ar com umidade higroscópica de 6%.

TABELA 3.25 - Peneiramento fino

Peneira nº	Abertura (mm)	Massa da pen. (g)	Massa da pen. + solo (g)
4	4,76	443,2	451,2
10	2,0	440,6	459,2
20	0,84	486,1	520,3
40	0,42	395,4	453,9
100	0,149	361,9	397,2
200	0,074	358,0	377,1
Fundo	0,0	490,3	528,2

SOLUÇÃO:

Cálculo da massa total da amostra seca com a **Eq. 3.1**:

$$M_s = \frac{248,34}{1+\frac{6,0}{100}} = 234,28\ g$$

Com o resultado do peneiramento fino mostrado na **Tabela 3.21**, pode-se montar a **Tabela 3.26**:

Q_f foi obtido com a **Eq. 3.3**, como mostra o exemplo da #20:

$$Q_f = \frac{\frac{248,34}{1+\frac{6}{100}} - 83,48}{\frac{248,34}{1+\frac{6}{100}}} 100 = 64,4\%$$

TABELA 3.26 - Peneiramento fino

Peneira nº	Solo ret. g	Ret. acum. g	Q_f %
4	8,0	8,0	96,6
10	18,6	26,6	88,6
20	56,88	83,48	57,06
40	58,5	141,98	34,92
100	35,3	177,28	21,57
200	19,1	196,38	14,34
Fundo	37,9	234,28	0,0

Traça-se então a curva granulométrica mostrada na **Figura 3.12**:

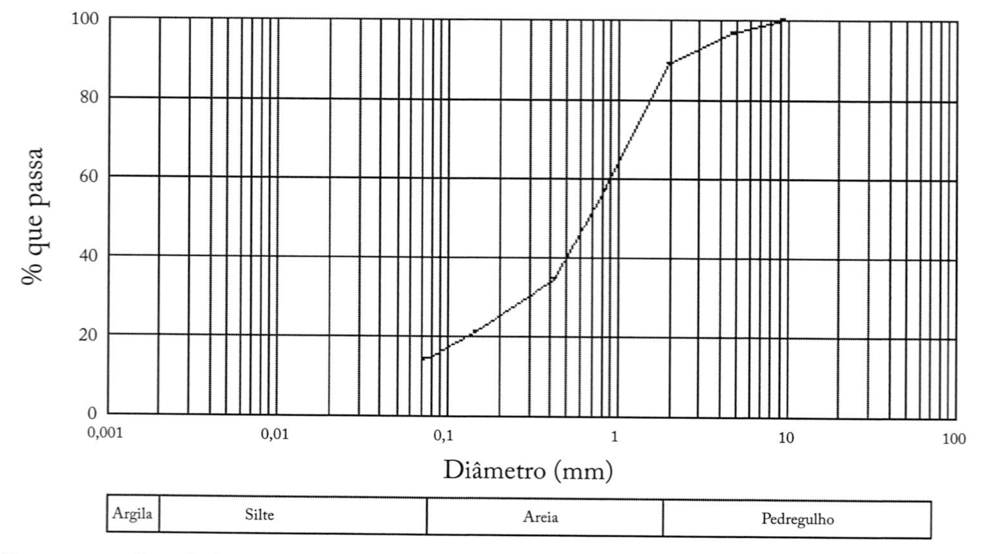

FIGURA 3.12 - Curva granulométrica

CAPÍTULO 4

Capilaridade e Plasticidade

4.1- INTRODUÇÃO

Os solos finos têm propriedades bastante distintas dos solos grossos e muitas dessas diferenças são provocadas pela interação da água com as partículas. Nas areias e pedregulhos, a água tem pouca influência no seu comportamento. As propriedades desses solos quando secos pouco se alteram em presença da água. Isto não ocorre com os solos finos, especialmente com as argilas.

Uma das propriedades mais característica das argilas é a plasticidade, que é a capacidade que alguns solos apresentam de serem moldados, praticamente sem variação de volume, e manterem a forma em que foram moldados. Isto permite a fabricação de diversas peças de "barro" como tijolos, telhas, panelas, etc. Essa propriedade é substancialmente decorrente da quantidade de água que está nos vazios da argila e das forças capilares que ali se desenvolvem.

Para uma boa compreensão do comportamento plástico que alguns solos apresentam, é necessário entender como surgem e como atuam as forças capilares. Por este motivo, o início deste capítulo recoloca alguns conceitos vistos na Física sobre as forças capilares e os relaciona ao comportamento dos solos.

4.2- FORÇAS CAPILARES

Na maioria das vezes que ocorre fluxo de água nos solos, ela se move sob a ação da gravidade. É comum, no entanto, ocorrer movimentos de água contrários à ação da gravidade. A água sobe do nível freático do terreno podendo chegar até sua superfície. É o conhecido fenômeno da ascensão capilar. Em São Paulo, na pista do Aeroporto de Congonhas, a ascensão capilar atingiu 35m (Vargas, 1978).

O fenômeno pode ser entendido a partir do conhecimento que se tem do movimento da água em tubos capilares, como mostra a **Figura 4.1**.

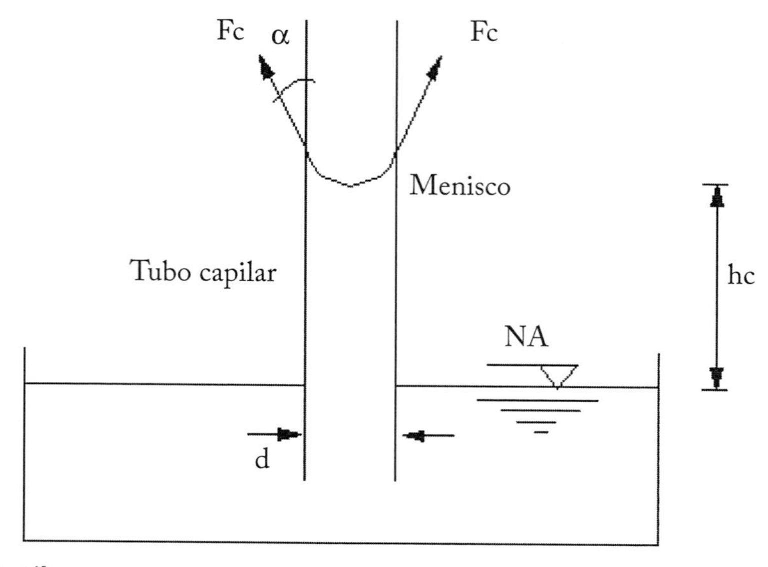

FIGURA 4.1 - Ascensão capilar

Onde:
$\mathbf{F_C}$ = força capilar;
$\mathbf{h_C}$ = altura de ascensão capilar;
α = ângulo de contato, função do líquido e do material do tubo;
d = diâmetro do tubo capilar.

A força capilar que provoca a ascensão, é a resultante da atuação de uma tensão superficial $\mathbf{T_S}$ que se cria ao longo da linha de contato do tubo capilar com o líquido. A água sobe, então, até uma altura $\mathbf{h_C}$, tal que a componente vertical da força capilar $\mathbf{F_C}$, seja igual ao peso da coluna de água suspensa, $\mathbf{W_W}$:

$$F_c \cos \alpha = W_w$$

Ao mesmo tempo $F_c = \pi \, d \, T_s$ e $W_w = \dfrac{\pi d^2}{4} h_c \gamma_w$ portanto:

$$h_c = \frac{4T_s}{d\gamma_w} \cos \alpha \qquad \text{Eq. 4.1}$$

NOTA 4.1 A tensão superficial

> **O fenômeno que permite que alguns insetos pequenos andem na superfície da água é a tensão superficial. Esta tensão superficial é resultante do desequilíbrio das forças de atração molecular a que estão sujeitas as moléculas da superfície do líquido: externamente, ao ar e internamente, às moléculas do líquido. O resultado físico deste desequilíbrio é o aumento da área superficial do líquido com o aparecimento de meniscos. Estes meniscos poderão ser côncavos ($\alpha < 90°$) ou convexos ($\alpha > 90°$). É um equívoco generalizado supor que o líquido sempre ascende devido às forças capilares; se $\alpha > 90°$ haverá uma descenção capilar como é o caso do mercúrio e vidro em que $\alpha = 140°$ e o mercúrio desce no tubo capilar.**

$\mathbf{T_S}$ varia com a temperatura; para água 20°C é igual a 73 dinas/cm ou 0,73 N/m. Ainda para água e vidro úmido, $\alpha = 0$. Com a substituição desses valores na **Eq. 4.1** e usando o centímetro como unidade para $\mathbf{h_C}$ e **d**, chega-se à **Eq. 4.2**, onde fica evidente que a altura que a água sobe em um tubo capilar é inversamente proporcional ao diâmetro:

$$h_c = \frac{0,3}{d} \qquad \text{Eq. 4.2}$$

É importante destacar, ainda, que o processo de ascensão capilar provoca uma pressão na água menor que a atmosférica. A ciência considera, em geral, a pressão atmosférica como referência, i.e., pressões maiores que a atmosférica são positivas e menores que a atmosférica são negativas. Assim, as forças capilares são negativas e com uma ação de tração na água. A **Figura 4.2** apresenta o gráfico das pressões na água ao longo da vertical que passa pelo eixo de um tubo capilar.

Nos solos, o processo é semelhante. O nível freático funciona como o recipiente de água da **Figura 4.2** e os canalículos do solo como tubos capilares. Nos solos grossos tais canalículos têm diâmetros relativamente grandes, logo a altura de ascensão capilar é pequena ou nula. Já nos solos finos, os canalículos são de pequenos diâmetros e a ascensão capilar pode ser muito grande.

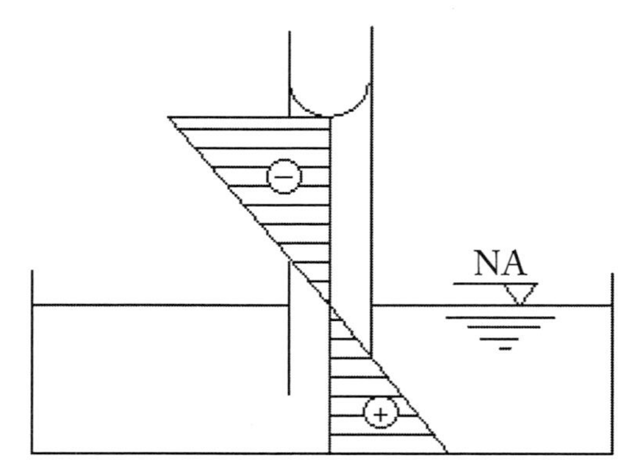

FIGURA 4.2 - **Pressão na água em um tubo capilar**

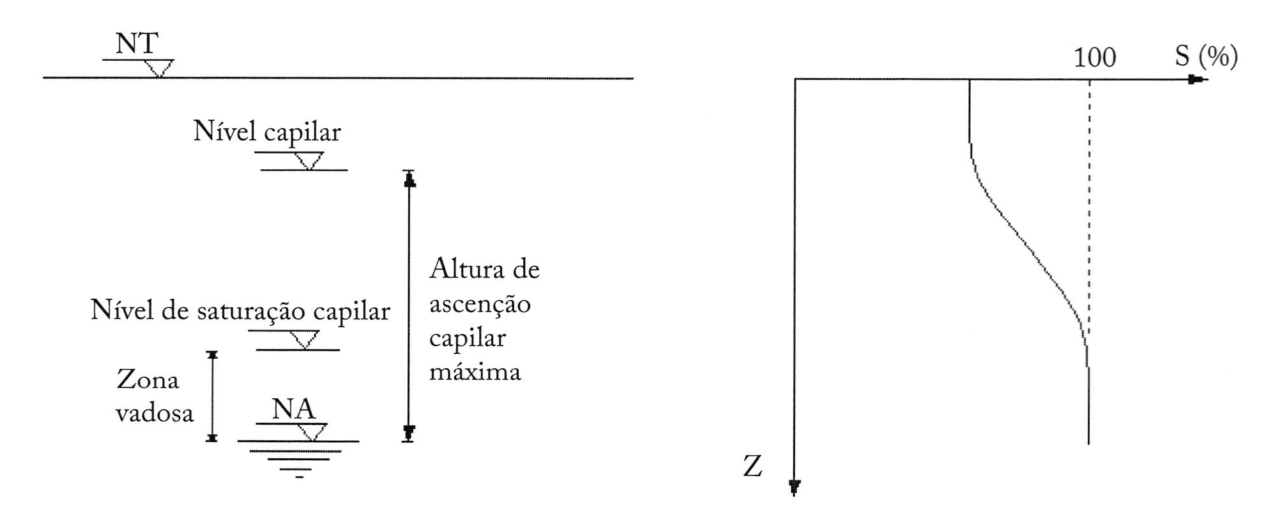

FIGURA 4.3 - **Ascensão capilar**

Mesmo nos solos finos os canalículos têm diâmetros muito diferentes entre si, portanto, a altura de ascensão capilar será muito variável: desde a menor altura, que corresponderá ao canalículo de maior diâmetro, até a máxima altura, correspondente ao canalículo de menor diâmetro. No entanto, todos os canalículos levariam a água, no mínimo, até a altura que levou o canalículo de maior diâmetro, o que faria com que o solo estivesse saturado por capilaridade nessa faixa acima do lençol freático, chamada pelos agrônomos de zona vadosa. Acima desta altura o solo não estaria mais saturado porque já nem todos os canalículos poderiam ascender a água. A máxima altura de ascensão capilar seria aquela que o canalículo mais fino levaria. A **Figura 4.3** mostra a variação do grau de saturação ao longo de **z** para a situação descrita.

Da mesma forma que nos tubos capilares, nos solos a água que ascendeu por capilaridade está com pressão negativa. Sua representação gráfica só é possível na zona saturada, onde há continuidade de líquido nos vazios, e é análoga à mostrada na **Figura 4.3.**

4.2.1 - Forças Capilares em Solos Não Saturados

A diferença entre a pressão do ar e da água $(\mathbf{u_a} - \mathbf{u_w})$ nos vazios de um solo não saturado é convencionalmente chamada de sucção.

A sucção, na verdade, é a soma de duas parcelas: a sucção osmótica, devida a pressões osmóticas que surgem em função dos solutos existentes na água e a sucção matricial, devida, aí sim, às forças capilares. A manifestação física da sucção é na forma de uma pressão negativa na água que cria uma forte ligação entre as partículas do solo aumentando sua resistência e a rigidez da estrutura.

O aumento da saturação em um solo não saturado diminui a sucção e por consequência a resistência ao cisalhamento deste solo. É por isto que é uma prática comum, na Mecânica dos Solos, saturar a amostra natural não saturada antes de um ensaio para determinação de sua resistência, em face desta situação ser a mais desfavorável e raramente há segurança de que nunca ocorrerá a saturação em campo.

4.2.2- Altura de Ascensão Capilar em Solos

Diferentemente dos tubos capilares, não é possível determinar a altura de ascensão capilar nos solos porque não há meios de medir com confiança os diâmetros dos canalículos e ainda há como agravante a variabilidade deste diâmetro no mesmo canalículo. Não se justifica a aplicação da **Eq. 4.2**, mesmo admitindo-se um diâmetro médio para determinação desta ascensão capilar. Como alternativa e mera aproximação, Terzaghi e Peck (1948) propõe a equação empírica:

$$h_c = \frac{c}{e\,\varphi_{10}} \qquad \textbf{Eq. 4.3}$$

onde:

e = índice de vazios;

$\phi 10$ = diâmetro efetivo, em cm;

c = constante que depende da forma dos grãos, variando entre 0,1 e 0,5 cm^2.

Exemplo de aplicação 4.1: se, para um determinado solo $\phi 10$ = 0,035mm e **e** = 0,5, qual a faixa de altura de ascensão capilar que se pode esperar para esta areia?

Aplicando a **Equação 4.3**:

$$h_c = \frac{c}{0,5 \times 0,0035}$$

para **c** = 0,1 => h_c = 57 cm

para **c** = 0,5 => h_c = 287 cm.

4.3- CONTRAÇÃO DOS SOLOS

Quando o solo está submerso, não há força capilar atuando; à medida, porém, que a água vai evaporando, formam-se meniscos entre seus grãos e, consequentemente, irão surgindo forças capilares que aproximam as partículas (**Figura 4.4**).

De fato, a força que faz a água subir em tubos capilares provoca uma reação que comprime as paredes do tubo. A existência desta força pode ser constatada observando-se a aproximação das paredes de tubos capilares compressíveis, quando sob o efeito da evaporação da água no seu interior. Esta força de atração das partículas produzida pela pressão capilar explica a contração dos solos argilosos durante seu processo de perda de umidade e é importante na compreensão da perda de plasticidade em uma argila.

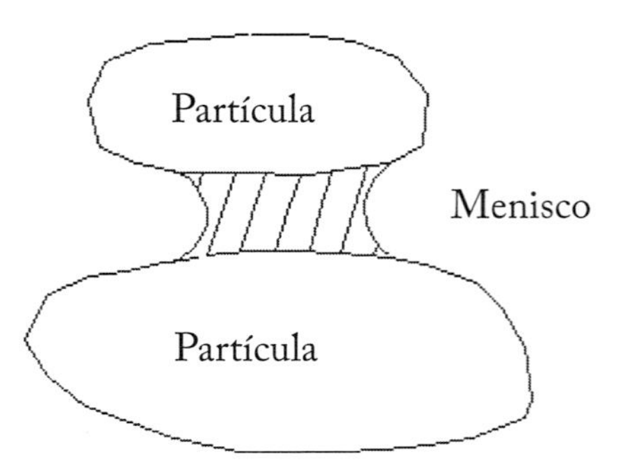

FIGURA 4.4 - Forças capilares entre partículas

4.4- PLASTICIDADE

A plasticidade, definida anteriormente como a propriedade de certos solos serem moldados sem variação de volume, ocorre principalmente porque, a forma lamelar das partículas de argila permite um deslocamento relativo entre elas, sem necessidade de variação de volume. Esta plasticidade dependerá também do teor de umidade da argila.

A forma dos grãos possibilita que eles deslizem uns sobre os outros, com a água intersticial funcionando como um lubrificante entre as partículas. Entretanto, se existir água em demasia, as partículas estarão em suspensão e o corpo não será mais plástico e sim um líquido viscoso. Por outro lado, se existir pouca água, as forças capilares serão muito grandes e os grãos se aglutinarão, formando torrões muito resistentes, que não poderão ser moldados e que se quebram quando sofrem pequenas deformações.

Considerando uma amostra de argila com teor de umidade **w** muito alto, conforme mostra a **Figura 4.5**. Ela se comportará como um líquido viscoso e se dirá que se encontra no estado líquido. A medida que a água evapora, a amostra diminui de volume e endurece. Para um certo valor de **w**, ela não mais flui como um líquido, porém pode ser moldada facilmente e conservar sua forma. Ela encontra-se, agora, no estado plástico.

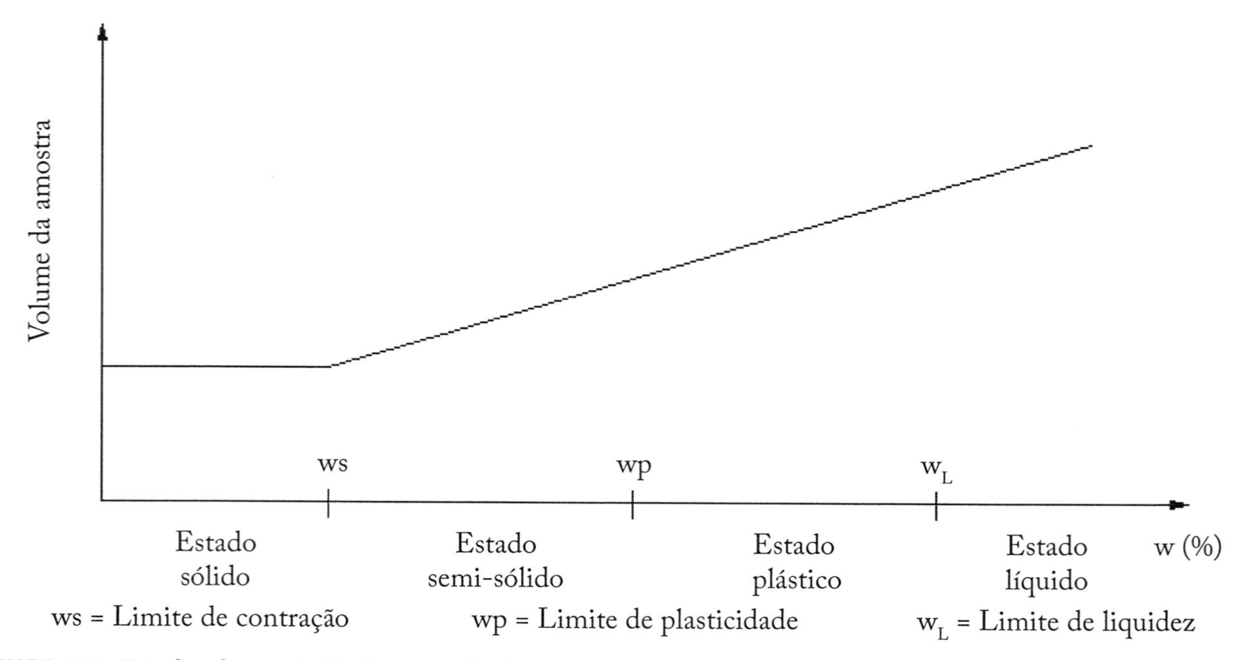

FIGURA 4.5 - Estados de consistência e seus limites

A continuar a perda de umidade, o volume da amostra continua a decrescer. O estado plástico desaparece até que, para outro valor de **w**, o solo se desmancha ao ser trabalhado. Este é o estado semissólido. Se a secagem ainda continuar, ocorrerá a passagem para o estado sólido. A partir deste ponto a amostra não reduz mais de volume. Estes são os estados de consistência e suas fronteiras, os limites de consistência.

4.5- LIMITE DE LIQUIDEZ - W_L

O Limite de Liquidez, w_L, é admitido como a umidade que um sulco previamente feito em uma amostra colocada em um aparelho especialmente projetado para este ensaio por Casagrande (**Figura 4.6**) fecha com 25 "golpes", na extensão de 1/2".

No ensaio, obtém-se em torno de 5 pares de valores umidade x número de golpes para fechar o sulco e plota-se em um gráfico semilogarítmico. Interpola-se uma reta por estes pontos, chamada de reta de fluência. O w_L é a umidade correspondente a 25 golpes como mostra a **Figura 4.7**. Observa-se que quanto mais fino é o solo maior seu limite de liquidez (caolinitas "50%", ilitas "120%", montmorilonitas "400%").

FIGURA 4.6 - Aparelho de Casagrande

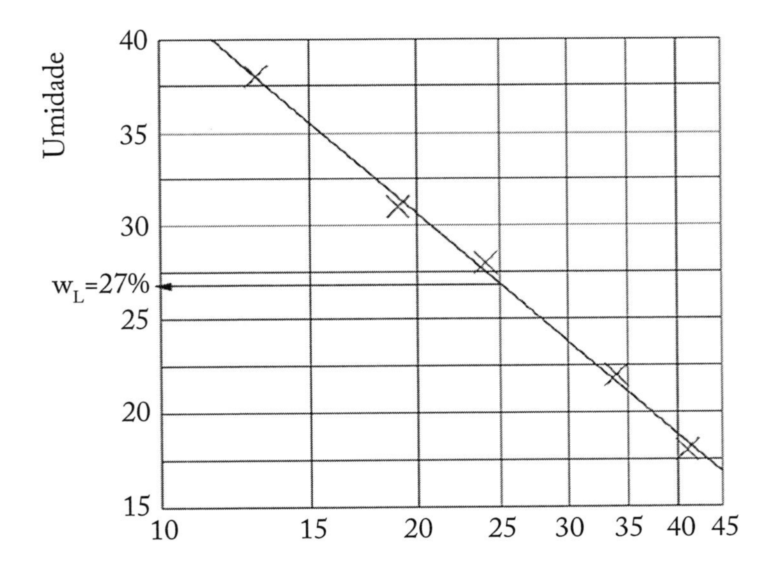

FIGURA 4.7 - Determinação do Limite de Liquidez

Há um processo de determinação do w_L chamado "de um ponto" em que se usa o número de golpes **N** que tenha fechado o sulco e a umidade correspondente **w**. Quanto mais próximo **N** estiver de 25 melhor a aproximação. Com estes valores aplica-se a **Eq. 4.4**:

$$w_L = w\left(\frac{N}{25}\right)^{tg\,\beta} \qquad \textbf{Eq. 4.4}$$

onde **tg β** é função da inclinação da reta de fluência. Usualmente utiliza-se **tg β** = 0,121. Nos solos brasileiros, Pinto & Oliveira (1975) sugerem um valor de **tg β** = 0,156.

A determinação do Limite de Liquidez, w_L, utilizando o aparelho de Casagrande, introduz uma componente dinâmica (o efeito da queda da concha) que não está relacionada com a resistência ao cisalhamento de forma igual em todos os solos. Além de ainda incorporar uma razoável interferência do operador do aparelho no resultado. Para minimizar estes problemas, surgiu um aparelho para determinação de w_L, que se baseia na penetração de um cone – e por isso chama-se de "penetrômetro de cone" – em uma amostra previamente preparada. O w_L será a umidade na qual um cone padrão, mostrado na **Figura 4.8,** com 80 g de massa (cone + haste), caindo de uma altura zero (isto é, a ponta do cone toca na amostra) atinge uma penetração nesta amostra de 20 mm.

As pesquisas têm mostrado que, para valores menores que w_L = 100%, os resultados obtidos no método de Casagrande e no método do cone são bem próximos. Para valores acima de 100% o método do cone tende a dar resultados um pouco mais baixos que os de Casagrande.

A aceitação deste novo método tem sido tão boa que alguns países como a Inglaterra já o consideram como o padrão, deixando o método de Casagrande como uma alternativa (BS1377:1975). No Brasil este método é pouco conhecido não havendo normatização dos procedimentos de ensaio.

4.6- LIMITE DE PLASTICIDADE - W_P

O Limite de Plasticidade, w_P, é a umidade para a qual um cilindro de solo rompe com diâmetro de 3 mm quando "rolado" em uma superfície lisa, com a palma da mão exercendo uma suave e constante pressão. Para reduzir a influência do operador, a norma brasileira (NBR 7180) exige que o w_P seja a média aritmética de no mínimo 3 valores sendo que estes não podem estar fora de uma faixa de ± 5% desta mesma média.

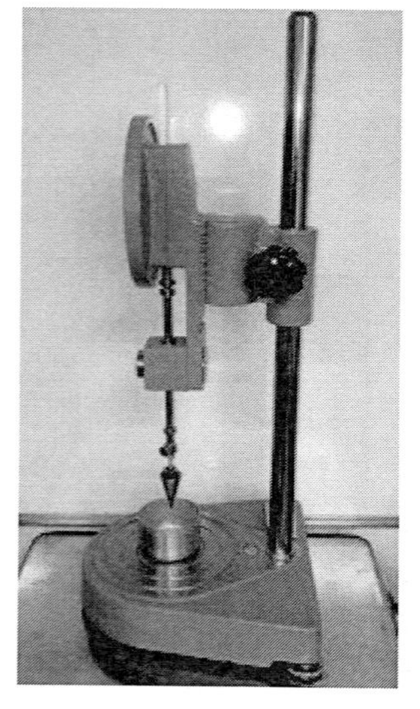

FIGURA 4.8 - Penetrômetro de cone para determinação do limite de liquidez em solos

4.7- LIMITE DE CONTRAÇÃO - w_S

O w_S é a umidade para a qual a amostra deixa de reduzir de volume quando em processo de secagem. É determinado colocando-se uma pastilha de solo saturado para secar em uma estufa de 105º a 110ºC. Posteriormente mede-se o volume da pastilha seca utilizando-se uma cuba com mercúrio e através da **Eq. 4.5** chega-se ao limite de contração.

$$w_s = \left(w_1 - \frac{V_1 - V_d}{W_d} \gamma_w \right) 100 \qquad \text{Eq. 4.5}$$

onde:

w_1 = umidade da amostra saturada;
V_1 = volume da amostra saturada;
V_d = volume da amostra seca;
W_d = peso da amostra seca.

4.8- ÍNDICE DE PLASTICIDADE

Segundo Atterberg, a plasticidade de um solo seria definida por um **Índice de Plasticidade (I_P)** obtido com a **Eq. 4.6**:

$$I_P = w_L - w_P \qquad \text{Eq. 4.6}$$

Se:

1	<	I_P	<	7	=>	fracamente plástico;
7	<	I_P	<	15	=>	medianamente plástico;
15	<	I_P			=>	altamente plástico.

Atterberg acreditava que quanto maior fosse o I_P, tanto mais plástico seria o solo. Como se verá no Capítulo 5, Casagrande propõe, em sua conhecida Carta de Plasticidade, que os solos que tenham w_L maior que 50% deverão ser considerados plásticos e os com w_L menor que 50%, pouco ou nada plásticos.

4.9- ATIVIDADE

É a propriedade que algumas argilas têm de poder transmitir ao solo, em maior ou menor grau, um comportamento argiloso, isto é, uma maior ou menor plasticidade e coesão.

Skempton (1953) propôs um índice que serviria como indicação da maior ou menor influência da fração argilosa nas propriedades geotécnicas de um solo:

$$I_a = \frac{I_P}{\% < 2\mu m} \qquad \text{Eq. 4.7}$$

onde:

I_a = índice de atividades;
% < 2ìm = percentagem de argila (partículas menores que 0,002 mm).

Se:

	Ia	<	0,75	=>	inativas
0,75 <	Ia	<	1,25	=>	normais
	Ia	>	1,25	=>	ativas

Observa-se que quanto maior o valor de $\mathbf{I_a}$ maior o potencial de variação de volume do solo. Por isto mesmo as argilas do grupo das montmorilonitas são as mais ativas.

4.10- COESÃO

É a parcela de resistência que existe em alguns solos que os fazem capazes de se manterem coesos em forma de torrões ou blocos, ou de serem cortados em formas diversas e manterem estas formas. Os solos que têm esta propriedade chamam-se **coesivos**. Os solos não coesivos, como as areias e os pedregulhos, esboroam-se facilmente ao serem cortados ou escavados.

A coesão pode ter 3 origens:

i- a existência de um cimento natural ligando os grãos: são os solos concrecionados tais como o loess (não existente no Brasil), cujo o cimento é o carbonato de cálcio; e a argila laterítica do Distrito Federal, cujo o cimento é o óxido de ferro;

ii- a pressão capilar na água intersticial: é o que se chama de coesão aparente, que tem efeito temporário, pois os meniscos tenderão a se desfazer à medida que ocorram deformações no solo ou que este se sature;

iii-a eventual ligação entre os grãos, muito próximos uns dos outros, exercida pelos contatos nas camadas de água adsorvida, conforme se pode ver na **Figura 4.9**, chamada por alguns de coesão verdadeira, exclusividade dos solos finos.

4.11- CONSISTÊNCIA

Refere-se, sempre, a solos coesivos. É definida como a maior ou menor dureza com a qual uma argila é encontrada na natureza. O Índice de Consistência é dado pela **Eq. 4.8**:

$$\mathbf{I_c} = \frac{\mathbf{w_L - w}}{\mathbf{I_P}} \qquad \textbf{Eq. 4.8}$$

onde **w** é a umidade natural no terreno.

Se:

	Ic	<	0,0	=>	argila muito mole;
0,0 <	Ic	<	0,5	=>	argila mole;
0,5 <	Ic	<	0,75	=>	argila média;
0,75 <	Ic	<	1,0	=>	argila rija;
1,0 <	Ic			=>	argila dura.

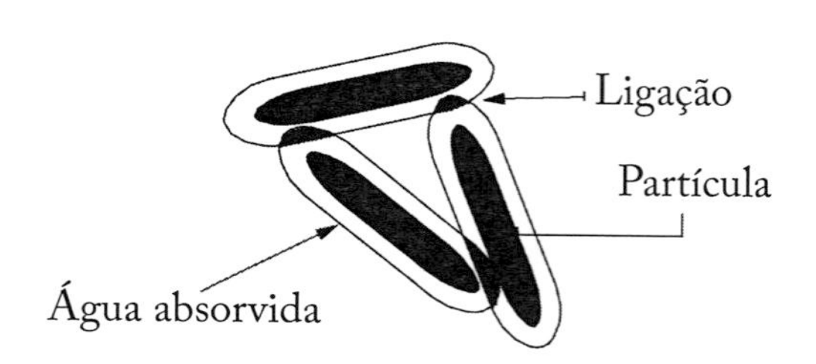

FIGURA 4.9 - Coesão verdadeira

NOTA 4.2 - **Considerações sobre o I_C**

Deve-se ter muita cautela com este tipo de classificação especialmente porque o I_c obtido através do w_L e do I_P não terá significado para a condição natural em campo, uma vez que, para obter-se o w_L e o w_P a estrutura do solo foi completamente destruída. Um método melhor de definir a consistência de uma argila é a partir de correlações com resultados de ensaios de compressão simples, R_c, em amostras indeformadas (que serão vistos no Capítulo 11), onde:

	R_c	< 25 kPa	=> argila muito mole;
25 kPa	< R_c	< 50 kPa	=> argila mole;
50 kPa	< R_c	< 100 kPa	=> argila média;
100 kPa	< R_c	< 200 kPa	=> argila rija;
200 kPa	< R_c		=> argila dura.

4.12- GRAU DE COMPACIDADE OU DENSIDADE RELATIVA

O Grau de Compacidade (**GC**), também chamado de Densidade Relativa (**D_r**), é um índice aplicável somente a solos arenosos, portanto, não coesivos e não plásticos; a primeira vista, não há muito sentido em apresentá-lo neste capítulo em que se estuda a plasticidade dos solos. Ocorre que **GC** – é preferível esta denominação para evitar confusão com a Densidade Relativa dos Grãos (**γ_g**) – é o índice para solos grossos análogo ao **I_C**.

Em um mesmo solo granular, se o índice de vazios diminui (ou aumenta) pode-se afirmar que este solo granular ficou mais compacto (ou fofo). No entanto, entre solos distintos, o índice de vazios não é capaz de fornecer esta indicação. Por exemplo, o fato de uma areia A ter **e** = 0,75 não é uma garantia que seja mais compacta que uma areia B com **e** = 0,9. Só se pode afirmar que a areia A está mais compacta que a B, se o seu índice de vazios atual estiver, relativamente, mais próximo de seu índice de vazios mínimo possível que a areia B do dela.

Torna-se necessário, então, definir o índice de vazios máximo (e_{max}) e o índice de vazios mínimo (e_{min}) de um solo granular: são, respectivamente, o maior e o menor índice de vazios possíveis de serem obtidos neste solo em condições secas. A partir do (e_{max}) e do (e_{min}), que podem ser determinados experimentalmente com os procedimentos previstos pela ABNT/NBR12004 e NBR12051, e a **Eq. 4.9**:

$$GC = \frac{e_{max} - e}{e_{max} - e_{min}} \qquad \textbf{Eq. 4.9}$$

A variação teórica de **GC** é de **0**, para uma areia no estado fofo máximo possível, a **1**, para o estado compacto máximo possível. Na prática, não ocorrem estes valores. Considera-se:

	GC < 0,3	areia fofa;
0,3 <	GC < 0,7	areia medianamente compacta;
0,7 <	GC	areia compacta.

NOTA 4.3 - **N_{SPT} x I_C e GC**

Nos dias atuais, tanto o I_C quanto o GC – o primeiro em argilas e silte argilosos e o segundo em areias e siltes arenosos – são, quase sempre, determinados a partir de correlações com o resultado de sondagens à percussão, que no Brasil é, na maioria da vezes, o número de golpes (N_{SPT}) obtido no Standard Penetration Test (SPT).

4.13- PROBLEMAS PROPOSTOS E RESOLVIDOS

1- Duas amostras obtidas do mesmo bloco de argila foram ensaiadas no aparelho Casagrande para a determinação do limite de liquidez. Na primeira, fez-se o ensaio imediatamente após a colocação da amostra no aparelho; na segunda, esperou-se 3 horas após a colocação da amostra no aparelho para dar-se início ao ensaio. Observou-se que o $\mathbf{w_L}$ obtido no segundo ensaio era sensivelmente superior ao do primeiro. O que pode explicar este comportamento?
(Resposta: a argila tinha propriedades tixotrópicas).

2- Em um ensaio de limite de liquidez, obteve-se os resultados mostrados na **Tabela 4.1**. Ache o $\mathbf{w_L}$ deste solo.

TABELA 4.1 - Ensaio de limite de liquidez

Cápsula nº	Massa Cap. g	Cáp.+Am Úm g	Cáp.+Am Seca g	Nº Golpes
3	36,57	62,93	57,75	23
17	39,43	57,34	55,33	32
12	38,35	58,21	53,90	21
A7	47,30	57,50	55,00	18
B34	43,50	59,60	57,20	28

SOLUÇÃO:
Cálculo das umidades relacionadas ao número de golpes:

TABELA 4.2 - N x w

Nº Golpes	Umidade %
23	24,5
32	12,6
21	27,7
18	32,5
28	17,5

Com os pares de valores **w** x **N** mostrados na **Tabela 4.2** , em um gráfico com escala semilog mostrado na Figura 4.10, lançam-se esses pontos e, com **N** igual a **25** golpes, obtém-se o $\mathbf{w_L}$ **= 21%.**

3- Em um ensaio de limite de plasticidade, o cilindro de solo rompeu-se com 3 mm de diâmetro nas seguintes umidades: $\mathbf{w_1}$ = 19%, $\mathbf{w_2}$ = 21%, $\mathbf{w_3}$ = 21%, $\mathbf{w_4}$ = 23% e $\mathbf{w_5}$ = 20%. Qual o $\mathbf{w_P}$ deste solo?

SOLUÇÃO:
A Norma prevê que o limite de plasticidade é o número inteiro obtido a partir da média de, no mínimo, 3 umidades que estejam na faixa de ± 5% desta média. A partir daí pode-se montar a **Tabela 4.3** e definir para este ensaio, o $\mathbf{w_P}$ de 21%.

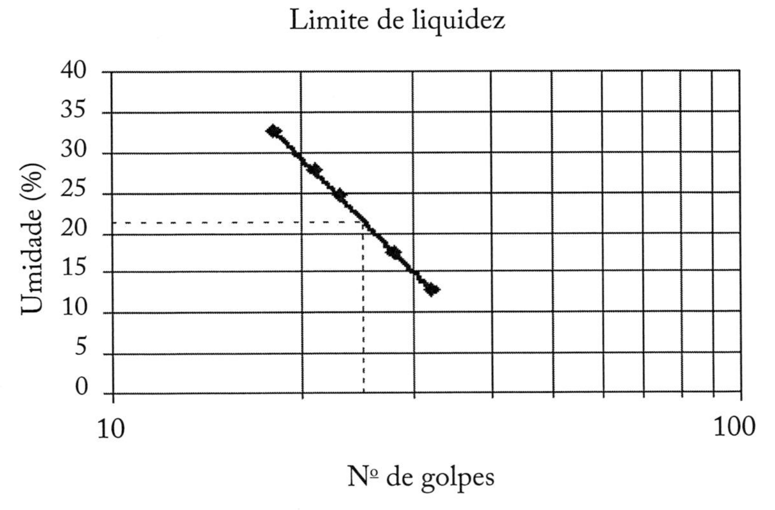

FIGURA 4.10 - Determinação de w_L

TABELA 4.3 - Determinação do Limite de Liquidez

Tentativa	w %	Média	Limites	Posição
1ª	19	20,8	21,84 a 19,76	fora
	21			ok
	21			ok
	23			fora
	20			ok
2ª	21	20,67	21,79 a 19,63	ok
	21			ok
	20			ok

4- Expresse a equação para o cálculo do Grau de Compacidade em função dos pesos específicos secos máximo, mínimos e natural.

SOLUÇÃO:

A expressão original para o cálculo de **GC** é a **Eq. 4.9**:

$$GC = \frac{e_{max} - e}{e_{max} - e_{min}}$$

Esta equação pode ser reescrita associando-se ao $\mathbf{e_{max}}$ o $\mathbf{\gamma_{d\,min}}$ e ao $\mathbf{e_{min}}$ o $\mathbf{\gamma_{d\,max}}$:

$$e_{max} = \frac{\gamma_g}{\gamma_{d_{min}}} - 1$$

$$e_{min} = \frac{\gamma_g}{\gamma_{d_{max}}} - 1$$

aplicando-se estas expressões na **Eq. 4.10**, tem-se:

$$GC = \frac{\left(\dfrac{\gamma_g}{\gamma_{d_{min}}} - 1\right) - \left(\dfrac{\gamma_g}{\gamma_d} - 1\right)}{\left(\dfrac{\gamma_g}{\gamma_{d_{min}}} - 1\right) - \left(\dfrac{\gamma_g}{\gamma_{d_{max}}} - 1\right)} = \frac{\dfrac{\gamma_g \gamma_d - \gamma_g \gamma_{d_{min}}}{\gamma_{d_{min}} \gamma_d}}{\dfrac{\gamma_g \gamma_{d_{max}} - \gamma_g \gamma_{d_{min}}}{\gamma_{d_{min}} \gamma_{d_{max}}}} =$$

o que leva à **Eq. 4.10**:

$$GC = \frac{\gamma_d - \gamma_{d_{min}}}{\gamma_{d_{max}} - \gamma_{d_{min}}} \frac{\gamma_{d_{max}}}{\gamma_d} \qquad \textbf{Eq. 4.10}$$

5- Uma areia apresenta no campo γ_{nat} = 18,5 kN/m e w_{nat} = 22%. Em laboratório, depois de seca em estufa, verteu-se 5,0 kg desta areia em um recipiente cilíndrico, com 20,0 cm de diâmetro, inicialmente, de forma que ficasse no estado mais fofo possível; neste momento a altura da areia no recipiente atingiu 12,2 cm. Em seguida, compactou-se intensamente, com vibração, de forma que a amostra passou a ter 8,8 cm de altura. Qual o Grau de Compacidade desta areia no campo?

SOLUÇÃO:

No estado fofo:

$$V_t = \frac{\pi d^2}{4} h = \frac{\pi 20^2}{4} 12,2 = 3832,7 \text{ cm}^3$$

$$\rho_{d_{min}} = \frac{M_d}{V_t} = \frac{5000}{3832,7} = 1,30 \rightarrow \gamma_{d_{min}} = 12,75 \text{ kN/m}^3$$

No estado compacto:

$$V_t = \frac{\pi 20^2}{4} 8,8 = 2764,6 \text{ cm}^3$$

$$\rho_{d_{max}} = \frac{5000}{2764,6} = 1,81 \text{ g/cm}^3 \rightarrow \gamma_{d_{max}} = 17,76 \text{ kN/m}^3$$

No campo, em estado natural:

$$\gamma_d = \frac{\gamma}{1 + \dfrac{w}{100}} = \frac{18,5}{1 + \dfrac{22}{100}} = 15,16 \text{ kN/m}^3$$

logo:

$$GC = \frac{\gamma_d - \gamma_{d_{min}}}{\gamma_{d_{max}} - \gamma_{d_{min}}} \frac{\gamma_{d_{max}}}{\gamma_d} = \frac{16{,}16-12{,}75}{17{,}76-12{,}75} \frac{17{,}76}{15{,}16} =$$

$$GC = 0{,}56$$

6- Retirou-se uma amostra de um maciço argiloso com **w** = 14%. Ensaios de laboratório forneceram o $\mathbf{w_L}$ e o $\mathbf{w_P}$ desta amostra em 19% e 10% respectivamente, o que, através da fórmula $\mathbf{Ic = (w_L - w)/Ip}$ classifica o maciço argiloso como de consistência média. Comente esta classificação.
(Resposta: deve-se ter muita cautela em classificações de consistência de maciços naturais através desta fórmula de $\mathbf{I_c}$ especialmente porque se utiliza para chegar ao resultado o limite de liquidez e o limite de plasticidade, obtidos em ensaios em que a estrutura original de campo foi completamente destruída, portanto, estes dados podem não ter nenhuma relação com a condição de campo.)

7- Ensaios de laboratório determinaram que o peso específico aparente seco de uma areia no estado mais fofo possível é de 12,5 kN/m³ e no estado mais denso possível aumenta para 19,8 kN/m³. O peso específico das partículas é de 27 kN/m³. Definiu-se em um projeto de reforço da base de uma estrada, a utilização de um grau de compacidade de 0,95 como necessário para a garantia da funcionalidade do pavimento. Sabendo-se que na jazida a areia apresenta um peso específico médio de 15 kN/m³ e um grau de saturação de 20%, pede-se determinar:
   a. a porosidade desta areia nas condições do máximo e do mínimo índice de vazios e no aterro com **GC** = 0,95;
   b. quanto deve-se acrescentar de água a cada m³ da areia na jazida para se obter um m³ saturado de areia no aterro com **GC** = 0,95.

$$V_v = V_t - V_s = 1 - 0{,}52 = 0{,}48\ m^3$$

$$S_r = \frac{V_w}{V_v} 100 \rightarrow 20 = \frac{V_w}{0{,}48\,/} 100 \rightarrow V_w = 0{,}10\ m^3$$

SOLUÇÃO:

i- o cálculo do peso específico seco para **GC** = 0,95 pode ser feito com a **Eq. 4.11**:

$$GC = \frac{\gamma_d - \gamma_{dmin}}{\gamma_{dmax} - \gamma_{dmin}} \frac{\gamma_{dmax}}{\gamma_d}$$

$$0{,}95 = \frac{\gamma_d - 12{,}5}{19{,}8 - 12{,}5} \frac{19{,}8}{\gamma_d}$$

$$\gamma_d = 19{,}24\ kN/m^3$$

ii- o cálculo dos índices de vazios para **GC** = 0,95; **GC** = máximo e **GC** = mínimo pode ser feito com a **Eq. 2.32**:

$$e = \frac{\gamma_g}{\gamma_d} - 1$$

$$e_{0,95} = \frac{27}{19,24} - 1 = 0,40$$

$$e_{max} = \frac{27}{12,25} - 1 = 1,16$$

$$e_{min} = \frac{27}{19,8} - 1 = 0,36$$

iii- o cálculo da porosidade para **GC** = 0,95; **GC** = máximo e **GC** = mínimo pode ser feito com a **Eq. 27**:

$$n = \frac{e}{1+e} 100$$

$$n_{max} = \frac{1,16}{1+1,16} 100 = 53,70\%$$

$$n_{min} = \frac{0,36}{1+0,36} 100 = 26,47\%$$

$$n_{0,95} = \frac{0,40}{1+0,40} 100 = 28,57\%$$

iv- o cálculo da quantidade de água em 1m³ de areia na jazida:

$$\gamma = \frac{G - \frac{S_r}{100} e}{1+e} \gamma_w \rightarrow 15 = \frac{27 - \frac{20}{100} e}{1+e} 9,81 \rightarrow e = 0,92$$

$$e = \frac{V_v}{V_s} = \frac{V_t}{V_s} - 1 \rightarrow 0,92 = \frac{1}{V_s} - 1 \rightarrow V_s = 0,52\ m^3$$

CAPÍTULO 5

Classificação dos Solos

5.1- INTRODUÇÃO

A necessidade de se classificar os solos é muito antiga. Há registro de uma classificação de solos usada na China, baseada na cor e na estrutura, com mais de 4000 anos (Cernica, 1995). Já foram apresentadas em capítulos anteriores algumas classificações de solos, como por exemplo, a classificação geológica que se baseia na sua origem e formação (solos residuais, sedimentares e orgânicos) e a granulométrica que tem por base o tamanho das partículas (pedregulho, areia, silte e argila). No entanto, ambas são insuficientes para dar uma boa ideia do comportamento mecânico e hidráulico dos solos, que deve ser o objetivo de uma classificação geotécnica.

Deve ficar bem claro que nenhuma classificação, por melhor que seja, torna dispensáveis os ensaios de laboratório ou de campo para determinação das propriedades mecânicas e hidráulicas dos solos, principalmente, nas fases de projetos executivos. A utilização somente das classificações geológicas e geotécnicas para conhecimento da distribuição e propriedades dos solos tem justificativa apenas nas fases preliminares de estudos e projeto. Por exemplo, uma boa classificação já aponta, preliminarmente, as prováveis propriedades de um solo para ser usado como material para um aterro compactado, mas não dispensa ensaios de compactação para se obter parâmetros específicos do solo em estudo para seu melhor aproveitamento geotécnico.

Sem a intenção de desconsiderar as classificações locais, que em geral se circunscrevem a áreas geográficas relativamente pequenas, serão aqui apresentados os sistemas de classificações mais usados na geotecnia brasileira e mundial.

5.2- DIAGRAMAS TRILINEARES

Uma das mais antigas classificações de solos são os Diagramas Trilineares ou Triangulares, usados até hoje pelos agrônomos. Há diferentes propostas de Diagramas Trilineares; a **Figura 5.1** mostra um criado no *Massachussets Institute of Technology*, **MIT**, onde, pelos lados de um triângulo equilátero convenientemente dividido, entra-se com as percentagens de areia, silte e argila do solo, conforme mostra a chave na **Figura 5.1**. Em função da região que se encontra o ponto de convergência dessas entradas, lê-se a denominação do solo.

Os Diagramas Trilineares não consideram a percentagem de pedregulho. Se esta percentagem for grande, os diagramas não podem ser aplicados. Se for pequena, deve ser retirada da percentagem total e novas percentagens de areia, silte e argila deverão ser calculadas: Ex.: pedregulho = 10%, areia = 15% , silte = 35% e argila = 40 % tornam-se:

$$\textbf{areia} = \frac{15 \times 100}{100-10} = 16{,}7\%$$

$$\textbf{silte} = \frac{35 \times 100}{100-10} = 38{,}9\%$$

$$\textbf{arg ila} = \frac{40 \times 100}{100-10} = 44{,}4\%$$

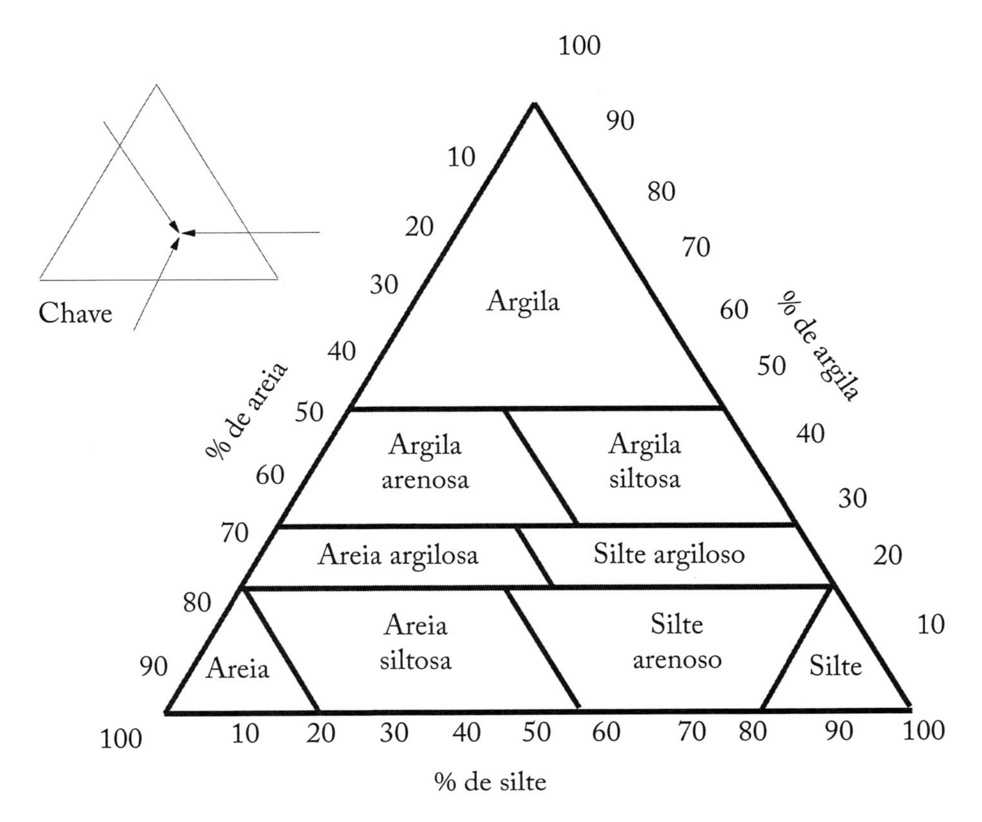

FIGURA 5.1 - Diagrama Trilinear (MIT)

Os Diagramas Trilineares são cada vez menos usados em geotecnia porque, além de não considerarem os pedregulhos e a matéria orgânica que possam estar presentes, não levam em conta a plasticidade.

5.3- SISTEMA UNIFICADO DE CLASSIFICAÇÃO DOS SOLOS - SUCS

O sistema de classificação de solos proposto por Casagrande em 1948 sofreu algumas modificações até chegar à versão atual padronizada pela ASTM D2487 com o nome de *Unified Soil Classification System* e se tornar o mais usado na geotecnia mundial. Além dos critérios definidos pela granulometria, o método introduz a Carta de Plasticidade (**CP**), um sistema de coordenadas onde nas abcissas está o Limite de Liquidez, w_L, e nas ordenadas o Índice de Plasticidade, **Ip**, que permite que se leve em conta as características de plasticidade do solo, ou da fração fina, na classificação (**Figura 5.2**).

A Carta de Plasticidade considera que os solos situados acima da linha **A**, definida pela equação $I_p = 0{,}73\,(w_L - 20)$, são solos argilosos. Os solos situados abaixo da linha **A** são solos siltosos. Da mesma forma os solos situados à esquerda da linha **B**, cuja equação é $w_L = 50$, são de baixa plasticidade e os situados à direita da linha **B** são de média a alta plasticidade.

A metodologia de classificação no **SUCS** é de opções sucessivas, seguindo-se a **Tabela 5.1** da esquerda para a direita e de cima para baixo. As opções para a classificação previstas na tabela são mostradas a seguir:

1ª OPÇÃO:

SOLOS GROSSOS => mais de 50% em peso dos grãos são retidos na #200;
SOLOS FINOS => mais de 50% em peso dos grãos passam na #200;
SOLOS ALTAMENTE ORGÂNICOS => turfas.

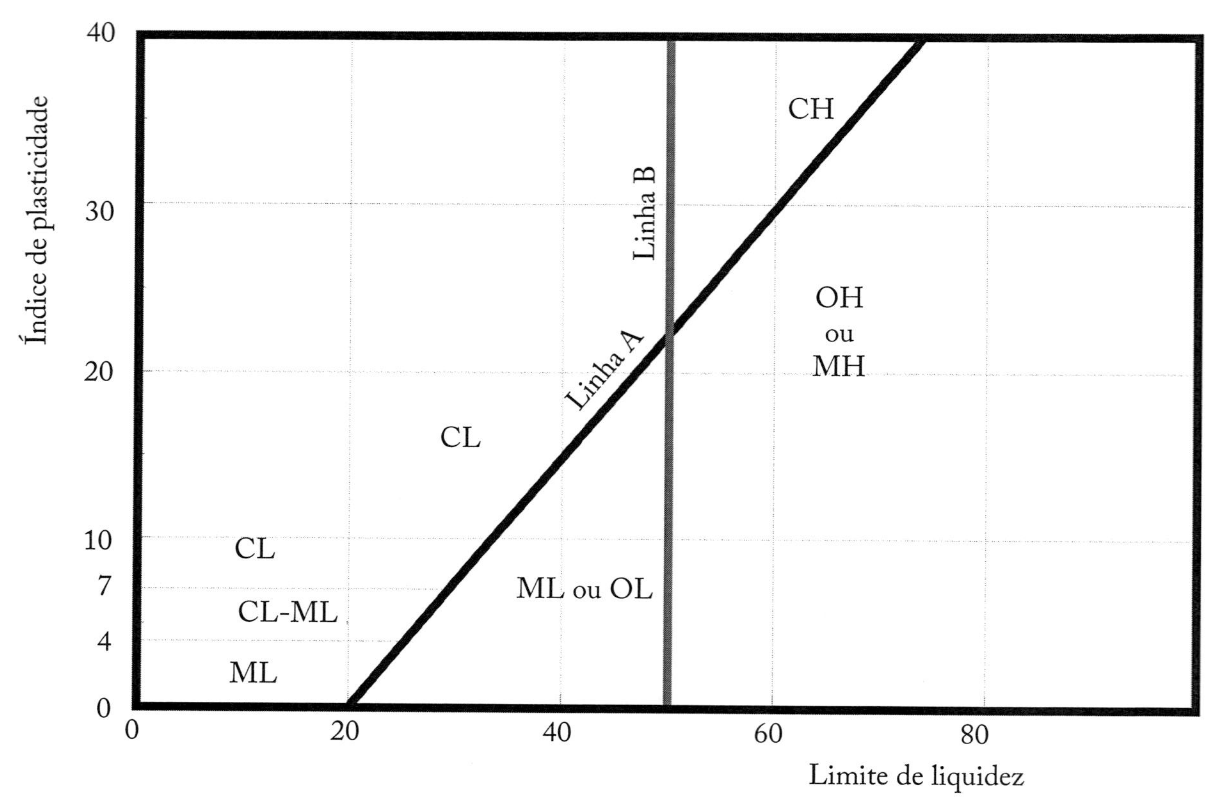

FIGURA 5.2 -Carta de Plasticidade

2ª OPÇÃO:

SE SOLOS GROSSOS => verifica-se a fração grossa (retido na #200):

PEDREGULHO => se mais de 50% da fração grossa é retido na #4;

AREIA => se mais de 50% da fração grossa passa na #4;

SE SOLOS FINOS => plota-se na Carta de Plasticidade.

3ª OPÇÃO => SE SOLOS GROSSOS E PEDREGULHOS:

SE PASSA NA #200 MENOS QUE 5% : GW => se $C_D > 4$ e $1 < C_C < 3$;

GP => se não obedece a todos os requisitos do grupo **GW;**

SE PASSA NA #200 MAIS QUE 12% :

GC => se abaixo da linha **A** na Carta de Plasticidade ou $I_P < 4$;

GM => se acima da linha **A** na Carta de Plasticidade com $I_P > 7$;

GC - GM => se acima da linha **A** na Carta de Plasticidade com $4 < I_P < 7$;

SE PASSA NA #200 ENTRE 5% E 12% :

GW - GC => se obedece os requisitos dos grupos **GW** e **GC;**

GW - GM => se obedece os requisitos dos grupos **GW** e **GM;**

GP - GC => se obedece os requisitos dos grupos **GP** e **GC;**

GP - GM => se obedece os requisitos dos grupos **GP** e **GM.**

TABELA 5.1 - Sistema Unificado de Classificação de Solos - SUCS

SOLOS GROSSOS Mais da metade das partículas são retidas na #200	PEDREGULHOS Mais da metade da fração grossa é retida na #4	PEDREGULHOS SEM FINOS	Variação ampla dos diâmetros sem predominância de nenhum deles	GW	Pedregulho, misturas de areia e pedregulhos bem graduados, sem finos ou em pequenas quantidades	Passa na #200: menos de 5%: GW,GP,SW,SP mais de 12%: GM,GC,SM,SC entre 5 e 12%: símbolo duplo	$D = \frac{\phi_{60}}{\phi_{10}} > 4$	$Cc = \frac{\phi_{30}^2}{\phi_{10}\,\phi_{60}}$ entre 1 e 3
			Predominância de um diâmetro ou faixa de diâmetros	GP	Pedregulho, misturas de areia e pedregulhos mal graduados, sem finos ou em pequenas quantidades		Não obedecendo a todos so requisitos do grupo GW	
		PEDREGULHOS COM FINOS	Quantidade apreciável de finos não plásticos	GM	Pedregulhos com siltes e misturas de pedregulho, areia e siltes mal graduados		Limites de Atterberg abaixo da linha A ou IP menor que 4	Limites de Atterberg acima da linha A com IP entre 4 e 7 situam-se os casos de fronteira que necessitam de 2 símbolos
			Quantidade apreciável de finos plásticos	GC	Pedregulhos com argilas e misturas de pedregulho, areia e argilas mal graduados		Limites de Atterberg acima da lina A com IP maior que 7	
	AREIAS Mais da metade da fração grossa passa na #4	AREIAS SEM FINOS	Como GW	SW	Areias e areias com pedregulhos bem graduadas, sem finos ou em pequenas quantidades		$D = \frac{\phi_{60}}{\phi_{10}} > 6$	$Cc = \frac{\phi_{30}^2}{\phi_{10}\,\phi_{60}}$ entre 1 e 3
			Como GP	SP	Areias e areias com pedregulhos mal graduadas, sem finos ou em pequenas quantidades		Não obedecendo a todos so requisitos do grupo SW	
		AREIAS COM FINOS	Como GM	SM	Areias siltosas e misturas de areias e siltes mal graduadas		Limites de Atterberg abaixo da linha A ou IP menor que 4	Limites de Atterberg acima da linha A com IP entre 4 e 7 situam-se os casos de fronteira que necessitam de 2 símbolos
			Como GC	SC	Areias argilosas e misturas de areias e argilas mal graduadas		Limites de Atterberg acima da lina A com IP maior que 7	

		Resistência seca	Dilatância	Rigidez		
SOLOS FINOS Mais da metade das partículas passam na #200	SILTES E ARGILAS Limite de Liquidez menor que 50	nula a fraca	rápida a lenta	nula	ML	Siltes inorgânicos e areias muito finas, pó de pedra, areias siltosas ou argilosas, com baixa plasticidade
		média a elevada	nula a muito lenta	média	CL	Argilas inorgânicas de baixa a média plasticidade, argilas com pedregulhos, argilas arenosas ou siltosas
		fraca a média	lenta	fraca	OL	Siltes orgânicos e suas misturas com argilas de baixa plasticidade
	SILTES E ARGILAS Limite de Liquidez maior que 50	fraca a média	lenta a nula	fraca a média	MH	Siltes inorgânicos, solos micáceos ou diatomáceos siltosos ou com areia fina
		elevada a muito elevada	nula	elevada	CH	Argilas inorgânicas de alta plasticidade, argilas gordas
		média a elevada	nula a muito lenta	fraca a média	OH	Argilas orgânicas de média a alta plasticidade
SOLOS ALTAMENTE ORGÂNICOS		Facilmente identificáveis pela cor e cheiro, esponjosos ao tato e com textura fibrosa			Pt	Turfas e outros solos altamente orgânicos

CARTA DE PLASTICIDADE

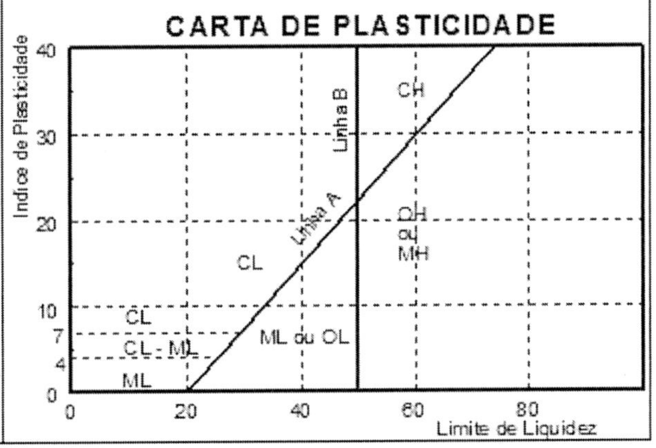

3ª OPÇÃO => SE SOLOS GROSSOS E AREIAS:

SE PASSA NA #200 MENOS QUE 5%: SW => se $C_D > 6$ e $1 < C_C < 3$;

SP => se não obedece a todos os requisitos do grupo **SW;**

SE PASSA NA #200 MAIS QUE 12%:

SC => se abaixo da linha **A** na Carta de Plasticidade ou $I_P < 4$;

SM => se acima da linha **A** na Carta de Plasticidade com $I_P > 7$;

SC - SM => se acima da linha **A** na Carta de Plasticidade com $4 < I_P < 7$;

SE PASSA NA #200 ENTRE 5% E 12%:

SW - SC => se obedece os requisitos dos grupos **SW** e **SC**;

SW - SM => se obedece os requisitos dos grupos **SW** e **SM**;

SP - SC => se obedece os requisitos dos grupos **SP** e **SC**;

SP - SM => se obedece os requisitos dos grupos **SP** e **SM**.

3ª OPÇÃO => SE SOLOS FINOS:

ML => se abaixo da linha **A** ou $I_P < 4$ e com $w_L < 50\%$;

CL => se acima da linha **A** com $I_P > 7$ e com $w_L < 50\%$;

OL => se abaixo da linha **A** com $w_L < 50\%$ e conteúdo de matéria orgânica;

MH => se abaixo da linha **A** com $w_L > 50\%$;

CH => se acima da linha **A** com $w_L > 50\%$;

OH => se abaixo da linha **A** com $w_L > 50\%$ e conteúdo de matéria orgânica;

CL - ML => se acima da linha **A** com $4 < I_P < 7$.

Os símbolos usados no **SUCS** têm o seguinte significado:

G = Gravel => pedregulho;
S = Sand => areia;
C = Clay => argila;
W = Well Graded => bem graduado;
P = Poorly Graded => mal graduado;
M = Mo => silte;
L = Low Plasticity => baixa plasticidade;
H = High Plasticity => alta plasticidade;
O = Organic.

NOTA 5.1 - Compressibilidade x Plasticidade

Alguns autores interpretam o L e o H da proposta de Casagrande como "baixa compressibilidade" e "alta compressibilidade". Esta interpretação é equivocada. A linha B ($w_L = 50$) divide os solos considerando sua plasticidade. É um erro (não cometido por Casagrande) supor que o limite de liquidez, obtido em amostras completamente destorroadas, possa servir de referência para avaliar a compressibilidade de uma argila no maciço, o que depende, fundamentalmente, de sua estrutura original.

A *American Society fot Testing Material*, **ASTM**, através da **D-2487**, criou uma complementação à proposta de Casagrande, com o objetivo de associar aos grupos de solos deste sistema termos mais descritivos de sua constituição (*group names*), por exemplo, um solo classificado como **GP- GC** no **SUCS**, deverá ter acrescido a esta simbologia a descrição proposta pela **ASTM**: "pedregulho mal graduado com argila e areia". Das, B. (2012), baseado nos critérios propostos pela **D-2487**, apresenta fluxogramas que permitem chegar a essas descrições conforme pode-se ver nas **Figura 5.3, 5.4 e 5.5**.

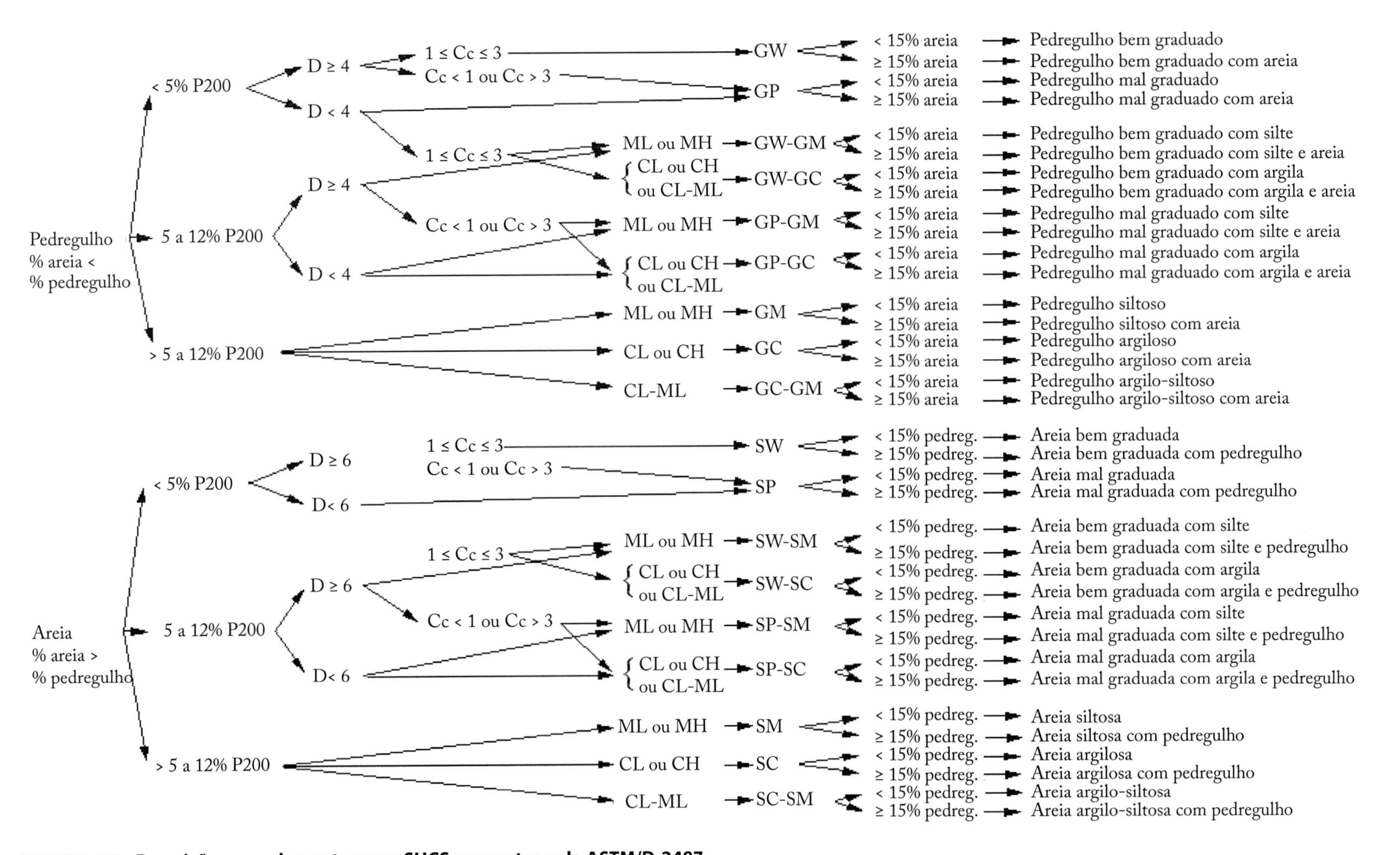

FIGURA 5.3 - Descrições complementares ao SUCS propostas pela ASTM/D-2487

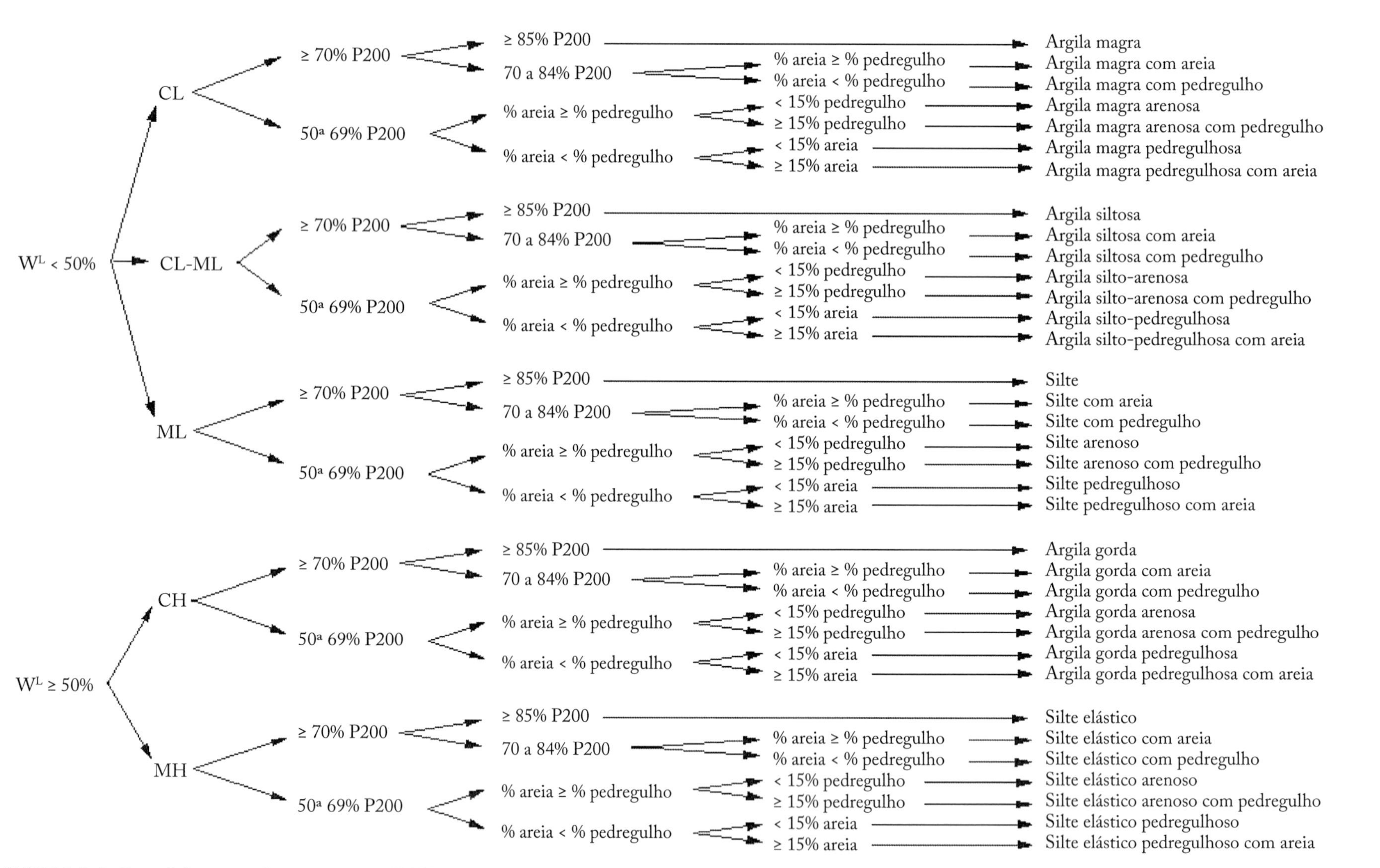

FIGURA 5.4 - Descrições complementares ao SUCS propostas pela ASTM/D-2487

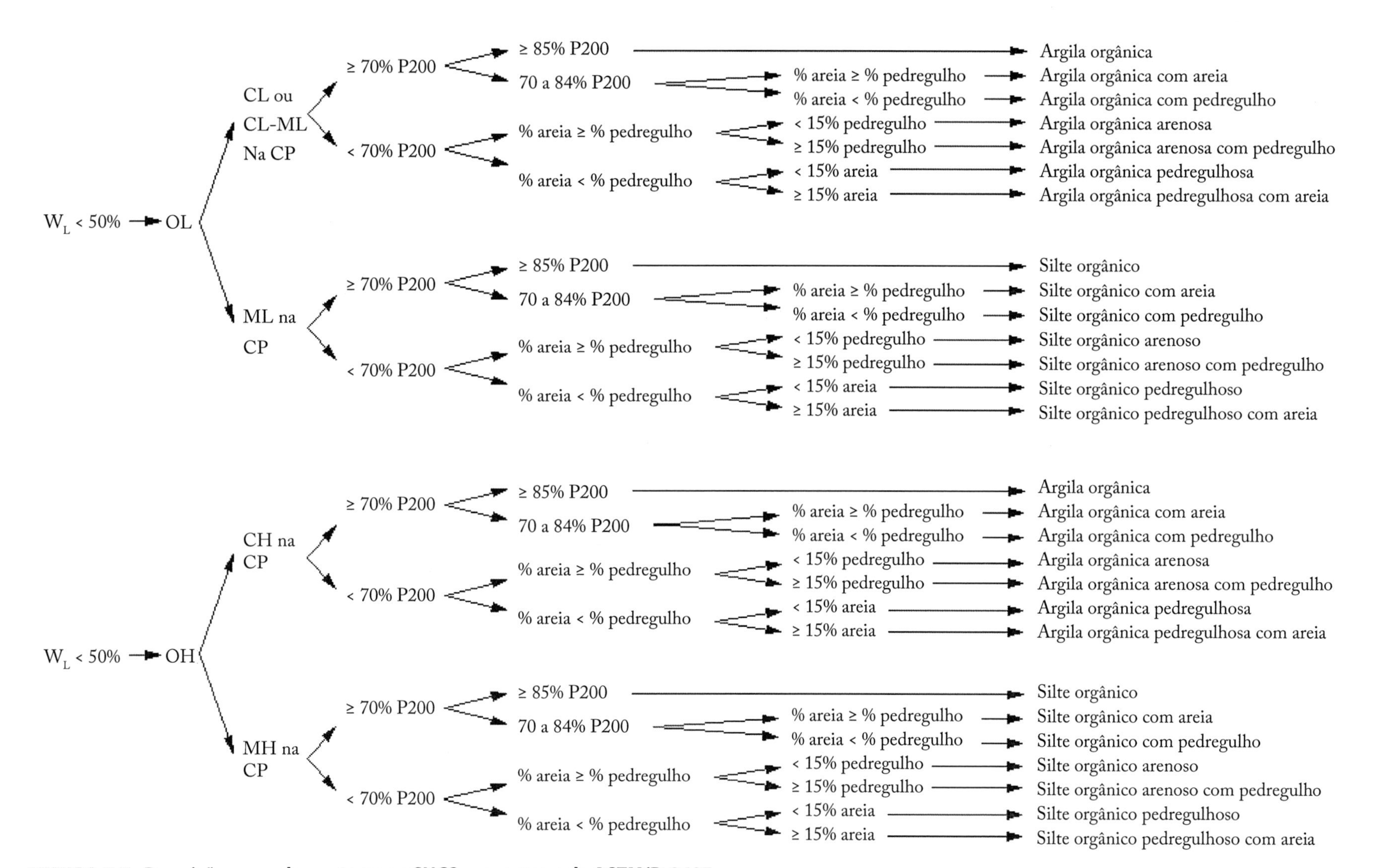

FIGURA 5.5 - Descrições complementares ao SUCS propostas pela ASTM/D-2487

5.4- SISTEMA DE CLASSIFICAÇÃO AASHTO

Este sistema de classificação iniciou com Terzaghi e Hogentogler em 1928 e evoluiu para o atual **AASHTO** - *American Association of State Highway and Transportation Officials*. É também conhecido no Brasil como **HRB** - *Highway Research Board*. Leva em conta a granulometria e a plasticidade dos solos e incorpora como critério de classificação o Índice de Grupo (**IG**), por ter sua origem ligada à pavimentação de aterros.

5.4.1 - Índice de Grupo - IG

O Índice de Grupo, introduzido pelo sistema **HRB**, é um número inteiro que define a capacidade de suporte de um solo. É obtido com a **Eq. 5.1**:

$$\mathbf{IG = 0{,}2a + 0{,}05ac + 0{,}01bd} \quad \textbf{Eq. 5.1}$$

onde:

$$\mathbf{a = P200 - 35} \quad (\text{com } \mathbf{0 < a < 40}) \quad \textbf{Eq. 5.2}$$

$$\mathbf{b = P200 - 15} \quad (\text{com } \mathbf{0 < b < 40}) \quad \textbf{Eq. 5.3}$$

$$\mathbf{c = wL - 40} \quad (\text{com } \mathbf{0 < c < 20}) \quad \textbf{Eq. 5.4}$$

$$\mathbf{d = IP - 10} \quad (\text{com } \mathbf{0 < d < 20}) \quad \textbf{Eq. 5.5}$$

Com os limites impostos a **a, b, c** e **d**, o valor de **IG** ficará entre **0** e **20**. Em alguns países já não se estabelece patamar superior para o **IG**. Como no Brasil a prática é manter o limite superior de 20, isto será seguido neste livro, portanto, **a** e **b** se forem maiores que 40 deverão ser considerados iguais a 40 e **c** e **d**, se forem maiores que 20, deverão ser considerados iguais a 20.

Os grupos seguem uma ordem decrescente de qualidade de **A1** (ótimo) a **A8** (péssimo). Como no sistema anterior, a metodologia de classificação é de opções sucessivas, seguindo-se a **Tabela 5.2** da esquerda para a direita e de cima para baixo.

As opções para a classificação previstas na tabela são mostradas a seguir:

1ª OPÇÃO:

SOLOS GROSSOS => 35% ou menos passam na #200;
SOLOS FINOS => mais de 35% passam na #200;
SOLOS ALTAMENTE ORGÂNICOS => turfas.

2ª OPÇÃO:

SE SOLOS GROSSOS:

A-1-a => **P10** #50%, **P40** #30%, **P200** #15%, $\mathbf{w_L}$ #6%, **Ip** #6%, **IG** = 0
A-1-b => **P40** #50%, **P200** #25%, $\mathbf{w_L}$ #6%, **Ip** #6%, **IG** = 0
A-2-4 => **P200** #35%, $\mathbf{w_L}$ #40%, **Ip** #10%, **IG** = 0
A-2-5 => **P200** #35%, $\mathbf{w_L}$ $41%, **Ip** #10%, **IG** = 0
A-2-6 => **P200** #35%, $\mathbf{w_L}$ #40%, **Ip** $11%, **IG** # 4
A-2-7 => **P200** #35%, $\mathbf{w_L}$ $41%, **Ip** $11%, **IG** # 4
A-3 => **P40** $51%, **P200** #10%, Não Plástico, **IG** = 0

TABELA 5.2 - Classificação HRB

CLASSIFICAÇÃO GERAL	MATERIAIS DE GRANULAÇÃO GROSSA 35% ou menos passando na peneira 200							MATERIAIS DE GRANULAÇÃO FINA mais de 35% passando na peneira 200			
CLASSIFICAÇÃO POR GRUPO	A-1		A-3	A-2				A-4	A-5	A-6	A-7
	A-1-a	A-1-b		A-2-4	A-2-5	A-2-6	A-2-7				A-7-5 e A-7-6
Granulometria: porcentagem que passa na peneira											
10	50max										
40	30max	50max	51min								
200	15max	25max	10max	35max	35max	35max	35max	36min	36min	36min	36min
Característica da fração que passa na peneira 40:											
Limite de Liquidez	6 max			40max	41min	40max	41min	40max	41min	40max	41min
Índice de Plasticidade	6 max		N.P.	10max	10max	11min	11min	10max	10max	11min	11min
Índice de Grupo	0		0	0		4 max		8max	12max	16max	20max
Tipos usuais de constituintes significativos dos materiais	Fragmentos de pedra, pedregulho e areia		Areia fina	Pedregulho e areia com silte e argila				Solos siltosos		Solos argilosos	
Comportamento como sub-leito	Excelente a bom					Regular a mau					
O Índice de Plasticidade do sub-grupo A-7-5 é igual ou menor que o LL - 30 O Índice de Plasticidade do sub-grupo A-7-6 é maior que o LL - 30											

2ª OPÇÃO:

SE SOLOS FINOS:

A-4 => **P200** >35%, $w_L \leq 40\%$, **Ip** $\leq 10\%$, **IG** ≤ 8

A-5 => **P200** >35%, $w_L \geq 41\%$, **Ip** $\leq 10\%$, **IG** ≤ 12

A-6 => **P200** >35%, $w_L \leq 40\%$, **Ip** $\geq 11\%$, **IG** ≤ 16

A-7-5 => **P200** >35%, $w_L \geq 41\%$, **Ip** $\geq 11\%$, **Ip** $\leq (w_L - 30)$, **IG** ≤ 20

A-7-6 => **P200** >35%, $w_L \geq 41\%$, **Ip** $\geq 11\%$, **Ip** $> (w_L - 30)$, **IG** ≤ 20

5.5- CLASSIFICAÇÃO MCT

Considerando as limitações das classificações de solos convencionais anteriormente detalhadas em relação aos solos tropicais, Nogami e Villibor (1981) propuseram uma nova classificação denominada **MCT** (Miniatura, Compactado, Tropical), para determinação das propriedades mecânicas e hidráulicas de solos tropicais compactados para fins de obras viárias, que utiliza corpos de prova de dimensões reduzidas.

A metodologia da classificação envolve basicamente ensaios de compactação com corpos de prova de 50 mm de diâmetro, denominados de Mini-MCV e ensaios de perda de massa por imersão.

A classificação divide os solos em duas grandes classes de comportamento: laterítico e saprolítico, compreendendo sete grupos. Através dos ensaios é possível classificar os solos em um dos sete grupos, podendo-se com isto prever as propriedades mecânicas e hidráulicas dos mesmos, compactados para fins de obras viárias.

5.5.1- Ensaio de Compactação Mini-MCV

O ensaio de compactação Mini-MCV foi desenvolvido a partir do ensaio inglês MCV (*Moisture Condition Value*), sendo realizado com o auxílio do aparelho esquematizado na **Figura 5.6**.

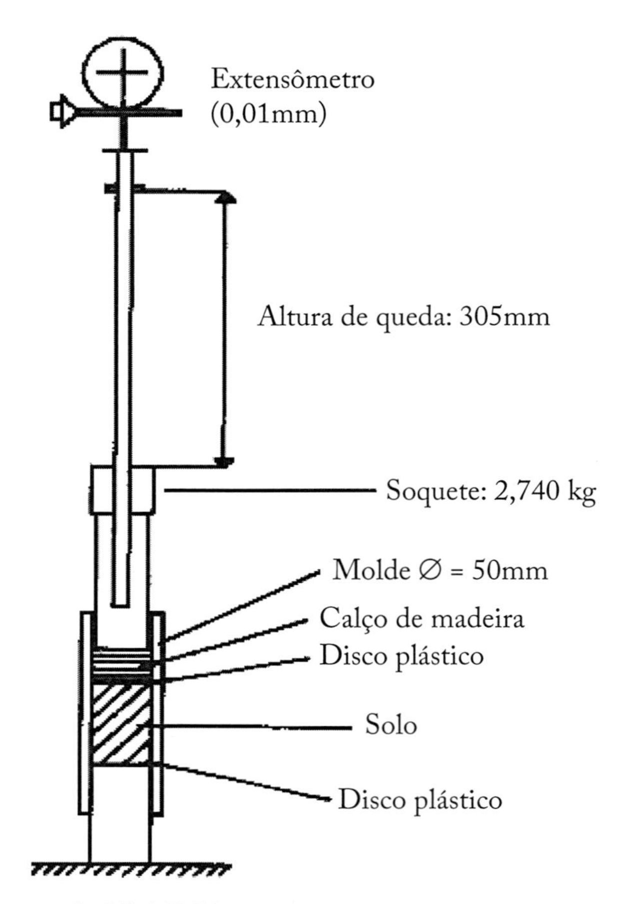

FIGURA 5.6 - **Aparelho de compactação Mini-MCV**

Em geral são compactados cinco a seis corpos de prova com diferentes teores de umidade com energia de compactação variável. Como resultado, obtém-se dois gráficos:

i- um gráfico que correlaciona a variação de altura do corpo de prova, devido à variação de energia, versus o logaritmo do número de golpes, para cada teor de umidade.Com este gráfico determina-se um coeficiente, denominado de **c'**, a ser utilizado conjuntamente com outros parâmetros para classificar o solo;

ii- outro gráfico contendo uma família de curvas de compactação, devido à variação de energia, que correlaciona, em cada energia, a densidade aparente seca (massa específica aparente seca) com o teor de umidade de compactação. Deste gráfico obtém-se outro parâmetro, denominado de **d'**, cujo valor corresponde ao coeficiente angular da curva de 12 golpes (correlacionável à energia normal de compactação).

5.5.2- Ensaio de Perda de Massa por Imersão

Através deste ensaio obtém-se o parâmetro **Pi** a ser utilizado conjuntamente com os parâmetros **c'** e **d'** na classificação do solo.

O ensaio consiste em se deixar imerso em água, por no mínimo 24 horas, os corpos de prova resultantes do ensaio de compactação Mini-MCV, na posição horizontal e com 1 cm fora do cilindro de compactação. O solo ao se desagregar cai dentro de uma cápsula de alumínio determinando-se posteriormente a massa seca contida na mesma.

O índice Pi é calculado com a **Eq. 5.6**, sendo expresso em porcentagem:

$$Pi = \frac{m_s}{m_o} 100 \qquad \textbf{Eq. 5.6}$$

onde:

m_S = massa de solo seco desprendida do corpo de prova após imersão (g).

m_O = massa de solo seco correspondente a 1 cm de corpo de prova deslocado do cilindro de compactação (g).

5.5.3- Carta de Classificação MCT e Propriedades dos Grupos

Após a realização do ensaio de compactação e perda de massa por imersão, os solos podem ser classificados em um dos sete grupos da classificação **MCT**. Essa divide os solos tropicais em duas grandes classes quanto ao comportamento: lateríticos e não lateríticos, representados pelas letras **L** e **N**. Essas duas classes se subdividem em grupos, de acordo com seu comportamento, designados pelas suas características granulométricas:

LG' => argilas lateríticas e argilas lateríticas arenosas
LA' => areias argilosas lateríticas
LA => areias com pouca argila laterítica
NG' => argilas, argilas siltosas e argilas arenosas não lateríticas
NS' => siltes caulínicos e micáceos, siltes arenosos e siltes argilosos não lateríticos
NA' => areias siltosas e areias argilosas não lateríticas
NA => areias siltosas com siltes quartzosos e siltes argilosos não lateríticos

A classificação é feita por intermédio de uma carta de eixos cartesianos onde no eixo das abcissas encontram-se valores de **c'** e no eixo das ordenadas valores do índice **e'**, conforme ilustra a **Figura 5.7**.

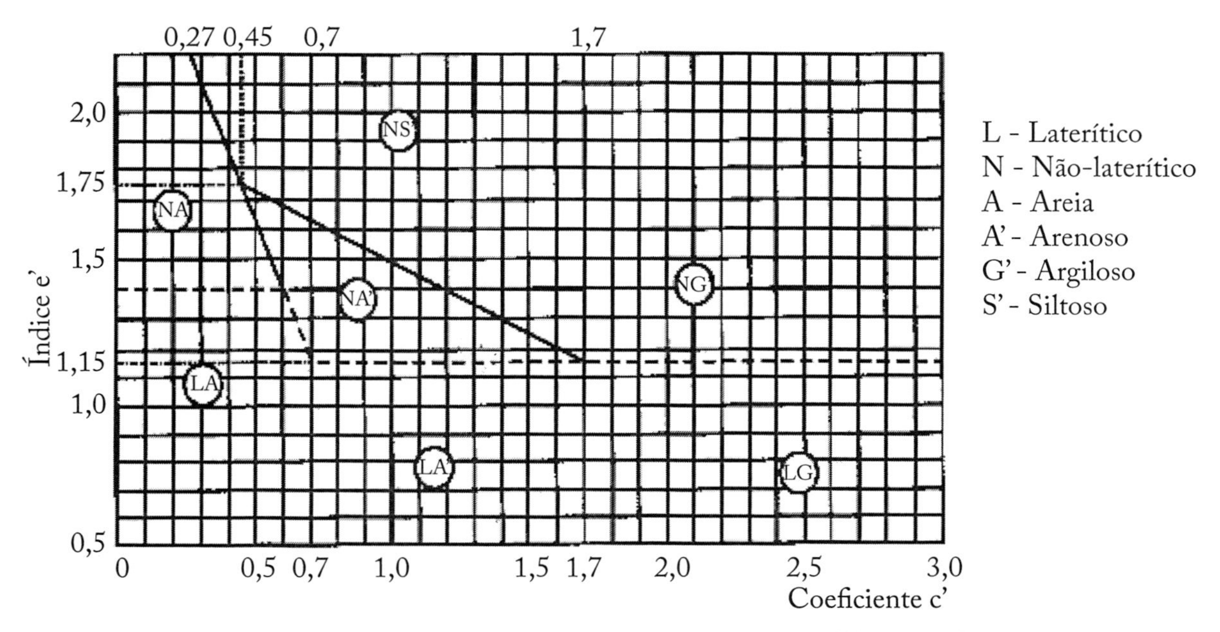

FIGURA 5.7 - Carta para classificação de solos pelo sistema MCT (Nogami & Villibor, 1995)

O coeficiente **e'** é calculado com a **Eq. 5.7**:

$$e' = \sqrt[3]{\frac{Pi}{100} + \frac{20}{d'}} \qquad \textbf{Eq. 5.7}$$

onde:

e' = coeficiente classificatório, expresso em centésimos
Pi = perda de massa por imersão, expresso em %
d' = coeficiente angular da curva de compactação referente à energia de 12 golpes no ensaio de Mini-MCV

Uma vez classificado, pode-se prever o comportamento mecânico e hidráulico dos solos, de acordo com a **Tabela 5.3**, onde são apresentadas propriedades de maior interesse às obras viárias.

TABELA 5.3 - Equivalências entre o SUCS, HRB e o MCV

GRANULOMETRIAS TÍPICAS Designações do TI-71 do DER-SP (equivalente da Mississipi River Comission, USA) k = caolinítico m = micáceo s = sericítico q = quartzoso	argilas siltes (q,s)	areias siltosas	siltes (k,m) siltes arenosos	argilas argilas arenosas argilas siltosas siltes orgânicos	areias siltosas	areias argilosas	argilas argilas arenosas argilas siltosas siltes orgânicos
COMPORTAMENTO	N = Não Laterítico				L = Laterítico		
GRUPO MCT	**NA**	**NA'**	**NS'**	**NG'**	**LA**	**LA'**	**LG'**
PROPRIEDADES — Mini CBR (%) sem imersão	M, E	E	M, E	E	E	E, EE	E
PROPRIEDADES — Mini CBR (%) perda por imersão	B, M	B	E	E	B	B	B
PROPRIEDADES — Expansão	B	B	E	M, E	B	B	B
PROPRIEDADES — Contração	B	B, M	M	M, E	B	B, M	M, E
PROPRIEDADES — Coeficiente de Permeabilidade (k)	M, E	B	B, M	B, M	B, M	B	B
PROPRIEDADES — Coeficiente de Sorção (s)	E	B, M	E	M, E	B	B	B
PROPRIEDADES — Corpos de prova compactados na massa específica aparente seca máxima da energia normal.	EE = muito elevado (a) E = elevado (a)			M = médio (a) B = baixo (a)		Ver tabela para equivalente numérico	
UTILIZAÇÃO — Base de pavimento	n	4°	n	n	2°	1°	3°
UTILIZAÇÃO — Reforço do subleito compactado	4°	5°	n	n	2°	1°	3°
UTILIZAÇÃO — Subleito compactado	4°	5°	7°	6°	2°	1°	3°
UTILIZAÇÃO — Aterro (corpo) compactado	4°	5°	6°	7°	2°	1°	3°
UTILIZAÇÃO — Proteção à erosão	n	3°	n	n	n	2°	1°
UTILIZAÇÃO — Revestimento primário	5°	3°	n	n	4°	1°	2°
	n = não recomendado						
Grupos tradicionais obtidos de amostras que se classificam nos grupos MCT discriminados no topo das colunas. — SUCS	SP SM	SC MS, ML	SM, CL ML, MH	MH CH	SP SC	SC	MH, ML CH
Grupos tradicionais obtidos de amostras que se classificam nos grupos MCT discriminados no topo das colunas. — HRB	A-2	A-2, A-4 A-7	A-4, A-5 A-7-5	A-6, A-7-5 A-7-6	A-2	A-2 A-4	A-6 A-7-5

5.6 CONSIDERAÇÕES SOBRE OS SISTEMAS DE CLASSIFICAÇÃO

Os sistemas de classificação baseados tão somente na granulometria, como os diagramas trilineares, devem ser definitivamente abandonados pelos geotécnicos. As classificações geotécnicas têm que levar em conta outras características importantes no comportamento dos solos como a plasticidade.

O **SUCS** e o **HRB** aqui apresentados levam em conta a granulometria e a plasticidade, e partem de critérios semelhantes, diferenciando-se em geral no detalhe do critério e, neste caso, o **HRB** apresenta alguma vantagem sobre o **SUCS**. Um solo que tenha 49% de partículas passando na #200, no **SUCS** será classificado como um solo grosso e é improvável que uma parcela tão alta de solo fino não confira a este solo um comportamento argiloso ou siltoso. No **HRB**, mais próximo do comportamento real dos solos, uma percentagem de 36% passando na #200 já coloca este solo como argiloso ou siltoso. Liu (1967) fez uma comparação entre as classificações possíveis entre os dois sistemas e o resultado é apresentado na **Tabela 5.4**. Pode-se ver o resultado deste critério duvidoso do **SUCS** (o de considerar solo fino apenas aquele em que mais de 50% passa na #200) quando se encontra entre os equivalentes possíveis (embora não prováveis) dos solos argilosos A-7-5 e do A-7-6 os solos pedregulhosos **GM** e **GC**.

Um outro ponto desfavorável ao **SUCS** é que este considera a fronteira entre areia e pedregulho a #4; o **HRB** acompanha a tendência mundial, inclusive a Associação Brasileira de Normas Técnicas (ABNT), de considerar esta fronteira como a #10.

Finalmente o **SUCS** cria uma dupla possibilidade para o solo orgânico: a primeira, a classificação inicial de turfa (**Pt**) em função da preponderância visível da matéria orgânica neste solo; a segunda, nos grupos dos solos finos **OL** e **OH**, que ocupam a mesma posição do **ML** e do **MH** na Carta de Plasticidade, dificultando, muitas vezes, a distinção entre eles. O **HRB** diferencia apenas o solo essencialmente orgânico o A-8, que seria o equivalente ao **Pt** do **SUCS**; os outros solos com matéria orgânica mas não em quantidade relevante, estão incorporados aos grupos dos solos finos A-4, A-5, A-6 e A-7 do **HRB**.

Nos países de clima tropical as propriedades mecânicas e hidráulicas dos solos não são muito bem definidas com base nos sistemas **SUCS** e **HRB** por terem sido estes sistemas de classificação desenvolvidos para solos de clima temperado. Em vista disto, está se tornando comum no Brasil o uso da classificação **MCT** para solos tropicais.

TABELA 5.4 - Equivalência do AASHTO/HRB com o SUCS (Liu, 1967)

HRB	Equivalente no SUCS		
	Mais Provável	Possível	Possível mas Improvável
A-1-a	GW-GP	SW,SP	GM,GC
A-1-b	SW,SP,GM,SM	GP	
A-3	SP		SW,SP
A-2-4	GM,SM	GC,SC	GW,GP,SW,SP
A-2-5	GM,SM		GW,GP,SW,SP
A-2-6	GC,SC	GM,SM	GW,GP,SW,SP
A-2-7	GM,GC,SM,SC		GW,GP,SW,SP
A-4	ML,OL	CL,SM,SC	GM,GC
A-5	OH,MH,ML,OL		SM,GM
A-6	CL	ML,OL,SC	GC,GM,SM
A-7-5	OH,MH	ML,OL,CH	GM,SM,GC,SC
A-7-6	H,CL	ML,CL,SC	OH,MH,GC,GM,SM

A principal limitação do uso da classificação **MCT** é que a mesma só é aplicável a solos passando integralmente na peneira de 2,0 mm, o que não permite classificar solos de granulometria mais grossa. Desses é possível classificar apenas a fração fina.

A **Tabela 5.4** apresenta equivalências de classificação entre o **SUCS** e o **HRB**.

5.7- EXERCÍCIOS PROPOSTOS E RESOLVIDOS

1- Classifique os seguintes solos no **SUCS** e no **HRB**.

TABELA 5.5 - Limites de consistência

<table>
<tr><th>Solo</th><th>A</th><th>B</th><th>C</th><th>D</th></tr>
<tr><td>w_L (%)</td><td>35</td><td rowspan="2">NP</td><td>11</td><td rowspan="2">NP</td></tr>
<tr><td>w_P (%)</td><td>20</td><td>8</td></tr>
</table>

TABELA 5.6 - Granulometria

Solo	A	B	C	D
P3/4"			93	88
P1/2"			76	53
P3/8"			66	28
P4			48	11
P10	100	100	30	5
P20	98	98	19	0
P40	96	86	13	
P60	93	48	9	
P100	90	24	7	
P200	83	5	6	
<0,05mm	77			
<0,02mm	45			
<0,005mm	20			
<0,002mm	11			

SOLUÇÃO:

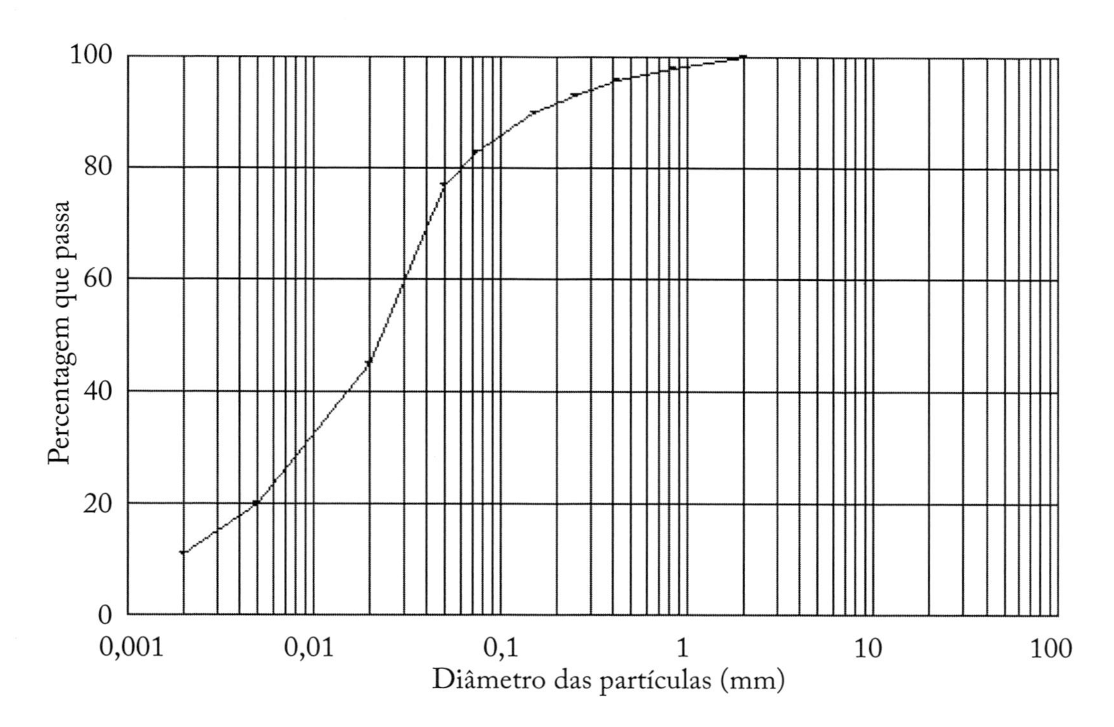

FIGURA 5.8 - Curva granulométrica do solo A

SOLO A

DADOS UTILIZADOS PARA A CLASSIFICAÇÃO NO SUCS E NO HRB:

P200 = 83% **w_L** = 35% **w_P** = 20% **I_P** = 15%

ÍNDICE DE GRUPO:

$$\begin{cases} a = (P200 - 35) = (83 - 35) = 48 \rightarrow 40 \\ b = (P200 - 15) = (83 - 15) = 68 \rightarrow 40 \\ c = (w_L - 40) = (35 - 40) = -5 \rightarrow 0 \\ d = (I_P - 10) = (15 - 10) = 5 \end{cases}$$

$$IG = 0{,}2 \text{ x } 40 + 0{,}005 \text{ x } 40 \text{ x } 0 + 0{,}01 \text{ x } 40 \text{ x } 5 = 10$$

TABELA 5.7 - SUCS - SOLO A

1ª OPÇÃO	mais de 50% passa na #200: **SOLO FINO**
2ª OPÇÃO	na **Carta de Plasticidade (CP)** está acima da linha A, com **I_P** > 7 e **w_L** < 50%: **CL**
3ª OPÇÃO	70% < P200 < 84% e a % de areia > % de pedregulho: **ARGILA MAGRA COM AREIA**
RESPOSTA	**CL - ARGILA MAGRA COM AREIA**

TABELA 5.8 - HRB - SOLO A

1ª OPÇÃO	mais de 35% passa na #200: **SOLO FINO**
2ª OPÇÃO	w_L #40 %, **Ip** \$11% e IG #16: **A-6**
RESPOSTA	**A-6 (10)**

SOLO B

DADOS UTILIZADOS PARA A CLASSIFICAÇÃO NO SUCS E NO HRB:

R200 = 0,5% **Fração Grossa** = 99,5% **R4** = 0%

$$C_D = \frac{\phi_{60}}{\phi_{10}} = \frac{0,3}{0,1} = 3$$

$$C_C = \frac{\phi_{30}^2}{\phi_{10}\phi_{60}} = \frac{0,17^2}{0,1x0,3} = 0,96$$

ÍNDICE DE GRUPO:

$$\begin{cases} a = (0,5 - 35) \rightarrow 0 \\ b = (0,5 - 15) \rightarrow 0 \\ c = (0 - 40) \rightarrow 0 \\ d = (0 - 10) \rightarrow 0 \end{cases}$$

$$IG = 0$$

TABELA 5.9 - SUCS - SOLO B

1ª OPÇÃO	mais de 50% é retido na #200: **SOLO GROSSO**
2ª OPÇÃO	mais da metade da fração passa na #4: **AREIA**
3ª OPÇÃO	passa na #200 menos de 5% e 12%: **SÍMBOLO ÚNICO**
4ª OPÇÃO	C_D < 6 e C_C < 1: **SP**
5ª OPÇÃO	menos de 15% de pedregulho: **AREIA BEM GRADUADA**
RESPOSTA	**SP - AREIA BEM GRADUADA**

TABELA 5.10 - HRB - SOLO B

1ª OPÇÃO	menos de 35% passa na #200: **SOLO GROSO**
2ª OPÇÃO	P40 < 51%, P200 < 10%, NP e IG = 0: **A-3**
RESPOSTA	**A-3 (0)**

SOLO C

DADOS UTILIZADOS PARA A CLASSIFICAÇÃO NO SUCS E NO HRB:

P200 = 6% **Fração Grossa** = 94% **R4** = 52% C_D = 26,6
C_C = 1,79 w_L = 11% w_P = 8% I_P = 3%

ÍNDICE DE GRUPO:

$$\begin{cases} a = (6-35) \rightarrow 0 \\ b = (6-15) \rightarrow 0 \\ c = (0-40) \rightarrow 0 \\ d = (0-10) \rightarrow 0 \end{cases}$$

$$IG = 0$$

TABELA 5.11 - SUCS - SOLO C

1ª OPÇÃO	mais de 50% é retido na #200: **SOLO GROSSO**
2ª OPÇÃO	mais da metade da fração grossa é retida na #4: **PEDREGULHO**
3ª OPÇÃO	passa na #200 entre 5% e 12%: **SÍMBOLO DUPLO**
4ª OPÇÃO	C_D > 4 e C_C entre 1 e 3: **GW**
5ª OPÇÃO	I_P < 4%: **GM**
6ª OPÇÃO	mais de 15% de areia: **PEDREGULHO BEM GRADUADO COM SILTE E AREIA**
RESPOSTA	**GW-GM - PEDREGULHO BEM GRADUADO COM SILTE E AREIA**

TABELA 5.12 - HRB - SOLO C

1ª OPÇÃO	menos de 35% passa na #200: **SOLO GROSSO**
2ª OPÇÃO	w_L #40%, I_P #10% e IG = 0: **A-2-4**
RESPOSTA	**A-2-4 (0)**

SOLO D

DADOS UTILIZADOS PARA A CLASSIFICAÇÃO NO SUCS E NO HRB:

P200 = 0% **Fração Grossa** = 100% **R4** = 89% C_D = 3,25 C_C= 1,47

ÍNDICE DE GRUPO:

$$\begin{cases} a = (0-35) \rightarrow 0 \\ b = (0-15) \rightarrow 0 \\ c = (0-40) \rightarrow 0 \\ d = (0-10) \rightarrow 0 \end{cases}$$

$$IG = 0$$

TABELA 5.13 - SUCS - SOLO D

1ª OPÇÃO	mais de 50% é retido na #200: **SOLO GROSSO**
2ª OPÇÃO	mais da metade da fração grossa é retida na #4: **PEDREGULHO**
3ª OPÇÃO	passa na #200 menos de 5%: **SÍMBOLO ÚNICO**
4ª OPÇÃO	$C_D < 4$: **GP**
6ª OPÇÃO	menos de 15% de areia: **PEDREGULHO MAL GRADUADO**
RESPOSTA	**GP - PEDREGULHO MAL GRADUADO**

TABELA 5.14 - HRB - SOLO D

1ª OPÇÃO	menos de 35% passa na #200: **SOLO GROSSO**
2ª OPÇÃO	P10 #50%, P40 #30%, P200 #15%, w_L #6%, I_P #6% e IG = 0: **A-1-a**
RESPOSTA	**A-1-a (0)**

2- Classifique os solos dos exercícios 1, 2 e 3 do **Capítulo 3** no **SUCS** e **HRB**, sabendo que no solo do exercício 2 encontrou-se apreciável quantidade de matéria orgânica e que o w_L e o w_P dos três solos são:

TABELA 5.15 - Dados dos solos

Exercício	w_L (%)	w_P (%)
1	16	10
2	155	90
3	42	23

(Resposta: **Tabela 5.16**)

TABELA 5.16 - Resposta do problema 2

Exercício	SUCS	HRB
1	SM-SC: areia argilo-siltosa com pedregulgo	A-2-4 (0)
2	OH: silte orgânico	A-7-5 (20)
3	SC: areia argilosa com pedregulho	A-2-7 (0)

3- Classifique o solo do exercício 12 do capítulo 3, no **SUCS** e no **HRB**, sabendo que:

a) no ensaio de $\mathbf{w_L}$ o sulco feito na amostra fechou com 28 golpes com uma umidade de 21,9%

b) no ensaio de $\mathbf{w_P}$, o cilindro de solo rompeu com 3 mm com as seguintes umidades:

1ª tentativa = 19%
2ª tentativa = 21%
3ª tentativa = 19%
4ª tentativa = 20%

SOLUÇÃO

Calcula-se o Limite de Liquidez com a **Eq. 4.4** $w_L = w\left(\frac{N}{25}\right)^{tg\beta}$

$$w_L = 21,9\left(\frac{28}{25}\right)^{0,156} = 22\%$$

encontra-se o Limite de Plasticidade igual a 19% como visto na **Tabela 5.2**, mostrada anteriormente:

TABELA 5.17 - Determinação do Limite de Plasticidade

tentativa	w %	média	limites	posição
1ª	19	19,75	20,74 a 18,76	ok
	21			fora
	19			ok
	20			ok
2ª	19	19,33	20,3 a 18,37	ok
	19			ok
	20			ok

a curva granulométrica é a mesma do problema **12** do **Capítulo 3:**

Com os dados necessários apresentados a seguir, classifica-se o solo no **SUCS** e no **HRB:**

P200 = 16,2% **Fração Grossa** = 83,8% **R4** = 3,4% w_L = 22%

w_P = 19% I_P = 3%

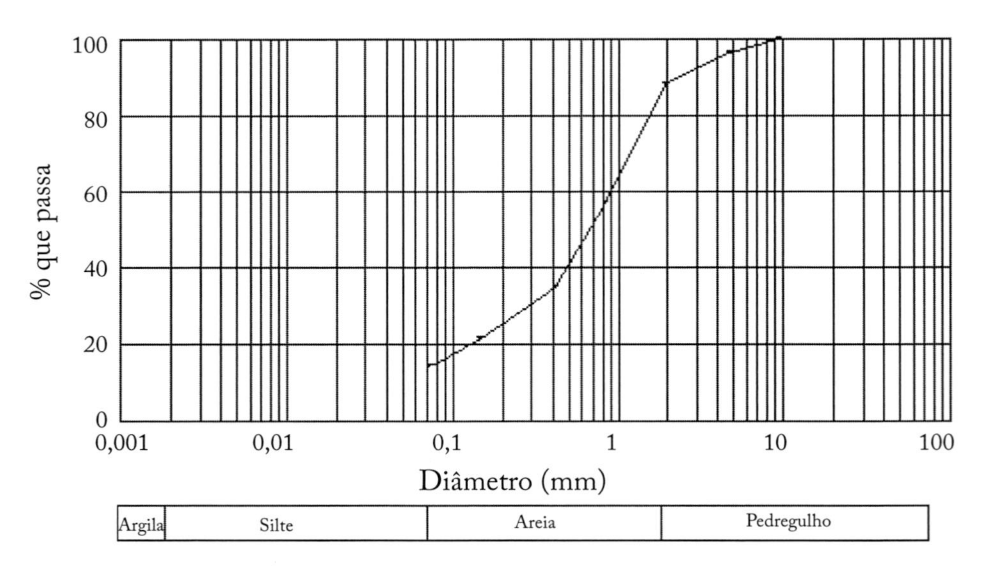

FIGURA 5.9 - Curva granulométrica

ÍNDICE DE GRUPO:

$$\begin{cases} \mathbf{a} = (16,2 - 35) \rightarrow 0 \\ \mathbf{b} = (16,2 - 15) \rightarrow 0 \\ \mathbf{c} = (22 - 40) \rightarrow 0 \\ \mathbf{d} = (3 - 10) \rightarrow 0 \end{cases}$$

$$\mathbf{IG} = 0$$

TABELA 5.18 – SUCS

1ª OPÇÃO	mais de 50% é retido na #200: **SOLO GROSSO**
2ª OPÇÃO	mais da metade da fração grossa passa na #4: **AREIA**
3ª OPÇÃO	mais de 12% passa na #200: **SÍMBOLO ÚNICO**
4ª OPÇÃO	**Ip** < 4%: **SM**
5ª OPÇÃO	menos de 15% de pedregulho: **AREIA SILTOSA**
RESPOSTA	**SM - AREIA SILTOSA**

TABELA 5.19 – HRB

1ª OPÇÃO	menos de 35% passa na #200: **SOLO GROSO**
2ª OPÇÃO	w_L #40%, **Ip** #0% e IG = 0: **A-2-4**
RESPOSTA	**A-2-4 (0)**

4- Ensaios realizados em uma amostra de solo forneceram w_L = **15%**, w_P = **9%** e a curva granulométrica apresentada abaixo. Classifique este solo no **SUCS** e **HRB**.

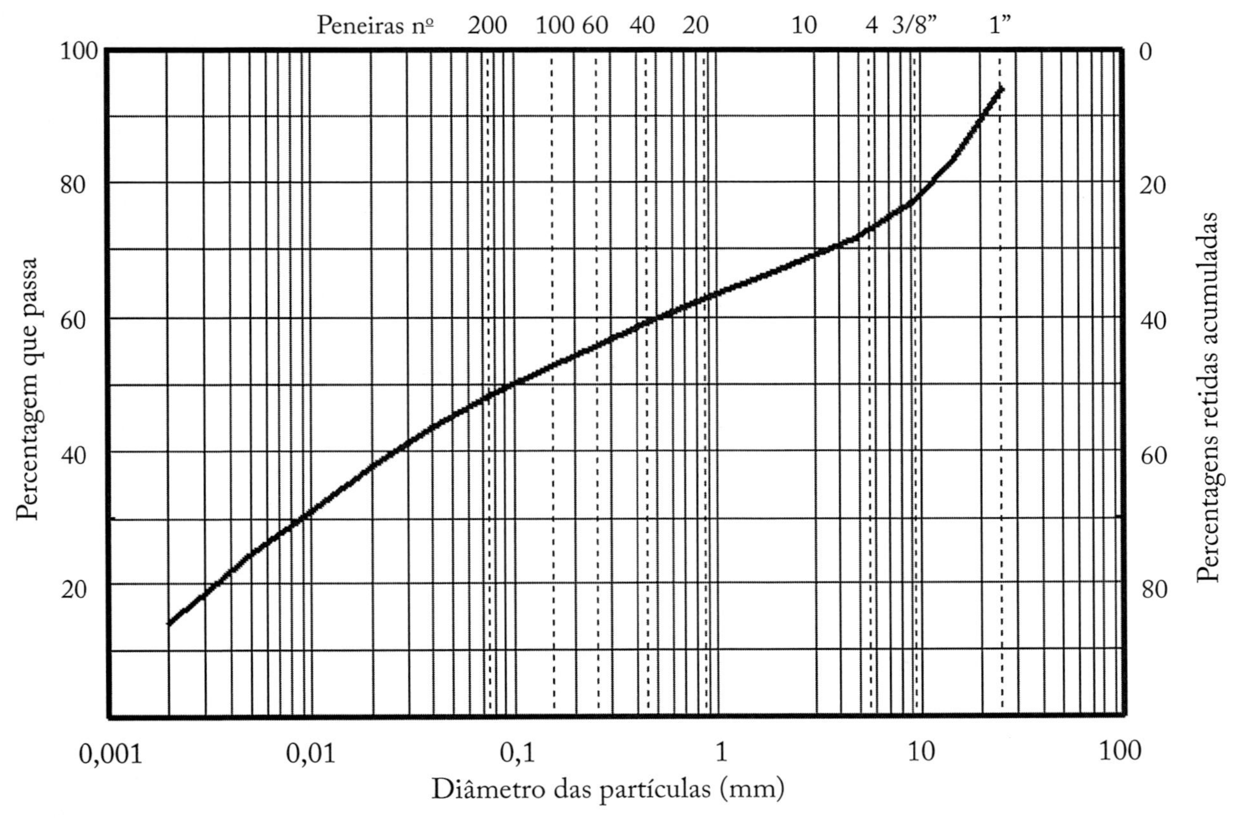

FIGURA 5.10 - Curva granulométrica

(Resposta: **GM-GC; A-4 (3)**)

5- A partir das curvas granulométricas fornecidas na **Figura 5.11** e dos limites de consistência apresentados na **Tabela 5.20**, classifique os solos A, B e C no **SUCS** e **HRB**:

TABELA 5.20 - Limites de consistência

	A	B	C
w_L (%)	70	-	42
w_P (%)	38	NP	19

(Resposta: **Tabela 5.21**)

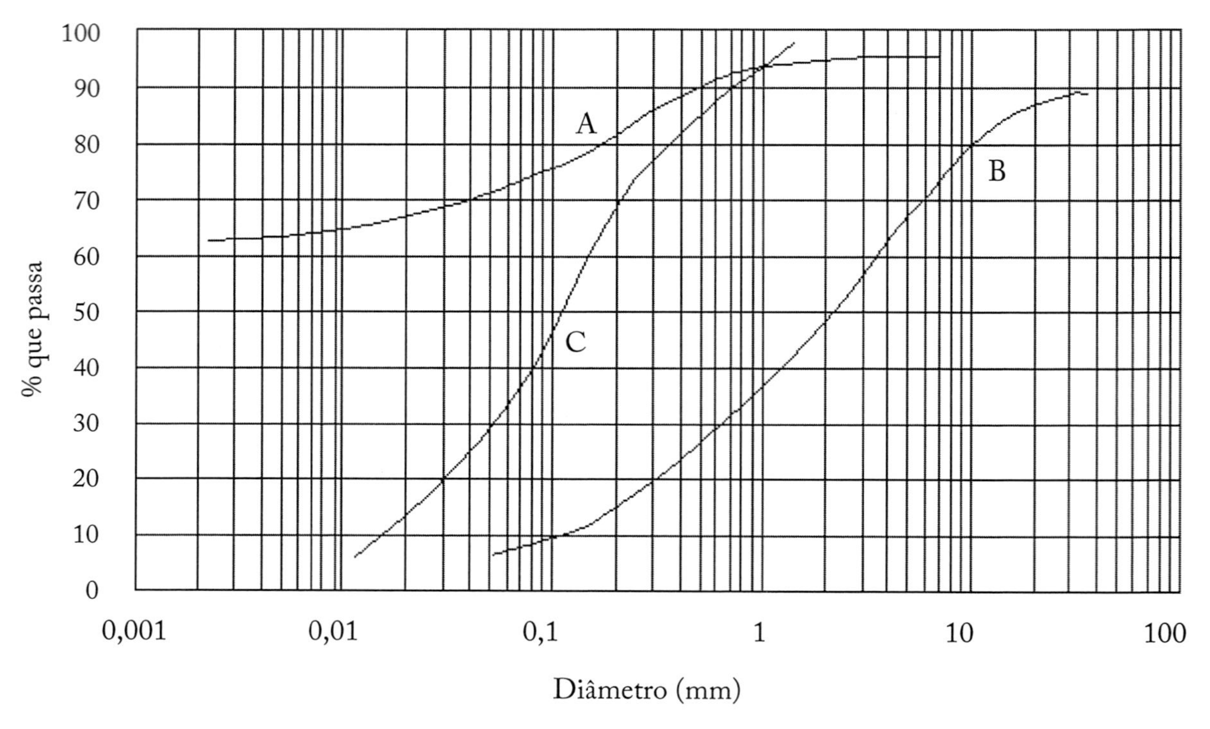

FIGURA 5.11 - Curvas granulométricas

TABELA 5.21 - Resposta do problema 5

SOLO	SUCS	HRB
A	CH: argila gorda com areia	A-7-5 (19)
B	SP-SM: areia mal graduada com silte e pedregulho	A-1-a (0)
C	SC: areia argilosa	A-7-6 (4)

6- Classifique os solos no Sistema Unificado e no **HRB**:

TABELA 5.22 - Característica da fração que passou na #40

Nº	abertura mm	% passando		
		A	B	C
4	4,76	90	100	100
8	2,38	59	100	100
10	2	54	99	98
20	0,85	34	92	92
40	0,425	22	81	84
60	0,25	15	72	77
100	0,15	9	49	70
200	0,074	5	32	63

TABELA 5.23 - Dados dos solos

$w_L(\%)$		48	47
$w_P(\%)$	NP	26	24

(Resposta: **Tabela 5.24**)

TABELA 5.24 - Resposta do problema 6

SOLO	SUCS	HRB
A	SP-SM: areia mal graduada com silte	A-1-b (0)
B	SC: areia argilosa	A-2-7 (0)
C	CL: argila magra arenosa	A-7-5 (12)

7- Classifique os seguintes solos no sistema **MCT**

solo 1: **d´**= 4,0; **Pi** = 305 e **c´**= 0,47

solo 2: **d´**= 5,0; **Pi** = 280 e **c´**= 1,1

solo 3: **d´**= 20,0; **Pi** = 10 e **c´**= 2,0

Resposta:

Solo	Classificação
1	NS'
2	NS'
3	LG'

CAPÍTULO 6

Compactação dos Solos

6.1- INTRODUÇÃO

Entende-se por compactação dos solos o melhoramento artificial de suas propriedades por meios mecânicos que provocam a redução do índice de vazios via compressão ou expulsão dos gases. O processo sempre envolve redução de volume.

A importância da compactação dos solos está no aumento e na estabilização da resistência, na diminuição da deformabilidade e na redução da permeabilidade que se obtém ao sujeitar o solo a técnicas convenientes que aumentem seu peso específico e diminuam seus vazios.

Mesmo sendo uma técnica milenar, com evidências de uso de rolos compressores pelos maias, no Peru, e sem esquecer as exemplares vias do império romano, a construção de estradas, até a década de trinta do século passado, era feita em bases empíricas, havendo situações em que o mesmo solo, compactado com os mesmos procedimentos de compactação, podia resultar em uma estrada muito boa ou muito ruim, dependendo da época do ano que fosse construída. Ralph Proctor (1933), a partir de observações de campo e em laboratório, estabeleceu os princípios fundamentais da compactação moderna: a qualidade da compactação, depende, principalmente, da quantidade de água no solo antes da compactação e da energia empregada em tal processo. O primeiro ponto, até então completamente desconhecido, explicava com clareza o comportamento citado anteriormente.

6.2- ENSAIO DE COMPACTAÇÃO

Atualmente, existem muitos métodos para simular no laboratório as condições de campo. Historicamente, o primeiro destes métodos é devido a Proctor e é conhecido como ensaio Proctor Normal. Consiste em compactar o solo, em três camadas, em um molde de dimensões e forma especificadas, por meio de golpes de um soquete, também especificado, que se deixa cair livremente de uma altura prefixada. O molde é um cilindro

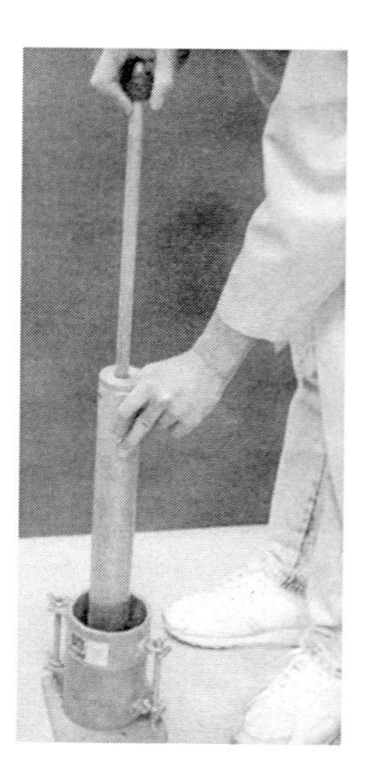

FIGURA 6.1 - Ensaio de compactação

de 0,95 litro, 10,2 cm de diâmetro e 11,7 cm de altura, provido de uma extensão desmontável (colarinho) de igual diâmetro e 5 cm de altura. O soquete é de 2,5 kg e cai de uma altura de 30,5 cm. O solo é compactado em três camadas, com 26 golpes em cada uma, distribuídos na área da seção circular do cilindro.

Com os dados anteriores, a energia específica de compactação fica em torno de 5,95 kg.cm/cm^3 (600 kJ/m^3) calculada pela **Equação 6.1**:

$$\mathbf{E_e = \frac{N\ n\ h\ W}{V}} \qquad \text{Eq. 6.1}$$

onde:

E_e = energia específica
N = número de golpes por camada
n = número de camadas
W = massa do soquete
h = altura de queda do soquete
V = volume do molde

Os dados que determinam a energia específica, **E_e**, neste ensaio foram estabelecidos por Proctor como os adequados para reproduzir os pesos específicos secos que podiam ser atingidos, economicamente, com os equipamentos disponíveis naquela época.

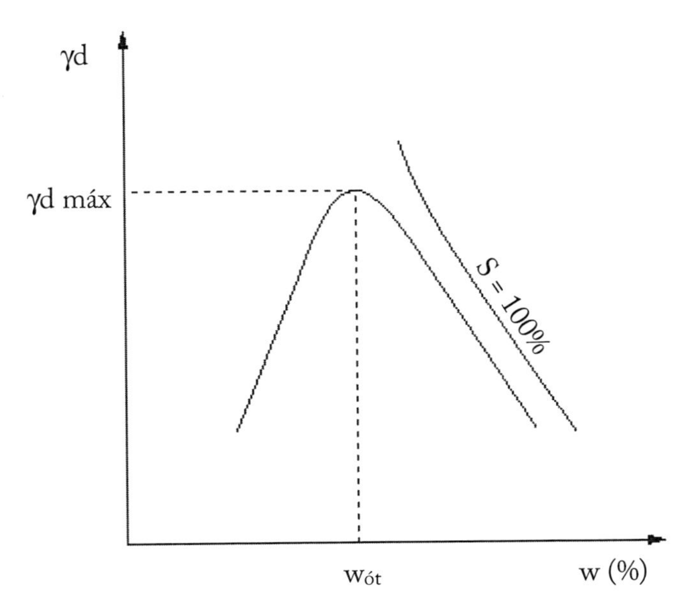

FIGURA 6.2 - Curva de compactação

Com estes procedimentos de compactação, Proctor estudou a influência que a umidade do solo exercia no processo, descobrindo que tal valor era de fundamental importância na compactação pretendida. Com efeito, observou que para umidades crescentes, a partir de valores baixos, se obtinha valores maiores de pesos específicos, portanto, melhor compactação do solo. Porém esta tendência não se mantinha, visto que, ao passar a umidade de certo valor, os pesos específicos secos obtidos passavam a diminuir, resultando em uma pior compactação da amostra. Proctor concluiu que, para um determinado solo e para cada energia de compactação, existe uma umidade chamada ótima, que leva a um máximo peso específico seco conforme mostrado na **Figura 6.2**.

Isto é explicável tendo-se em conta que, a baixas umidades, a água está em forma capilar nos solos finos, tendendo, então, a formar torrões dificilmente desagregáveis que dificultam a compactação. O aumento de umidade diminui a força capilar, fazendo com que uma mesma energia de compactação produza melhores resultados. Porém, se há água em excesso, a ponto de o ar nos vazios estar em forma de bolhas oclusas, a baixa permeabilidade do solo controla o processo, impedindo uma boa compactação, posto que não podendo fluir instantaneamente a água absorve parte do impacto do soquete.

A partir das fórmulas de índices físicos, pode-se obter a curvas **w x γ_d** para diferentes graus de saturação com a expressão:

$$w = \frac{S_r}{100}\left(\frac{\gamma_w}{\gamma_d} - \frac{1}{G_s}\right) \quad \textbf{Eq. 6.2}$$

A **Figura 6.2** mostra a curva de saturação de 100% que pode ser obtida com a **Eq. 6.2**. A mesma equação permite calcular o grau de saturação correspondente à umidade ótima, o qual se situa na faixa de 80% a 90% para a maioria dos solos.

Devido ao rápido desenvolvimento dos equipamentos de compactação de campo, a energia do Proctor Normal começou a se tornar inadequada. Isto conduziu a uma modificação na prova, aumentando-se a energia do ensaio através de um soquete de maior massa (4,536 kg), caindo de uma altura maior (45,7 cm) e aumentando também o número de camadas. Criou-se, então, o Proctor Intermediário (E_e = 12,9 kg.cm/cm^3) e o Proctor Modificado (E_e = 27,4 kg.cm/cm^3).

Diferentes combinações de cilindros, soquetes, número de camadas e número de golpes podem ser utilizadas para se obter as energias desejadas. A **Tabela 6.1** mostra algumas combinações de acordo com a norma ABNT/NBR 7182. O cilindro pequeno (do ensaio Proctor Normal) tem um volume de 1000 cm^3 e pode ser usado somente quando a amostra, após a preparação, passa integralmente na peneira de 4,8 mm. O cilindro grande (também usado no ensaio **CBR**) tem volume de 2085 cm^3.

TABELA 6.1 - Energias de compactação mais utilizadas

Cilindro	Variáveis de compactação	Ensaio		
		Normal	**Intermediário**	**Modificado**
Pequeno	Soquete	Pequeno	Grande	Grande
	Número de camadas	3	3	5
	Golpes por camada	26	21	27
Grande	Soquete	Grande	Grande	Grande
	Número de camadas	5	5	5
	Golpes por camada	12	26	55
Energia específica (kg.cm/cm^3)		5,95	12,9	27,4

A escolha da energia de compactação depende do tipo de equipamento disponível e da importância da camada compactada, além de fatores econômicos. Em subleitos e aterros rodoviários, geralmente, emprega-se a energia Proctor Normal, em sub-bases rodoviárias emprega-se a energia do ensaio Proctor Intermediário, enquanto que para bases pode-se empregar a energia do Proctor Intermediário ou Modificado. Para o corpo de barragens, bases de pavimentos de aeroportos e lastros de ferrovias geralmente emprega-se a energia do Proctor Modificado.

Como mostra a **Figura 6.3**, o peso específico seco cresce, a princípio, ao aumentar a umidade, diminuindo depois de ultrapassada a umidade ótima. Nota-se ainda que o peso específico seco máximo obtido nos ensaios de maior energia é maior que o obtido nos de menor energia, ao mesmo tempo que a umidade ótima decresce com o aumento da energia de compactação, o que está de acordo com as explicações anteriores. Unindo-se os pontos relativos aos valores máximos de peso específico aparente seco para as diversas energias, obtém-se a chamada "linha das máximas".

O ponto de máximo peso específico seco depende do tipo de solo submetido ao processo de compactação. Solos argilosos apresentam baixos valores de pesos específicos secos máximos (da ordem de 14 a 15 kN/m^3) e elevadas umidades ótimas (entre 25% e 30%). À medida que os grãos ficam maiores, há uma tendência de se encontrar pesos específicos máximos mais elevados e umidades ótimas mais baixas. Areias com pedregulho, pouco argilosas, apresentam pesos específicos secos máximos da ordem de 20 a 22 kN/m^3 na energia Normal, para umidades ótimas na faixa de 8 a 10%.

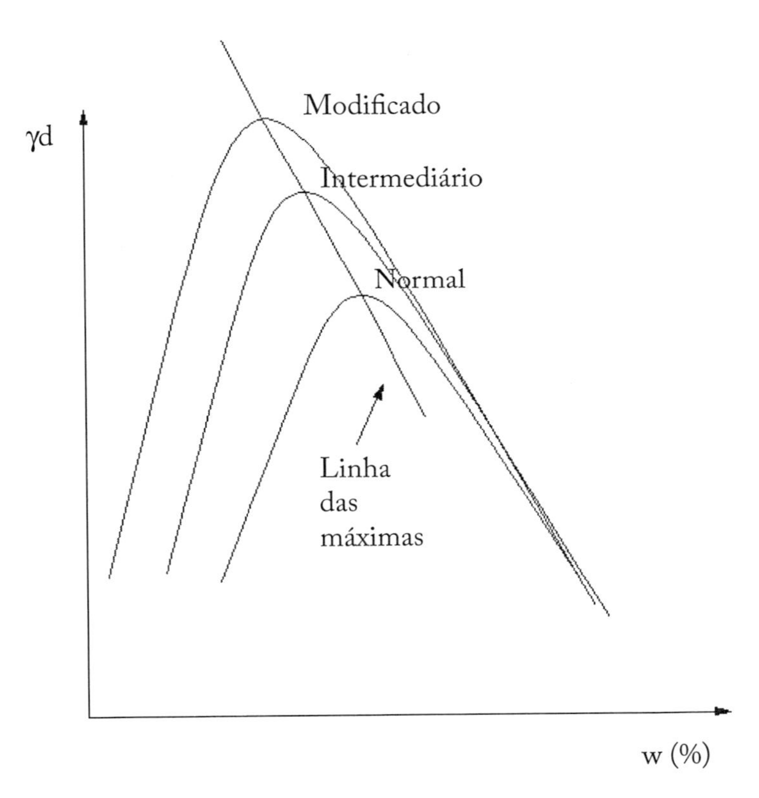

FIGURA 6.3 - Curvas com diferentes energias de compactação

Há também uma tendência de achatamento da curva de compactação para solos menos argilosos, porém isso depende da natureza do material. Solos de origem laterítica tendem a apresentar o trecho seco (abaixo da ótima) mais íngreme que os solos não lateríticos.

6.3- ESTRUTURA DE UM SOLO COMPACTADO

O solo fino, quando está no "ramo seco", tem, na maioria das vezes, uma estrutura floculada. Com o aumento da umidade a compactação tende a tornar o solo com uma estrutura dispersa, isto é, com uma certa orientação nas partículas, conforme mostra a **Figura 6.4**. Nos solos grossos a estrutura passa de fofa para compacta. É claro que o comportamento do solo compactado se vê fortemente influenciado por esta mudança de estrutura, principalmente, no que se refere à permeabilidade e compressibilidade.

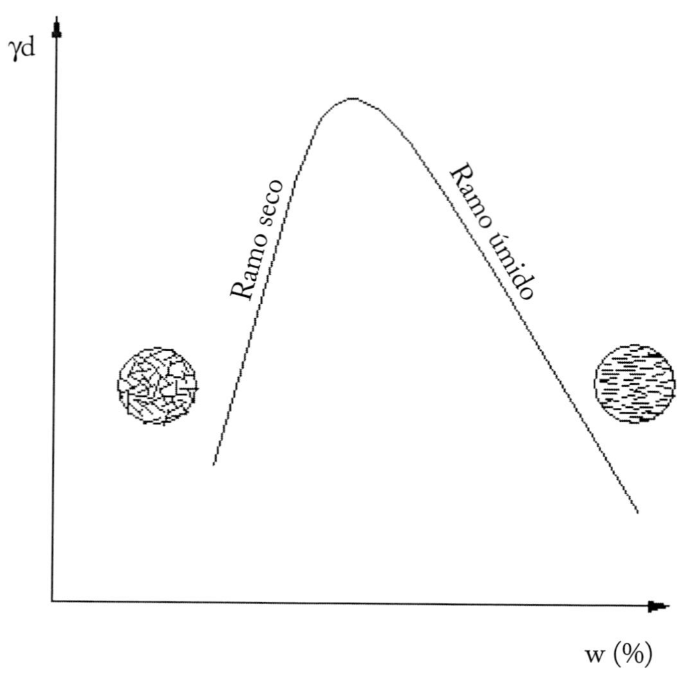

FIGURA 6.4 - **Estrutura de solos compactados**

6.4- ENSAIO HARVARD OU MINIATURA

O ensaio de compactação proposto por Proctor tem a desvantagem de não simular corretamente a situação real, uma vez que no campo não ocorre a compactação por golpes, e sim por amassamento. Por este motivo, foi proposto o ensaio Harvard (mais conhecido no Brasil como ensaio Miniatura) onde se usa um pequeno molde de cerca de 60 cm^3 de volume e compacta-se o solo em 5 camadas com 25 golpes em cada, através de um pistão fixado a uma mola calibrada, que se distende quando a força aplicada sobre ela é de 90 N. A forma da curva de compactação obtida neste ensaio é semelhante à de Proctor, porém mais próxima da curva de campo. A **Figura 6.5** mostra esta situação.

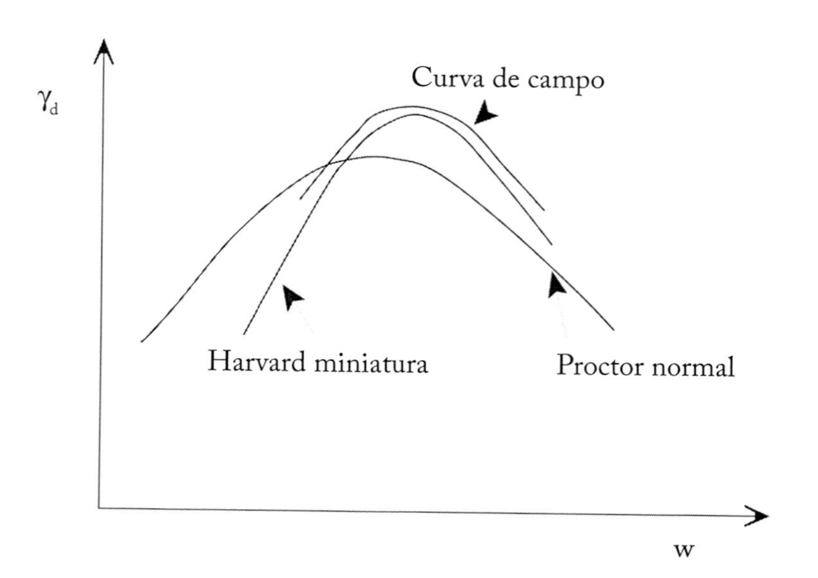

FIGURA 6.5 - **Comparação de ensaios**

6.5- INFLUÊNCIA DA SATURAÇÃO

Pode parecer mais conveniente compactar o solo com uma umidade abaixo da ótima ($w_1 < w_{ót}$), pois sua resistência seria mais elevada; ao mesmo tempo, porém, o maior volume de vazios facilitaria o acesso da água, podendo a umidade aumentar o suficiente para atingir o ramo descendente da curva. Assim, com o solo quase saturado (nas épocas de chuvas intensas), passaria a haver uma umidade w_2 e a sua resistência seria praticamente nula. Se, ao contrário, o solo for compactado próximo da $w_{ót}$, a variação da resistência com a saturação será muito menor como pode se ver na **Figura 6.6** (Caputo, 1980).

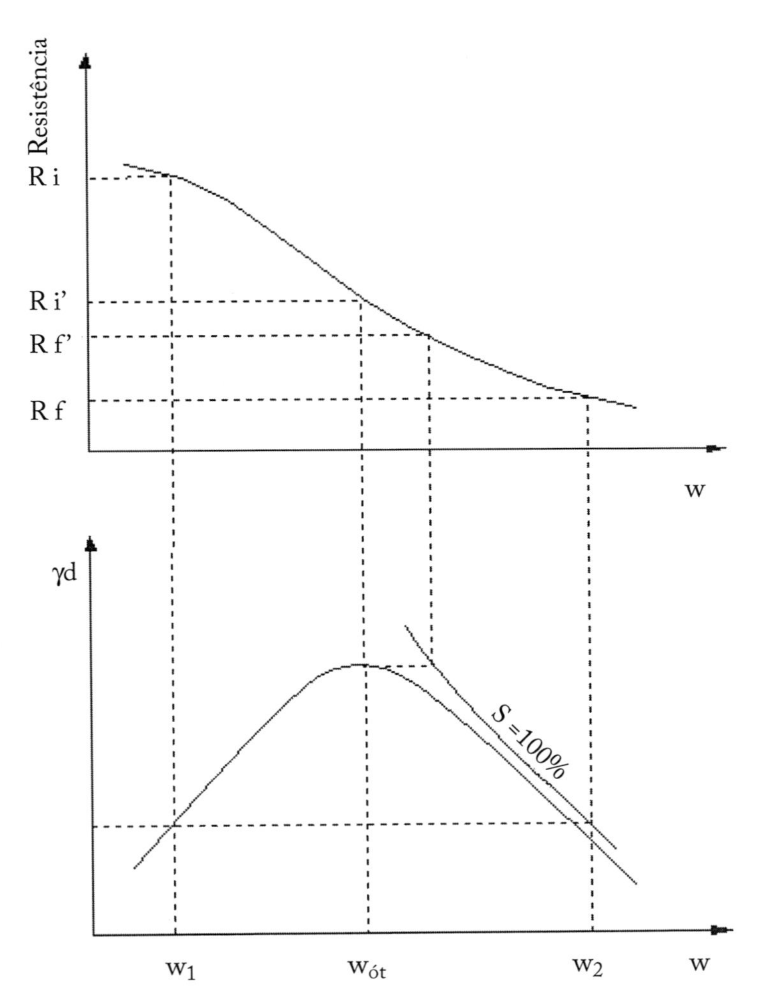

FIGURA 6.6 - Saturação x resistência

6.6- ÍNDICE DE SUPORTE CALIFÓRNIA - ISC

Este índice, mais conhecido como **CBR**, Califórnia Bearing Ratio, refere-se a resistência à penetração de um solo tendo como referência a resistência à mesma penetração em uma brita padrão, conforme mostra a **Eq. 6.3**:

$$ISC = \frac{\text{tensao na amostra}}{\text{tensao na brita padrao}} 100 \qquad \textbf{Eq. 6.3}$$

A determinação em laboratório do **ISC** é feita sobre amostras compactadas na energia e umidade que serão usadas no campo. Basicamente, o ensaio consiste em fazer com que um pistão de 4,96 cm de diâmetro penetre com uma velocidade de 1,27 mm/min em um corpo de prova compactado. A tensão necessária para que o cilindro penetre 2,54 mm dividida pela tensão necessária para a mesma penetração na brita padrão (70 kgf/cm^2) fornecerá o **ISC** desta amostra.

6.7- COMPACTAÇÃO NO CAMPO

Os princípios que governam a compactação de solos no campo são, essencialmente, os mesmos vistos para ensaios em laboratório. Assim, os pesos específicos máximos obtidos são, fundamentalmente, função do tipo de solo, da quantidade de água e da energia de compactação aplicada pelo equipamento que se utiliza, a qual depende do tipo e peso do equipamento e do número de passadas sucessivas aplicadas.

Em função da distância e condições locais, escolhe-se a "área de empréstimo" que fornecerá o material para o aterro. Equipamentos diversos, especialmente os *scrapers* retiram o solo a ser compactado e o depositam no local do aterro, em camadas de 10 cm até 40 cm, dependendo do equipamento a ser usado na compactação, com a umidade o mais próximo possível da exigida. Faz-se a correção final da umidade, se necessário, e inicia-se a compactação com rolos pés-de-carneiro, rolos lisos, rolos pneumáticos, equipamentos vibratórios ou equipamentos de impulsão.

Da prática antiga dos indianos de utilizar-se da passagem de animais como meio de compactação, os ingleses observaram que o carneiro, pela relação peso e área de sua pata, era um dos animais que mais eficientemente compactava argilas. O atual rolo pé-de-carneiro (**Figura 6.7**) originou-se desta observação.

Os rolos pés-de-carneiro têm como característica fundamental a compactação do solo de baixo para cima, exercendo um efeito de amassamento no mesmo por meio de protuberâncias de mais ou menos 15 cm de altura, em forma de uma pata de carneiro. Os demais equipamentos de compactação mencionados compactam o solo da superfície para baixo. Outra vantagem do rolo pé-de-carneiro é a superfície irregular ao final da compactação de cada camada, o que permite ótima aderência com a camada subsequente. Os outros equipamentos de compactação podem exigir a escarificação da superfície da camada recém compactada, antes do lançamento de uma nova, para evitar o surgimento de caminhos preferenciais de fluxo ou mesmo de cisalhamento.

Os rolos pés-de-carneiro são recomendados para solos argilosos, pois este tipo de equipamento proporciona grande concentrações de tensões e o efeito de amassamento necessário para a desagregação dos grumos na compactação adequada destes materiais. Um rolo pé-de-carneiro típico exerce uma pressão de contato da ordem de 2000 a 5000 kPa.

FIGURA 6.7 - Rolo Pé-de-carneiro

Os mais antigos exemplares de rolos lisos foram encontrados em ruínas de cidades maias e eram feitos de pedra, muito embora alguns historiadores afirmem que os maias não utilizavam a roda. Hoje em dia os rolos lisos (**Figura 6.8**) são mais utilizados para acabamento superficial uma vez que seu uso como equipamento de compactação exige o lançamento de camadas muito delgadas de no máximo 10 cm.

FIGURA 6.8 - Rolo liso

Ressalva deve ser feita para os rolos lisos vibratórios que são muito recomendados para a compactação de solos não coesivos, como areias, pedregulhos e até matacões em enrocamento de barragens.

Os rolos pneumáticos (**Figura 6.9**) podem ser pesadíssimos, chegando a compactar satisfatoriamente camadas com mais de 40 cm. Têm a vantagem de, com o enchimento ou esvaziamento dos pneus, poder-se variar a pressão aplicada no solo, tipicamente, em torno de 600 kPa. Os solos arenosos com finos pouco plásticos são os que apresentam melhores resultados.

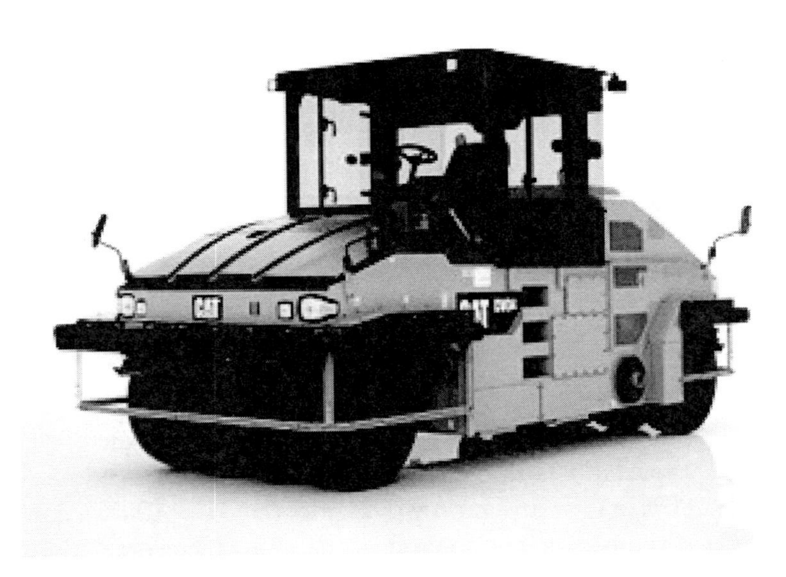

FIGURA 6.9 - Rolo pneumático

Há ainda equipamentos mais leves de compactação tipo placas vibratórias usadas em compactação para áreas de trânsito de pessoas, como calçadas, quadras ou aterros internos de residências.

Em áreas de difícil acesso para compactadores de maior porte é comum o uso de compactadores de impulsão, tipo "sapo" (**Figura 6.10**). Consiste de um equipamento em que um motor de explosão provoca "pulos" até determinada altura. Um operador, manualmente, direciona o equipamento de forma que este caia na área desejada. O número de repetição destas quedas provoca a compactação que se deseja.

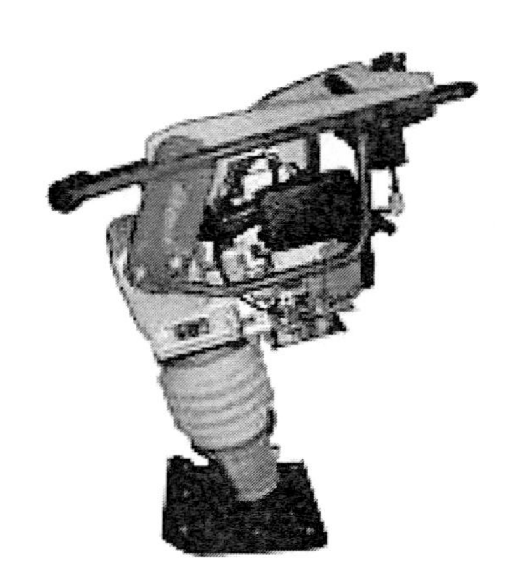

FIGURA 6.10 - **Compactador tipo "sapo"**

Há ainda processos pouco usados no Brasil e que se caracterizam mais como de melhoria localizada de solos do que, propriamente, de compactação de aterros, como é o caso da vibro-flotação, da utilização de explosivos e do uso de grandes blocos de aço de até 400 kN (40 tf), que são levantados por guindastes e caem de uma altura que pode chegar a 40 m.

6.8- CONTROLE DA COMPACTAÇÃO

A compactação produzida nos solos pelos diferentes equipamentos é, evidentemente, influenciada pelo número de vezes sucessivas que estes passam sobre o aterro. A relação entre os pesos específicos secos obtidos em campo e o número de passadas, a princípio, cresce rapidamente, porém após um certo número de passadas o efeito de uma passada posterior diminui e já não mais compensa outras passadas do equipamento. Na prática, o número econômico de passadas está entre 5 e 10 vezes. O número de passadas necessárias para obter-se um certo peso específico seco é função do equipamento de campo usado; um equipamento mais pesado conseguirá isto mais rapidamente que um mais leve. Atualmente, a tendência é trabalhar com equipamentos pesados a fim de reduzir o número de passadas.

Um dos parâmetros que se usa para verificar se a compactação de campo atende às exigências do projeto é o **Grau de Compactação**, obtido com a **Eq. 6.4**:

$$GC = \frac{\gamma_{d\ de\ campo}}{\gamma_{dmax\ de\ laboratorio}} 100 \qquad \textbf{Eq. 6.4}$$

Para sua determinação, mede-se no campo, por meio de ensaios adequados (o ensaio de frasco de areia ou similar), o γ_d do aterro compactado. Compara-se este valor com o γ_d máximo de laboratório aplicando a fórmula do **GC**. Se **GC** $<$ 100%, não se atingiu o γ_d exigido. Se **GC** $>$ 100% a compactação é satisfatória.

Não se deve compactar o solo muito acima de um grau de compactação de 100%, pois pode-se gerar um cisalhamento prévio do material. Tampouco deve-se tentar compensar a falta de umidade de compactação, aumentando-se o grau de compactação com várias passadas do rolo. Isto pode gerar um solo de estrutura "colapsível", o qual pode perder grande parte de sua resistência quando saturado, além de sofrer grandes deformaçõesvolumétricas.

Na prática, há quase sempre uma tolerância definida pelo projetista quanto à umidade e ao **GC** (por exemplo, **w** = ± 2% da $w_{ót}$ e **GC** > 95%). Em geral, especifica-se um grau de compactação de 100% para as camadas superiores (pelo menos os últimos 20 cm) de aterros rodoviários e para as camadas do pavimento (sub-bases e bases).

O controle da umidade de compactação no campo é tão relevante quanto o grau de compactação. Dependendo da forma da curva de compactação, uma variação de 1% de umidade em torno da ótima pode resultar em grandes variações de peso específico e de outras propriedades do solo compactado. Há várias formas de controle de umidade, desde os métodos mais precisos em laboratório (como o método da estufa), até métodos rápidos de campo (como o método da frigideira). Há também aparelhos para controle de umidade em campo como o "speedy" (pouco preciso), aparelhos à base de resistividade e densímetros nucleares.

6.9- ATERROS EXPERIMENTAIS

Para definir o número de "passadas" do rolo compressor que se dispõe, a fim de atingir o **GC** especificado, deve-se lançar mão dos aterros experimentais. Para isto, prepara-se, no local da obra, uma área experimental aplainada e compactada. Sobre essa área dispõem-se as camadas do aterro experimental em faixas. Cada trecho da faixa terá uma certa umidade em torno da ótima. As camadas são então compactadas com o equipamento escolhido. Por meio de ensaios adequados, determina-se, em cada trecho das faixas, os pesos específicos e as umidades ao fim de 2, 4, 8, 12 e 16 passadas. Com o resultado destas observações, pode-se traçar a curva **número de passadas x γ_d** mostrada na **Figura 6.11**, que permite que se escolha o número de passadas conveniente para compactar o aterro com aquele equipamento. Obtém-se curvas que tendem assintoticamente a valores de γ_d. Uma delas, com uma determinada umidade, indicará o γ_d máximo para os esforços de compactação do equipamento utilizado. O γ_d máximo de laboratório poderá ser superior ou inferior a este valor. Se for inferior (neste caso **GC** > 100%), determinar-se-á o número de passadas necessário para que o rolo disponível leve o solo ao peso específico desejado. Se, por outro lado, o γ_d máximo de laboratório for superior ao γ_d máximo obtido no aterro experimental (**GC** < 100%) então o equipamento é insuficiente.

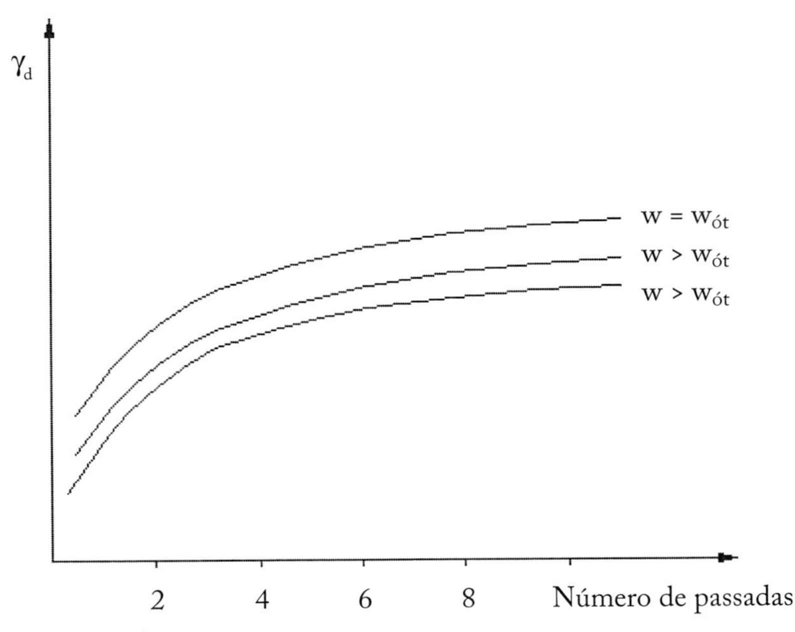

FIGURA 6.11 - Aterros experimentais

O aterro experimental deverá ser repetido toda vez que o tipo de solo e o equipamento disponível mudem.

6.10 - PROBLEMAS RESOLVIDOS E PROPOSTOS

1- Um ensaio de compactação em um solo com $\mathbf{G_S}$ = 2,63, forneceu os seguintes resultados:

TABELA 6.2 - Ensaio de compactação

w (%)	86	1156	1445	168	217	243
γ_d (kN/m3)	151	162	171	172	159	151

Determine:

a) a umidade ótima ($\mathbf{w_{ót}}$) e o peso específico seco máximo ($\gamma_{d\,max}$);

b) a curva $\mathbf{w} \times \gamma_d$ para a saturação correspondente a $\mathbf{w_{ót}}$ e a de 100%

SOLUÇÃO

i - a partir dos dados da **Tabela 6.2** traça-se a curva de compactação da **Figura 6.12**:

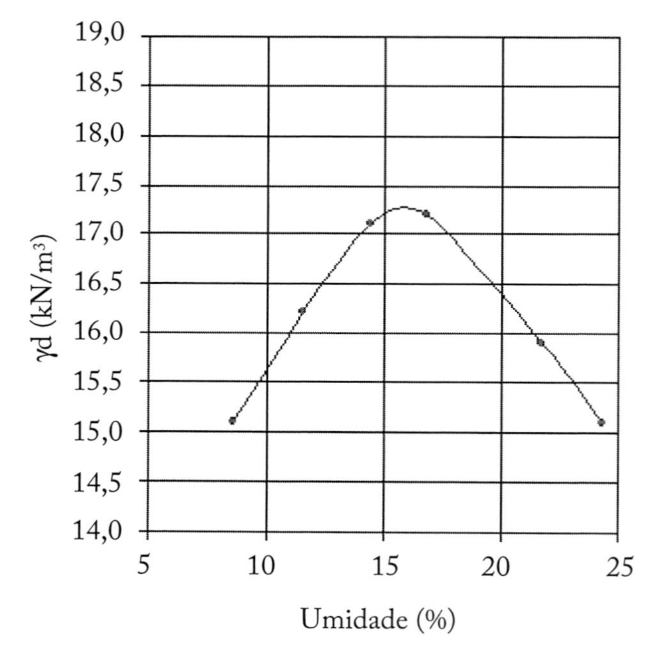

FIGURA 6.12 - Curva de compactação

ii- lê-se na curva $\gamma_{d\,max}$ = 17,3 kN/m³ e $\mathbf{w_{ót}}$ = 15,9 %;

iii- calcula-se o grau de saturação na umidade ótima com a **Equação 6.2**:

$$\mathbf{w} = \frac{\mathbf{S_r}}{\mathbf{100}}\left(\frac{\gamma_w}{\gamma_d} - \frac{\mathbf{1}}{\mathbf{G_s}}\right)\mathbf{100} \rightarrow \mathbf{15{,}9} = \frac{\mathbf{S_r}}{\mathbf{100}}\left(\frac{\mathbf{9{,}81}}{\mathbf{17{,}30}} - \frac{\mathbf{1}}{\mathbf{2{,}63}}\right)\mathbf{100}$$

$$\mathbf{S_r = 85\%}$$

iv- a partir da **Equação 6.2**, com $\mathbf{S_r}$ = 85% atribui-se valores a **w**, obtendo-se valores para γ_d como mostra a **Tabela 6.3**:

TABELA 6.3 - Curva γ_d x w para S_r = 85%

γ_d kN/m³	w %	γ_d kN/m³	w %
184	13,0	16,2	19,0
18,0	14,0	15,9	20,0
17,6	15,0	15,6	21,0
17,3	16,0	15,4	22,0
16,9	17,0	15,1	23,0
16,6	18,0	14,8	240

v- procede-se da mesma forma para $\mathbf{S_r}$ = 100%:

TABELA 6.4 - Curva γ_d x w para S_r = 100%

γ_d kN/m³	w %	γ_d kN/m3	w %
192	13,0	172	19,0
18,9	14,0	169	20,0
185	15,0	166	21,0
182	16,0	163	22,0
178	17,0	161	23,0
175	18,0	158	240

vi- com estes valores traça-se o gráfico da **Figura 6.13**:

2- Em uma série de 5 ensaios de compactação foram obtidos os seguintes resultados:

TABELA 6.5 - Ensaio de compactação

umidade (%)	20,2	21,4	22,5	23,4	25,6	280
cilindro + solo úm. (g)	5037	5114	5162	5173	5160	5120

O volume e a massa do cilindro são respectivamente 0,942 litros e 3375 g. Traçar a curva de compactação deste solo, determinando sua umidade ótima e o peso específico seco máximo e as curvas **w x γ_d** para a saturação correspondente a 100% e a 90%.

Resposta: $\gamma_{d\,máx}$ = 15,2 kN/m³; $w_{ót}$ = 22,4 %

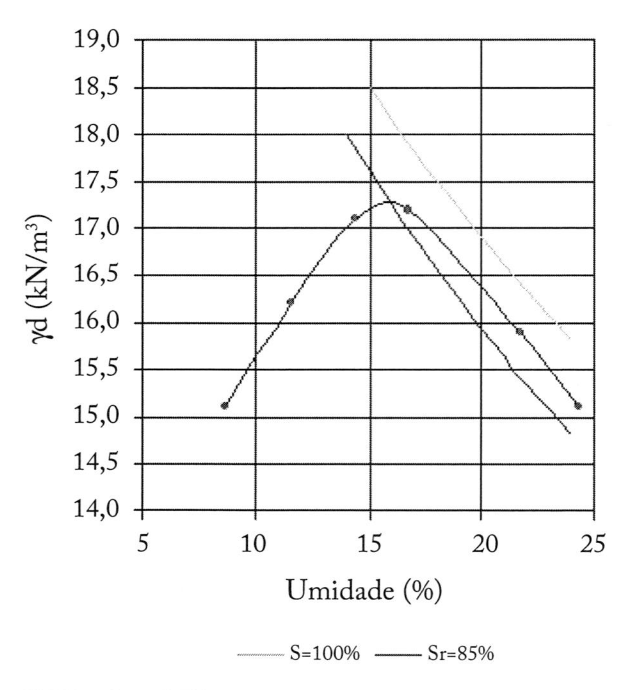

FIGURA 6.13 - γ_d x w para S_r = 100% e S_r = 85%

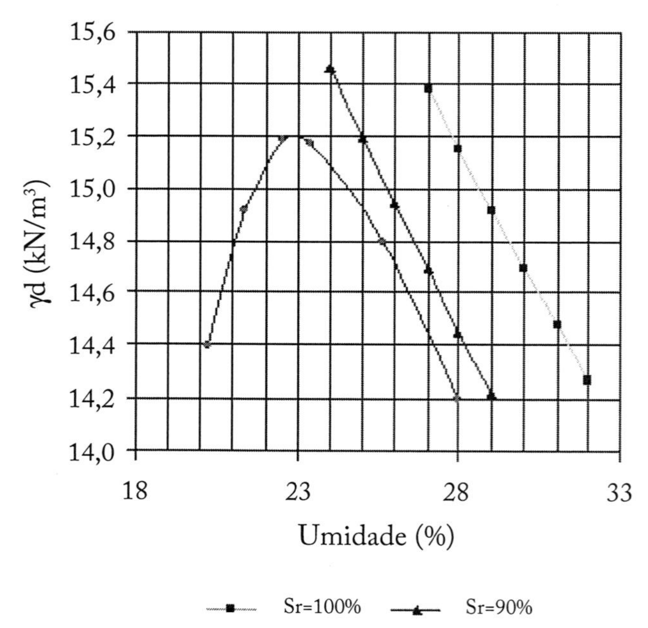

FIGURA 6.14 - Curva de compactação do problema 2

3- Uma amostra do solo do problema anterior quando compactado no campo resultou:

- solo + tara + água = 42,735 g;
- solo + tara = 38,376 g;
- tara = 11,135 g;
- cilindro + amostra = 4625 g;
- cilindro = 2905 g;
- volume do cilindro = 997 cm^3.

Qual o grau de compactação deste aterro?

SOLUÇÃO:

i- cálculo da umidade de campo com a **Eq. 2.7**:

$$w = \frac{M_w}{M_s}100 = \frac{42,735 - 38,38}{38,38 - 11,14}100 = 16\%$$

ii- com as **Eq. 2.13** , **Eq. 2.14** e **Eq. 2.23** chega-se à expressão para o cálculo do peso específico seco de campo:

$$\gamma_d = \frac{\dfrac{M_t\ g}{V_t}}{1+\dfrac{w}{100}} = \frac{\dfrac{(4625-2905)\ 9,81}{997}}{1+\dfrac{16}{100}} = 14,59\ kN/m^3$$

iii- cálculo do grau de compactação com a **Eq.6.4**:

$$GC = \frac{\gamma_{d\ de\ campo}}{\gamma_{d\ max\ de\ laboratorio}}100 = \frac{14,59}{16}100 = 95,9\%$$

4- Em um ensaio de compactação obteve-se os resultados mostrados na **Tabela 6.6.** Sabendo- se que o volume do molde usado era de 2086,5 cm^3, ache a umidade ótima e o peso específico seco máximo deste solo para esta energia de compactação.

TABELA 6.6 - Ensaio de compactação

M am.comp. g	Cápsula	M am.úm+cáps g	M am sec+cáps g	M cápsula g
3649	A1	67,88	56,93	14,21
		74,32	62,07	14,43
		72,95	60,55	13,82
3828	C2	99,88	87,38	42,90
		99,11	86,83	42,90
		103,94	89,89	39,03
3946	B5	67,12	54,91	13,91
		73,40	59,39	13,06
		74,40	60,42	13,74
3909	A3	107,01	91,86	4355
		100,58	86,51	4245
		76,98	61,80	13,84
3815	A7	97,03	83,10	41,47
		79,13	62,85	14,04
		107,05	91,20	44,11

SOLUÇÃO:

i- cálculo das umidades e dos pesos específicos secos:

TABELA 6.7 - Ensaio de compactação

Cápsula	w %	w méd %	γ_d kN/m³	Cápsula	w %	w méd %	γ_d kN/m³
	2563				31,36		
A1	25,71	26	13,62	A3	31,93	31,6	13,96
	26,54				31,65		
	28,10				33,46		
C2	27,95	27,9	14,07	A7	3335	33,5	13,44
	27,62				3366		
	29,78						
B5	3024	30	14,27				
	2995						

ii- com os dados da **Tabela 6.7**, traça-se o gráfico mostrado na **Figura 6.15** e obtém-se **$\gamma d_{máx}$** = 14,3 kN/m³; **$w_{ót}$** = 30 %:

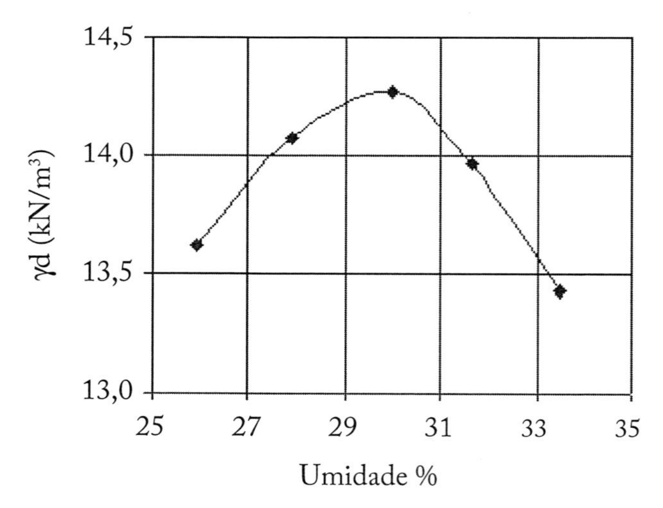

FIGURA 6.15 - Curva de compactação

5- Em um ensaio de compactação, onde se utilizou um molde de 2278 cm³ de volume e massa de 5230 g, foram obtidos os resultados apresentados na **Tabela 6.8**:

TABELA 6.8 - Resultados do ensaio

$M_{am.úm}$ + molde (g)	Determinação da umidade			
	Cápsula	$M_{am.úm.+cap}$ (g)	$M_{am.seca+cap}$ (g)	M_{cap} (g)
9630	A1	41,39	39,39	15,68
9970	B5	36,61	34,41	11,41
10120	C2	43,50	40,36	11,51
10050	A3	38,95	35,79	11,20
9825	A7	47,49	42,42	11,56

Ache a $\mathbf{w_{ót}}$ e o $\boldsymbol{\gamma_{d\,max}}$ deste solo.
Resposta: $\boldsymbol{\gamma_{d\,máx}}$ = 19 kN/m^3; $\mathbf{w_{ót}}$ = 10,8 %

6- Quantas passadas de um compactador tipo "sapo" com massa de 108 kg, altura de queda de 40 cm e diâmetro de 25 cm serão necessárias para desenvolver uma energia de compactação igual a do ensaio Proctor Normal (massa de 2,5 kg, caindo de uma altura de 30 cm e compactando a amostra em 3 camadas com 25 golpes em cada, em um cilindro de 1 litro), se a compactação de campo for feita em camadas de 15 cm.

SOLUÇÃO:

i- cálculo da energia específica no ensaio Proctor Normal com a **Equação 6.1**:

$$E_e = \frac{N\,n\,h\,W}{V} = \frac{2,5 \times 9,81 \times 0,3 \times 3 \times 25}{1000} = 551812,5\ \frac{kNm}{m^3}$$

ii- cálculo da energia específica no campo:

$$E_e = \frac{108 \times 0,4 \times 1 \times 9,81\,n}{\frac{\pi\,0,25^2}{4}0,15}$$

iii- comparando-se as duas expressões, tem-se:

$$\frac{108 \times 0,4 \times 1 \times 9,81\,n}{\frac{\pi\,0,25^2}{4}0,15} = 551812,5 \quad \rightarrow \quad n = 10\ \text{golpes}$$

7- Determinar qual deve ser a espessura de uma camada de solo compactada com um sapo mecânico (massa = 50 kg, altura de queda = 20 cm e diâmetro = 30 cm) para que seja utilizada a energia de compactação empregada no ensaio Proctor Normal. Estão programados 20 golpes em cada ponto do terreno.
Resposta: **espessura da camada** = 5,0 cm.

8- Com os dados de um ensaio de compactação mostrados na **Tabela 6.9**, o projetista estipulou o **GC** 98% e a umidade de -2% a +1% da ótima. Ensaios no aterro após a compactação forneceram o γ_{nat} = 16,8 kN/m e a **w** = 17,5 %. O aterro atendeu as exigências do projeto?

TABELA 6.9 - Ensaio de compactação

w (%)	16,4	17,1	18,8	21,5	24,0
γ_d (kN/m³)	14,8	15,5	16,7	15,9	15,1

Resposta: como o $\gamma_{d\ máx}$ e a $w_{ót}$ são respectivamente 16,7 kN/m³ e 16,0%, o aterro não atendeu às exigências do projeto.

9- Em um ensaio de compactação Proctor Normal encontrou-se $w_{ót}$ = 23%. Nesta umidade a massa do cilindro mais amostra úmida era 5229 g. Sendo o volume e a massa do cilindro respectivamente 0,942 litros e 3375 g, calcule o índice de vazios desta amostra e a quantidade de água que falta para que a amostra fique saturada. Considerar G_s = 2,75.
Resposta: **e** = 0,719; γV_w = 47 cm.

10- Dada a curva de compactação da **Figura 6.16**, indicar qual a variação no $\gamma_{dmáx}$ e no γ_{nat}, em um aterro deste material compactado na $w_{ót}$, se ocorrer:
a) uma perda de umidade por insolação, de cerca de 0,8 %;
b) um acréscimo de umidade, devido a chuvas de 1,2 %.

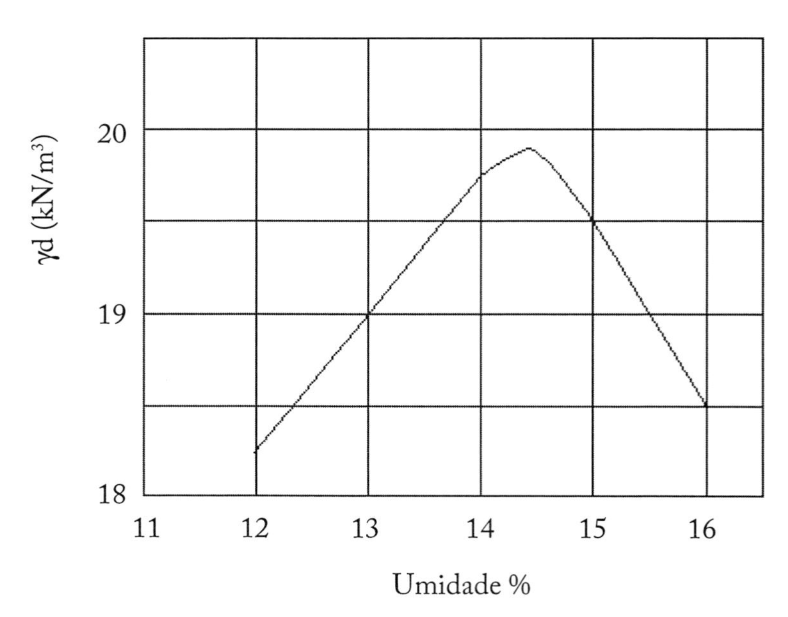

FIGURA 6.16 - Curva de compactação

SOLUÇÃO:

Nas três situações, o peso específico seco do solo não se altera, portanto:

i- situação do aterro hoje:

$$\begin{cases} w_{ot} = 14,5\ \% \\ \gamma_{d\ max} = 19,8\ kN/m^3 \\ \gamma_{nat} = \gamma_d \left(1 + \frac{w}{100}\right) = 19,8\left(1 + \frac{14,5}{100}\right) = 22,67\ kN/m^3 \end{cases}$$

ii- com a perda de umidade de 0,8%:

$$\begin{cases} w_{ot} = 13,7\ \% \\ \gamma_{d\ max} = 19,8\ kN/m^3 \\ \gamma_{nat} = 19,8\left(1 + \frac{13,7}{100}\right) = 22,51\ kN/m^3 \end{cases}$$

iii- com um acréscimo de umidade de 1,2 %:

$$\begin{cases} w_{ot} = 15,7\ \% \\ \gamma_{d\ max} = 19,8\ kN/m^3 \\ \gamma_{nat} = 19,8\left(1 + \frac{15,7}{100}\right) = 22,91\ kN/m^3 \end{cases}$$

CAPÍTULO 7

Tensões no Interior de um Maciço de Solo

7.1- INTRODUÇÃO

Um ponto qualquer no interior de uma massa de solo está solicitado por esforços devidos ao peso próprio das camadas sobrejacentes e às forças externas. Os esforços se transmitem no interior da massa, de modo que, em qualquer parte, haverá solicitação do material, a qual este opõe esforços resistentes chamados de **tensões**, cuja intensidade é medida pela força por unidade de área.

NOTA 7.1 - Tensão x pressão

> **O termo tensão deve ser usado quando os esforços tiverem uma direção definida, o que ocorre em corpos sólidos. No caso de fluidos (água e gás), em que os esforços são iguais em todas as direções, o termo mais adequado é pressão.**

As tensões em um plano passando por um ponto do solo podem ser sempre decompostas em tensões no plano, chamadas de **tensões de cisalhamento (τ)** e em tensões normais ao plano, chamadas de **tensões normais (σ)**. Na Mecânica dos Solos, tensões normais são tomadas com sinal positivo quando são de compressão. As tensões cisalhantes têm sinal positivo quando, em relação a um ponto externo ao plano, dão um sentido de rotação horário, conforme mostra a **Figura 7.1.**

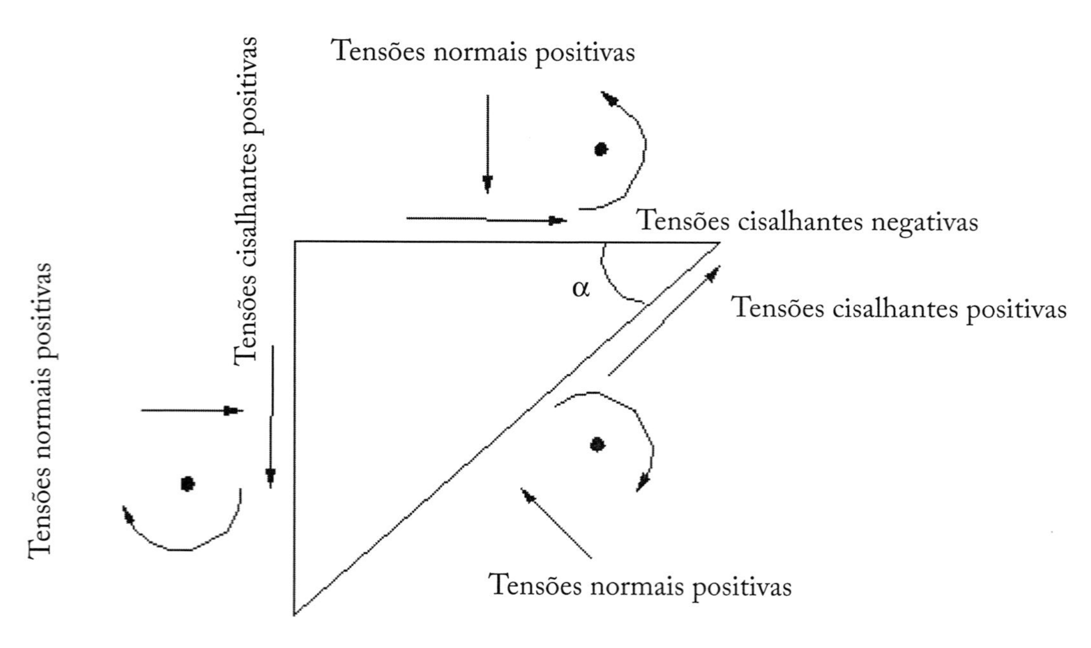

FIGURA 7.1 - Convenção de sinais

Num ponto do solo, as tensões normais e de cisalhamento variam conforme o plano considerado. Existe sempre três planos em que não ocorrem tensões de cisalhamento; estes planos são ortogonais entre si e recebem o nome de **planos principais**. As tensões normais a estes planos recebem o nome de **tensões principais**. A maior das três é chamada de **tensão principal maior – σ_1 –**, a menor é denominada **tensão principal menor – σ_3 –** e a outra é chamada de **tensão principal intermediária – σ_2**.

Em Mecânica do Solos se considera, de maneira geral, o estado de tensões num plano que contém as tensões principais maior e menor, desprezando-se o efeito da tensão principal intermediária.

7.2- ESTADO DUPLO DE TENSÕES

No estado duplo de tensões, conhecendo-se os planos e as tensões principais num ponto, pode-se sempre determinar as tensões normais e de cisalhamento em qualquer plano passando por este ponto. Isto é obtido com as **Equações 7.1** e **7.2**:

$$\sigma_\alpha = \frac{\sigma_1 + \sigma_3}{2} + \frac{\sigma_1 - \sigma_3}{2}\cos 2\alpha \qquad \textbf{Eq. 7.1}$$

$$\tau_\alpha = \frac{\sigma_1 - \sigma_3}{2}\,\text{sen}\, 2\alpha \qquad \textbf{Eq. 7.2}$$

sendo α o ângulo que o plano faz com o plano principal maior, conforme mostra a **Figura 7.2**:

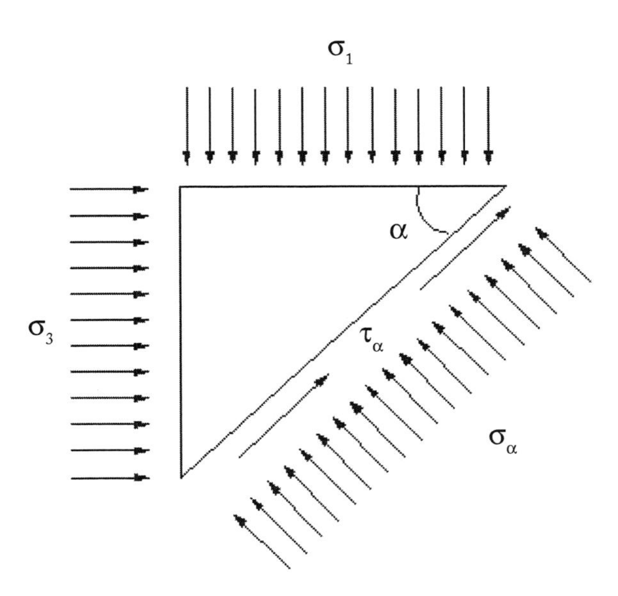

FIGURA 7.2 - Tensões normais e cisalhantes em um plano α

7.2.1- Círculo de Mohr

Elevando-se ao quadrado e somando-se as **Equações 7.1** e **7.2**, chega-se à **Equação 7.3**:

$$\left(\sigma_\alpha - \frac{\sigma_1 + \sigma_3}{2}\right)^2 + \tau_\alpha^2 = \left(\frac{\sigma_1 - \sigma_3}{2}\right)^2 \qquad \textbf{Eq. 7.3}$$

A **Equação 7.3** representa a equação de um círculo com as coordenadas de centro $\mathbf{O} = \left(\frac{\sigma_1 + \sigma_3}{2}, 0\right)$ e raio $\mathbf{R} = \frac{\sigma_1 - \sigma_3}{2}$, que é a representação gráfica do estado de tensão em um ponto, conhecida como Círculo de Mohr, em homenagem ao seu criador, Christian Otto Mohr (1835-1918), conforme mostra a **Figura 7.3**.

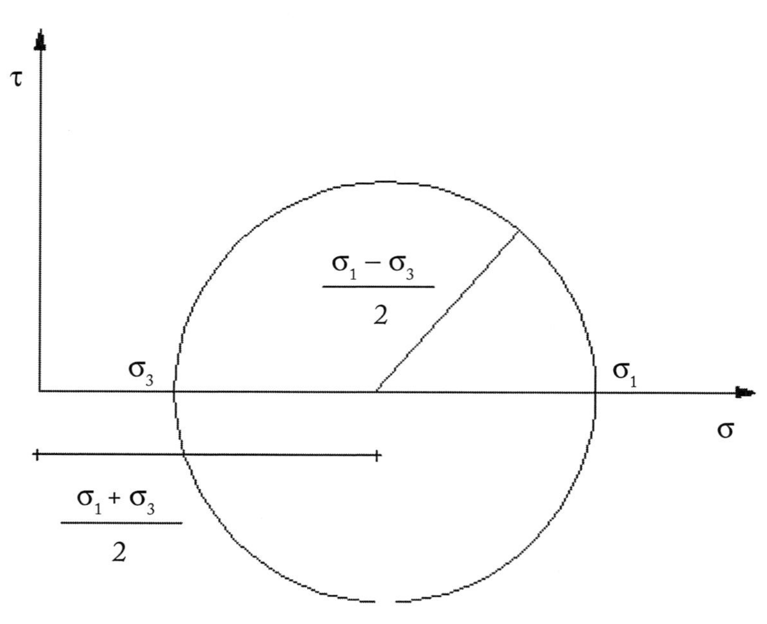

FIGURA 7.3 - Círculo de Mohr

O círculo de Mohr tem seu centro no eixo das abcissas. Desta forma, ele pode ser construído quando se conhece as duas tensões principais ou as tensões normais e de cisalhamento de dois pontos quaisquer, desde que as tensões normais destes dois pontos não sejam iguais. Em um círculo com σ_1 e σ_3 mostrado na **Figura 7.4**, representando um determinado estado de tensões, as tensões normais e de cisalhamento em um plano

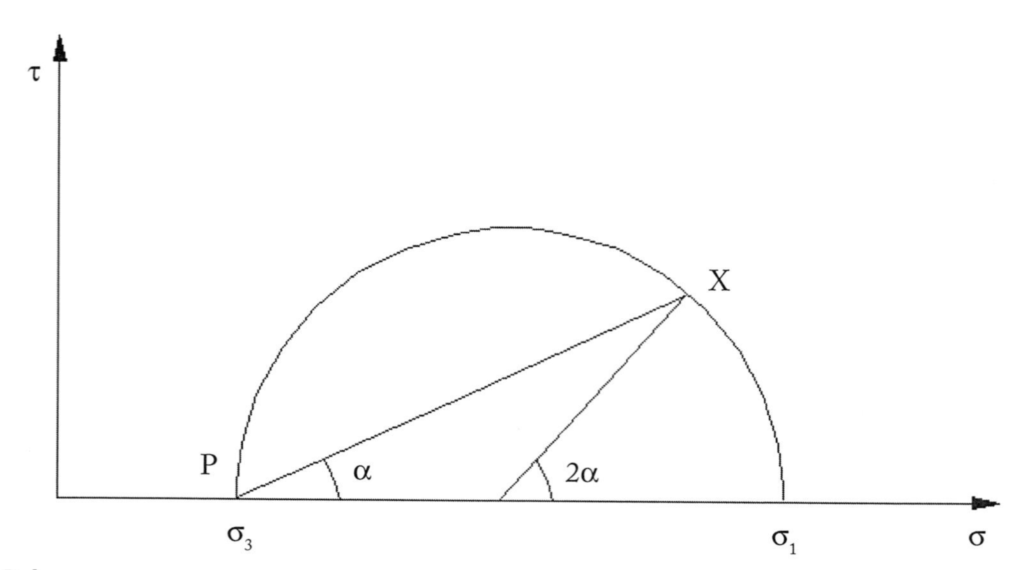

FIGURA 7.4 - Polo

que forma um ângulo **α** com o plano principal maior, são, respectivamente, a abcissa e a ordenada do plano **X**, obtido pela interseção do círculo com a reta passando pelo centro do círculo e formando um ângulo **2α** com o eixo das abcissas. Por uma propriedade do círculo (que vale para qualquer diâmetro), este ponto **X** também pode ser obtido pela interseção do círculo com a reta passando, neste caso, pelo ponto $(\sigma_3, 0)$ e formando um ângulo **α** com o eixo das abcissas. Este ponto **P** é chamado de **POLO**.

Conhecido o Polo, torna-se muito simples determinar as tensões a partir da direção conhecida dos planos e também determinar os planos a partir das tensões conhecidas, através de linhas paralelas convenientemente traçadas.

7.2.2- Determinação do Polo

O polo pode ser determinado a partir de qualquer plano, desde que se saiba sua direção e os esforços que atuam neste plano. Cada círculo terá apenas um polo, independente do plano usado para determiná-lo.

Para sua localização no círculo de Mohr procede-se da seguinte maneira:

i- escolhe-se o plano que servirá para determinar o polo;

ii- a partir do ponto no círculo de Mohr que representa o estado de tensão deste plano, traça-se uma paralela ao plano;

iii- a intercessão desta paralela com o círculo define o polo.

Exemplo de aplicação 7.1 - Achar os esforços que atuam no plano AA da amostra de solo sujeita ao estado de tensão mostrado na **Figura 7.5** usando na solução o conceito de Polo.

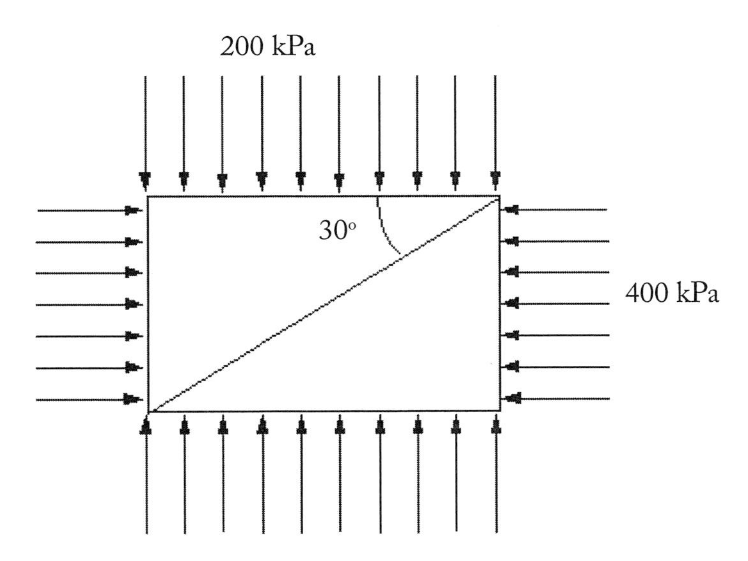

FIGURA 7.5 - Amostra de solo

i- CÍRCULO DE MOHR

Os planos horizontais e verticais mostrados na Figura 7.5 são planos principais uma vez que as tensões cisalhantes são nulas, sendo que o plano vertical, no qual atua a tensão normal de 400 kPa, é o plano principal maior e o plano horizontal, onde atua a tensão normal de 200 kPa é o plano principal menor, logo σ_1 **= 400 kPa** e σ_3 **= 200 kPa**. Estes valores fornecem o círculo com o centro em (300, 0) e raio igual a 100 kPa, mostrado na **Figura 7.6**.

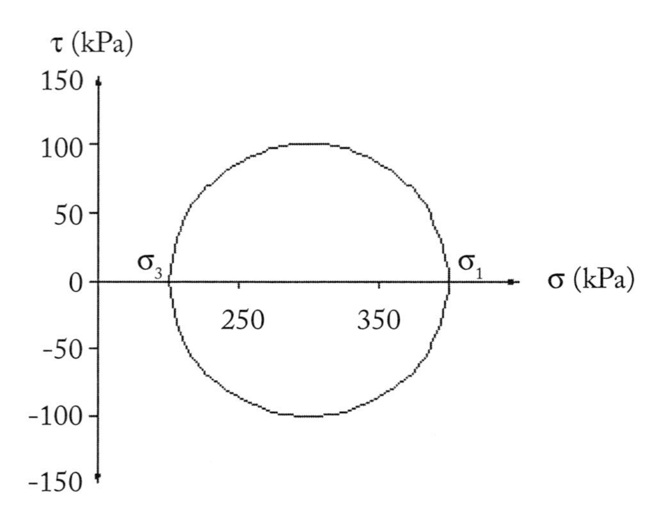

FIGURA 7.6 - **Círculo de Mhor**

ii- DETERMINAÇÃO DO POLO

Escolhe-se qualquer um dos planos em que se conheça a direção e os esforços que neles atuam, por exemplo, o plano principal menor da **Figura 7.5**. A partir do ponto que, no círculo de Mohr representa o estado de tensão do plano principal menor, i.e **(σ_3, 0)**, como pode-se ver na **Figura 7.7**, traça-se uma paralela ao plano escolhido, no caso, uma reta horizontal que se confunde com o diâmetro, até interceptar o círculo em **(σ_1, 0)**. Este ponto é o **Polo**.

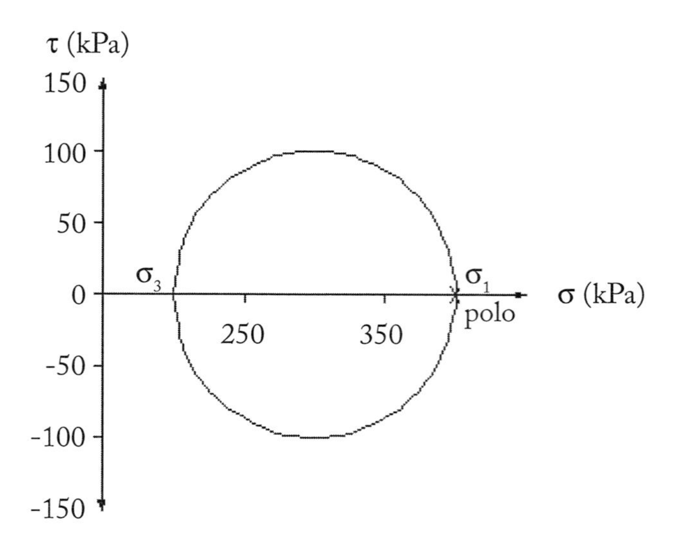

FIGURA 7.7 - **Determinação do Polo**

iii- TENSÕES NO PLANO AA

A partir do **Polo**, traça-se uma paralela ao plano **AA** mostrado na **Figura 7.8** até interceptar o círculo. Este é o ponto com coordenadas no círculo de 250 kPa e -86 kPa e que são as tensões normais σ_α e cisalhantes τ_α que atuam no plano **AA** conforme pedido.

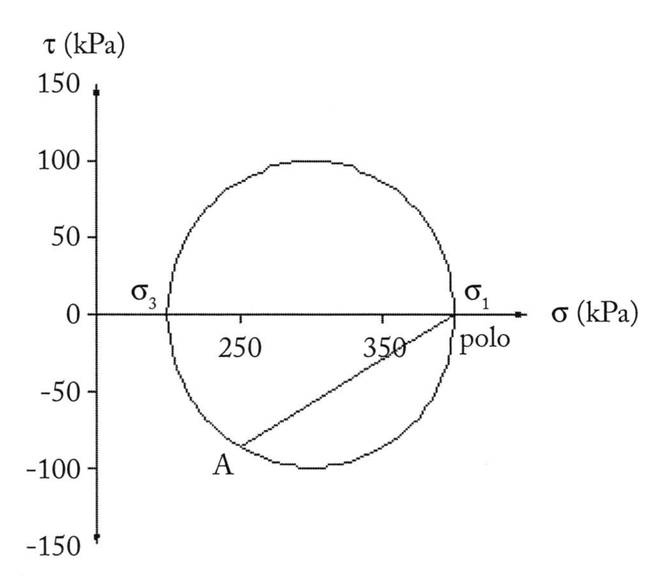

FIGURA 7.8 - Determinação das tensões no plano AA

7.3- TENSÕES DEVIDAS AO PESO PRÓPRIO

A tensão vertical que um prisma hipotético de solo exerce a uma profundidade H mostrada na **Figura 7.9**, vale:

$$\sigma_v = \frac{\text{peso do prisma}}{\text{área do prisma}} = \frac{W}{A}$$

como:

$$W = \gamma_{nat} A H$$

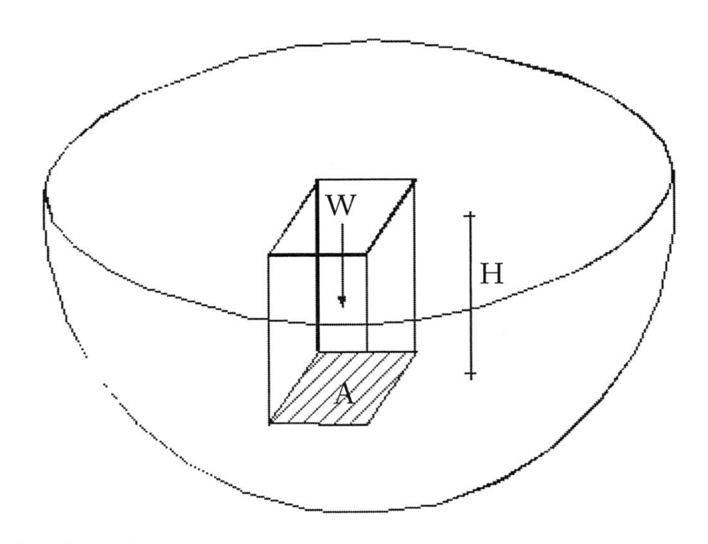

FIGURA 7.9 - Tensão vertical na base de um prisma

sendo γ_{nat} o peso específico natural do terreno, tem-se:

$$\sigma_v = \gamma_{nat} H \quad \textbf{Eq. 7.4}$$

Esta é a fórmula básica para o cálculo das tensões devido ao peso próprio, considerando a camada sobrejacente com dimensões infinitas.

Exemplo de aplicação 7.2 - Calcular as tensões atuantes a 5 metros de profundidade nos perfis de solo mostrados nas **Figuras 7.10 , 7.11** e **7.12.**

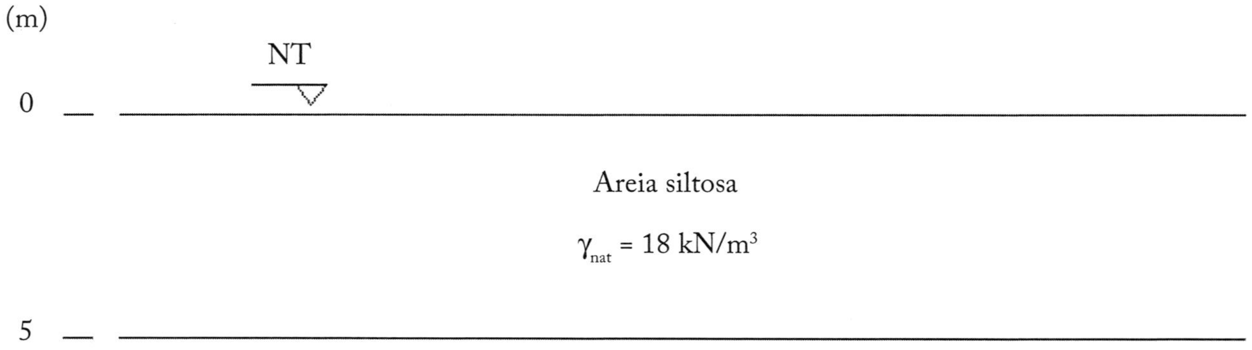

(m)

NT

0

Areia siltosa

$\gamma_{nat} = 18 \text{ kN/m}^3$

5

FIGURA 7.10 - Perfil A

$$\sigma_v = 18 \times 5 = 90 \text{ kPa}$$

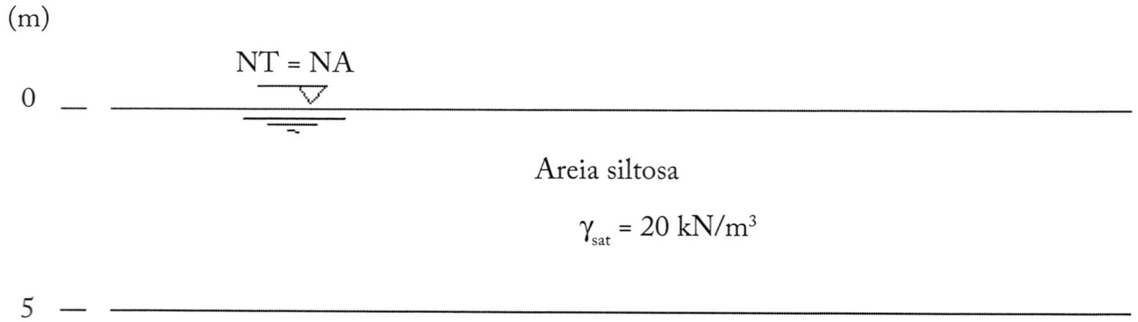

(m)

NT = NA

0

Areia siltosa

$\gamma_{sat} = 20 \text{ kN/m}^3$

5

FIGURA 7.11 - Perfil B

$$\sigma_v = 20 \times 5 = 100 \text{ kPa}$$

No **Perfil A**, por não haver continuidade de água nos vazios, a pressão hidrostática a 5,0 m de profundidade seria considerada nula; no **Perfil B**, devido à presença da água contínua nos vazios, tem-se:

$$u_w = \gamma_w H = 9{,}81 \times 5 = 49{,}05 \text{ kPa}$$

Em 1936, Terzaghi apresentou o mais importante conceito da Mecânica dos Solos: ***o princípio das tensões efetivas:***

"As tensões em qualquer ponto de uma seção de uma massa de solo podem ser calculadas a partir das tensões principais totais σ_1, σ_2 e σ_3 que atuam neste ponto. Se os vazios do solo estão cheios com água sob pressão u_W, as tensões principais totais consistem de duas partes. Uma parte, u_W, atua na água e nos sólidos em todas as direções com igual intensidade. Ela é chamada de pressão neutra. As diferenças, $\sigma_1' = \sigma_1 - u_W$, $\sigma_2' = \sigma_2 - u_W$ e $\sigma_3' = \sigma_3 - u_W$ representam um excesso sobre a pressão neutra u_W e atuam exclusivamente na fase sólida do solo. Essas parcelas das tensões principais totais são chamadas de tensões principais efetivas... A variação da pressão neutra, u_W, não provoca praticamente nenhuma variação no volume e não tem influência nas condições de tensões para a ruptura... Todos os efeitos mensuráveis das variações das tensões, tais como a compressão, a distorção e a variação da resistência ao cisalhamento são exclusivamente devidos às variações nas tensões efetivas σ_1', σ_2' e σ_3'..."

Este conceito ***só vale para solos saturados***.
De maneira geral tem-se:

$$\sigma_v' = \sigma_v - u_w \quad \textbf{Eq. 7.5}$$

onde:
σ'_V = tensão vertical efetiva (tensão intergranular);
σ_V = tensão vertical total;
u_W = pressão neutra (pressão intersticial ou poropressão).

Logo, no **Perfil B** tem-se:

$$\sigma_v' = 100 - 49,05 = 50,95 \text{ kPa}$$

Pela própria definição de γ_{sub}, a tensão efetiva pode ser calculada diretamente, utilizando-se o peso específico submerso

$$\sigma_v' = \gamma_{sub} H = (20 - 9,81)5 = 50,95 \text{ kPa}$$

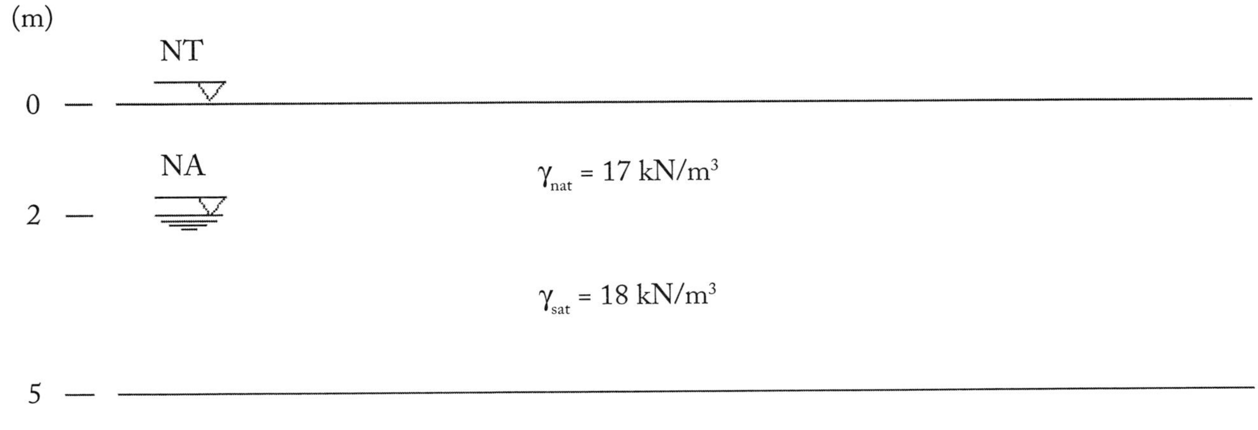

FIGURA 7.12 - Perfil C

$$\sigma_v = 2 \times 17 + 3 \times 18 = 88 \text{ kPa}$$

$$u_w = 3 \times 9{,}81 = 29{,}43 \text{ kPa}$$

$$\sigma_v' = 88 - 29{,}43 = 58{,}57 \text{ kPa}$$

Se apenas as tensões verticais efetivas fossem pedidas seria mais simples seu cálculo direto:

$$\sigma_v' = 2 \times 17 + 3\ (18 - 9{,}81) = 58{,}57 \text{ kPa}$$

As tensões horizontais efetivas devido ao peso próprio do terreno são obtidas com o coeficiente de empuxo de terra no repouso (**K_o**). Por definição, tem-se:

$$K_0 = \frac{\sigma_h'}{\sigma_v'} \quad \text{Eq. 7.6}$$

O valor de **K_o** é geralmente obtido através de equações empíricas, como a de Jacky (1944):

$$K_o = 1 - \text{sen}\ \phi' \quad \text{Eq. 7.7}$$

sendo **Φ'** o ângulo de atrito interno efetivo do solo que será estudado no **Capítulo 10**.

7.4- ACRÉSCIMOS DE TENSÕES DEVIDO A CARGAS EXTERNAS

Toda vez que se precisa fazer uma previsão de deformações em um ponto do terreno devido a uma sobrecarga imposta, é necessário estimar o acréscimo de tensões que esta sobrecarga criou neste ponto. As formulações existentes para isto quase sempre se baseiam nas seguintes considerações:

i- a teoria da Elasticidade é aplicável;
ii- o maciço de solo é homogêneo;
iii-o maciço de solo é isótropo;
iv- o maciço de solo é semi-infinito.

A rigor, nenhuma destas considerações é verdadeira:

- o solo não é um material elástico especialmente quando se considera que as deformações em solos são substancialmente irreversíveis; o que pode ser aceito é que, até determinado nível de tensão, há uma certa linearidade no comportamento tensão-deformação do solo;
- a homogeneidade é a exceção em solos; na quase totalidade das vezes o solo é heterogêneo;
- a isotropia é outra propriedade que excepcionalmente ocorre em solos;
- o maciço de solo não é um espaço semi-infinito.

Afortunadamente, a experiência tem mostrado que os resultados obtidos com essas formulações para o cálculo dos acréscimos de tensões, especialmente, os verticais, são aceitáveis na maioria dos casos práticos, o que justifica o uso das mesmas.

7.4.1- Carga Vertical Aplicada na Superfície de um Maciço

Para a situação de uma carga concentrada aplicada na superfície do maciço, Boussinesq (1885) apresentou a primeira formulação conhecida para acréscimos de tensões devido a cargas externas. Considerando um cubo infinitesimal mostrado na **Figura 7.13**, os acréscimos de tensões normais e cisalhantes nas faces do cubo devido a este tipo de carregamento serão obtidos por:

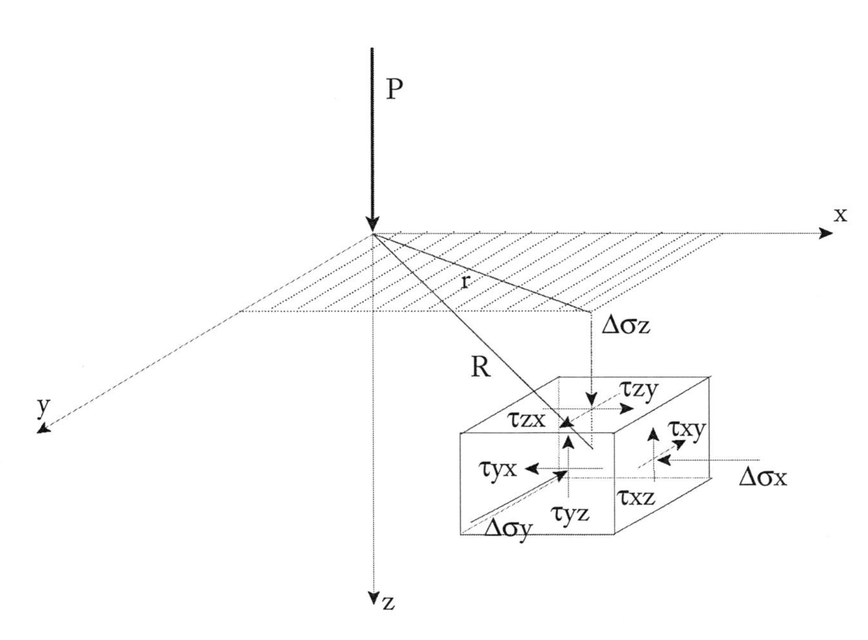

FIGURA 7.13 - **Carga vertical na superfície do maciço**

$$\Delta\sigma_z = \frac{3Pz^3}{2\pi R^5} \qquad \textbf{Eq. 7.8}$$

$$\Delta\sigma_y = \frac{3P}{2\pi}\left\{\frac{y^2 z}{R^5} + \frac{1-2\upsilon}{3}\left[\frac{1}{R(R+z)} - \frac{(2R+z)y^2}{R^3(R+z)^2} - \frac{z}{R^3}\right]\right\} \qquad \textbf{Eq. 7.9}$$

$$\Delta\sigma_x = \frac{3P}{2\pi}\left\{\frac{x^2 z}{R^5} + \frac{1-2\upsilon}{3}\left[\frac{1}{R(R+z)} - \frac{(2R+z)x^2}{R^3(R+z)^2} - \frac{z}{R^3}\right]\right\} \qquad \textbf{Eq. 7.10}$$

$$\Delta\tau_{xy} = \frac{3P}{2\pi}\left[\frac{xyz}{R^5} - \frac{1-2\upsilon}{3}\frac{(2R+z)xy}{R^3(R+z)^2}\right] = -\Delta\tau_{yx} \qquad \textbf{Eq. 7.11}$$

$$\Delta\tau_{xz} = \frac{3P}{2\pi}\frac{xz^2}{R^5} = -\Delta\tau_{zx} \qquad \textbf{Eq. 7.12}$$

$$\Delta\tau_{yz} = \frac{3P}{2\pi}\frac{yz^2}{R^5} = -\Delta\tau_{zy} \qquad \textbf{Eq. 7.13}$$

$$R = \sqrt{z^2 + r^2} \qquad \textbf{Eq. 7.14}$$

$$r = \sqrt{x^2 + y^2} \qquad \textbf{Eq. 7.15}$$

onde:
P = carga concentrada aplicada na origem do sistema de eixos;
x , y, z = coordenadas do ponto;
υ = coeficiente de Poisson do solo.

Exemplo de aplicação 7.3 - Uma carga concentrada de 300 kN é aplicada na superfície do maciço, conforme mostra a **Figura 7.14**. Calcule os acréscimos de tensão vertical, horizontal e cisalhante em um ponto de coordenadas x = 1,5 m, y = 2,1 m e z = 1,1 m. Admitir o coeficiente de poisson **υ** = 0,3.

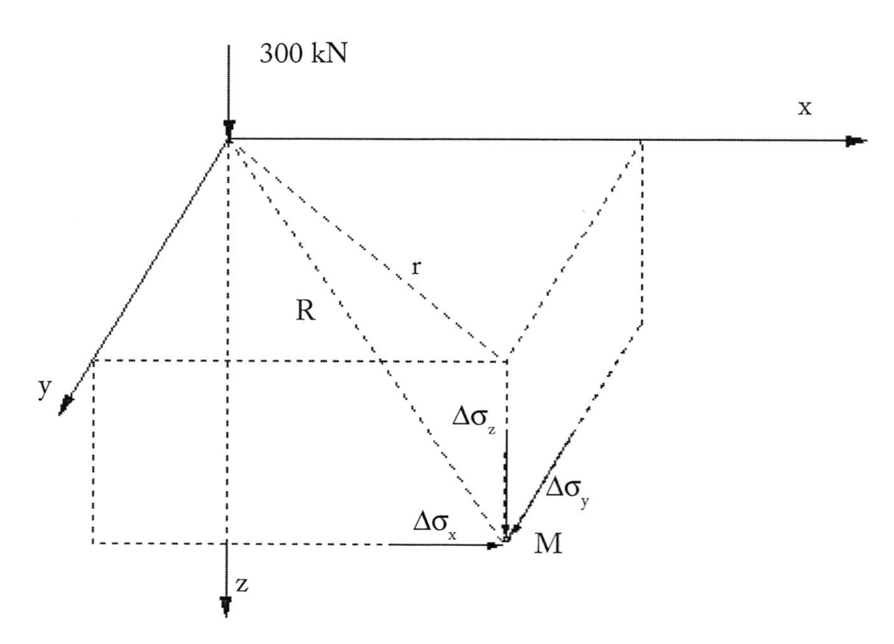

FIGURA 7.14 - **Acréscimo de tensão devido a uma carga concentrada**

SOLUÇÃO:

$$r = \sqrt{1,5^2 + 2,1^2} = 2,58 \text{ m}$$

$$R = \sqrt{1,1^2 + 2,58^2} = 2,80 \text{ m}$$

$$\Delta\sigma_z = \frac{3 \text{ x } 300 \text{ x } 1,1^3}{2\pi\, 2,80^5} = 1,1 \text{ kPa}$$

$$\Delta\sigma_x = \frac{3 \text{ x } 300}{2\pi}\left\{\frac{1,5^2 \text{ x } 1,1}{2,80^5} + \frac{1-2 \text{ x } 0,3}{3} \text{ x} \right.$$

$$\left. \text{x}\left[\frac{1}{2,80(2,80+1,1)} - \frac{(2 \text{ x } 2,80+1,1)1,5^2}{2,80^3(2,80+1,1)^2} - \frac{1,1}{2,80^3}\right]\right\} = 1,98 \text{ kPa}$$

$$\Delta\sigma_y = \frac{3 \text{ x } 300}{2\pi}\left\{\frac{2,1^2 \text{ x } 1,1}{2,80^5} + \frac{1-2 \text{ x } 0,3}{3} \text{ x} \right.$$

$$\left. \text{x}\left[\frac{1}{2,80(2,80+1,1)} - \frac{(2 \text{ x } 2,80+1,1)2,1^2}{2,80^3(2,80+1,1)^2} - \frac{1,1}{2,80^3}\right]\right\} = 3,11 \text{ kPa}$$

$$\Delta\tau_{xy} = \frac{3 \text{ x } 300}{2\pi}\left[\frac{1,5 \text{ x } 2,1 \text{ x } 1,1}{2,80^5} - \frac{1-2 \text{ x } 0,3}{3} \text{ x } \frac{(2 \text{ x } 2,80+1,1)1,5 \text{ x } 2,1}{2,80^5(2,80+1,1)^2}\right]$$

$$= 2,73 \text{ kPa}$$

$$\Delta\tau_{xz} = \frac{3 \text{ x } 300}{2\pi} \text{ x } \frac{1,5 \text{ x } 1,1^2}{2,80^5} = 1,51 \text{ kPa}$$

$$\Delta\tau_{yz} = \frac{3 \text{ x } 300}{2\pi} \text{ x } \frac{2,1 \text{ x } 1,1^2}{2,80^5} = 2,11 \text{ kPa}$$

7.4.2- Carga ao Longo de uma Linha Finita

Neste caso a solução matemática foi obtida a partir da integração da fórmula de Boussinesq para um intervalo de **0** a **y**, admitindo-se como válido o princípio da superposição dos efeitos. A formulação proposta considera o ponto em que se quer calcular o acréscimo de tensão situado na origem do sistema de eixos, com a linha de carregamento paralela ao eixo **y** e com uma das extremidades da linha no plano **xz**, conforme mostra a **Figura 7.15**.

$$\Delta\sigma_z = \frac{p\ y\ z^3}{2\ \pi\ (x^2+z^2)\sqrt{x^2+y^2+z^2}}\left(\frac{1}{x^2+y^2+z^2} + \frac{2}{x^2+z^2}\right) \quad \text{Eq. 7.16}$$

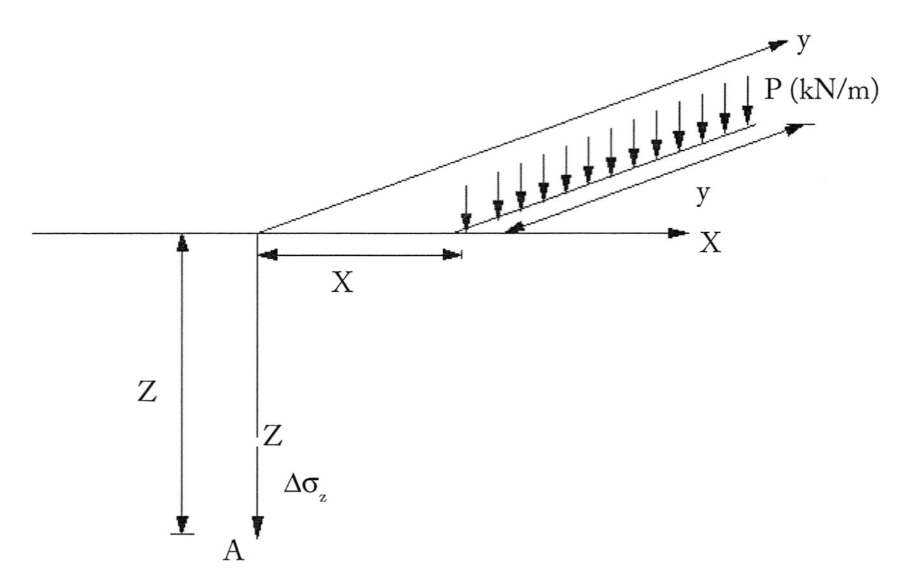

FIGURA 7.15 - **Carregamento ao longo de uma linha de comprimento finito**

Exemplo de aplicação 7.4 - Uma carga distribuída em uma linha de 5,0 m de comprimento de 30 kN/m é aplicada na superfície do solo. Calcule o acréscimo de tensão vertical em um ponto a 1,1 m de profundidade e distante 1,5 m na horizontal do centro da linha de aplicação de carga.

SOLUÇÃO:

O princípio da superposição dos efeitos permite considerar que o acréscimo de tensão vertical total no ponto considerado será o dobro do mostrado na **Figura 7.16**, portanto:

$$\Delta\sigma_z = 2\left\{\frac{30 \times 2{,}5 \times 1{,}1^3}{2\pi\left(1{,}5^2+1{,}1^2\right)\sqrt{1{,}5^2+2{,}5^2+1{,}1^2}}\left(\frac{1}{1{,}5^2+2{,}5^2+1{,}1^2}+\frac{2}{1{,}5^2+1{,}1^2}\right)\right\}$$

$$= 2{,}0 \text{ kPa}$$

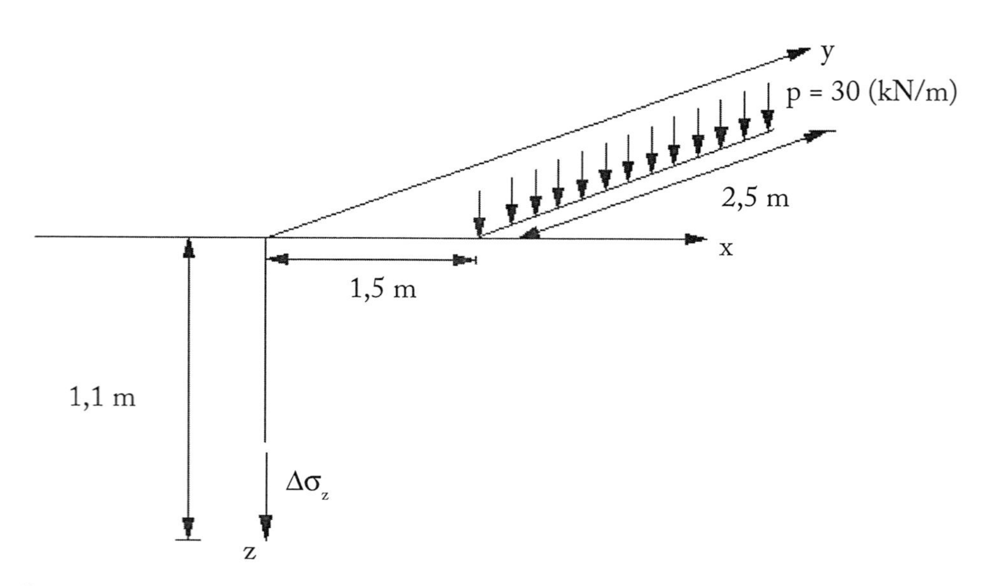

FIGURA 7.16 - **Carregamento em uma linha de comprimento finito**

7.4.3- Carga Uniforme ao Longo de uma Linha Infinita

Neste caso a solução matemática foi obtida como a anterior, porém com o intervalo de integração de -∞. A formulação proposta considera o ponto em que se quer calcular o acréscimo de tensão contido no plano **xz,** com a linha de carregamento sobre o eixo **y**, conforme mostra a **Figura 7.17**.

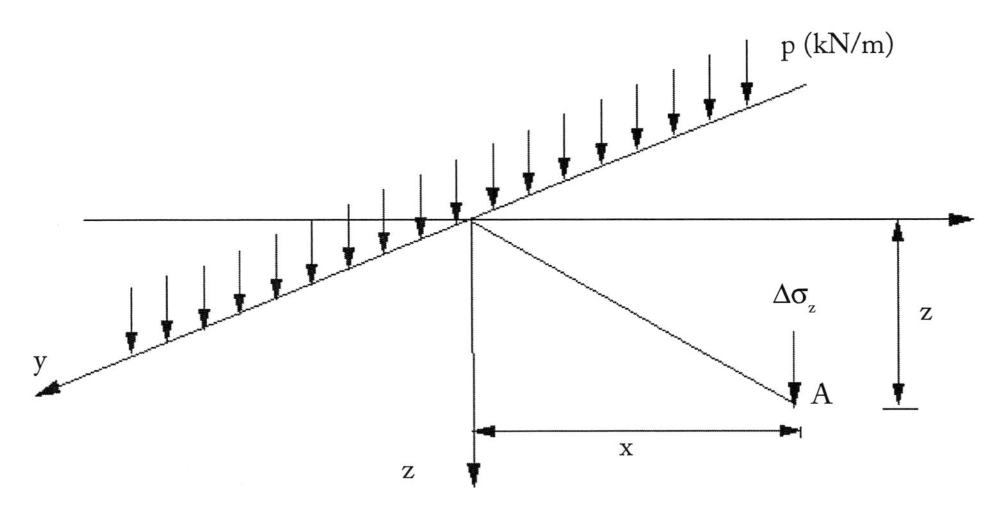

FIGURA 7.17 - **Carregamento em uma linha de comprimento infinito**

$$\Delta\sigma_z = \frac{2pz^3}{\pi\left(x^2 + z^2\right)^2} \quad \textbf{Eq. 7.17}$$

$$\Delta\sigma_x = \frac{2px^2z}{\pi\left(x^2 + z^2\right)^2} \quad \textbf{Eq. 7.18}$$

$$\Delta\tau_{xz} = \frac{2pxz^2}{\pi\left(x^2 + z^2\right)^2} \quad \textbf{Eq. 7.19}$$

Exemplo de aplicação 7.5 – Resolver o problema anterior considerando uma carga linearmente distribuída de comprimento infinito de 30 kN/m.

$$\Delta\sigma_z = \frac{2 \text{ x } 30 \text{ x } 1,1^3}{\pi\left(1,5^2 + 1,1^2\right)^2} = 2,12 \text{ kPa}$$

$$\Delta\sigma_x = \frac{2 \text{ x } 30 \text{ x } 1,5^2 \text{ x } 1,1}{\pi\left(1,5^2 + 1,1^2\right)^2} = 3,95 \text{ kPa}$$

$$\Delta\tau_{xz} = \frac{2 \text{ x } 30 \text{ x } 1,5 \text{ x } 1,1^2}{\pi\left(1,5^2 + 1,1^2\right)^2} = 2,90 \text{ kPa}$$

7.4.4- Carga Uniforme em uma Faixa Infinita com Largura Constante

Formulação obtida a partir de Boussinesq, com uma integração dupla nos intervalos de **0** a **L** (largura da faixa) -∞ a +∞. Como há operações com ângulos, estes deverão estar em radianos.

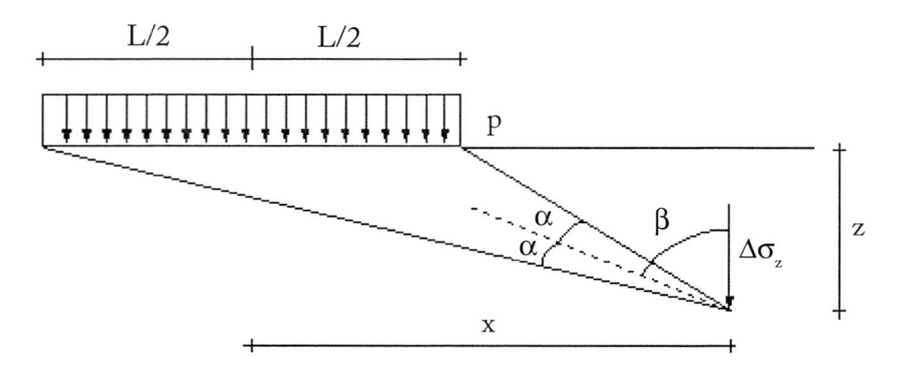

FIGURA 7.18 - **Carregamento com comprimento infinito e largura constante**

$$\Delta\sigma_z = \frac{p}{\pi}(2\alpha + \text{sen } 2\alpha \cos 2\beta) \qquad \textbf{Eq. 7.20}$$

$$\Delta\sigma_x = \frac{p}{\pi}(2\alpha - \text{sen } 2\alpha \cos 2\beta +) \qquad \textbf{Eq. 7.21}$$

$$k = \frac{Q}{2\pi D(y_1 - y_2)} \ln \frac{x_1}{x_2} \qquad \textbf{Eq. 7.22}$$

Exemplo de aplicação 7.6 - Achar os acréscimos de tensão no ponto A do aterro, mostrado na **Figura 7.19**, de comprimento infinito, cuja carga uniformemente distribuída devido ao seu peso é de 20 kPa.

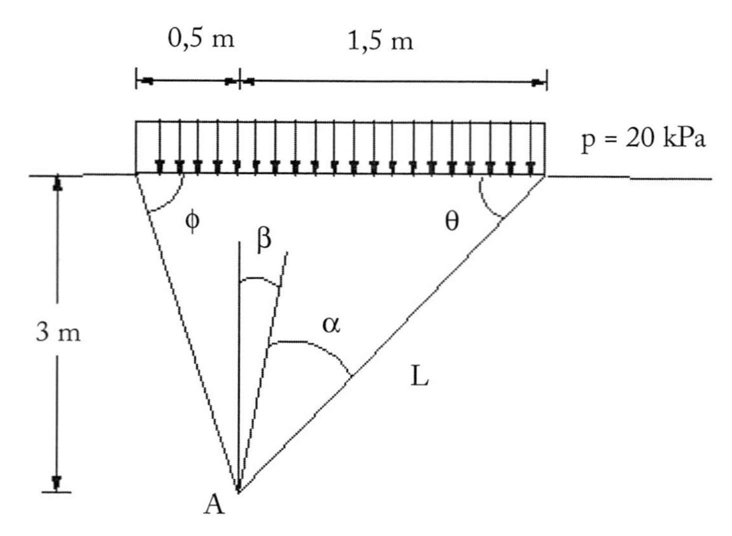

FIGURA 7.19 - **Carregamento em placa com comprimento infinito**

SOLUÇÃO:

$$L = \sqrt{1,5^2 + 3^2} = 3,35 \text{ m}$$

$$\phi = \text{arc tan } \frac{3}{0,5} = 80,5°$$

$$\frac{2}{\text{sen } 2\alpha} = \frac{3,35}{\text{sen } 80,5} \quad \therefore \quad \alpha = 18,0°$$

$$\beta = 26,58° - 18,04° = 8,54°$$

$$\alpha + \beta = 90° - 63,42° = 26,58°$$

$$\theta = 180° - (80,5 + 2 * 18,0) = 63,42°$$

$$\Delta\sigma_z = \frac{20}{\pi}\left[\frac{2 \text{ x } 18,04 \text{ x } \pi}{180} + \text{sen } (2 \text{ x } 18,04°) \cos (2\text{x } 8,54°)\right] = 7,6 \text{ kPa}$$

$$\Delta\sigma_x = \frac{20}{\pi}\left[\frac{2 \text{ x } 18,04 \text{ x } \pi}{180} - \text{sen } (2 \text{ x } 18,04°) \cos (2\text{x } 8,54°)\right] = 0,42 \text{ kPa}$$

$$\Delta\tau_{xz} = \frac{20}{\pi}\left[\text{sen } (2 \text{ x } 18,4) \text{ sen } (2 \text{ x } 8,54)\right] = 1,1 \text{ kPa}$$

7.4.5- Carga Uniforme Sobre Placa Circular na Vertical que Passa Pelo Centro da Placa

Proposta por Love (1927) e obtida com a integração dupla da fórmula de Boussinesq em intervalos de **0** a **r** e de **0** a **2π**. Isto leva a condição de que o ponto a se calcular o acréscimo de tensão ter que estar situado na vertical que passa pelo centro da placa circular (**Figura 7.19**).

$$\Delta\sigma_z = p\left\{1 - \frac{1}{\left[1 + \left(\frac{r}{z}\right)^2\right]^{\frac{3}{2}}}\right\} \qquad \textbf{Eq. 7.23}$$

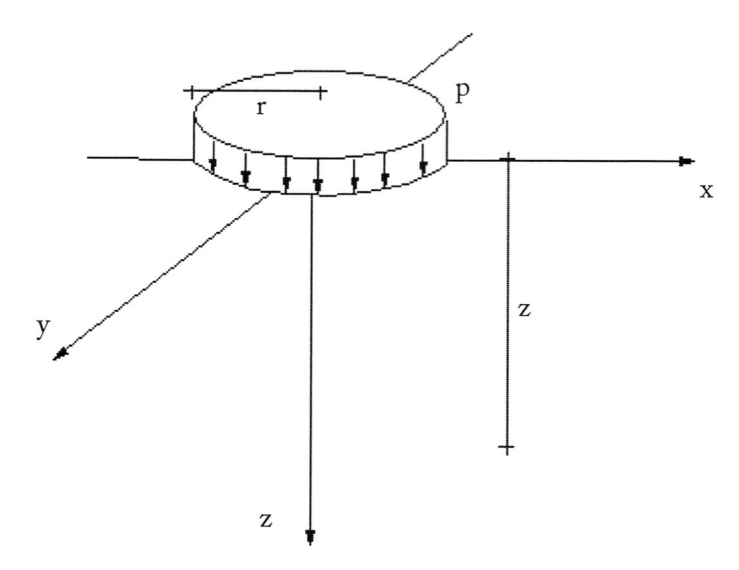

FIGURA 7.19 - **Carga uniformemente distribuída em placa circular**

Exemplo de aplicação 7.7 - Calcular o acréscimo de tensão vertical em um ponto à profundidade z = 2,0 m situado na vertical que passa pelo centro de uma placa circular flexível, assente na superfície do terreno, uniformemente carregada com p = 300 kPa e raio de 1,0 m.

$$\Delta\sigma_z = 300\left\{1 - \frac{1}{\left[1+\left(\frac{1}{2}\right)^2\right]^{\frac{3}{2}}}\right\} = 85,3 \text{ kPa}$$

7.4.6- Carga Uniforme Sobre Placa Circular em Qualquer Ponto sob a Placa

A partir do gráfico apresentado na Figura 7.20, pode-se calcular os acréscimos de tensão em qualquer ponto sob uma área circular. Em função de **z/B** e **x/B**, acha-se no gráfico o valor de **σz/q**, sendo **z** a profundidade do ponto, **B** o diâmetro da placa, **x** a distância na horizontal do centro da placa, e **q** o carregamento na placa.

Exemplo de aplicação 7.8 - Calcular o acréscimo de tensão a uma profundidade de 10 m abaixo da borda de um tanque com massa total de 6100 t, uniformemente distribuída em um radier circular de 25 m de diâmetro.

$$q = \frac{6100 \text{ x } 9,8}{\pi\ (12,5)^2} = 122 \text{ kPa}$$

$$\left.\begin{array}{l} \dfrac{z}{B} = \dfrac{10}{25} = 0,40 \\ \dfrac{x}{B} = \dfrac{12,5}{25} = 0,5 \end{array}\right\} \text{no gráfico para placa circular, tem-se } \frac{\Delta\sigma_Z}{q} = 0,40$$

$$\Delta\sigma_Z = 0,40 \text{ x } 122 = 49 \text{ kPa}$$

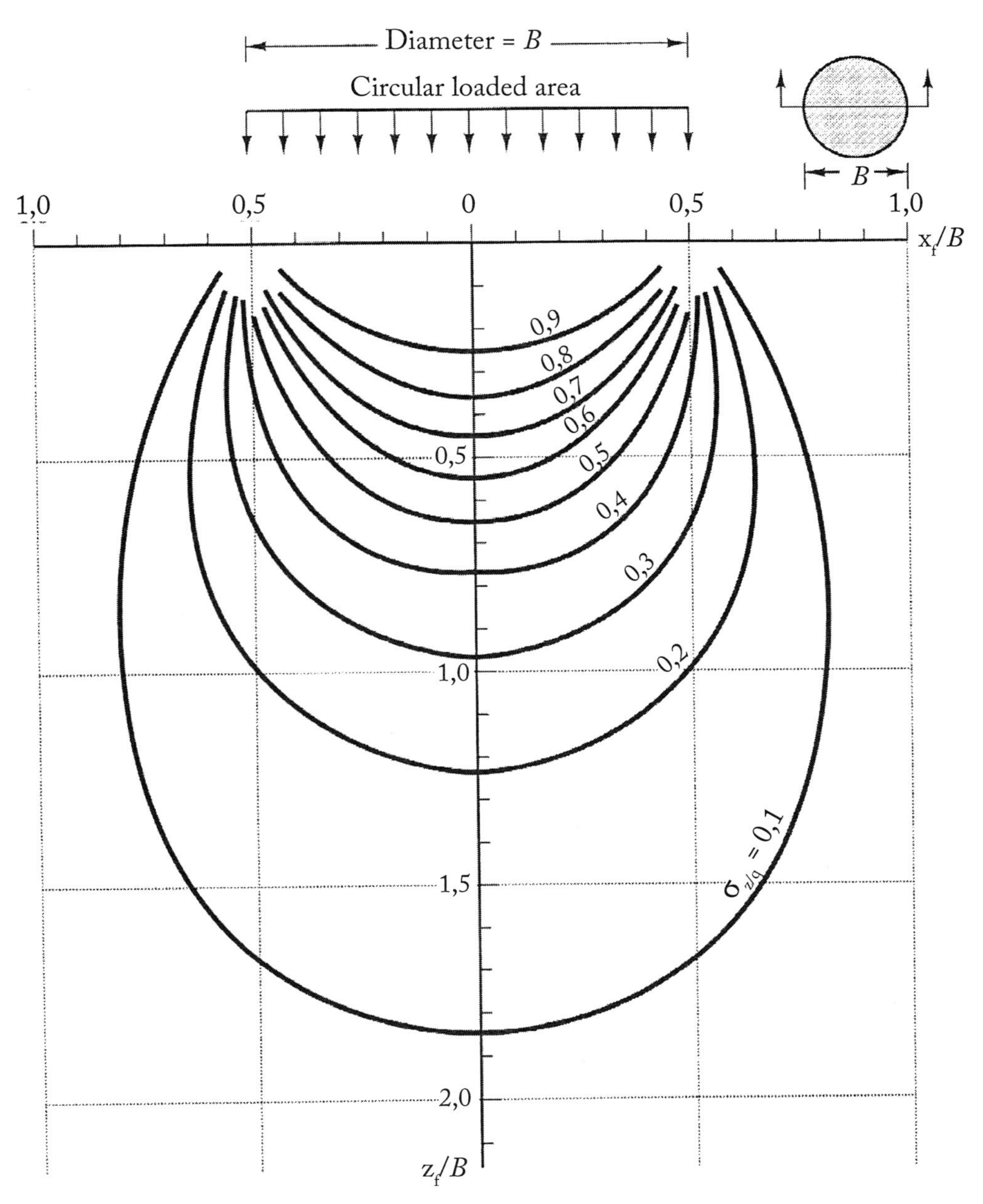

FIGURA 7.20 - Placa circular

7.4.7- Carga em Forma de Trapézio Retangular Infinitamente Longo

As condições para a esta situação são mostradas na **Figura 7.21** e calculadas com a **Eq. 7.24**:

$$\Delta\sigma_z = \frac{p}{\pi}\left[\beta + \frac{x}{a}\alpha - \frac{z}{r^2}(x-b)\right] \qquad \text{Eq. 7.24}$$

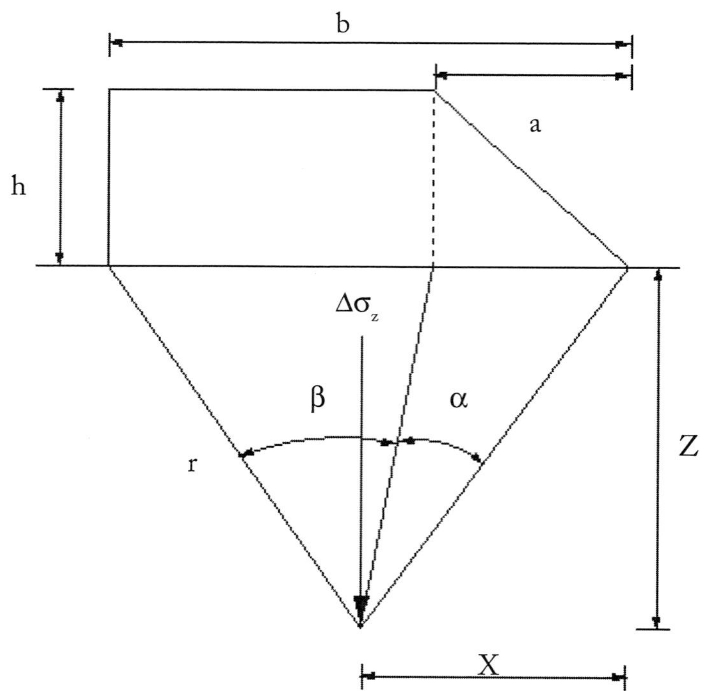

FIGURA 7.21 - Trapézio retangular

Exemplo de aplicação 7.9 - Calcular o acréscimo de tensão vertical à profundidade de 3,0 m no centro do aterro rodoviário mostrado na **Figura 7.22.**

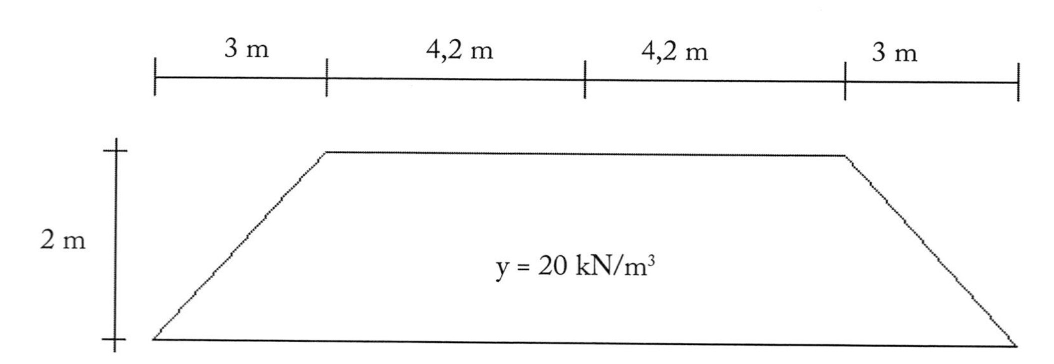

FIGURA 7.22 - Aterro rodoviário

A simetria da figura e o princípio da superposição dos efeitos permite calcular o acréscimo de tensão vertical total duplicando-se o valor encontrado para a situação mostrada na **Figura 7.23.**

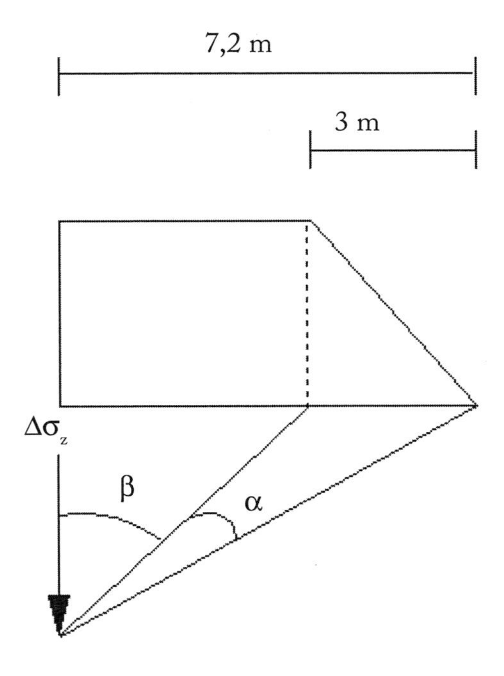

FIGURA 7.23 - **Perfil de cálculo**

Da **Figura 7.23**, obtém-se
$$\begin{cases} \beta = 54{,}46^\circ \\ \alpha = 12{,}92^\circ \\ r = z = 3 \text{ m} \\ x = b = 7{,}2 \text{ m} \\ p = 20 \times 2 = 40 \text{ kPa} \end{cases}$$

logo:
$$\Delta\sigma_z = 2\left[\frac{40}{\pi}\left(54{,}46\frac{\pi}{180} + \frac{7{,}2}{3}12{,}92\frac{\pi}{180}\right)\right] = 38{,}0 \text{ kPa}$$

7.4.8- Carga sobre Placa Retangular Carregada Uniformemente em Pontos Situados sob os Vértices

A partir da integração dupla da fórmula de Boussinesq, ao longo da largura e do comprimento da placa, chega-se à **Equação 7.25**. As condições de integração levam a que o ponto em que se calcule o acréscimo de tensão tenha que estar na vertical que passe por um dos vértices da placa.

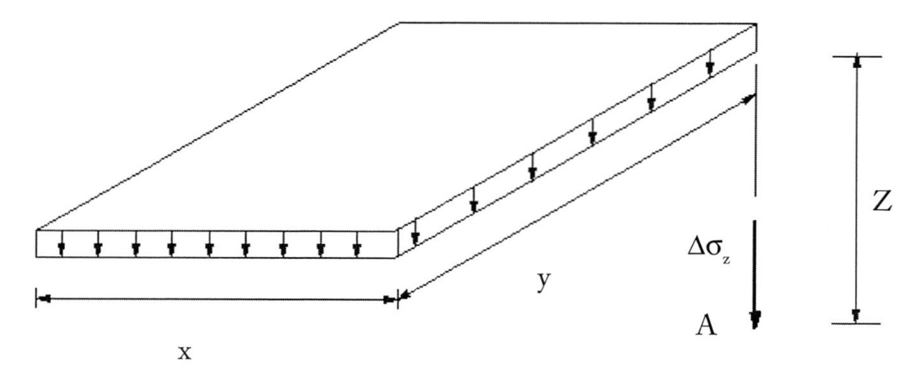

FIGURA 7.24 - Placa retangular

$$\Delta\sigma_z = \frac{p}{2\pi}\left[\text{arc tan}\ \frac{ab}{zR_3} + \frac{abz}{R_3}\left(\frac{1}{R_1^2} + \frac{1}{R_2^2}\right)\right] \quad \textbf{Eq. 7.25}$$

$$R_1 = \sqrt{a^2 + z^2} \quad \textbf{Eq. 7.26}$$

$$R_2 = \sqrt{b^2 + z^2} \quad \textbf{Eq. 7.27}$$

$$R_3 = \sqrt{a^2 + b^2 + z^2} \quad \textbf{Eq. 7.28}$$

Exemplo de aplicação 7.10 - Uma placa de fundação de 16 m x 10 m está assente na superfície do terreno. A carga uniformemente distribuída na fundação é 150 kPa. Estimar os acréscimos de tensões verticais sobre o plano z = 5 m de profundidade no centro da placa e nos pontos A, E e F mostrados na **Figura 7.25**.

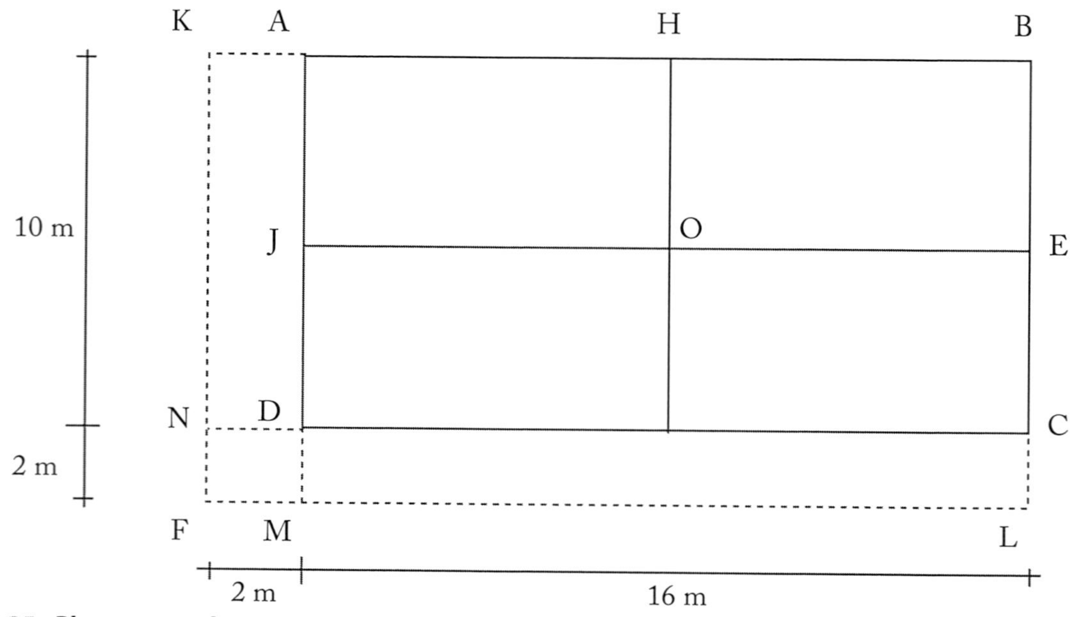

FIGURA 7.25 - Placa retangular com carregamento uniformemente distribuído

SOLUÇÃO

Para o ponto **A**, que fica sob um dos vértices da placa **ABCD**, **a** = 16 m e **b** = 10 m, com as **Equações 7.25, 7.26, 7.27, e 7.28** pode-se montar a **Tabela 7.1**:

TABELA 7.1 - Acréscimo de tensão no ponto A

Placa	p kPa	z m	a m	b m	R_1	R_2	R_3	$\Delta\sigma_z$ kPa
ABCD	150	5	16	10	16,76	11,18	19,52	35,73

$$\Delta\sigma_{z_A} = 35,7 \text{ kPa}$$

Para o ponto **O**, que fica sob um dos vértices da placa **AHJO**, acha-se o acréscimo criado pela placa **AHJO** e, usando o princípio da superposição dos efeitos, multiplica-se este resultado por 4:

TABELA 7.2 - Acréscimo de tensão no ponto O

Placa	p kPa	z m	a m	b m	R_1	R_2	R_3	$\Delta\sigma_z$ kPa
AHJO	150	5	8	5	9,43	7,07	10,68	29,32

$$\Delta\sigma_{z_O} = 4 \text{ x } 29,32 = 117,3 \text{ kPa}$$

Para o ponto **E**, que fica sob um dos vértices da placa **ABJE**, acha-se o acréscimo criado pela placa **ABJE** e multiplica-se este resultado por 2:

TABELA 7.3 - Acréscimo de tensão no ponto E

Placa	p kPa	z m	a m	b m	R_1	R_2	R_3	$\Delta\sigma_z$ kPa
ABJE	150	5	16	5	16,76	7,07	17,49	30,55

$$\Delta\sigma_{z_E} = 2 \text{ x } 30,55 = 61,1 \text{ kPa}$$

Finalmente, para o ponto **F**, que fica sob um dos vértices da placa **FKBL**, o acréscimo de tensão pode ser encontrado a partir do acréscimo da placa **FKBL** menos o acréscimo da placa **FKAM**, menos o acréscimo da placa **FNLC** e mais o acréscimo da placa **FMDN** (que havia sido subtraído duas vezes):

TABELA 7.4 - Acréscimo de tensão no ponto F

Placa	p kPa	z m	a m	b m	R_1	R_2	R_3	$\Delta\sigma_z$ kPa
FKBL	150	5	18	12	18,68	13	22,2	36,36
FKAM	150	5	12	2	13	5,39	13,15	17,15
FNLC	150	5	18	2	18,68	5,39	18,79	17,28
FMDN	150	5	2	2	5,39	5,39	5,74	9,04

$$\Delta\sigma_{z_F} = 36,36 - 17,15 - 17,28 + 9,04 = 11,0 \text{ kPa}$$

7.4.9- Carga Aplicada no Interior do Maciço

Para o caso de uma carga no interior do terreno, Antunes Martins (1948), considerando um carregamento como o de uma estaca de fundação em que parte da carga se transfere pela ponta e parte uniformemente pelo fuste, chegou a equações que forneciam os acréscimos de tensões no terreno para as duas parcelas de carga. Tendo por base as propostas de Mindlin (1936), apresentou o gráfico em que os acréscimos de tensões verticais são calculados com as fórmulas:

$$m = \frac{z}{L} \qquad \Delta\sigma_{z_p} = \frac{P_p}{L^2} I_p \quad \text{Eq. 7.29} \qquad \Delta\sigma_{z_s} = \frac{P_s}{L^2} I_p \quad \text{Eq. 7.30}$$

$$n = \frac{x}{L}$$

onde :

σ_{zp} e σ_{zs} são os acréscimos de tensão vertical causados pela ponta e pelo fuste da estaca;
P_p e P_s são as parcelas de carga transmitidas pela ponta e pelo fuste;
L = comprimento da estaca;
I_P e I_S coeficientes de influência para cálculo dos acréscimo da ponta e do fuste, respectivamente.

A **Figura 7.26**, em função de **m = z/L** e **n = x/L**, sendo **z** a profundidade do ponto que se deseja calcular o acréscimo de tensão, **L** o comprimento da estaca e **x** a distância na horizontal do eixo da estaca ao ponto, permite que se encontre os valores de I_P, no lado direito do gráfico e I_S, no lado esquerdo.

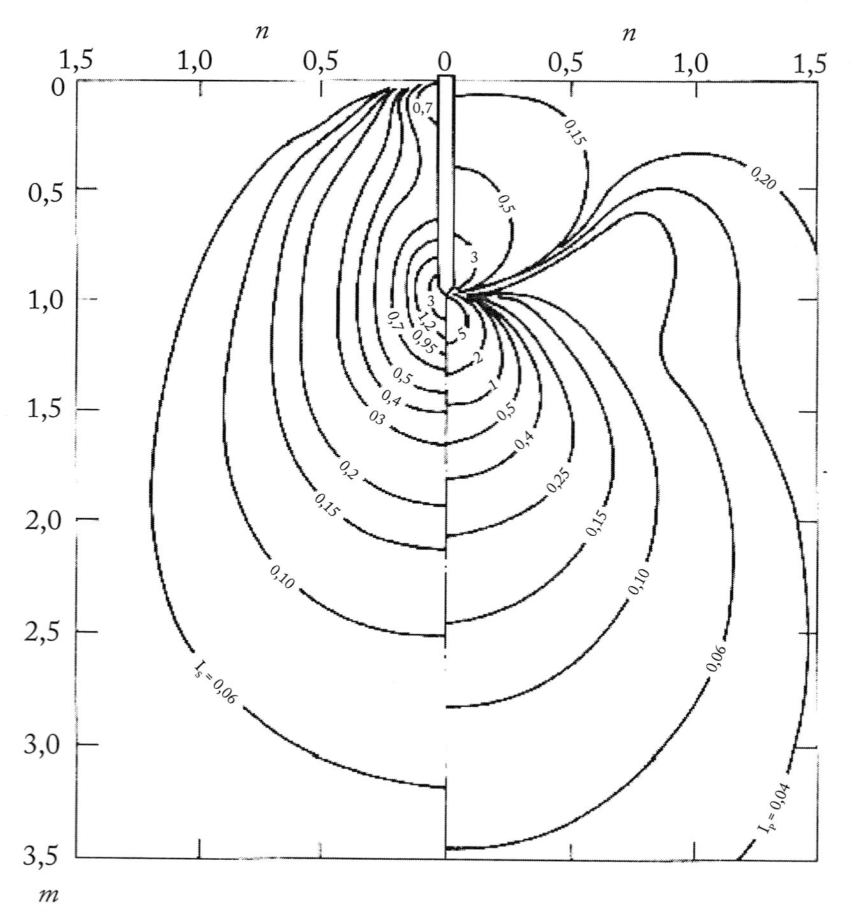

FIGURA 7.26 - **Carga aplicada no interior do maciço**

Exemplo de aplicação 7.11 - Uma estaca com 12 m de comprimento suporta uma carga de 1000 kN dos quais 60% se transmitem pela ponta. Calcular o acréscimo de tensão vertical em um ponto situado a 6 m da ponta da estaca na vertical que passa pela mesma.

Na **Figura 7.26**, pode-se obter os valores de **Is** e **Ip** e aplicando-se as **Eq. 7.29** e **7.30:**

$$\left.\begin{array}{l} m = \dfrac{z}{L} = \dfrac{18}{12} = 1,5 \\ n = \dfrac{x}{L} = \dfrac{0}{12} = 0 \end{array}\right\} I_S = 0,4 \text{ e } I_P = 0,9$$

$$\Delta\sigma_{zp} = \frac{P_p}{L^2} I_p = \frac{1000 \text{ x } 0,60}{12^2} 0,9 = 3,75 \text{ kPa}$$

$$\Delta\sigma_{zs} = \frac{P_s}{L^2} I_s = \frac{1000 \text{ x } 0,40}{12^2} 0,4 = 1,11 \text{ kPa}$$

$$\Delta\sigma_z = 3,75 + 1,11 = 4,86 \text{ kPa}$$

7.5- BULBO DE TENSÕES

Calculando os acréscimos de tensões em diversos pontos devido a um carregamento, no caso uma carga concentrada, e ligando os pontos de mesmo acréscimo de tensão, obtém-se linhas isóbaras (de mesma tensão) que formarão o bulbo de tensões para aquele carregamento mostrado na **Figura 7.27**.

A importância do bulbo de tensões está no fato que ele permite avaliar a influência de um carregamento sobre outro. A superposição dos diferentes carregamentos pode levar a recalques inesperados, inclusive em prédios vizinhos já estabilizados em relação à recalques.

Os bulbos de tensões dos diversos carregamentos de uma planta de fundação são também excelentes indicadores para definir a profundidade correta para uma sondagem.

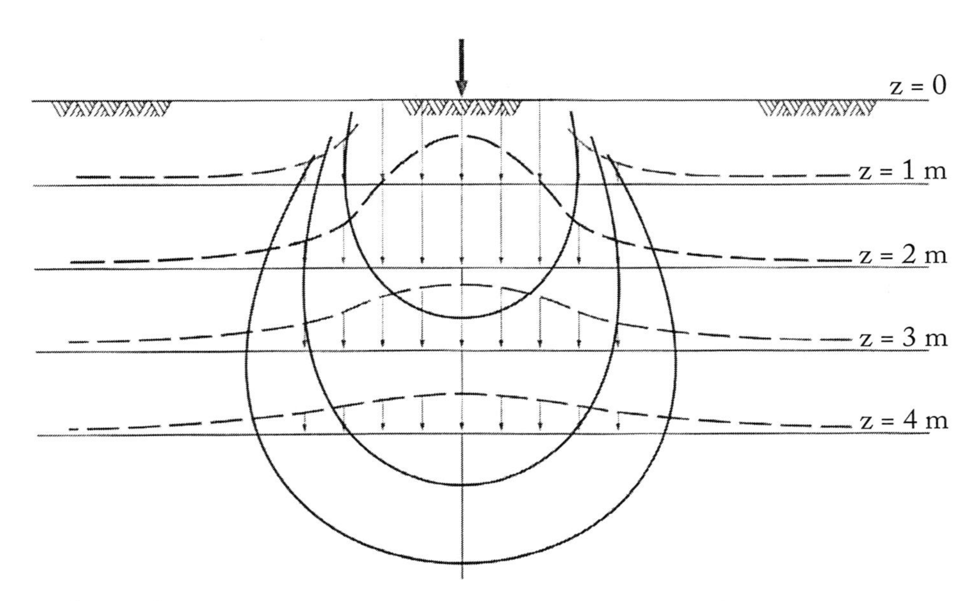

FIGURA 7.27 - Bulbo de tensões

7.6- MÉTODO DE NEWMARK

A partir da fórmula de Love, Newmark (1942) apresenta um gráfico que permite calcular o acréscimo de tensão em um ponto devido a vários carregamentos ao mesmo tempo, como, por exemplo, no caso de uma planta de fundação em sapatas de um edifício.

A fórmula de Love pode ser escrita da seguinte forma:

$$\frac{\Delta\sigma_z}{p} = 1 - \left[\frac{1}{1+\left(\frac{r}{z}\right)^2}\right]^{\frac{3}{2}}$$

Se:

$$\frac{\Delta\sigma_z}{p} = 0,1 \quad \rightarrow \quad \frac{r}{z} = 0,27$$

Isto é, para um círculo de raio = **0,27 z**, onde **z** é a profundidade de um ponto abaixo do centro do círculo, o acréscimo de tensão em tal ponto é **0,1 p**. Dividindo-se o círculo em partes iguais, por exemplo **20**, tem-se a contribuição de cada parte:

$$\frac{0,1\ p}{20} = 0,005\ p$$

sendo **0,005** o valor de influência de cada uma das partes no exemplo dado. Se agora:

$$\frac{\Delta\sigma_z}{p} = 0,2 \quad \rightarrow \quad \frac{r}{z} = 0,40$$

Quer dizer, para o mesmo ponto à profundidade **z**, é necessário agora um círculo de **0,40 z** de raio, concêntrico ao anterior, para que o acréscimo $\Delta\sigma_z$ seja igual a **0,2 p**. Como o primeiro círculo produzia um acréscimo de **0,1 p**, segue-se que a coroa circular produz um acréscimo de **0,2 p - 0,1 p = 0,1 p**. Repetindo o anterior para o círculo de raio igual a **0,52 z** tem-se um acréscimo de tensão igual a **0,3 p**, que daria também para a coroa circular um acréscimo de **0,1 p** e assim sucessivamente, como mostra a tabela abaixo. Da mesma forma que anteriormente, cada vigésimo de cada coroa significaria um acréscimo de **0,005 p** à profundidade **z**.

TABELA 7.5 - Aplicação da fórmula de Love

$\Delta\sigma_z / p$	r / z	$\Delta\sigma_z / p$	r / z
0,1	0,27	0,6	0,92
0,2	0,4	0,7	1,11
0,3	0,52	0,8	1,39
0,4	0,64	0,9	1,91
0,5	0,74	1,0	∞

O modo de generalizar a aplicação do gráfico é criar uma "escala de profundidade" de forma que, qualquer que seja a profundidade a se calcular o acréscimo de tensão, essa profundidade será igual à "escala de profundidade". Os raios dos círculos utilizariam essa escala de profundidade para sua definição. Bastaria então desenhar a planta de fundação na "escala de profundidade" e a partir da estimativa das partes das coroas ocupadas por cada placa de fundação poder-se-ia chegar ao acréscimo de tensão devido à toda a planta de fundação. Apresenta-se na **Figura 7.28** um gráfico de Newmark.

Para sua utilização, desenha-se a planta de fundação em nova escala de tal forma que o segmento **AB** do gráfico de Newmark (escala de profundidade) seja igual à profundidade do ponto que se deseja calcular o acréscimo de tensão vertical. Faz-se coincidir este ponto com o centro dos círculos do gráfico de Newmark. A partir daí, estima-se a ocupação de cada parte da coroa pelas fundações. A soma destas ocupações por fundação multiplicada pelo carregamento de cada uma delas e pelo valor de influência do gráfico (no caso, **0,005**), fornece o acréscimo de tensão vertical de cada placa naquele ponto. O somatório dos acréscimos de cada placa fornece o acréscimo de tensão vertical no ponto.

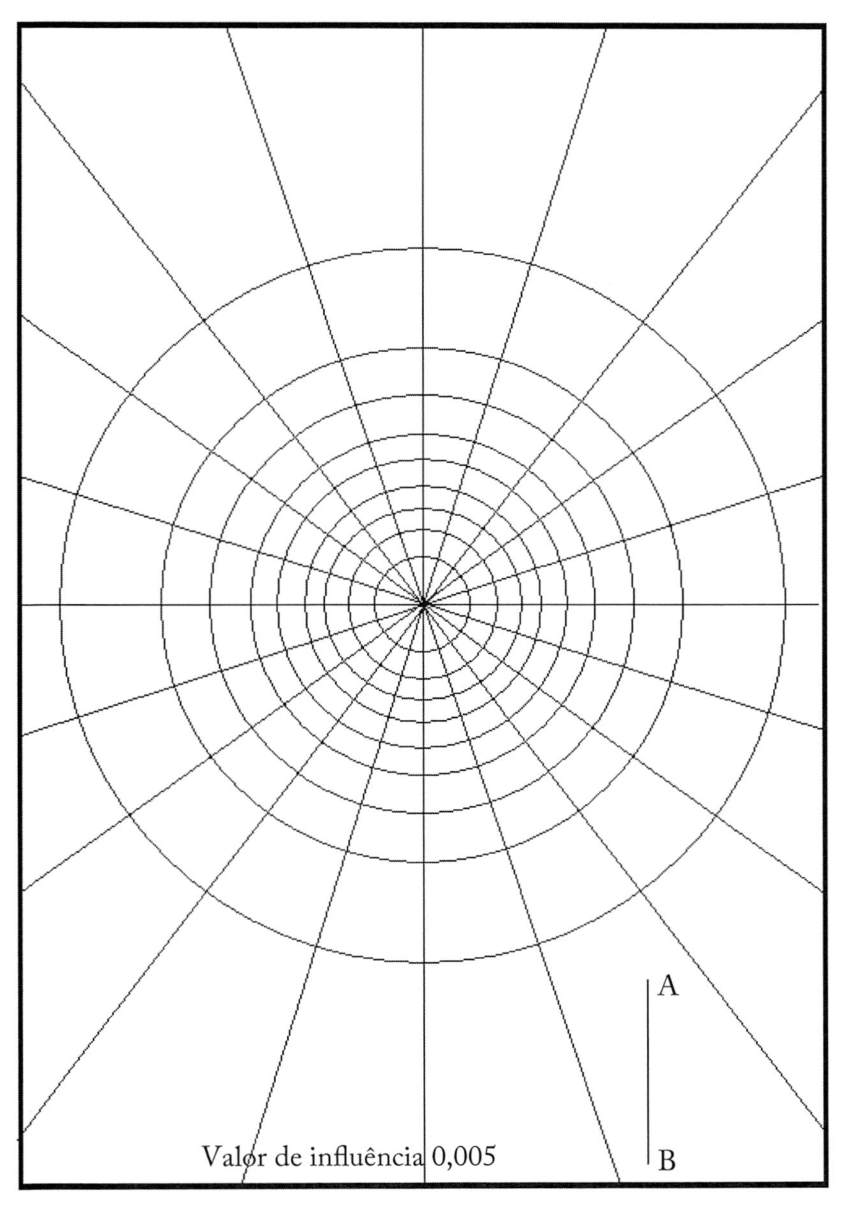

FIGURA 7.28 - Gráfico de Newmark

Exemplo de aplicação 7.12 - Na planta de fundação da **Figura 7.29**, calcule o acréscimo de tensão vertical que passa pelo centro da placa **C** e da placa **D**, a uma profundidade de 4 m.

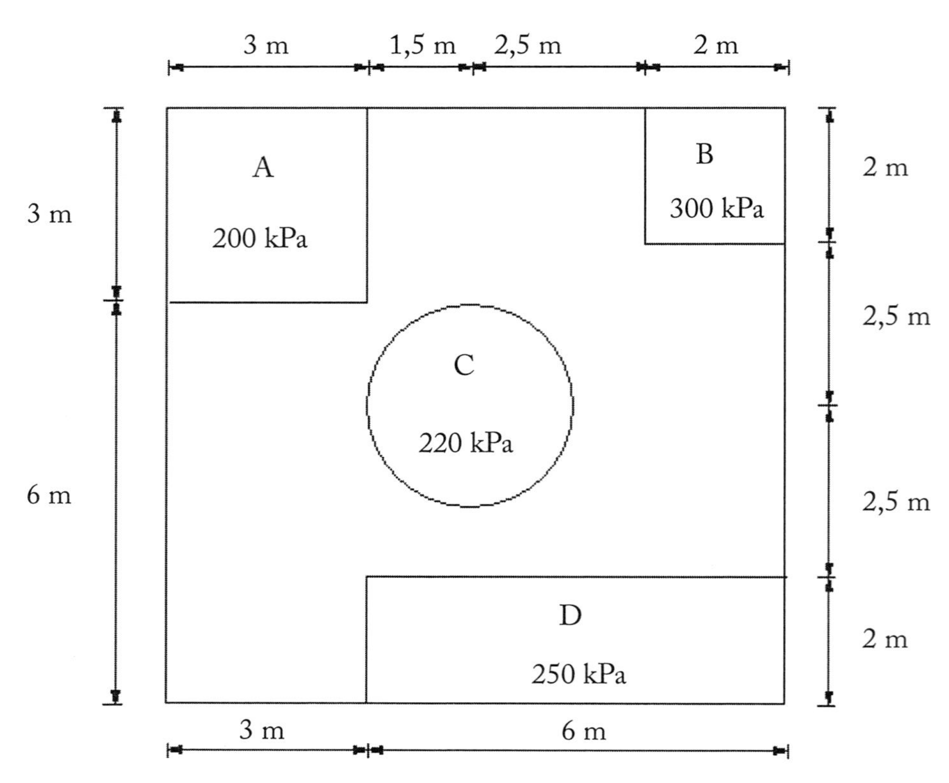

FIGURA 7.29 - Planta de fundação

CENTRO DA PLACA C:

No gráfico de Newmark, apresentado na **Figura 7.28**, desenha-se a planta de fundação em escala, tal que o comprimento **AB** no gráfico terá que ser 3 cm da "escala de profundidade" seja igual a 4 m, fazendo-se coincidir o centro dos círculos com o ponto em que se pretende calcular o acréscimo de tensão obtém-se a **Figura 7.30**. A partir do número de partes das coroas ocupadas pelas fundações, chega-se ao acréscimo de tensão no ponto, multiplicando-se este número pela carga de cada placa e pelo valor de influência. A soma dará o acréscimo total no ponto.

PLACA A: contou-se 8,9 partes ocupadas o que leva a:

$$\Delta\sigma_{z_A} = 8,9 \text{ x } 0,005 \text{ x } 200 = 8,90 \text{ kPa}$$

PLACA B: contou-se 2,5 partes ocupadas o que leva a:

$$\Delta\sigma_{z_B} = 2,5 \text{ x } 0,005 \text{ x } 300 = 3,75 \text{ kPa}$$

PLACA C: contou-se 36 partes ocupadas o que leva a:

$$\Delta\sigma_{z_C} = 36 \text{ x } 0,005 \text{ x } 220 = 39,60 \text{ kPa}$$

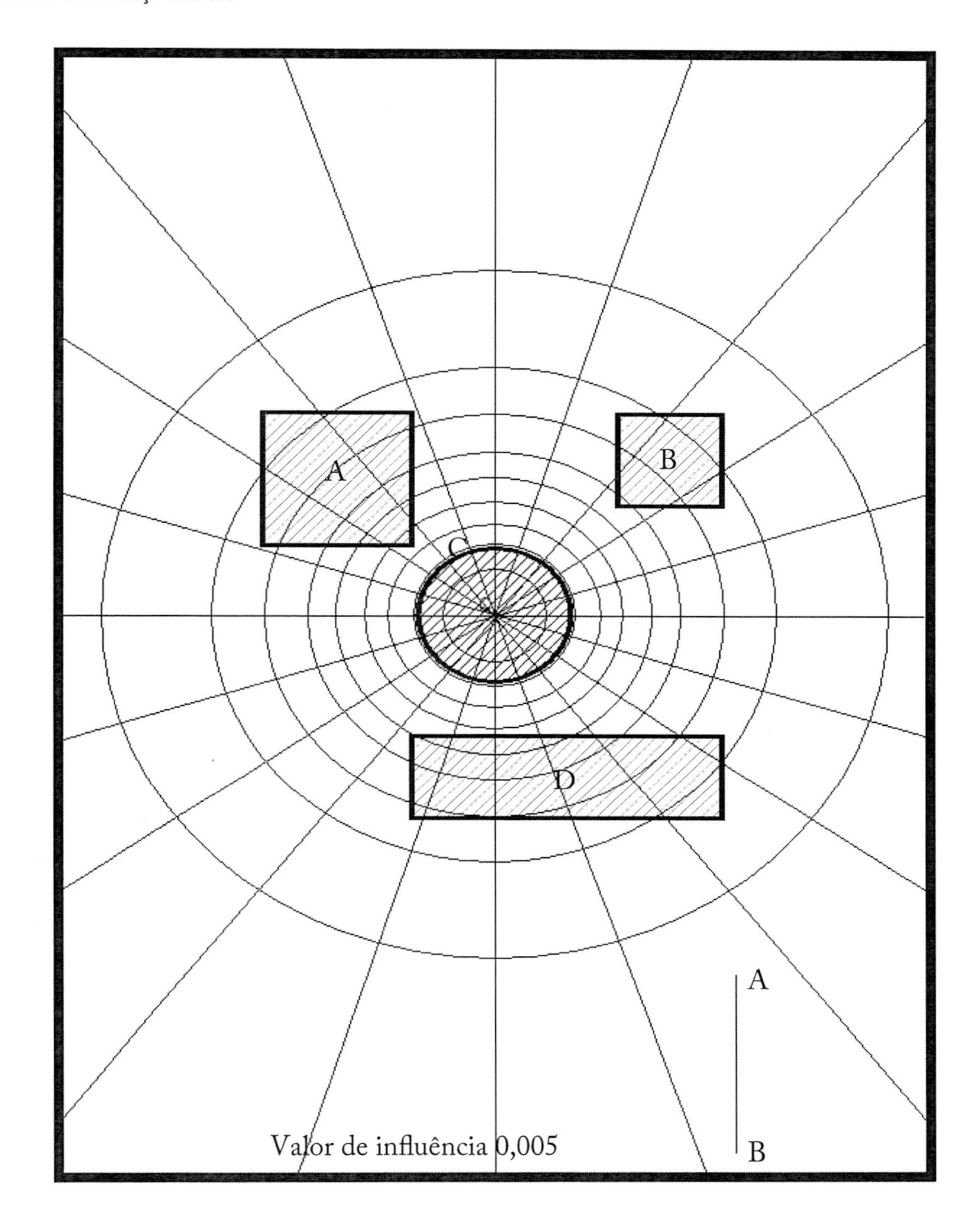

FIGURA 7.30 - Aplicação do gráfico de Newmark

PLACA D: contou-se 13,2 partes ocupadas o que leva a:

$$\Delta\sigma_{z_D} = 13{,}2 \text{ x } 0{,}005 \text{ x } 250 = 16{,}5 \text{ kPa}$$

O acréscimo de tensão vertical total será:

$$\Delta\sigma_z = 8{,}90 + 3{,}75 + 39{,}60 + 16{,}50 = 68{,}75 \text{ kPa}$$

CENTRO DA PLACA D:

A mesma planta usada na placa **C** é usada para a placa **D**, uma vez que a profundidade é a mesma; porém, como o ponto é diferente, faz-se coincidir o centro do gráfico de Newmark com o centro da placa **D**, como mostra a **Figura 7.31**. Confere-se as partes ocupadas por cada placa, observando-se que a porção da placa **A** e da placa **B** que se situam fora da área do último círculo não devem ser consideradas, uma vez que o raio do que deveria ser o último círculo é infinito (**Tabela 7.5**), portanto qualquer ocupação nesta zona é zero.

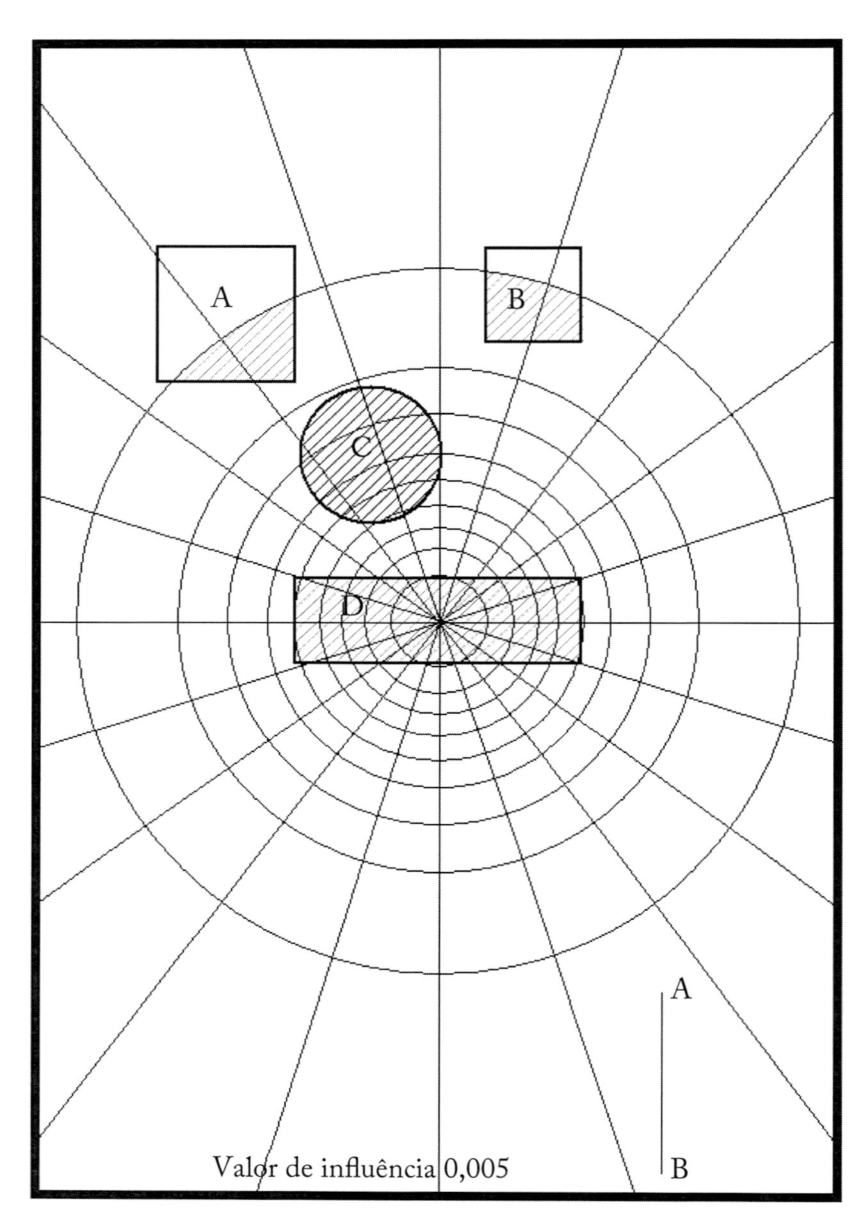

FIGURA 7.31 - Acréscimo de tensão no centro da placa D

Procedendo-se de forma análoga à anterior, chega-se ao resultado final:

$$\Delta\sigma_z = (0,7 \text{ x } 200 + 0,6 \text{ x } 300 + 8,9 \text{ x } 220 + 48,2 + 250)\ 0,005 =$$
$$= 71,6 \text{ kPa}$$

7.7- MÉTODO DE JIMENEZ SALAS

O método de Jimenez Salas (1951), também, utiliza a fórmula de Love para sua dedução.

Considere-se um carregamento uniformemente distribuído **p** em uma placa circular com raio **r** e um ponto a uma profundidade **z**, conforme mostra a **Figura 7.32a**. Pode-se chegar à expressão:

$$\cos^3 \phi = \frac{1}{\left[1+\left(\frac{r}{z}\right)^2\right]^{\frac{3}{2}}}$$

considerando a fórmula de Love, pode-se afirmar que:

$$\frac{\Delta\sigma_{z_r}}{p} = 1 - \cos^3 \phi_r$$

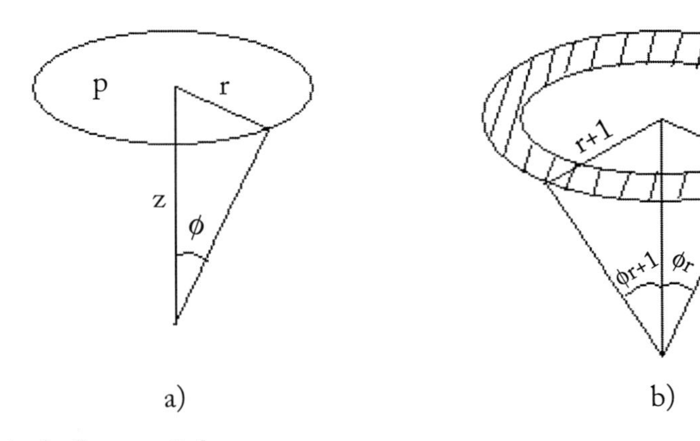

FIGURA 7.32 - Proposta de Jimenez Salas

Da mesma forma, a **Figura 7.32b** de uma placa com raio **(r+1)** mostra que:

$$\frac{\Delta\sigma_{z_{r+1}}}{p} = 1 - \cos^3 \phi_{r+1}$$

o que leva que o acréscimo de tensão, devido à coroa circular hachurada na **Figura 7.32b**, seja:

$$\frac{\Delta\sigma_{z_{r+1}}}{p} - \frac{\Delta\sigma_{z_r}}{p} = \left(1-\cos^3 \phi_{r+1}\right) - \left(1-\cos^3 \phi_r\right)$$

Chamando de "valor de influência I_Z":

$$I_z = \frac{\Delta\sigma_{z_{r+1}}}{p} - \frac{\Delta\sigma_{z_r}}{p}$$

Pode-se dizer que o acréscimo de tensão devido à coroa carregada unitariamente à profundidade **z** é igual a:

$$I_z = \cos^3 \phi_r - \cos^3 \phi_{r+1} \qquad \textbf{Eq. 7.31}$$

O que dará a uma profundidade **z** de uma coroa carregada com uma carga **p** mais o acréscimo de tensão:

$$\Delta\sigma_z = p\ I_z \qquad \textbf{Eq. 7.32}$$

Da mesma forma que no método de Newmark, dividindo-se os círculos em **n** partes iguais, o acréscimo devido a cada enésimo de cada coroa será o coeficiente de influência dividido por **n**. Multiplicando-se este valor pelo número de partes de cada coroa ocupada pelas fundações e pela carga das fundações, obtém-se o acréscimo de cada coroa. O somatório destes acréscimos fornecerá o acréscimo total.

O modo de generalizar o método é introduzir um coeficiente **λ** definido como:

$$\frac{r}{\lambda} = 20 \qquad \textbf{Eq. 7.33}$$

sendo **r** o raio do círculo que circunscreve a planta de fundação. Determinado então o valor de **λ**, os coeficientes de influênca $\mathbf{I_Z}$ podem ser calculados e apresentados como nas **Tabelas 7.6.1** a **7.6.9**. O exemplo a seguir mostra o cálculo do coeficiente de influência para **r/λ = 9** e **(r+1)/λ=10** e **z/λ = 3,0.**

$$I_z = \cos^3\left(\arctan\frac{9}{3}\right) - \cos^3\left(\arctan\frac{10}{3}\right) = 0{,}0079$$

Este valor pode ser lido na **Tabela 7.6.2.**

TABELA 7.6.1 - Coeficientes de influência para o método de Jimenez Salas (Murrieta, 1993)

r/λ	z/λ						
	0,1	0,2	0,3	0,4	0,5	0,6	0,7
20-18	0	0	0	0	0	0	0
18-16	0	0	0	0	0	0	0
16-14	0	0	0	0	0	0	0
14-12	0	0	0	0	0	0	0,0001
12-10	0	0	0	0	0	0	0,00014
10-9	0	0	0	0	0	0	0,00013
9-8	0	0	0	0	0	0,0001	0,0002
8-7	0	0	0	0	0,0001	0,0002	0,00032
7-6	0	0	0	0,0001	0,0002	0,0004	0,00057
6-5	0	0	0	0,0002	0,0004	0,0007	0,001109
5-4	0	0	0,0002	0,0005	0,0009	0,00157	0,002457
4-3	0	0,0002	0,0006	0,00132	0,00254	0,00428	0,00661
3-2	0	0,0007	0,00228	0,00523	0,00982	0,016183	0,024319
2-1	0,0009	0,00656	0,020462	0,043683	0,075176	0,112464	0,152537
1-0	0,999015	0,992457	0,976274	0,948774	0,910557	0,86381	0,811412

TABELA 7.6.2 - Coeficientes de influência para o método de Jimenez Salas (Murrieta, 1993)

r/λ	z/λ						
	0,8	**0,9**	**1**	**1,5**	**2**	**2,5**	**3**
20-18	0	0	0	0	0,0004	0,0007	0,001179
18-16	0	0	0	0	0,0006	0,00108	0,001816
16-14	0	0	0,0001	0	0,0009	0,00175	0,00294
14-12	0,0001	0,0002	0,0002	0,001	0,00162	0,00305	0,005068
12-10	0,0002	0,0003	0,0004	0,0014	0,0031	0,00578	0,009459
10-9	0,0002	0,0003	0,0004	0,0012	0,00267	0,00491	0,007897
9-8	0,0003	0,0004	0,0006	0,0018	0,00406	0,00737	0,011666
8-7	0,0005	0,0007	0,0009	0,0029	0,00647	0,01151	0,017836
7-6	0,0008	0,00119	0,00162	0,0051	0,010889	0,018849	0,028317
6-5	0,00164	0,0023	0,0031	0,0095	0,019604	0,032547	0,046747
5-4	0,0036	0,00502	0,00672	0,01956	0,038216	0,059433	0,07981
4-3	0,00956	0,013149	0,017356	0,04615	0,081234	0,113495	0,137553
3-2	0,03412	0,045379	0,05782	0,126557	0,182876	0,213769	0,222481
2-1	0,192557	0,230266	0,264111	0,360035	0,361988	0,324271	0,27778
1-0	0,756217	0,700629	0,646447	0,423965	0,284458	0,199589	0,146185

TABELA 7.6.3 - Coeficientes de influência para o método de Jimenez Salas (Murrieta, 1993)

r/λ	z/λ						
	3,5	**4**	**4,5**	**5**	**5,5**	**6**	**6,5**
20-18	0,00183	0,00267	0,00369	0,00491	0,00631	0,0079	0,009653
18-16	0,00281	0,00406	0,00558	0,00737	0,0094	0,011666	0,014137
16-14	0,00451	0,00647	0,00881	0,01151	0,014535	0,017836	0,02136
14-12	0,00769	0,010889	0,014634	0,018849	0,023443	0,028317	0,033365
12-10	0,0141	0,019604	0,025816	0,032547	0,039592	0,046747	0,053825
10-9	0,011562	0,015766	0,020338	0,025096	0,029864	0,034487	0,038837
9-8	0,01678	0,022451	0,028395	0,034338	0,040043	0,045323	0,050048
8-7	0,025049	0,032684	0,04029	0,047488	0,053994	0,059629	0,064305
7-6	0,038483	0,04855	0,057872	0,066006	0,072714	0,077924	0,081689
6-5	0,060662	0,073106	0,083371	0,091183	0,096587	0,099823	0,101221
5-4	0,096958	0,10977	0,118147	0,122586	0,123832	0,122658	0,119758
4-3	0,152143	0,158447	0,158517	0,15437	0,147638	0,139507	0,130786
3-2	0,216833	0,203542	0,187045	0,169901	0,153442	0,138273	0,124604
2-1	0,234434	0,197534	0,167169	0,142455	0,12235	0,10592	0,092402
1-0	0,111044	0,086925	0,069751	0,057134	0,047614	0,040265	0,034481

TABELA 7.6.4 - Coeficientes de influência para o método de Jimenez Salas (Murrieta, 1993)

r/λ	z/λ						
	7	**7,5**	**8**	**8,5**	**9**	**9,5**	**10**
20-18	0,011562	0,013607	0,015766	0,018017	0,020338	0,022705	0,025096
18-16	0,01678	0,019563	0,022451	0,025406	0,028395	0,031382	0,034338
16-14	0,025049	0,028843	0,032684	0,036517	0,04029	0,04396	0,047488
14-12	0,038483	0,043574	0,04855	0,053337	0,057872	0,062107	0,066006
12-10	0,060662	0,067124	0,073106	0,078537	0,083371	0,087587	0,091183
10-9	0,04282	0,046371	0,049453	0,052055	0,054182	0,055856	0,057106
9-8	0,054138	0,05756	0,060317	0,062436	0,063965	0,064959	0,06548
8-7	0,068007	0,070776	0,072685	0,073829	0,074309	0,074227	0,073681
7-6	0,084136	0,085433	0,085762	0,085299	0,084208	0,08263	0,080689
6-5	0,101134	0,099895	0,097797	0,095083	0,091953	0,088563	0,085032
5-4	0,115698	0,110918	0,105745	0,100415	0,095092	0,089886	0,084869
4-3	0,121997	0,113458	0,10535	0,097764	0,090735	0,084264	0,078329
3-2	0,112437	0,101676	0,092184	0,083817	0,076434	0,069908	0,064126
2-1	0,081194	0,071827	0,063937	0,05724	0,051514	0,046587	0,042319
1-0	0,029849	0,026086	0,022988	0,020408	0,018237	0,016393	0,014815

TABELA 7.6.5 - Coeficientes de influência para o método de Jimenez Salas (Murrieta, 1993)

r/λ	z/λ						
	11	**12**	**13**	**14**	**15**	**16**	**17**
20-18	0,029864	0,034487	0,038837	0,04282	0,046371	0,049453	0,052055
18-16	0,040043	0,045323	0,050048	0,054138	0,05756	0,060317	0,062436
16-14	0,053994	0,059629	0,064305	0,068007	0,070776	0,072685	0,073829
14-12	0,072714	0,077924	0,081689	0,084136	0,085433	0,085762	0,085299
12-10	0,096587	0,099823	0,101221	0,101134	0,099895	0,097797	0,095083
10-9	0,058483	0,058624	0,057834	0,056379	0,054475	0,052291	0,049953
9-8	0,065349	0,064035	0,061924	0,05932	0,056443	0,053455	0,050462
8-7	0,071531	0,068443	0,064841	0,06102	0,057176	0,05343	0,049855
7-6	0,076106	0,071064	0,065946	0,060977	0,056282	0,05192	0,047909
6-5	0,077887	0,070985	0,064556	0,058691	0,053404	0,04867	0,044447
5-4	0,075555	0,067288	0,060048	0,053746	0,048272	0,043513	0,03937
4-3	0,067936	0,05926	0,052007	0,045918	0,040779	0,036416	0,032689
3-2	0,054414	0,046659	0,040395	0,035276	0,031048	0,02752	0,02455
2-1	0,035344	0,029938	0,02567	0,022245	0,019456	0,017157	0,01524
1-0	0,01227	0,010327	0,00881	0,00761	0,00663	0,00583	0,00517

TABELA 7.6.6 - Coeficientes de influência para o método de Jimenez Salas (Murrieta, 1993)

r/λ	z/λ						
	18	19	20	25	30	35	40
20-18	0,054182	0,055856	0,057106	0,058327	0,054475	0,048756	0,042813
18-16	0,063965	0,064959	0,06548	0,063058	0,056443	0,048988	0,042056
16-14	0,074309	0,074227	0,073681	0,066685	0,057176	0,048145	0,040443
14-12	0,084208	0,08263	0,080689	0,068497	0,056282	0,046034	0,037886
12-10	0,091953	0,088563	0,085032	0,067704	0,053404	0,042511	0,034336
10-9	0,047554	0,045159	0,042813	0,032528	0,024925	0,01947	0,015524
9-8	0,047538	0,044727	0,042056	0,031017	0,023347	0,01803	0,014267
8-7	0,04649	0,043352	0,040443	0,029001	0,021472	0,01641	0,012894
7-6	0,044245	0,040912	0,037886	0,026472	0,019307	0,014618	0,011415
6-5	0,040683	0,037328	0,034336	0,023438	0,016869	0,012667	0,00984
5-4	0,035751	0,03258	0,029791	0,019927	0,014179	0,010573	0,00817
4-3	0,029486	0,026716	0,024309	0,015989	0,011271	0,00836	0,00644
3-2	0,022029	0,01987	0,01801	0,011694	0,00819	0,00604	0,00464
2-1	0,013625	0,012252	0,011076	0,00713	0,00497	0,00366	0,0028
1-0	0,00461	0,00414	0,00374	0,0024	0,00166	0,00122	0,0009

TABELA 7.6.7 - Coeficientes de influência para o método de Jimenez Salas (Murrieta, 1993)

r/λ	z/λ						
	45	50	55	60	65	70	75
20-18	0,037331	0,032528	0,028414	0,024925	0,021972	0,01947	0,017342
18-16	0,036058	0,031017	0,026825	0,023347	0,020452	0,01803	0,015993
16-14	0,034124	0,029001	0,024851	0,021472	0,018701	0,01641	0,0145
14-12	0,031494	0,026472	0,022493	0,019307	0,016729	0,014618	0,012872
12-10	0,028162	0,023438	0,019766	0,016869	0,014549	0,012667	0,011121
10-9	0,012617	0,01043	0,00875	0,00744	0,0064	0,00556	0,00487
9-8	0,011533	0,0095	0,00795	0,00674	0,00578	0,00502	0,00439
8-7	0,010373	0,00851	0,0071	0,00601	0,00515	0,00446	0,0039
7-6	0,00914	0,00748	0,00623	0,00526	0,0045	0,0039	0,0034
6-5	0,00785	0,0064	0,00532	0,00449	0,00384	0,00332	0,00289
5-4	0,0065	0,00529	0,00439	0,0037	0,00316	0,00273	0,00238
4-3	0,00511	0,00415	0,00344	0,00289	0,00247	0,00213	0,00186
3-2	0,00367	0,00298	0,00247	0,00207	0,00177	0,00153	0,00133
2-1	0,00222	0,0018	0,00149	0,00125	0,00106	0,0009	0,0008
1-0	0,0007	0,0006	0,0005	0,0004	0,0004	0,0003	0,0003

TABELA 7.6.8 - Coeficientes de influência para o método de Jimenez Salas (Murrieta, 1993)

r/λ	z/λ						
	80	**85**	**90**	**95**	**100**	**110**	**120**
20-18	0,015524	0,013964	0,012617	0,011449	0,01043	0,00875	0,00744
18-16	0,014267	0,012795	0,011533	0,010443	0,0095	0,00795	0,00674
16-14	0,012894	0,011534	0,010373	0,00938	0,00851	0,0071	0,00601
14-12	0,011415	0,010186	0,00914	0,00825	0,00748	0,00623	0,00526
12-10	0,00984	0,00876	0,00785	0,00707	0,0064	0,00532	0,00449
10-9	0,0043	0,00382	0,00342	0,00308	0,00279	0,00231	0,00195
9-8	0,00387	0,00344	0,00308	0,00277	0,0025	0,00208	0,00175
8-7	0,00344	0,00305	0,00273	0,00245	0,00222	0,00184	0,00155
7-6	0,003	0,00266	0,00238	0,00214	0,00193	0,0016	0,00134
6-5	0,00255	0,00226	0,00202	0,00181	0,00164	0,00136	0,00114
5-4	0,00209	0,00186	0,00166	0,00149	0,00134	0,00111	0,0009
4-3	0,00163	0,00145	0,00129	0,00116	0,00105	0,0009	0,0007
3-2	0,00117	0,00104	0,0009	0,0008	0,0007	0,0006	0,0005
2-1	0,0007	0,0006	0,0006	0,0005	0,0005	0,0004	0,0003
1-0	0,0002	0,0002	0,0002	0,0002	0,0002	0,0001	0,0001

TABELA 7.6.9 - Coeficientes de influência para o método de Jimenez Salas (Murrieta, 1993)

r/λ	z/λ						
	130	**140**	**150**	**160**	**170**	**180**	**200**
20-18	0,0064	0,00556	0,00487	0,0043	0,00382	0,00342	0,00279
18-16	0,00578	0,00502	0,00439	0,00387	0,00344	0,00308	0,0025
16-14	0,00515	0,00446	0,0039	0,00344	0,00305	0,00273	0,00222
14-12	0,0045	0,0039	0,0034	0,003	0,00266	0,00238	0,00193
12-10	0,00384	0,00332	0,00289	0,00255	0,00226	0,00202	0,00164
10-9	0,00166	0,00144	0,00125	0,0011	0,001	0,0009	0,0007
9-8	0,00149	0,00129	0,00112	0,001	0,0009	0,0008	0,0006
8-7	0,00132	0,00114	0,001	0,0009	0,0008	0,0007	0,0006
7-6	0,00115	0,001	0,0009	0,0008	0,0007	0,0006	0,0005
6-5	0,001	0,0008	0,0007	0,0006	0,0006	0,0005	0,0004
5-4	0,0008	0,0007	0,0006	0,0005	0,0005	0,0004	0,0003
4-3	0,0006	0,0005	0,0005	0,0004	0,0004	0,0003	0,0003
3-2	0,0004	0,0004	0,0003	0,0003	0,0003	0,0002	0,0002
2-1	0,0003	0,0002	0,0002	0,0002	0,0002	0,0001	0,0001
1-0	0	0	0	0	0	0	0

Exemplo de aplicação 7.13 - Para a planta de fundação mostrada na **Figura 7.29**, calcule o acréscimo de tensão vertical no centro da placa **C** utilizando o método de Jimenez Salas para profundidades de 4 e 8 metros.

Em primeiro lugar, traça-se um círculo com centro no ponto que se quer calcular o acréscimo de tensão, que circunscreva todas as fundações, conforme mostra a **Figura 7.33**. A partir do raio deste círculo (no caso igual a 6,4 m) obtém-se o valor de $\boldsymbol{\lambda}$:

$$\lambda = \frac{6,4}{20} = 0,32$$

Divide-se o raio deste círculo, como proposto por Jimenez Salas (de 0 a 10 de um em um e de 10 a 20 de dois em dois), e traçam-se os círculos concêntricos mostrados na **Figura 7.33**. Estimando-se as partes de cada coroa ocupada por placa, multiplicando-se este número pelo carregamento em cada placa e dividindo-se pelo número de divisões feitas nos círculos obtém-se a coluna **P**, mostrada na **Tabela 7.7**.

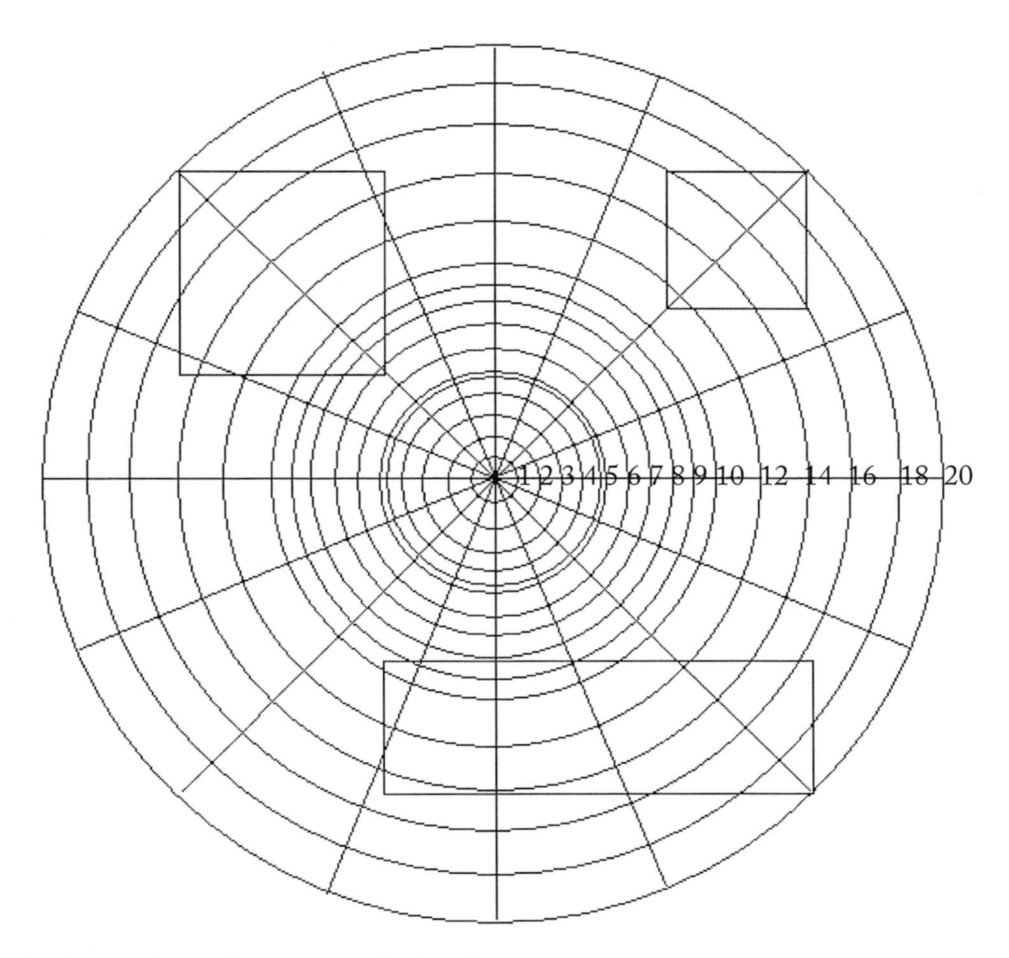

FIGURA 7.33 - Acréscimo de tensão no centro da placa C

Considerando que $\boldsymbol{\lambda = 0,32}$, tem-se que $\boldsymbol{z/\lambda = 12,5}$ para $\boldsymbol{z = 4}$ **m**, e $\boldsymbol{z/\lambda = 25}$ para $\boldsymbol{z = 8}$ **m**. Na **Tabela 7.6.5** e **7.6.6** lê-se o valor dos coeficientes de influência. No caso de $\boldsymbol{z/\lambda = 12,5}$, como só há valores para **12** e **13**, interpola-se linearmente os valores. Pode-se, então, achar a valor do acréscimo de tensão devido a cada coroa, multiplicando-se os valores dos coeficientes de influência pela coluna **P** calculada anteriormente. A soma destes valores dará o acréscimo de tensão nos pontos em questão devido a todas as placas de fundação , como mostra a **Tabela 7.8**.

TABELA 7.7 - Método de Jimenez Salas

R/λ		P
20 - 18	(200 x 0,3 + 300 x 0,3 + 250 x 0,3) / 16	14,1
18 - 16	(200 x 1,0 + 300 x 1,0 + 250 x 0,95) / 16	46,1
16 - 14	(200 x 2,0 + 300 x 1,2 + 250 x 1,8) / 16	75,6
14 - 12	(200 x 2,1 + 300 x 0,6 + 250 x 3,3) / 16	89,1
12 - 10	(200 x 1,6 + 300 x 0,1 + 250 x 3,0) / 16	68,8
10 - 9	(200 x 1,4 + 250 x 2,7) / 16	59,7
9 - 8	(200 x 1,0 + 250 x 1,6) / 16	37,5
8 - 7	(200 x 0,5) / 16	6,3
7 - 6	(200 x 0,05) / 16	0,6
6 - 5		0
5 - 4	(220 x 11,2) / 16	154
4 - 3	(220 x 16) / 16	220
3 - 2	(220 x 16) / 16	220
2 - 1	(220 x 16) / 16	220
1 - 0	(220 x 16) / 16	220

TABELA 7.8 - Método de Jimenez Salas

z/λ = 12,5	z/λ = 25	$\Delta\sigma_{z4}$ (kPa)	$\Delta\sigma_{z8}$ (kPa)
0,036662	0,058327	0,52	0,82
0,047686	0,063058	2,20	2,91
0,061967	0,066685	4,68	5,04
0,079807	0,068497	7,11	6,10
0,100522	0,067704	6,92	4,66
0,058229	0,032528	3,48	1,94
0,062980	0,031017	2,36	1,16
0,066642	0,029001	0,42	0,18
0,068505	0,026472	0,04	0,02
0,067771	0,023438	0,00	0,00
0,063668	0,019927	9,80	3,07
0,055634	0,015989	12,24	3,52
0,043527	0,011694	9,58	2,57
0,027804	0,007129	6,12	1,57
0,009569	0,002395	2,11	0,53
$\Sigma \Delta\sigma_z$ =		71,57	42,09

O resultado na placa **C** a **4 m** de profundidade foi um pouco diferente do obtido por Newmark devido à imprecisão da estimativa das ocupações das partes das coroas.

Da comparação dos dois métodos, chega-se à conclusão que, quando se pretende calcular o acréscimo de tensão em vários pontos a uma mesma profundidade, é mais prático usar Newmark, pois, nesse caso, basta desenhar uma planta de fundação na escala de profundidade em papel transparente e mover a planta, de forma a coincidir o ponto que se deseja calcular o acréscimo de tensão com o centro dos círculos, fazendo então a estimativa das partes das coroas circulares ocupadas pelas placas. Se, por outro lado, se pretende calcular acréscimos de tensão em uma mesma vertical em diferentes profundidades, neste caso, o método de Jimenez Salas é mais prático, pois usa-se um só desenho, bastando ler valores de influência para diferentes $\mathbf{z/\lambda}$ na tabela e efetuar os cálculos.

7.8- EXERCÍCIOS PROPOSTOS E RESOLVIDOS

1- Sendo 100 e 300 kPa as tensões principais de um elemento do solo, determine:

a) as tensões que atuam em um plano **AA** que forma um ângulo de 30º com o plano principal maior;

b) a inclinação dos planos em que a tensão normal é 250 kPa e as tensões de cisalhamento nestes planos;

c) os planos em que ocorre a tensão de cisalhamento de 50 kPa e as tensões normais nestes planos;

d) a máxima tensão de cisalhamento que atua neste elemento de solo.

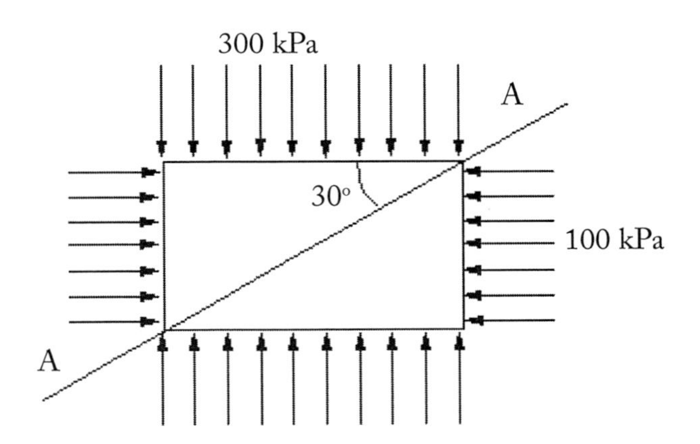

FIGURA 7.34 - Estado de tensão da amostra

SOLUÇÃO:

a)

i- lê-se os valores de σ_1 = 300 kPa e σ_3 = 100 kPa na **Figura 7.34** e, com esses valores, traça-se o círculo de Mohr como mostrado na **Figura 7.35**;

ii- determina-se o polo traçando-se uma reta paralela ao plano principal maior, a partir de $(\sigma_1 , 0)$ até interceptar o círculo, no ponto $(\sigma_3 , 0)$;

iii-traça-se uma paralela ao plano **AA** a partir do polo, até interceptar o círculo;

iv-lê-se neste ponto **"A"**: σ_α = 250 kPa e σ_α = 87 kPa que são as tensões normal e cisalhante que atuam no plano **AA**.

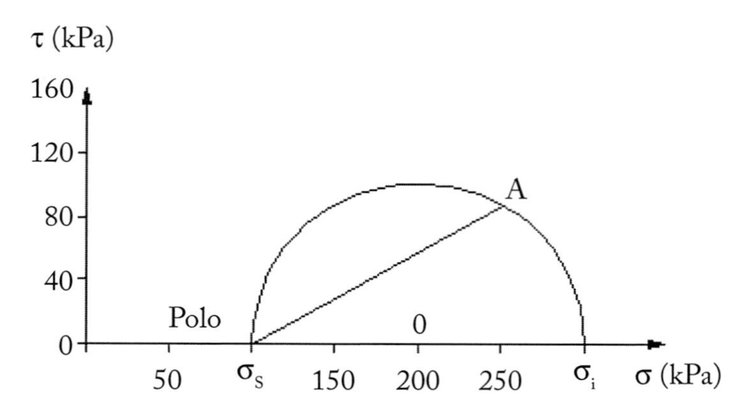

FIGURA 7.35 - Círculo de Mohr

b)

i- a partir do polo, traça-se uma reta aos dois pontos do círculo que representam planos com tensão normal igual a 150 kPa (pontos **B** e **C** na **Figura 7.36**);

ii- traça-se na amostra linhas paralelas a estas retas para representar a direção destes planos;

iii- lê-se os valores σ_α = 87 kPa e σ_α = -87 kPa que são as tensões cisalhantes destes planos.

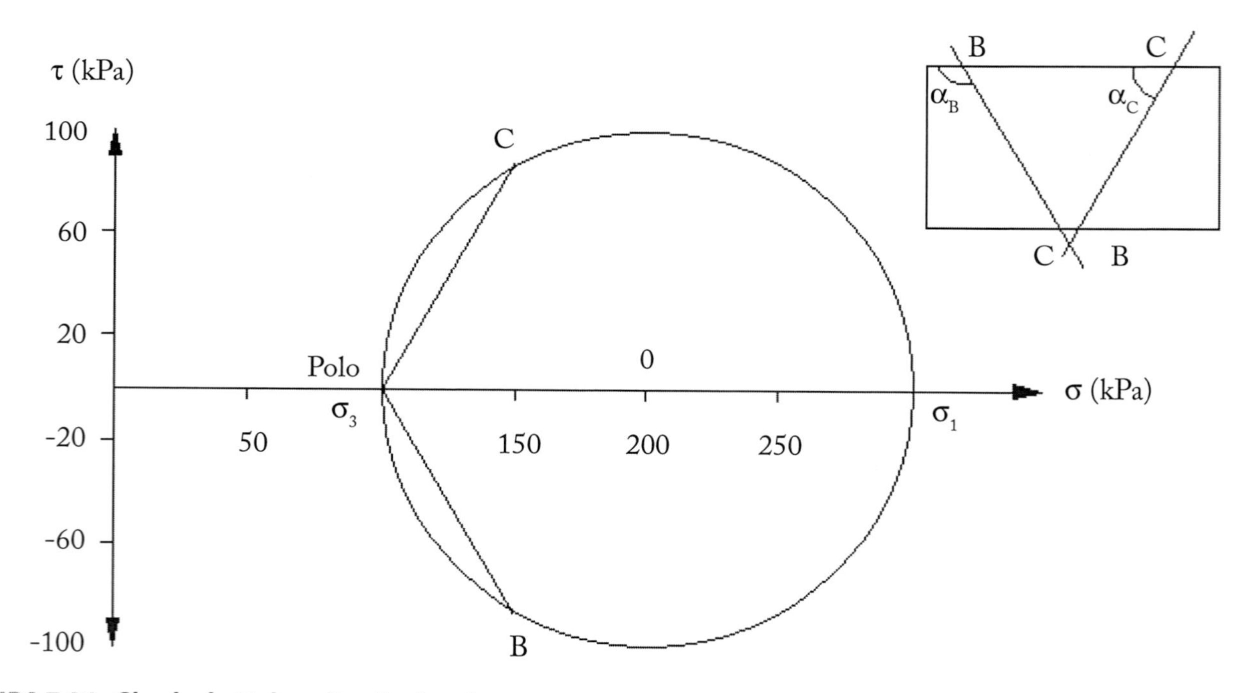

FIGURA 7.36 - Círculo de Mohr e direção dos planos

c)

i- a partir do polo, traça-se uma reta aos dois pontos do círculo que representam planos com tensão cisalhante igual a 50 kPa, como mostra a **Figura 7.37**;

ii- traça-se na amostra linhas paralelas a estas retas para representar a direção destes planos (pontos **D** e **E**);

iii-lê-se os valores σ_α = 114 kPa σ_α = 287 kPa que são as tensões normais que atuam nestes planos.

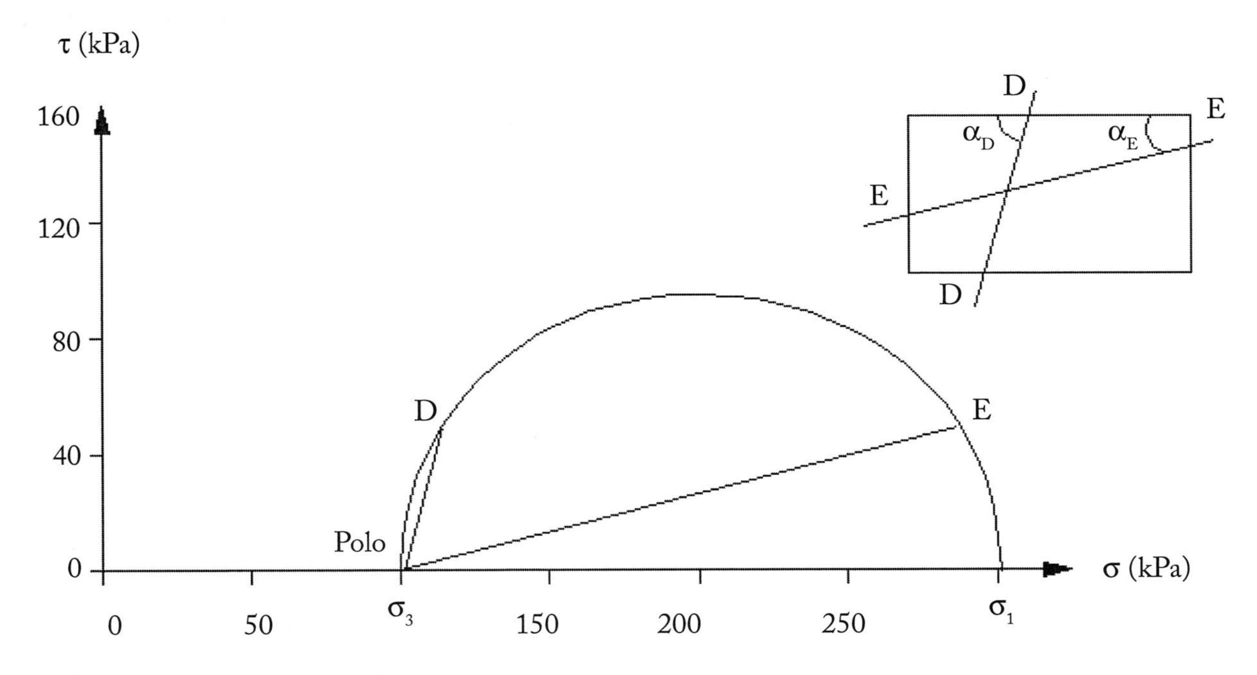

FIGURA 7.37 - Círculo de Mohr e direção dos planos DD e EE

d) da simples observação da **Figura 7.38**, pode-se ver que a maior tensão cisalhante que atua na amostra é de 100 kPa, no plano que faz 45° com o plano principal maior.

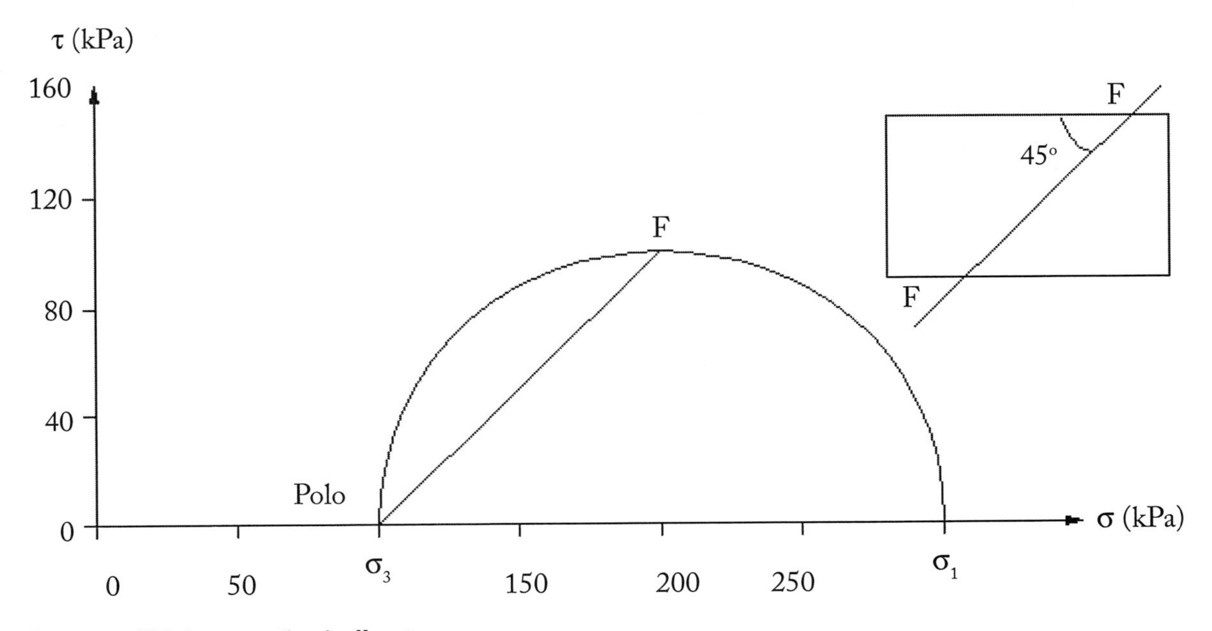

FIGURA 7.38 - Máxima tensão cisalhante

2- Conhecido o estado de tensão na amostra da **Figura 7.39**, ache os esforços que atuam no plano **AA**.

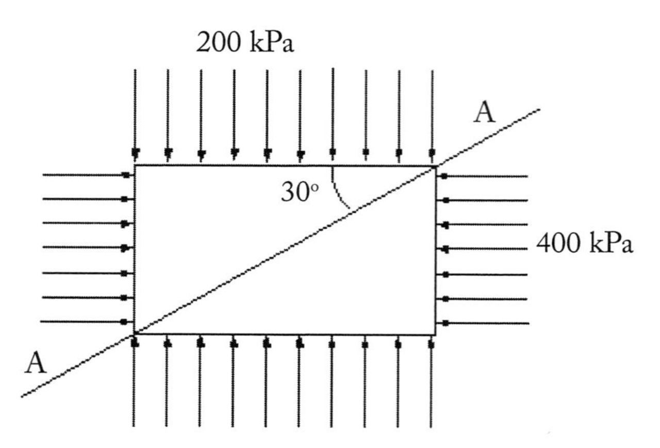

FIGURA 7.39 - **Estado de tensão da amostra**

SOLUÇÃO:

i- na **Figura 7.39**, lê-se os valores σ_1 = 400 kPa e σ_3 = 200 kPa e com estes valores traça-se o círculo de Mohr da **Figura 7.40**;

ii- determina-se o polo traçando-se uma paralela ao plano principal menor, a partir do ponto no círculo de Mohr (σ_3 , 0) até interceptar o círculo no ponto (σ_1 , 0);

iii-a partir do polo traça-se uma paralela ao plano **AA** até interceptar o círculo (ponto **A** na **Figura 7.40**);

iv- lê-se os valores σ_α = 250 kPa e τ_α = -87 kPa que são as tensões normal e cisalhante que atuam no plano **AA**.

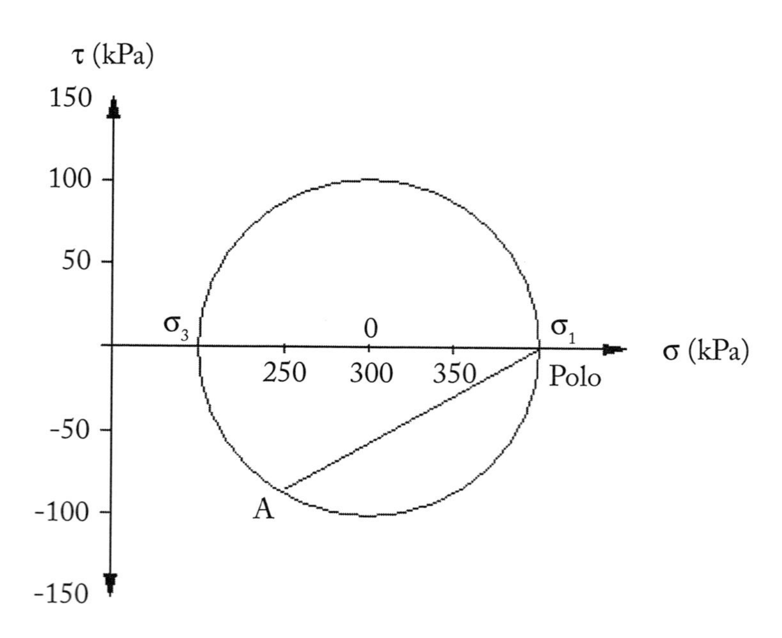

FIGURA 7.40 - **Círculo de Mohr**

3- Conhecidos as tensões e os planos mostrados na **Figura 7.41**, ache os esforços principais e a direção dos planos principais.

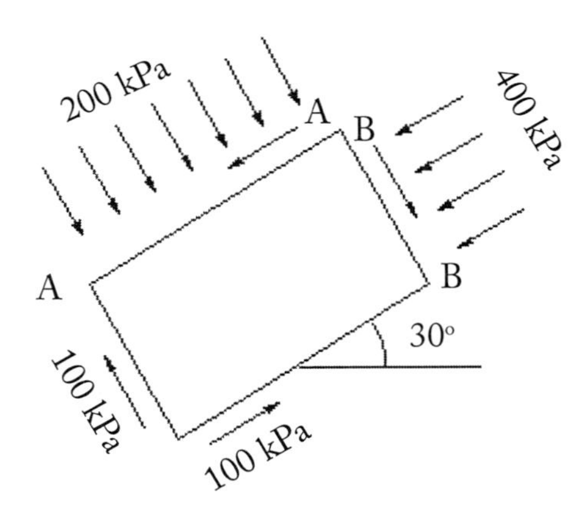

FIGURA 7.41 - Estado de tensão da amostra

SOLUÇÃO:

i- a partir das tensões normais e cisalhantes que atuam nos dois planos **AA** e **BB** mostrados na **Figura 7.41**, traça-se o círculo de Mohr da **Figura 7.42**;

ii- lê-se no círculo os valores de σ_1 = 441 kPa e σ_3 = 159 kPa;

iii- em seguida, determina-se o polo traçando-se a partir de ponto **(400, -100)**, ou do ponto **(200, 100)**, uma paralela ao plano que atuam estes esforços até interceptar o círculo;

iv- liga-se o polo ao ponto **(σ_1, 0)**; esta é a direção do plano principal maior; a direção do plano principal menor é perpendicular à do plano principal maior;

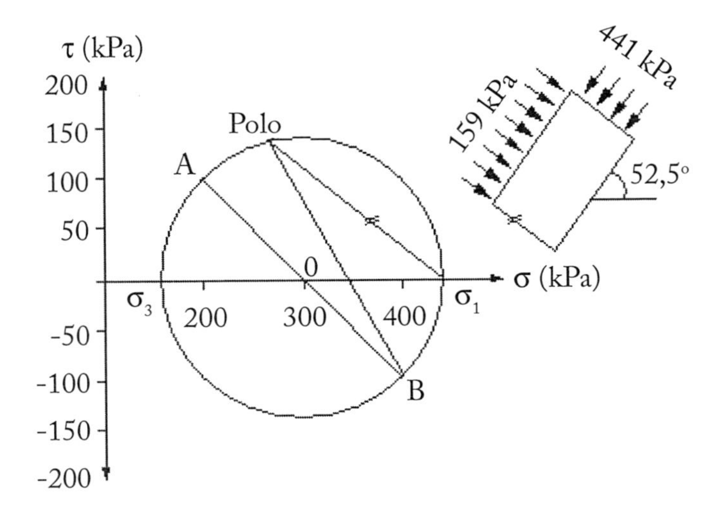

FIGURA 7.42 - Círculo de Mohr e direção dos planos principais

v- leva-se à amostra as direções dos planos principais através de retas paralelas e mede-se, com um transferidor, o ângulo de 52,5° com a horizontal como referência.

4- Nos planos **AA** e **BB** de uma amostra de argila atuavam as tensões mostradas na figura abaixo no momento da ruptura. Calcule os esforços e a direção dos planos principais maior e menor.

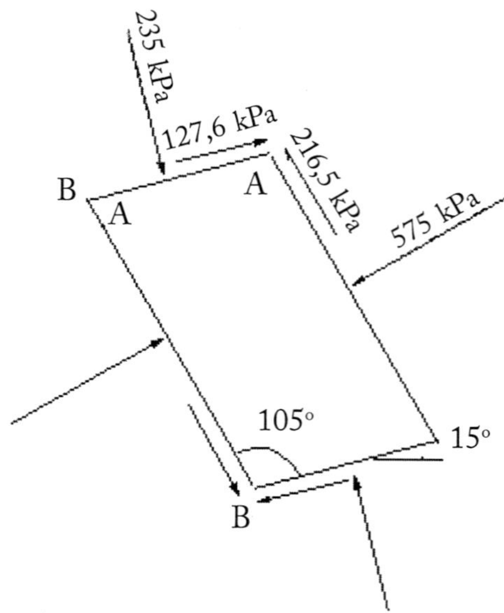

FIGURA 7.43 - **Estado de tensão da amostra**

SOLUÇÃO:

i- a partir das tensões normais e cisalhantes que atuam nos dois planos (que não são ortogonais) mostrados na **Figura 7.43**, traça-se o círculo de Mohr da **Figura 7.44**;

ii- lê-se no círculo os valores de $\boldsymbol{\sigma_1}$ = 700 kPa e $\boldsymbol{\sigma_3}$ = 200 kPa;

iii- em seguida, determina-se o polo traçando-se a partir de ponto (**235 , -127,6**), ou do ponto (**575 , 216,5**), uma paralela ao plano que atuam estes esforços até interceptar o círculo, que no caso é no ponto ($\boldsymbol{\sigma_1}$ **, 0**);

iv- liga-se o polo ao ponto ($\boldsymbol{\sigma_3}$ **, 0**); esta é a direção do plano principal menor; a direção do plano principal maior é perpendicular à do plano principal menor;

v- leva-se à amostra a direção do plano principal menor através de uma reta paralela; o plano principal maior é ortogonal à direção do principal menor.

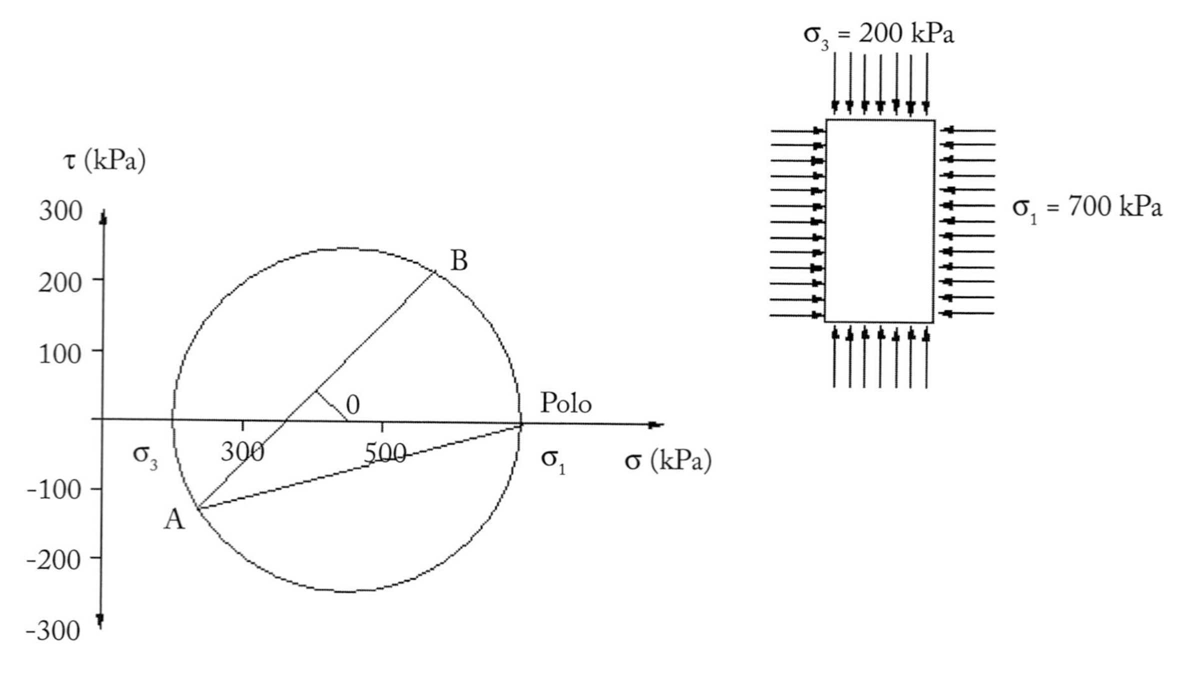

FIGURA 7.44 - **Círculo de Mohr**

5- Dado os planos a seguir, ache os esforços principais, a direção dos planos principais e os esforços que atuam no plano **CC**, que faz 90° com o plano **BB**.

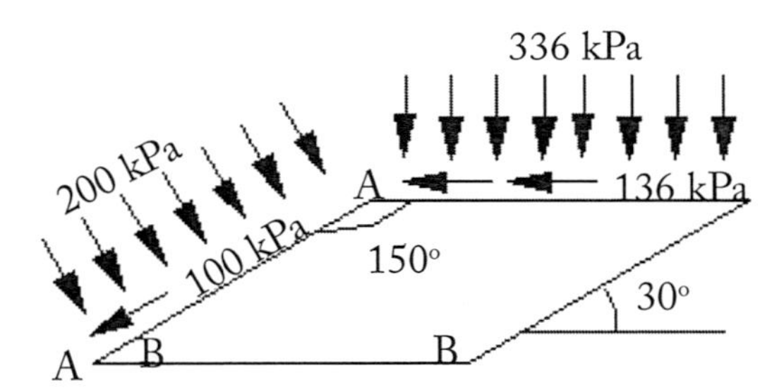

FIGURA 7.45 - Estado de tensão da amostra

SOLUÇÃO:

i- a partir das tensões normais e cisalhantes que atuam nos dois planos (que não são ortogonais) mostrados na **Figura 7.46**, traça-se o círculo de Mohr mostrados na **Figura 7.46**;

ii- lê-se no círculo os valores de σ_1 = 441 kPa e σ_3 = 159 kPa;

iii-em seguida, determina-se o polo traçando-se a partir de ponto **(336 , 136)**, ou do ponto **(200, 100)**, uma paralela ao plano que atuam estes esforços até interceptar o círculo;

iv- liga-se o polo ao ponto **(σ_1, 0)**, esta é a direção do plano principal maior; a direção do plano principal menor é perpendicular à do plano principal maior;

v- a partir do polo, traça-se uma vertical até interceptar o círculo e lê-se as tensões que atuam no plano **CC**: σ_α = 338 kPa e σ_α = -136 kPa;

vi- leva-se à amostra as direções dos planos principais através de retas paralelas.

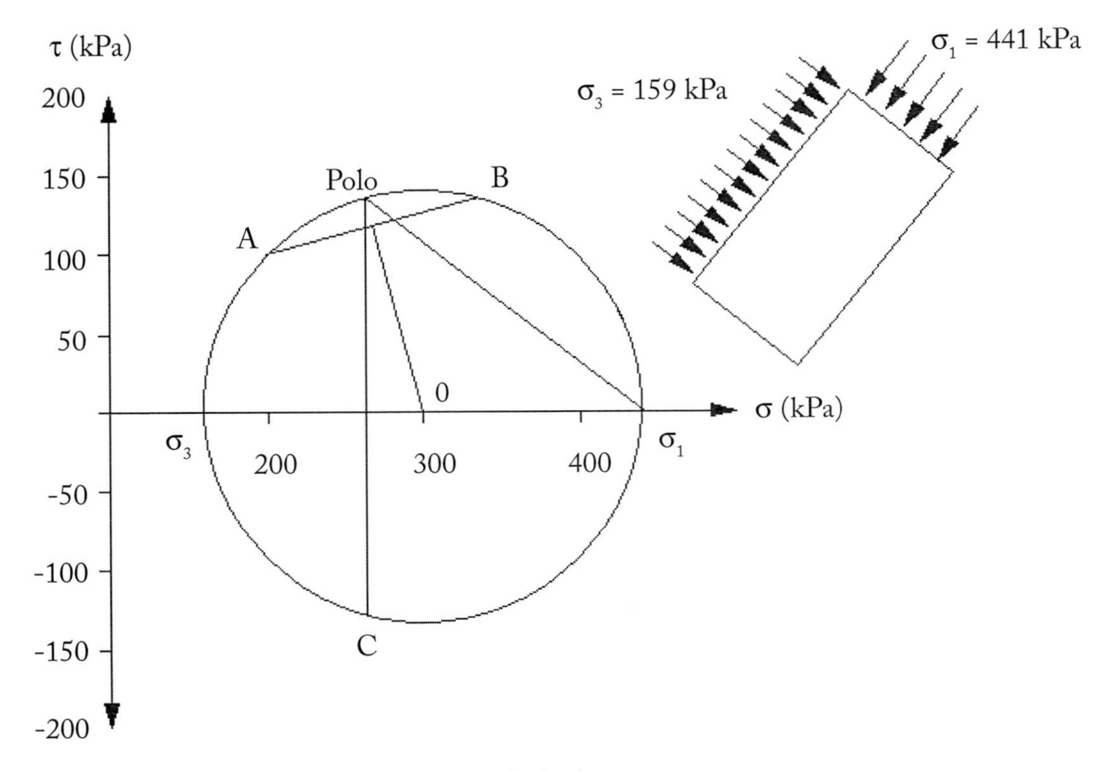

FIGURA 7.46 - Círculo de Mohr e direção dos planos principais

6- Considerando as tensões atuando nos planos da amostra mostrada na **Figura 7.47**, ache as tensões que atuam em um plano horizontal.

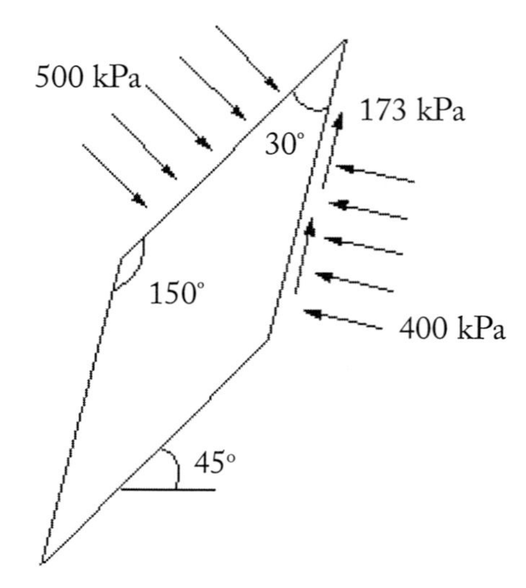

FIGURA 7.47 - Estado de tensão da amostra

SOLUÇÃO:

i- a partir das tensões normais e cisalhantes que atuam nos dois planos (que não são ortogonais, embora um deles seja principal) mostrados na **Figura 7.47**, traça-se o círculo de Mohr da **Figura 7.48**;

ii- lê-se no círculo os valores de $\boldsymbol{\sigma_1}$ = 500 kPa e $\boldsymbol{\sigma_3}$ = 100 kPa;

iii-em seguida determina-se o polo traçando-se a partir de ponto (**$\boldsymbol{\sigma_1}$, 0**) uma paralela ao plano que atuam estes esforços até interceptar o círculo, no ponto (**300 , -200**);

iv- o plano horizontal pretendido coincide com o polo, logo os esforços atuando nele são: $\boldsymbol{\sigma_\alpha}$ = 300 kPa e $\boldsymbol{\tau_\alpha}$ = -200 kPa.

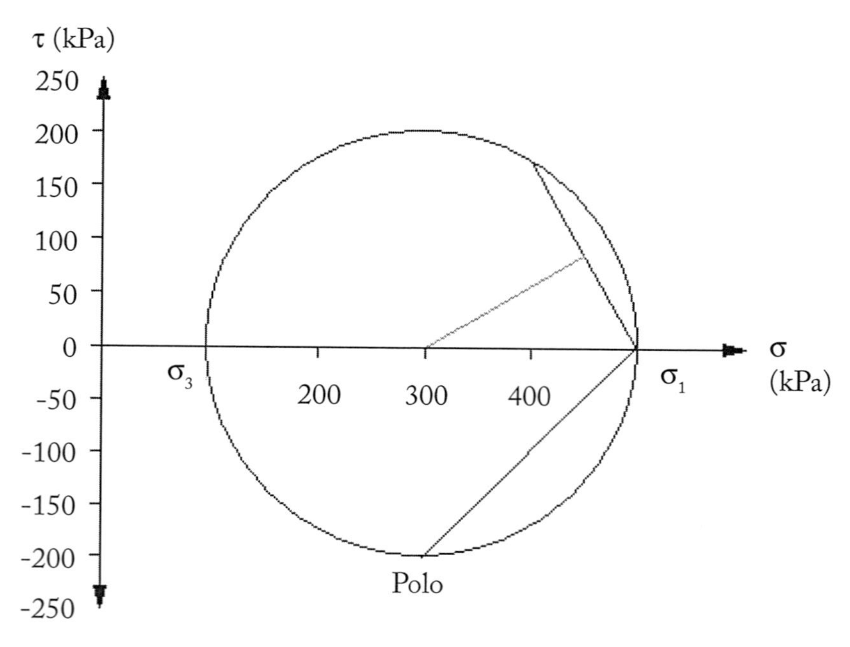

FIGURA 7.48 - Círculo de Mohr

7- Ache as tensões verticais totais, efetivas e neutras a 10 m de profundidade.

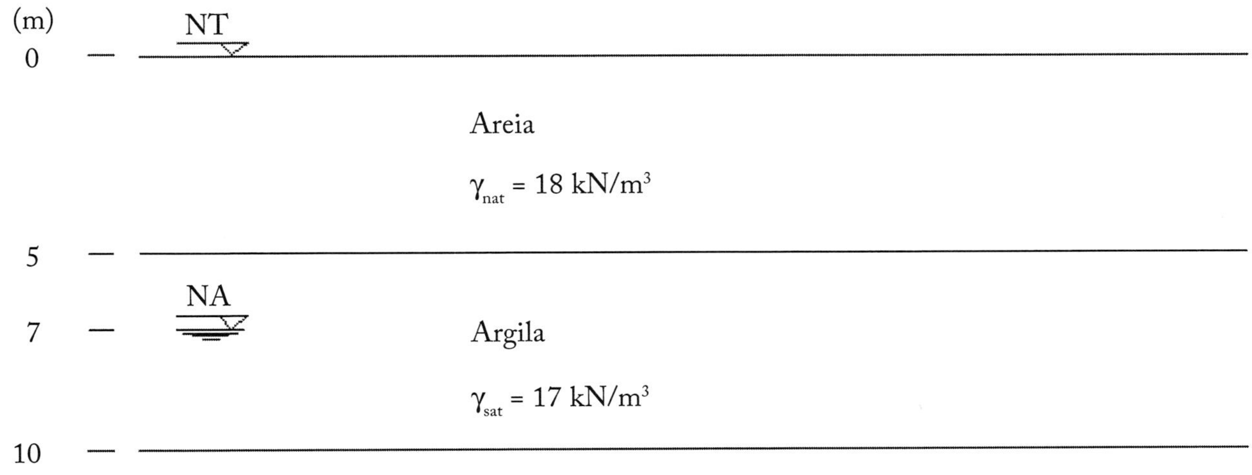

(m) NT

0 —

Areia

$\gamma_{nat} = 18\ kN/m^3$

5 —

NA

7 — Argila

$\gamma_{sat} = 17\ kN/m^3$

10 —

FIGURA 7.49 - Perfil do terreno

SOLUÇÃO:

i- não é fornecido o γ_{nat} para a faixa de argila entre 5 e 7 m. Como é certo que haverá ascensão capilar nesta argila é razoável considerar esta faixa como saturada por capilaridade, porém costuma-se admitir nulas as pressões neutras aí. Essa consideração é plenamente aceitável para um solo argiloso, muito embora as pressões neutras neste caso sejam de fato negativas. Como a resistência ao cisalhamento é função de tensões efetivas, a consideração de $u_W = 0$ é em favor da segurança, pois diminui as tensões efetivas.

ii- com esta consideração monta-se a **Tabela 7.9.**

TABELA 7.9 - Tensões totais, neutras e efetivas

Prof. m	S_r %	γ_{nat} kN/m³	σ_v kPa	u_w kPa	σ'_v kPa	Obs.
0			0		0	
-5		18	90		90	
-7	100	17	124	0	124	S_r estimado
-10	100	17	175	29	146	

8- Trace ao longo de **z** o gráfico das tensões totais, efetivas e neutras.

(m) NT

0 —

NA Argila arenosa, média, amarela γ_{nat} = 17 kN/m³

2 —

γ_g = 26,1 kN/m³

Areia fina, medianamente compacta

w = 26%

10 —

γ_g = 26,3 kN/m³

Argila siltosa, mole, preta

w = 65%

e = 1,78

15 —

FIGURA 7.50 - Perfil do terreno

SOLUÇÃO:

TABELA 7.10 - Tensões totais, neutras e efetivas ao longo da profundidade

Prof. m	S_r %	γ_{nat} kN/m³	σ_v kPa	u_w kPa	σ'_v kPa	Obs.
0			0	0	0	
-2		17	34	0	34	
-10	100	19,4	190	78	111	S_r estimado
-15	97,9	15,6	268	128	140	

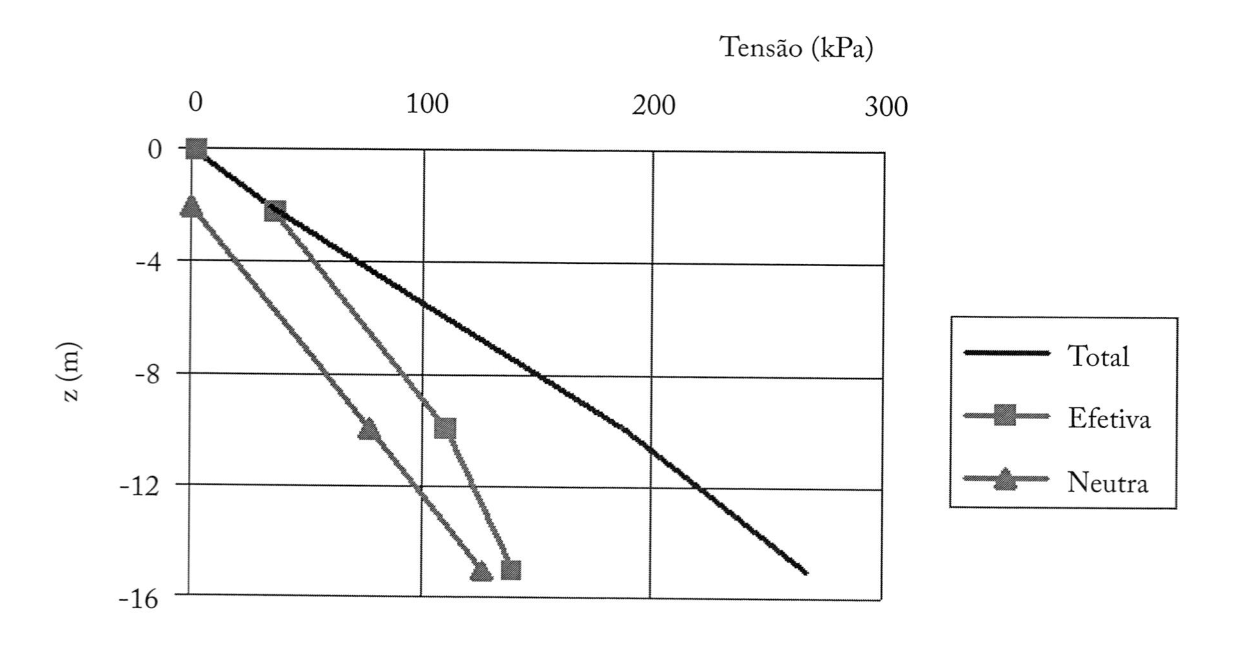

FIGURA 7.51 - Tensões totais, neutras e efetivas ao longo da profundidade

9- Trace ao longo da profundidade o gráfico das tensões totais, neutras e efetivas para o perfil seguinte:
   a) nas condições atuais;
   b) após uma drenagem permanente, rebaixando o NA até a cota -4, escavação da argila orgânica e lançamento de um aterro de extensão infinita (γ_{nat} = 18 kN/m³) até a cota +3.

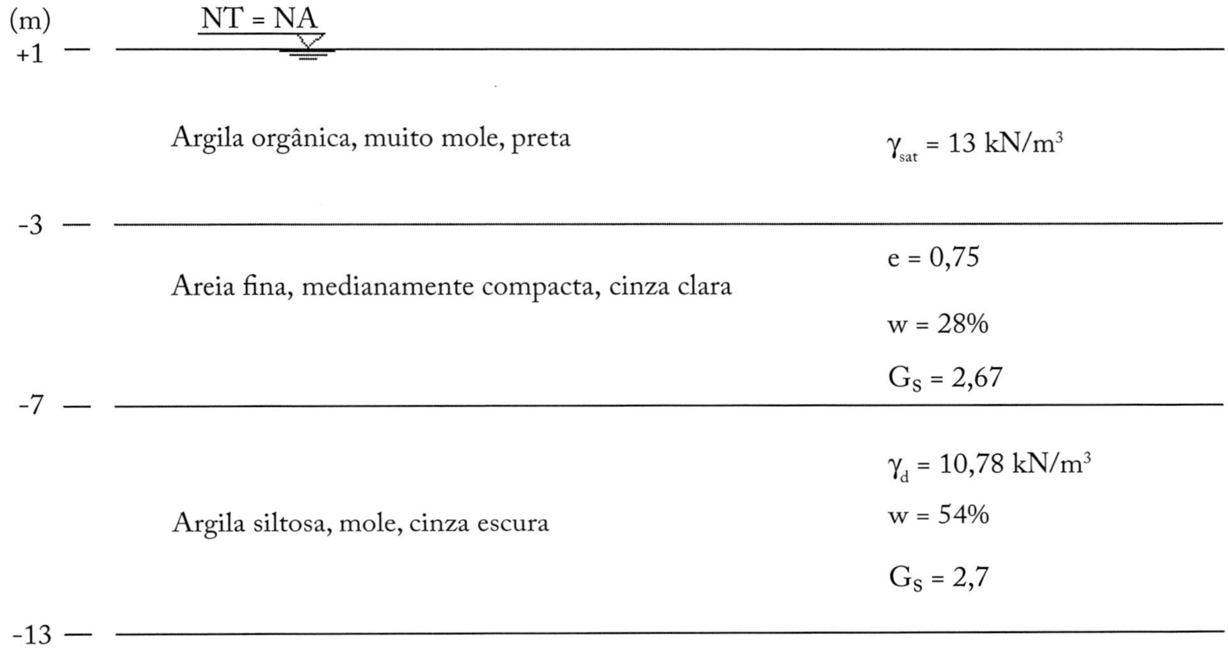

(m)	NT = NA	
+1		
	Argila orgânica, muito mole, preta	γ_{sat} = 13 kN/m³
-3		
	Areia fina, medianamente compacta, cinza clara	e = 0,75 w = 28% G_S = 2,67
-7		
	Argila siltosa, mole, cinza escura	γ_d = 10,78 kN/m³ w = 54% G_S = 2,7
-13		

FIGURA 7.52 - Perfil do terreno

a) nas condições atuais:

TABELA 7.11 - Tensões totais, neutras e efetivas ao longo da profundidade

Prof. m	S_r %	γ_{nat} kN/m³	σ_v kPa	u_w kPa	σ'_v kPa
1			0	0	0
-3		13	52	39	13
-7	99,68	19,2	129	78	50
-13	100,0	15,7	223	137	86

Tensão (kPa)
0
50
100
150
200
250
0
-5
-10
-15
z (m)
Total
Efetiva
Neutra

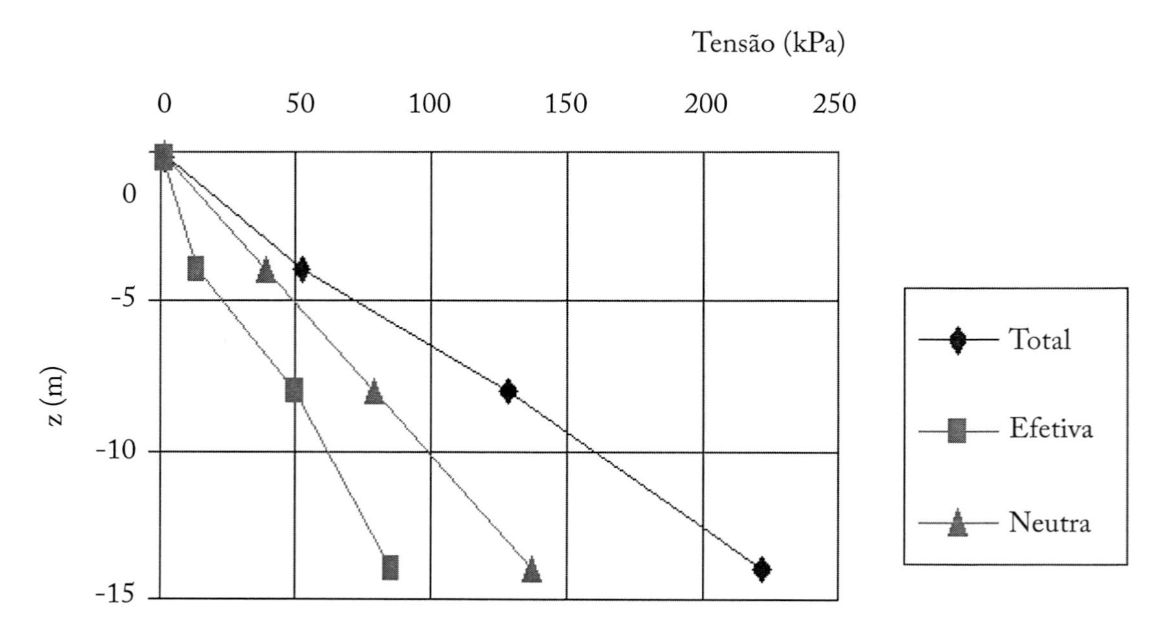

FIGURA 7.53 - Tensões totais, neutras e efetivas ao longo de z

b) após a drenagem:

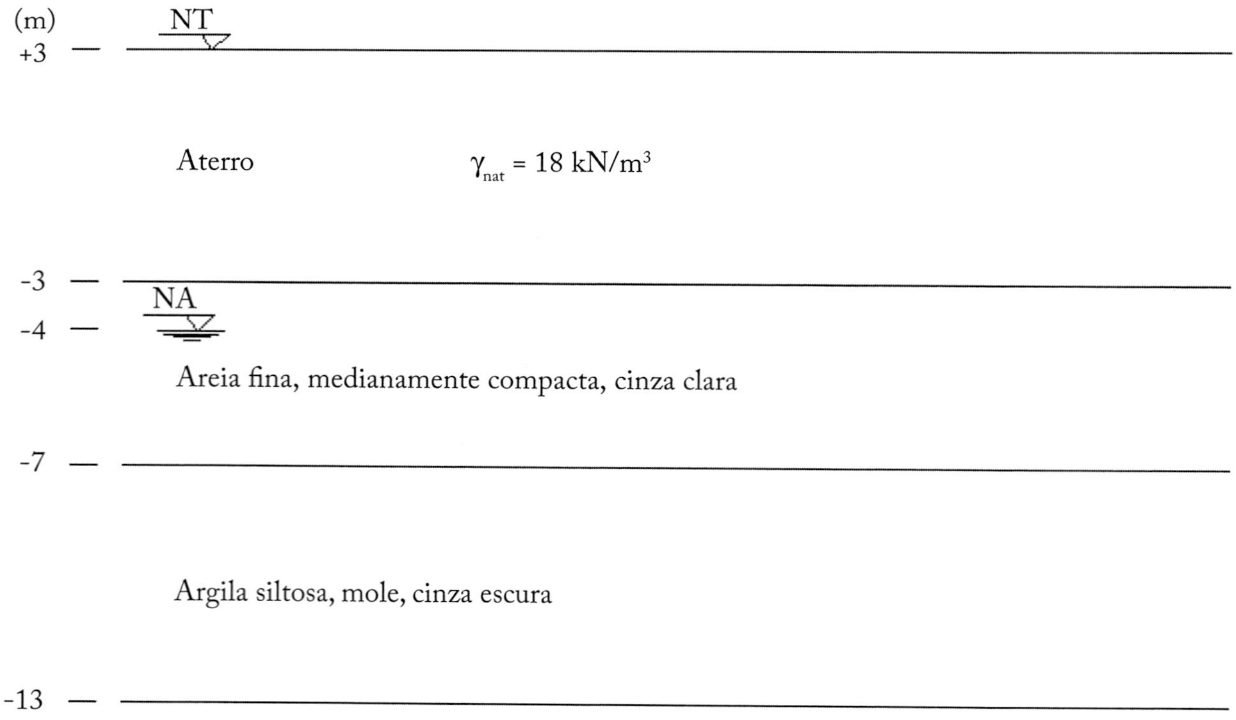

(m)
NT
+3
Aterro
γ_{nat} = 18 kN/m³
-3
NA
-4
Areia fina, medianamente compacta, cinza clara
-7
Argila siltosa, mole, cinza escura
-13

FIGURA 7.54 - Perfil do terreno

TABELA 7.12 - Tensões totais, neutras e efetivas ao longo da profundidade

Prof. m	S_r %	γ_{nat} kN/m³	σ_v kPa	u_w kPa	σ'_v kPa	Obs.
3			0		0	
-3		180	1080		108	
-4	70,0	17,9	125,9	0	125,9	S_r estimado
-7	99,7	19,2	183,5	29,4	154,1	
-13	100,0	15,7	277,7	88,2	189,5	

10- Ache a variação das tensões efetivas verticais e horizontais, após um longo período de tempo, no meio da camada de argila siltosa (admitir φ' = 20°), quando as condições, que são mostradas na **Figura 7.56**, são alteradas por um rebaixamento permanente do nível d'água até à cota -2, seguido da remoção da argila orgânica mole, com a colocação de um aterro hidráulico de 3 m de espessura, com γ_{nat} = 21 kN/m³.

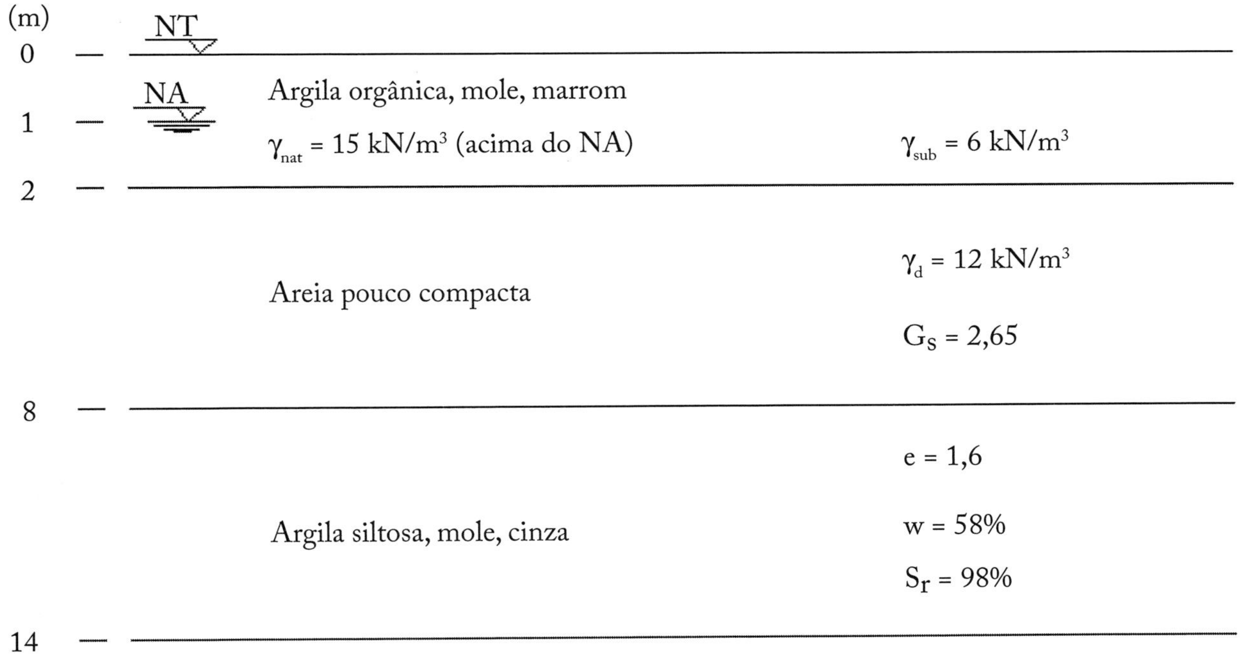

(m)
0 — NT
1 — NA — Argila orgânica, mole, marrom
γ_{nat} = 15 kN/m³ (acima do NA) γ_{sub} = 6 kN/m³
2 —
Areia pouco compacta γ_d = 12 kN/m³
G_S = 2,65
8 —
Argila siltosa, mole, cinza
e = 1,6
w = 58%
S_r = 98%
14 —

FIGURA 7.55 - Perfil do terreno

CONDIÇÃO INICIAL:

i- com a **Equação 7.7** calcula-se o coeficiente de empuxo no repouso K_0:

$$K_0 = 1 - \text{sen } \varphi' = 1\text{-sen } 20° = 0{,}66$$

ii- com os dados conhecidos e estimados monta-se a **Tabela 7.13**:

TABELA 7.13 - Tensões totais, neutras e efetivas nas condições iniciais

Cotas m	S_r %	γ_{nat} kN/m³	σ_v kPa	u_w kPa	σ'_v kPa	σ'_h kPa	Obs.
0				0	0		
-1,0		15,0	15,0	0	15		
-2,0		15,8	30,8	9,8	21		
-8,0	100	17,28	134,5	68,7	65,8		S_r estimado
-11,0	98,0	16,0	182,5	98,1	84,4	55,7	

CONDIÇÃO FINAL:

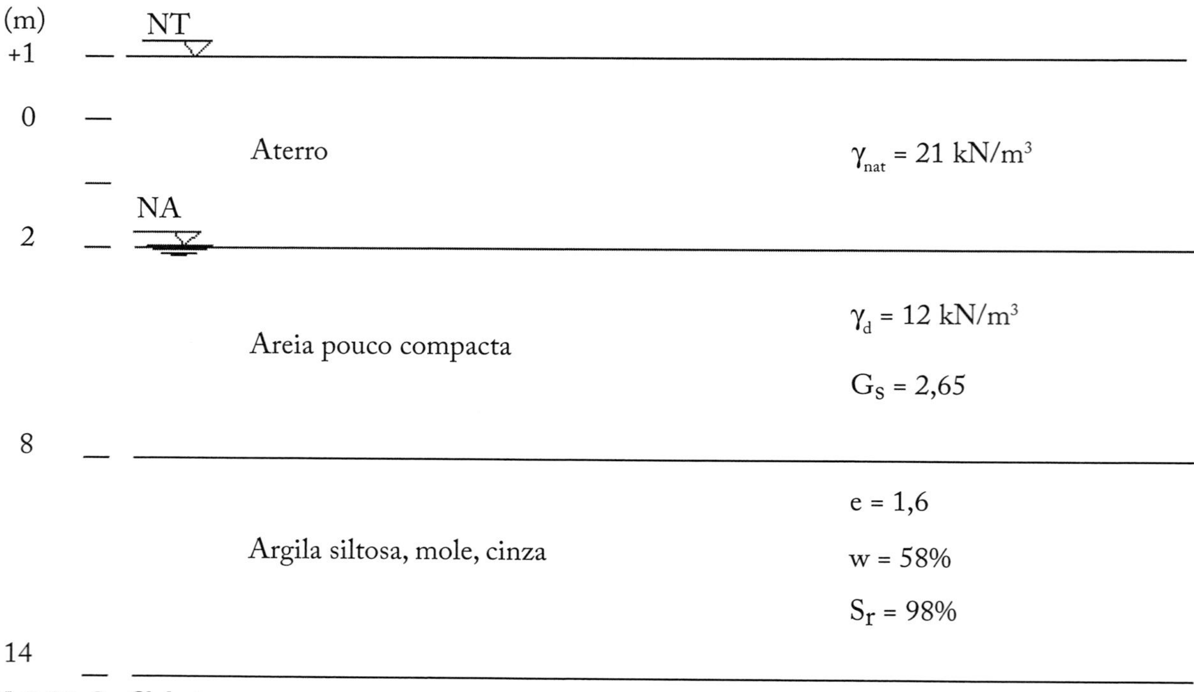

FIGURA 7.56 - Perfil do terreno

iii-na nova condição monta-se a **Tabela 7.14**

TABELA 7.14 - Tensões totais, neutras e efetivas nas condições finais

Cotas m	S_r %	γ_{nat} kN/m3	σ_v kPa	u_w kPa	σ'_v kPa	σ'_h kPa	Obs.
1,0			0	0	0		
-1,0		21,0	42,0	0	42,0		
-2,0		21,0	63	0	63,0		
-8,0	100	17,3	166,8	58,9	107,8		S_r estimado
-11,0	98	16,0	214,8	88,3	126,4	83,4	

iv- a partir das **Tabela 7.14** e da **Tabela 7.13**, pode-se encontrar a variação das tensões efetivas verticais e horizontais no meio da camada de argila iguais, respectivamente a 42,0 kPa e 27,7 kPa.

v- deve-se observar que, diferenças entre as tensões verticais e horizontais na situação inicial e final só ocorrem até a profundidade em que há alterações no perfil, portanto este problema poderia ser resolvido de uma maneira mais simples e direta, calculando-se a variação das tensões efetivas até a cota -2, pois esta variação permanecerá constante a partir daí:

$$\Delta\sigma'_v = 3 \text{ x } 21 + (1 \text{ x } 15 + 1 \text{ x } 6) = 42 \text{ kPa}$$

$$\Delta\sigma'_h = 42 \text{ x } 0{,}66 = 27{,}6 \text{ kPa}$$

11- Calcule a variação das tensões efetivas às cotas -8 e -12 m, após a realização de um rebaixamento do nível d'água para a cota -3 m, concomitantemente, com o lançamento de um aterro (γ_{nat} = 12,7 kN/m^3, w = 16,2%), até a cota +4 m.

CONDIÇÃO INICIAL:

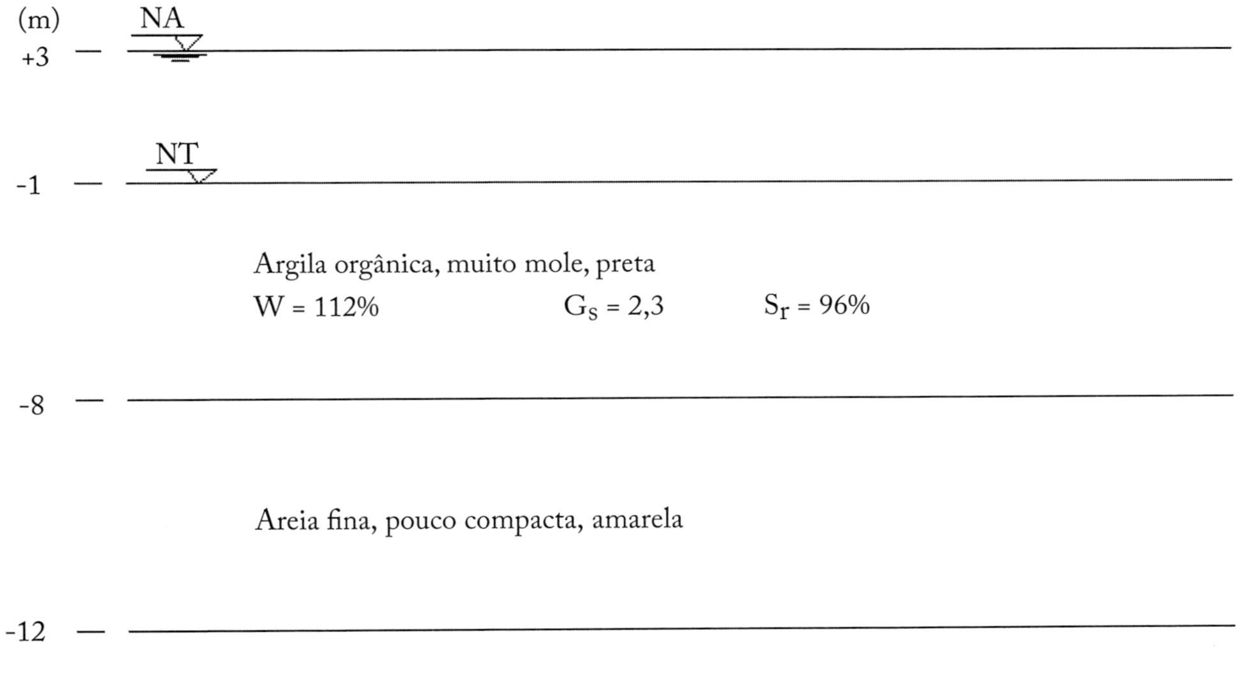

(m)

+3 — NA

-1 — NT

Argila orgânica, muito mole, preta

W = 112% G_s = 2,3 S_r = 96%

-8 —

Areia fina, pouco compacta, amarela

-12 —

FIGURA 7.57 - Perfil do terreno

CONDIÇÃO FINAL:

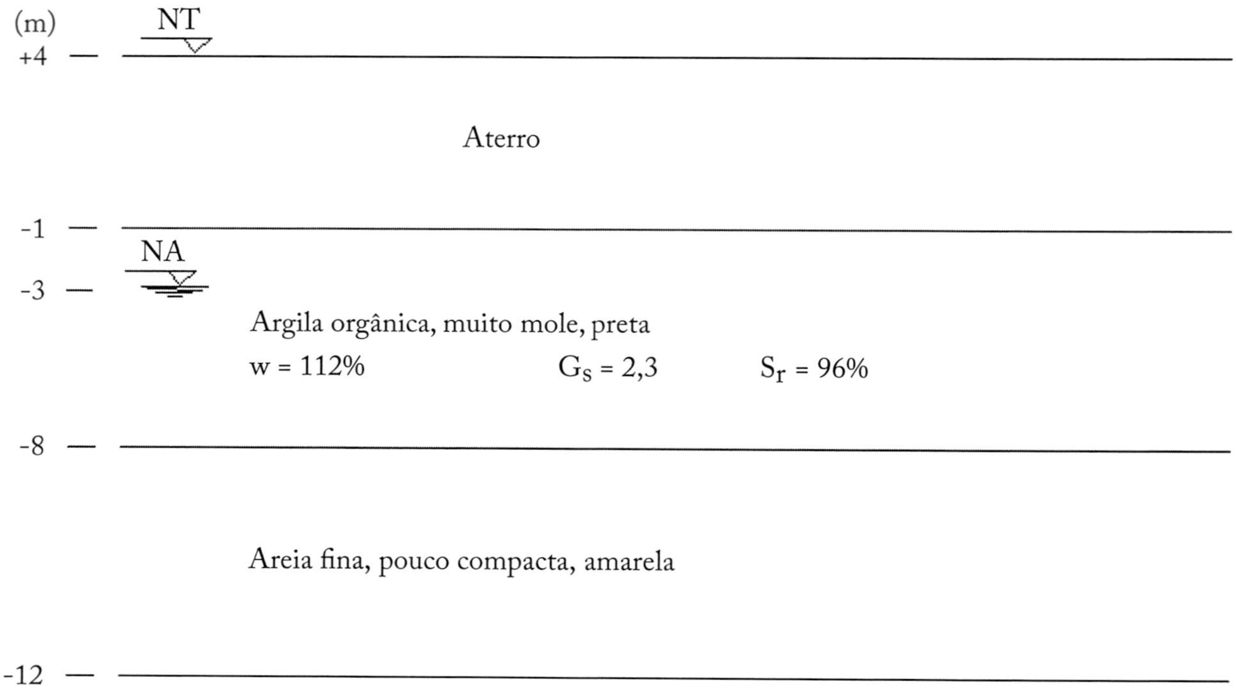

(m) NT

+4 —

Aterro

-1 —

NA

-3 —

Argila orgânica, muito mole, preta

w = 112% G_S = 2,3 S_r = 96%

-8 —

Areia fina, pouco compacta, amarela

-12 —

FIGURA 7.58 - Perfil do terreno

SOLUÇÃO:

i- como o γ_{nat} do aterro e o γ_{sat} da argila orgânica são, respectivamente, 12,7 kN/m³ e 12,99 kN/m³, tem-se:

$$\Delta\sigma_v' = (5 \text{ x } 12{,}70 + 2 \text{ x } 12{,}99) - [2 \text{ x } (12{,}99\text{-}9{,}81)] = 83{,}12 \text{ kPa}$$

12- Trace o diagrama das tensões horizontais totais, efetivas e neutras ao longo de **z** no perfil abaixo. Considerar K_0 **areia** = 0,4 e K_0 **argila** = 0,7.

a) nas condições atuais;

b) após rebaixamento do NA para a cota 0 e o lançamento de um aterro de 3,0 m de altura com γ_{nat} = 18,6 kN/m³.

CONDIÇÃO INICIAL:

(m) NA

+1 —

NT

0 —

Areia fina, pouco compacta, amarela

w = 18% G_S = 2,6 S_r = 100%

-6 —

Argina orgânica, mole, preta

γ_{sub} = 8,2 kN/m³

-8 —

FIGURA 7.59 - Perfil do terreno

TABELA 7.15 - Tensões totais, neutras e efetivas

Cotas m	S_r %	γ_{nat} kN/m³	σ_v kPa	u_w kPa	σ'_v kPa	σ'_h kPa	σ_h kPa	Obs.
1,0			0,0	0,0				
0,0		9,8	9,8	9,8	0,0	0,0	9,8	só água
-6,0	100	20,5	132,8	68,7	64,2	25,7	94,3	
-6,0	100	20,5	132,8	68,7	64,2	44,9	113,6	
-8,0	100	18,0	168,8	88,3	80,6	56,4	144,7	S_r estim.

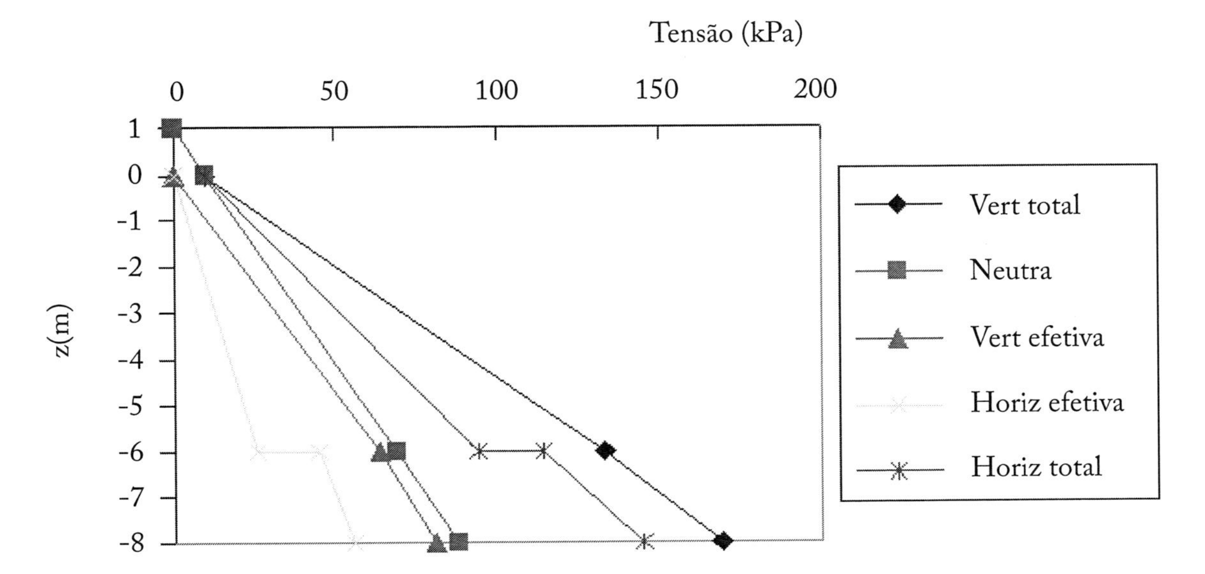

FIGURA 7.60 - Tensões totais e efetivas ao longo de z

CONDIÇÃO FINAL:

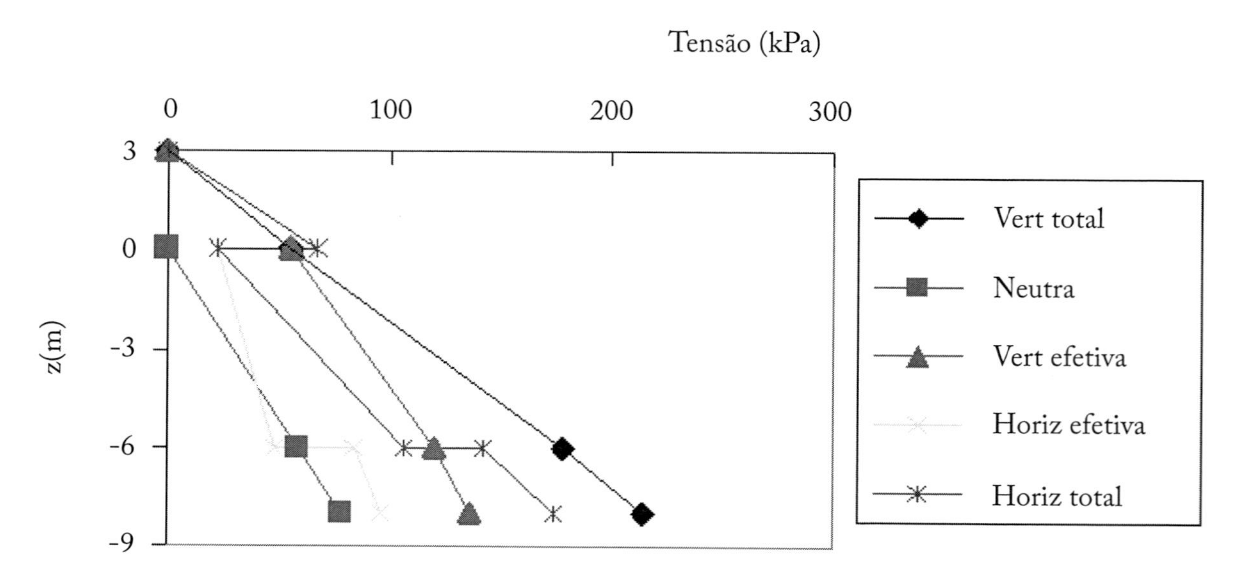

FIGURA 7.61 - Tensões horizontais e verticais ao longo de z

13- Sabendo que toda a camada de argila na **Figura 7.62** está saturada, trace o gráfico das tensões verticais totais, neutras e efetivas até a profundidade de 8 m considerando integralmente as poropressões negativas devido à capilaridade.

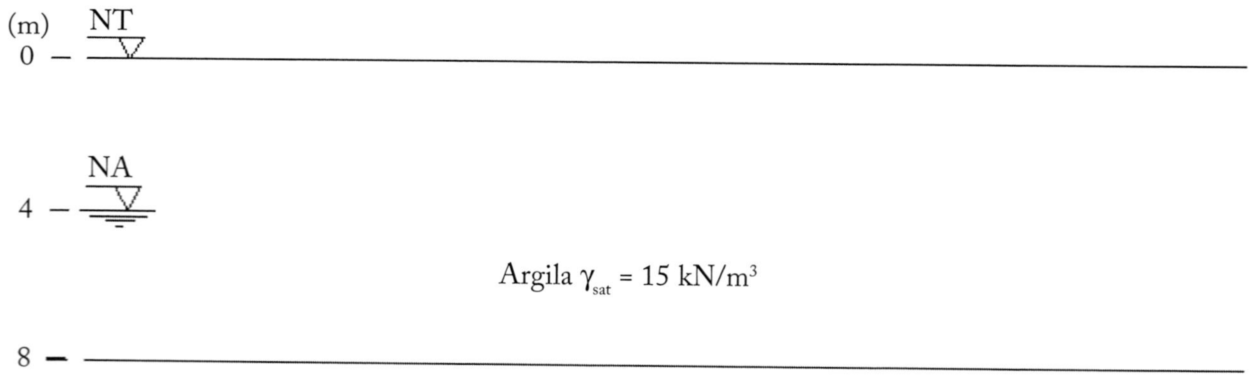

(m) NT

0 —

NA

4 —

Argila γ_{sat} = 15 kN/m³

8 —

FIGURA 7.62 - Perfil do terreno

SOLUÇÃO:

i- com a ascensão capilar, a pressão na água torna-se negativa na faixa de 0 a 4 m; em geral esta pressão negativa é desprezada em favor da segurança. Como exigido neste exercício, ela será considerada.

TABELA 7.16 - Tensões ao longo de z

Cotas m	γ_{nat} kN/m³	σ_v kPa	u_w kPa	σ_v' kPa
0		0	-39	39
-4	15	60	0	60
-8	15	120	39	81

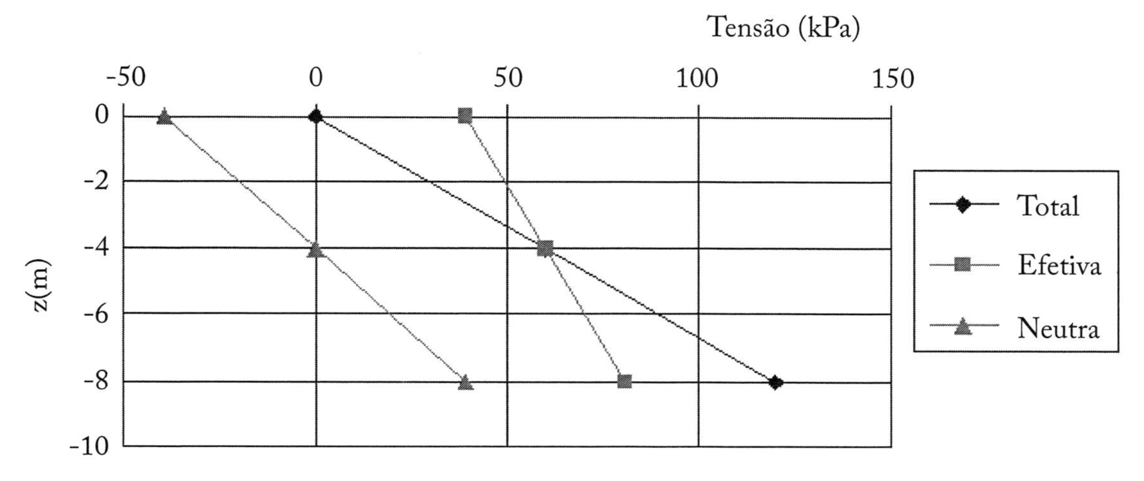

FIGURA 7.63 - Tensões ao longo de z

14- Calcule o acréscimo de tensão vertical pelo método de Newmark nos pontos **A, B** e **C**, situados a 5 m de profundidade, no centro de cada placa, causado pelas sapatas mostradas na **Figura 7.64**.

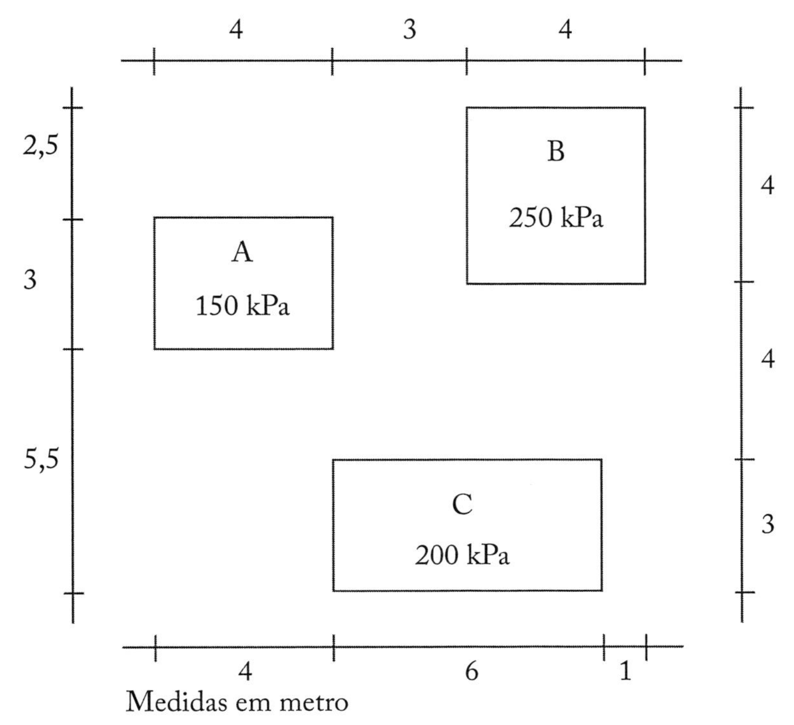

FIGURA 7.64 - Planta de fundação

(Resposta: $\Delta\sigma_A$ = 37,3 kPa, $\Delta\sigma_B$ = 64,8 kPa, $\Delta\sigma_C$ = 55,8 kPa)

15- Resolver o problema anterior usando o método de Jimenez Salas, considerando os pontos situados na vertical que passa pelo ponto **A** nas profundidades de 5 e 10 m.
(Resposta: $\Delta\sigma_5$ = **37,3** kPa, $\Delta\sigma_{10}$ = 20,6 kPa)

16- Calcule o acréscimo de tensão no centro da placa **A**, à profundidade de 12,0 m provocado pela construção de um edifício, cuja planta de fundação é mostrada na **Figura 7.65**. A fundação **A** apoia-se no terreno a uma profundidade de 5,0 m e transfere uma pressão de 176 kPa, enquanto a fundação **B**, a uma profundidade de 3,0 m, transferindo para o terreno a pressão de 147 kPa. O solo escavado é uma argila de peso específico natural de 15,7 kN/m³. O nível do lençol freático situa-se abaixo de 5,0 m de profundidade. Considerar o alívio devido à escavação.

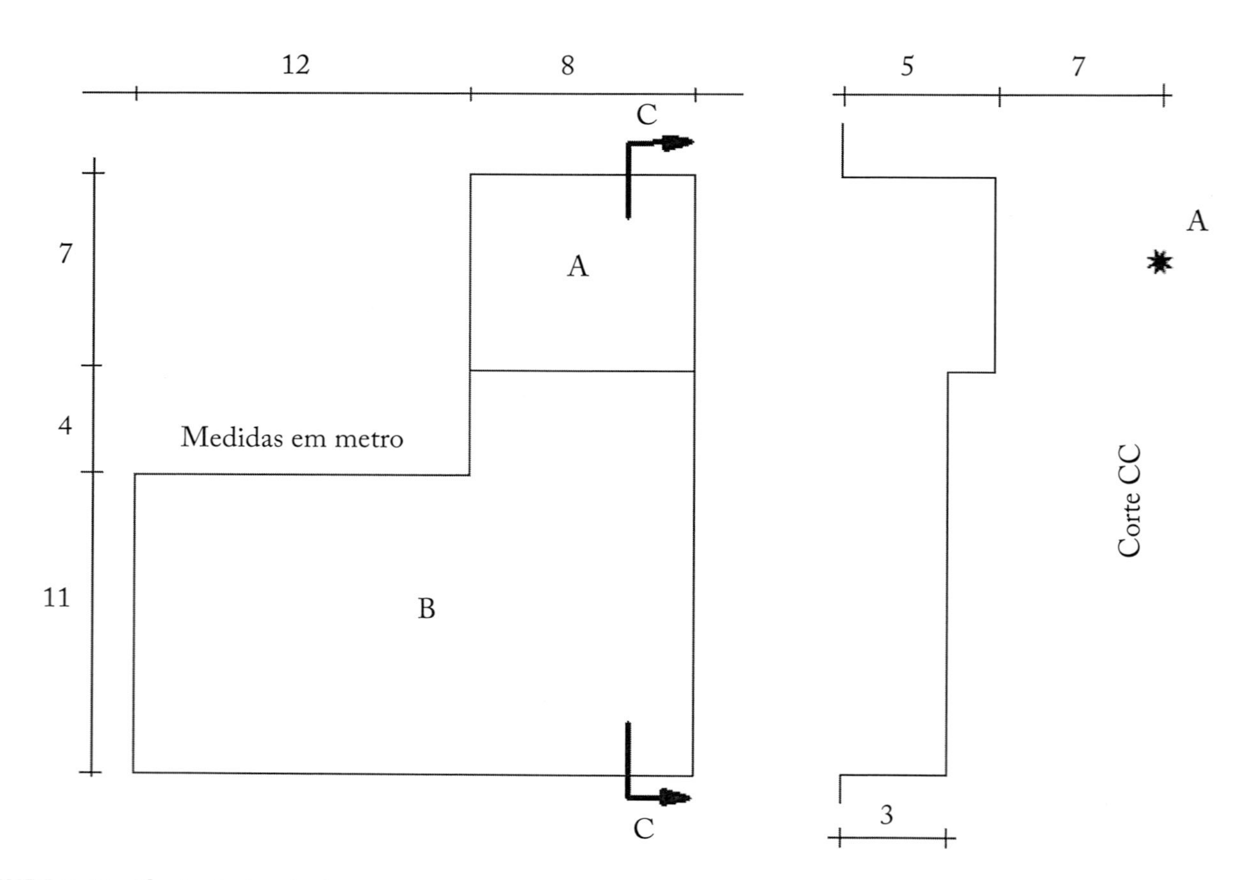

FIGURA 7.65 - Planta de fundação

SOLUÇÃO:

i- tensão resultante transmitida pela placa **A**:

$$\mathbf{p = 176 - 5 \times 15{,}7 = 97{,}5\ kPa}$$

ii- o acréscimo no ponto **A** devido à placa **A**, conforme mostra a **Figura 7.66**, é:

$$\Delta\sigma_{z_{PLACA\ A}} = 4 \times \Delta\sigma_{z_{ABCD}}$$

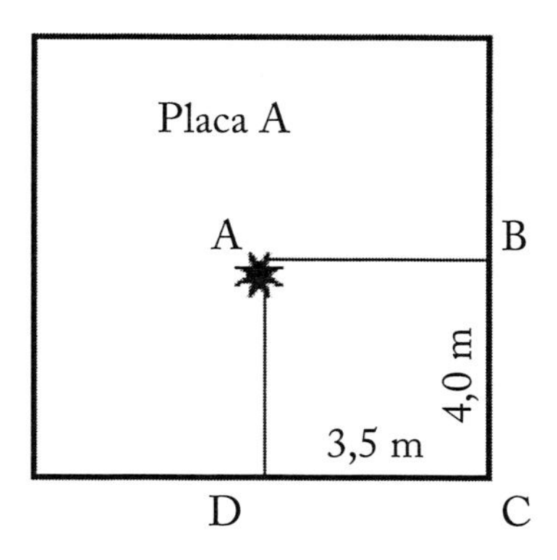

FIGURA 7.66 - Placa A

TABELA 7.17 - Acréscimo de tensão no ponto A devido à ¼ da placa A

Placa	p kPa	z m	a m	b m	R_1 m	R_2 m	R_3 m	$\Delta\sigma_z$ kPa
ABCD	97,5	7,0	4,0	3,5	8,06	7,83	8,79	8,96

$$\Delta\sigma_{z_{PLACA\ A}} = 4 \times 8,96 = 35,8\ kPa$$

iii-tensão resultante transmitida pela placa **B**:

$$p = 147 - 3 \times 15,7 = 99,9\ kPa$$

iv- o acréscimo no ponto **A** devido à placa **B**, conforme mostra a **Figura 7.67**, é:

$$\Delta\sigma_{z_{PLACA\ B}} = \Delta\sigma_{z_{ABEF}} - \Delta\sigma_{z_{ABCD}} + \Delta\sigma_{z_{AFGH}} - \Delta\sigma_{z_{AIJH}} + \Delta\sigma_{z_{AIKL}} - \Delta\sigma_{z_{ADML}}$$

TABELA 7.18 - Acréscimo de tensão no ponto A devido à placa B

Placa	p kPa	z m	a m	b m	R_1 m	R_2 m	R_3 m	$\Delta\sigma_z$ kPa
ABEF	99,9	9	4	18,5	9,85	20,57	20,96	12,35
ABCD	99,9	9	4	3,5	9,85	9,66	10,45	6,38
AFGH	99,9	9	16	18,5	18,36	20,57	20,96	12,35
AIJH	99,9	9	16	7,5	18,36	11,72	19,83	18,29
AIKL	99,9	9	4	7,5	9,85	11,72	12,38	10,28
ADML	99,9	9	4	3,5	9,85	9,66	10,45	6,38

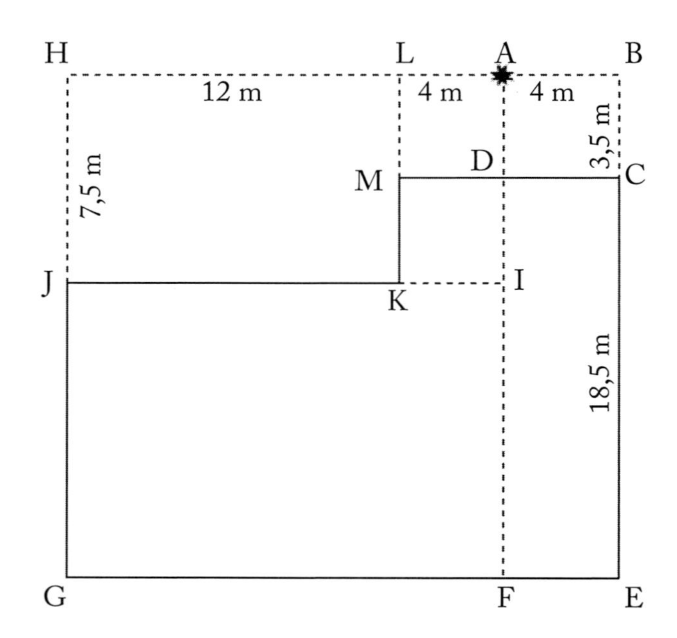

FIGURA 7.67 - Placa B

$$\Delta\sigma_{z_{PLACA\ B}} = 12,35 - 6,38 + 22,98 - 18,29 + 10,28 - 6,38 =$$
$$= 14,6 \text{ kPa}$$

v- acréscimo total de tensão vertical no ponto **A**:

$$\Delta\sigma_{z_A} = 35,8 + 14,6 = 50,4 \text{ kPa}$$

17- No perfil abaixo, construiu-se um edifício com fundação em radier assente a 3,0 m de profundidade, com uma carga uniformemente distribuída de 300 kPa, ao mesmo tempo, aplicou-se um carregamento de largura constante e comprimento infinito na superfície do terreno de 200 kPa, conforme mostra a **Figura 7.68**. Qual o acréscimo de tensão vertical no ponto **P** situado a 8,0 m de profundidade? Considerar o γ_{nat} do terreno igual a 18 kN/m .
Resposta: $\Delta\sigma_P$ = 115,5 kPa

18- Faça uma demonstração prática do princípio de Saint Venant (após uma determinada profundidade o acréscimo de tensão independe da forma do carregamento), utilizando uma placa circular com 5,0 m de diâmetro e um carregamento uniformemente distribuído de 100 kPa.

SOLUÇÃO:

i- força resultante da carga distribuída de 100 kPa na placa circular com 5,0 m de diâmetro:

$$W = 100 \text{ x } \frac{\pi\ 5,0^2}{4} = 1963,5 \text{ kN}$$

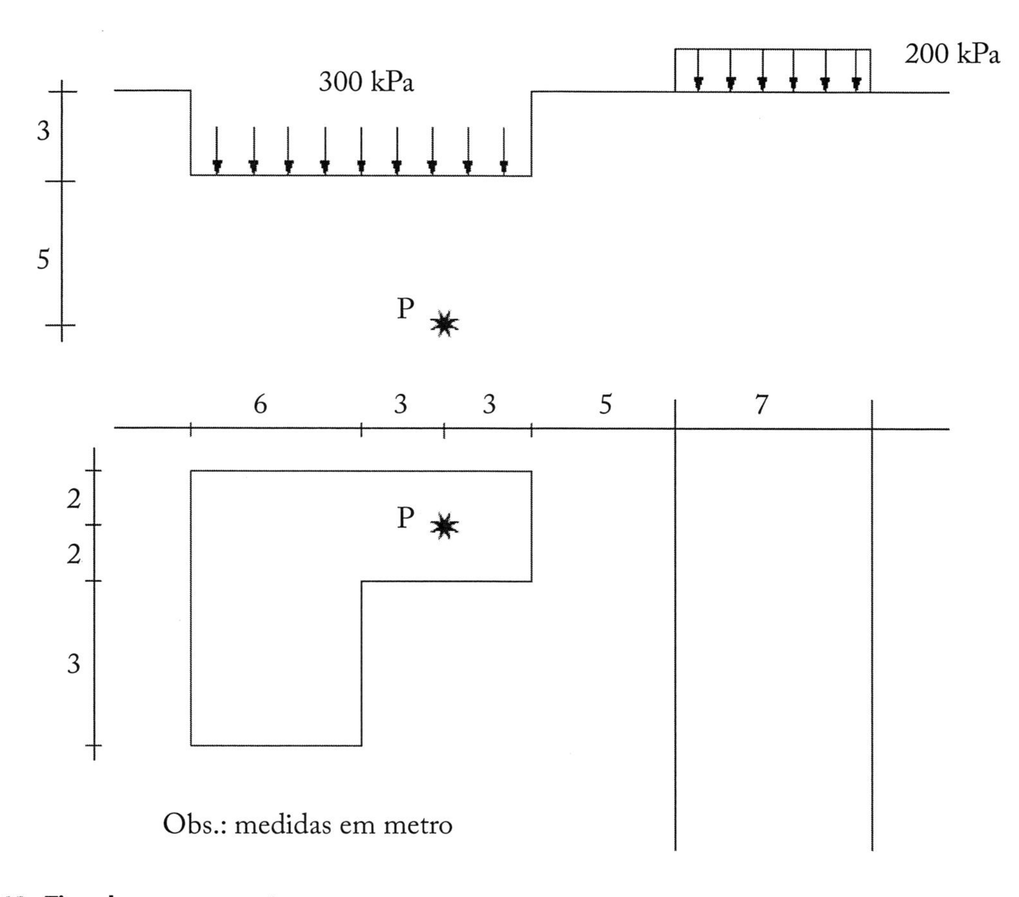

FIGURA 7.68 - Tipo de carregamento

ii- cálculo dos acréscimos de tensão vertical ao longo de **z**, considerando a aplicação da carga distribuída de 100 kPa na placa de 5,0 m de diâmetro, com a **Equação 7.23**, e considerando a aplicação da carga concentrada de 1963,5 kN, com a **Equação 7.8**:

TABELA 7.19 - Acréscimos de tensão vertical

z	$\Delta\sigma_z$	
	distribuída	concentrada
m	kPa	kPa
1,0	94,9	937,5
2,5	64,6	150,0
5,0	28,4	37,5
7,5	14,6	16,7
10,0	8,7	9,4
12,5	5,7	6,0
15,0	4,0	4,2
17,5	3,0	3,1
20,0	2,3	2,3

iii-pode-se observar que a partir de **±10 m** os acréscimos de tensão, independente da forma do carregamento, tornam-se muito próximos, o que é ressaltado na **Figura 7.69**:

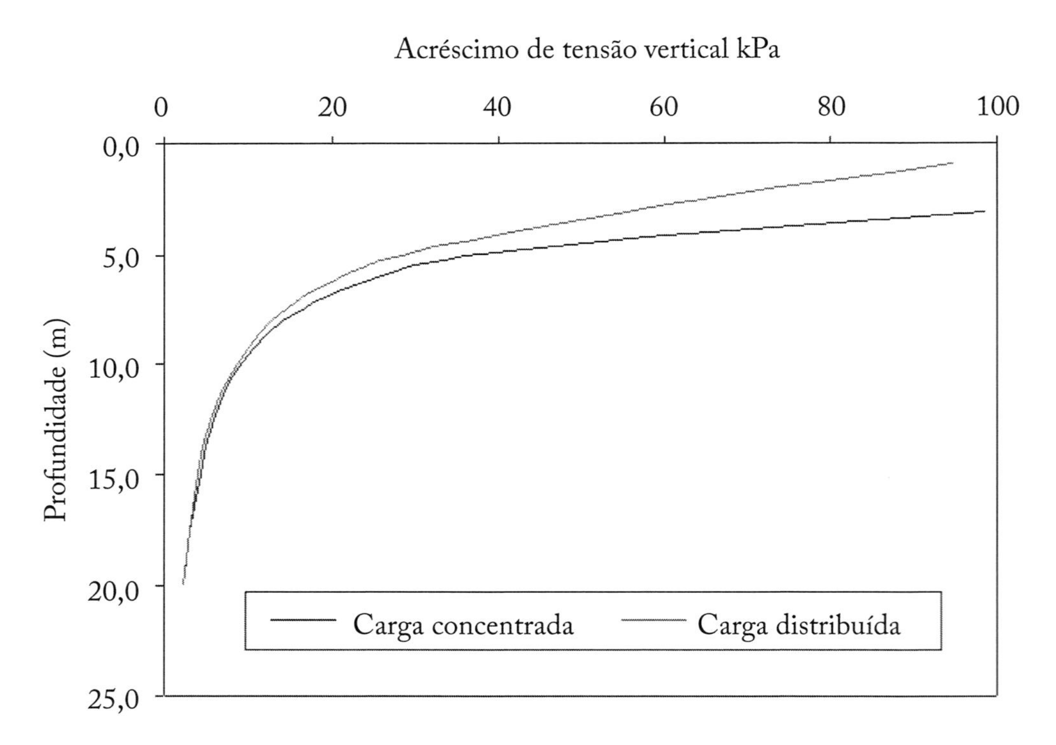

FIGURA 7.69 - Verificação do princípio de Saint Venant

19- Calcular o acréscimo de tensão vertical que ocorre nas cotas -5,0 m e -8,0 m, na vertical que passa pelo ponto **O** da placa de fundação da **Figura 7.70**, assente no perfil mostrado na **Figura 7.71**.

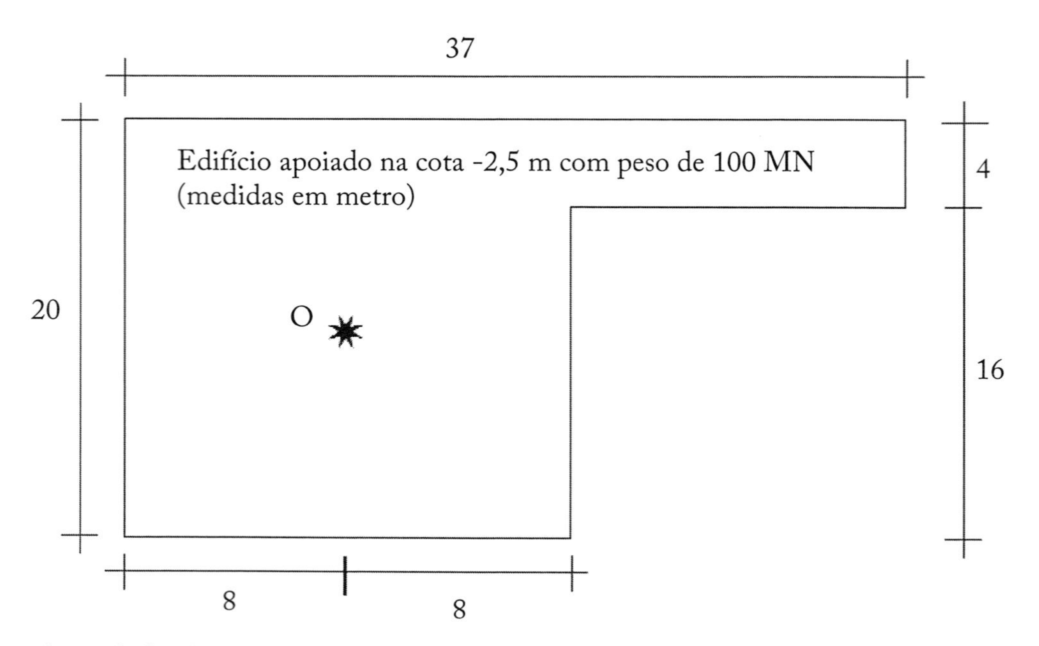

FIGURA 7.70 - Planta de fundação

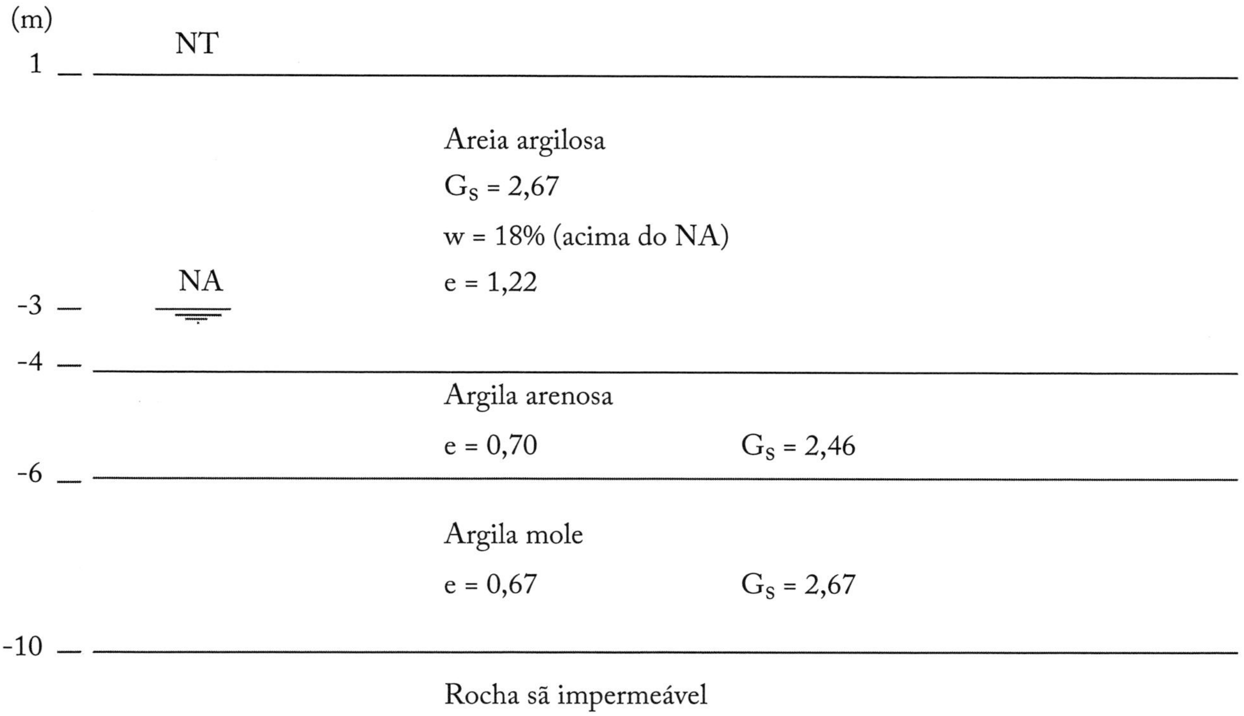

(m)			
1	NT		
		Areia argilosa G_S = 2,67 w = 18% (acima do NA) e = 1,22	
-3	NA		
-4		Argila arenosa e = 0,70	G_S = 2,46
-6		Argila mole e = 0,67	G_S = 2,67
-10		Rocha sã impermeável	

FIGURA 7.71 - Perfil do terreno

(Resposta: $\Delta\sigma_{-5}$ = 212,8 kPa, $\Delta\sigma_{-8}$ = 191,3 kPa).

20- Deverá ser construído um canal de irrigação de seção retangular (4 m de largura x 2m de profundidade) e comprimento "infinito". Calcule a máxima variação de tensões verticais que ocorrerá a 3 m de profundidade do fundo do canal considerando:
a - o canal completamente vazio;
b - o canal completamente cheio de água.
obs.: desprezar o peso próprio do canal e considerar o γ_{nat} do solo igual a 16 kN/m^3.
(Resposta: $\Delta\sigma_a$ = - 2,14 kPa; $\Delta\sigma_b$ = - 8,3 kPa).

21- O peso de um edifício garagem (60 **MN**) é uniformemente distribuído em um radier quadrado de 18 x 18 m. A que profundidade deve-se assentar o radier em uma camada de argila (γ_{nat} = 16 kN/m^3), para que o acréscimo de tensão em um plano situado a 5 m, a partir do fundo do radier não ultrapasse 40 kPa.

SOLUÇÃO:

i- logicamente, o acréscimo de tensão vertical é variável em função da cota de assentamento da fundação devido à escavação; a partir da **Figura 7.72** e das **Equações 7.25, 7.26, 7.27** e **7.28**, por um processo de tentativa, pode-se montar a **Tabela 7.20** e determinar que o acréscimo a 11,0 m de profundidade será menor que 40 kPa a partir de **9,056 m**:

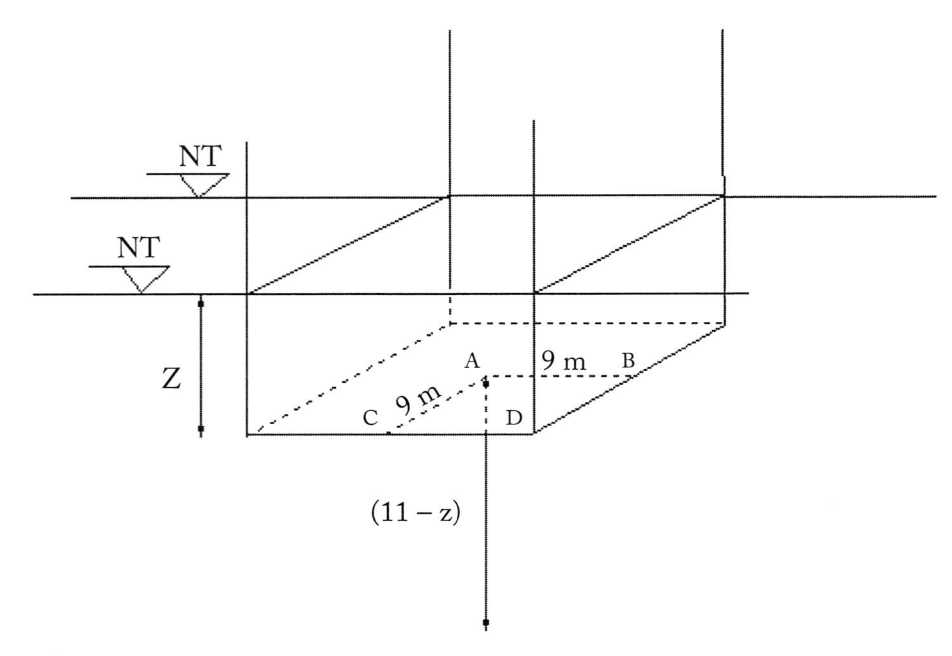

FIGURA 7.72 - Tipo de carregamento

TABELA 7.20 - Acréscimo de tensão vertical a 11,0 metros x cota de assentamento da fundação

z m	p kPa	11-z m	R_1	R_2	R_3	$\Delta\sigma z ABCD$ kPa	4 x $\Delta\sigma z ABCD$ kPa
1,0	169,2	10,0	13,45	13,45	16,19	27,38	109,53
3,0	137,2	8,0	12,04	12,04	15,03	25,92	103,69
5,0	105,2	6,0	10,82	10,82	14,07	22,69	90,74
7,0	73,2	4,0	9,85	9,85	13,34	17,34	69,37
9,0	41,2	2,0	9,22	9,22	12,88	10,22	40,87
9,1	396	1,9	920	920	12,87	9,83	39,32

22- Resolva o problema anterior considerando o peso do edifício garagem distribuído em um radier circular de mesma área.
(Resposta: a partir de **9,06 m** o acréscimo de tensão vertical a 11,0 m de profundidade será menor que 40 kPa, praticamente a mesma profundidade que a da placa quadrada com mesma área).

23- Um edifício circular com uma área vazada central, conforme mostra a **Figura 7.73**, distribui seu o peso de 70 **MN** em um radier assente a 3,0 m de profundidade. Considerando o alívio de tensão devido à escavação, calcule o acréscimo de tensão vertical no ponto **A**:

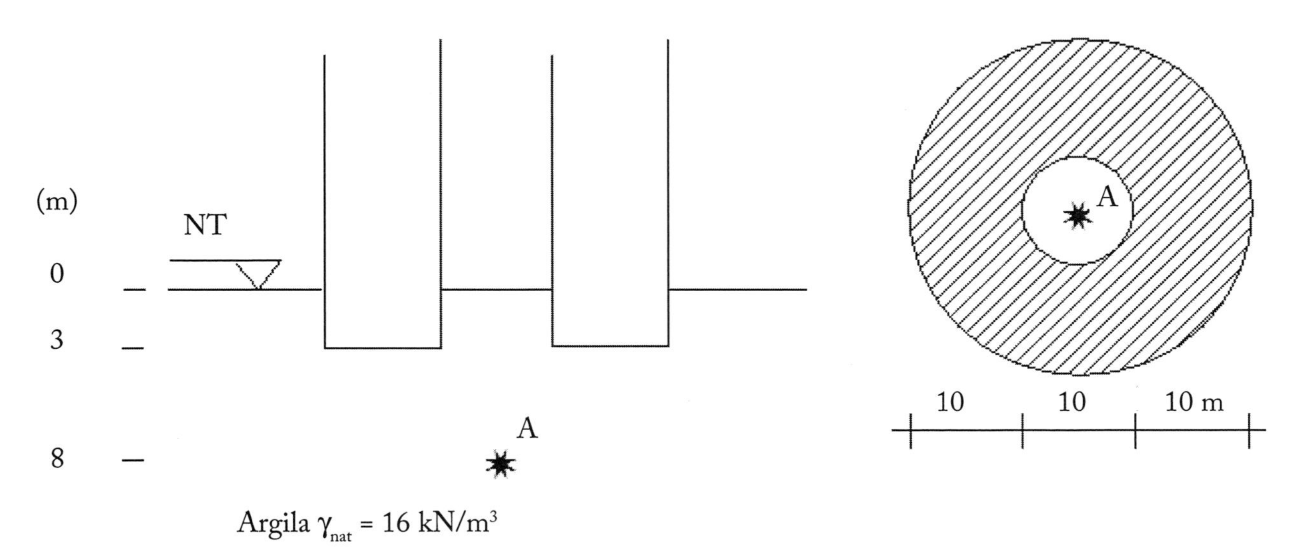

FIGURA 7.73 - **Perfil do terreno e planta de fundação**

SOLUÇÃO:

i- com a **Equação 7.23**, calcula-se o acréscimo de tensão vertical no ponto **A** causado por uma placa circular com 30 m de diâmetro, considerando a escavação de 3,0 m do terreno para seu assentamento, onde a tensão distribuída devido ao peso do edifício seria:

$$p_{A1} = \frac{70000}{\pi\left(15^2 - 5^2\right)} - 16 \times 3 = 63{,}41 \text{ kPa}$$

$$\Delta\sigma_{zA1} = p\left\{1 - \frac{1}{\left[1 + \left(\frac{r}{z}\right)^2\right]^{1,5}}\right\} = 63{,}41\left\{1 - \frac{1}{\left[1 + \left(\frac{15}{5}\right)^2\right]^{1,5}}\right\} = 56{,}80 \text{ kPa}$$

ii- calcula-se o alívio de tensão devido à área vazada central do edifício:

$$\Delta\sigma_{zcentral} = 63{,}14\left\{1 - \frac{1}{\left[1 + \left(\frac{5}{5}\right)^2\right]^{1,5}}\right\} = 40{,}99 \text{ kPa}$$

iii-aplicando o princípio da superposição dos efeitos, pode-se calcular o acréscimo final no ponto **A**:

$$\Delta\sigma_{zA} = 56{,}80 - 40{,}99 = 15{,}81 \text{ kPa}$$

24- Calcule a variação da tensão vertical no centro (ponto **O**) e na borda (ponto **P**) de uma cisterna circular, conforme mostra a **Figura 7.74,** a 4,0 m de profundidade, devido aos carregamentos de duas sapatas flexíveis e à própria escavação. A fundação **A** está assente a 1,0 m de profundidade, **B** a 1,5 m e a cisterna terá 2,0 m de profundidade. O peso específico natural do terreno é de 13,55 kN/m^3.

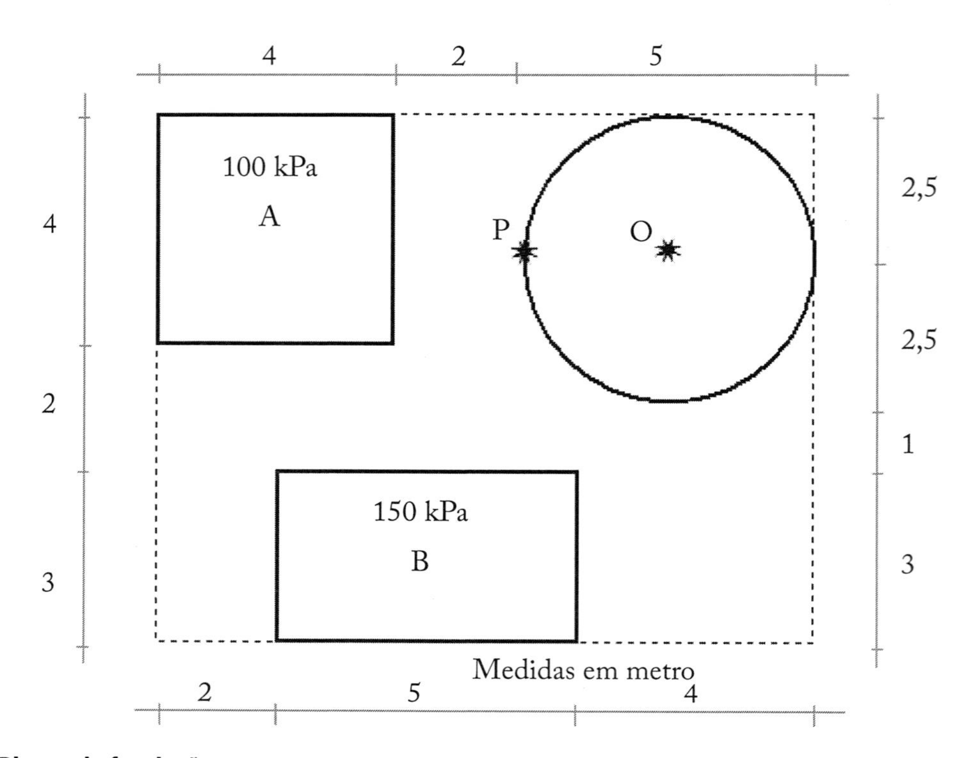

FIGURA 7.74 - **Planta de fundação**

(Resposta: a variação da tensão vertical no centro da cisterna a 4 m de profundidade é de -18,49 kPa ($\Delta\sigma_A$ = 1,18 kPa; $\Delta\sigma_B$ = 1,24 kPa; $\Delta\sigma_{cisterna}$ = - 20,91 kPa); no ponto **P** é nula ($\Delta\sigma_A$ = 7,17 kPa; $\Delta\sigma_B$ = 2,58 kPa; $\Delta\sigma_{cisterna}$ = - 9,75 kPa))

25- No perfil a seguir pretende-se construir uma piscina circular, com 10 m de raio, assente a 3,0 m de profundidade. Qual será a máxima variação da tensão vertical no meio da camada argilosa, considerando a piscina completamente cheia?
Obs.: Desprezar o atrito parede x solo, considerar $\gamma_{concreto}$ = 24 kN/m^3 e admitir a espessura média do fundo e da parede da piscina = 0,20 m.
(Resposta: o peso da água mais o peso próprio da piscina é igual ao peso do solo escavado, logo não haverá aumento das tensões no solo.)

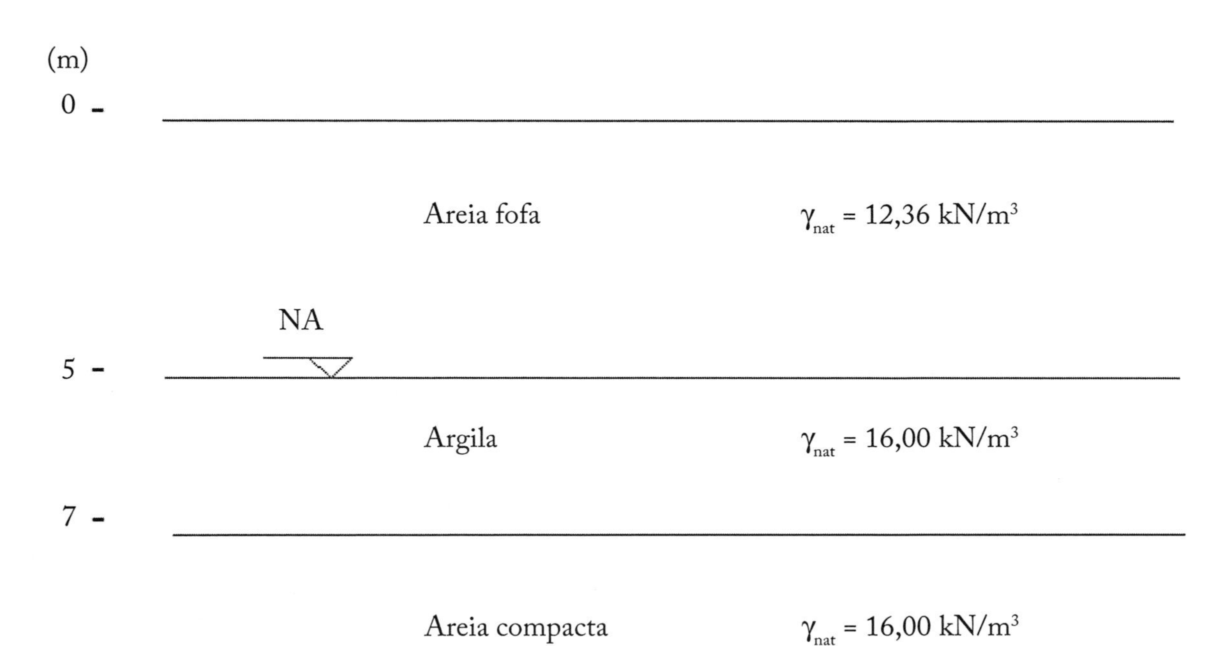

FIGURA 7.75 - Perfil do terreno

26- Ache o acréscimo de tensão vertical que ocorrerá no ponto **A** devido à construção de um aterro infinito como mostrado na **Figura 7.76**.

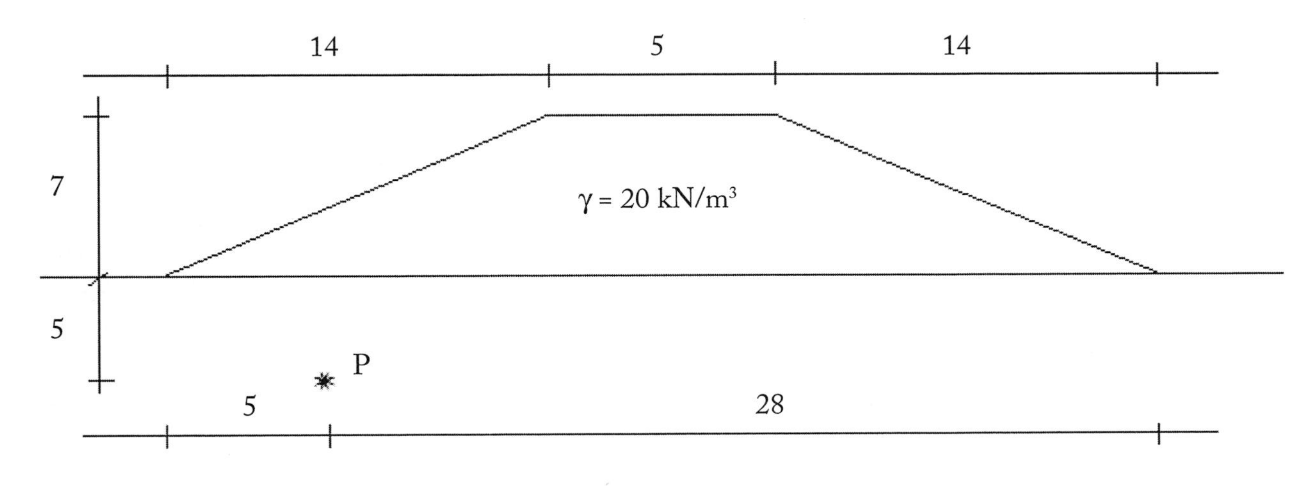

FIGURA 7.76 - Tipo de carregamento

SOLUÇÃO:

i- considerando a **Equação 7.24** e aplicando o princípio da superposição dos efeitos para o carregamento mostrado na **Figura 7.77**, pode-se montar a **Tabela 7.21**:

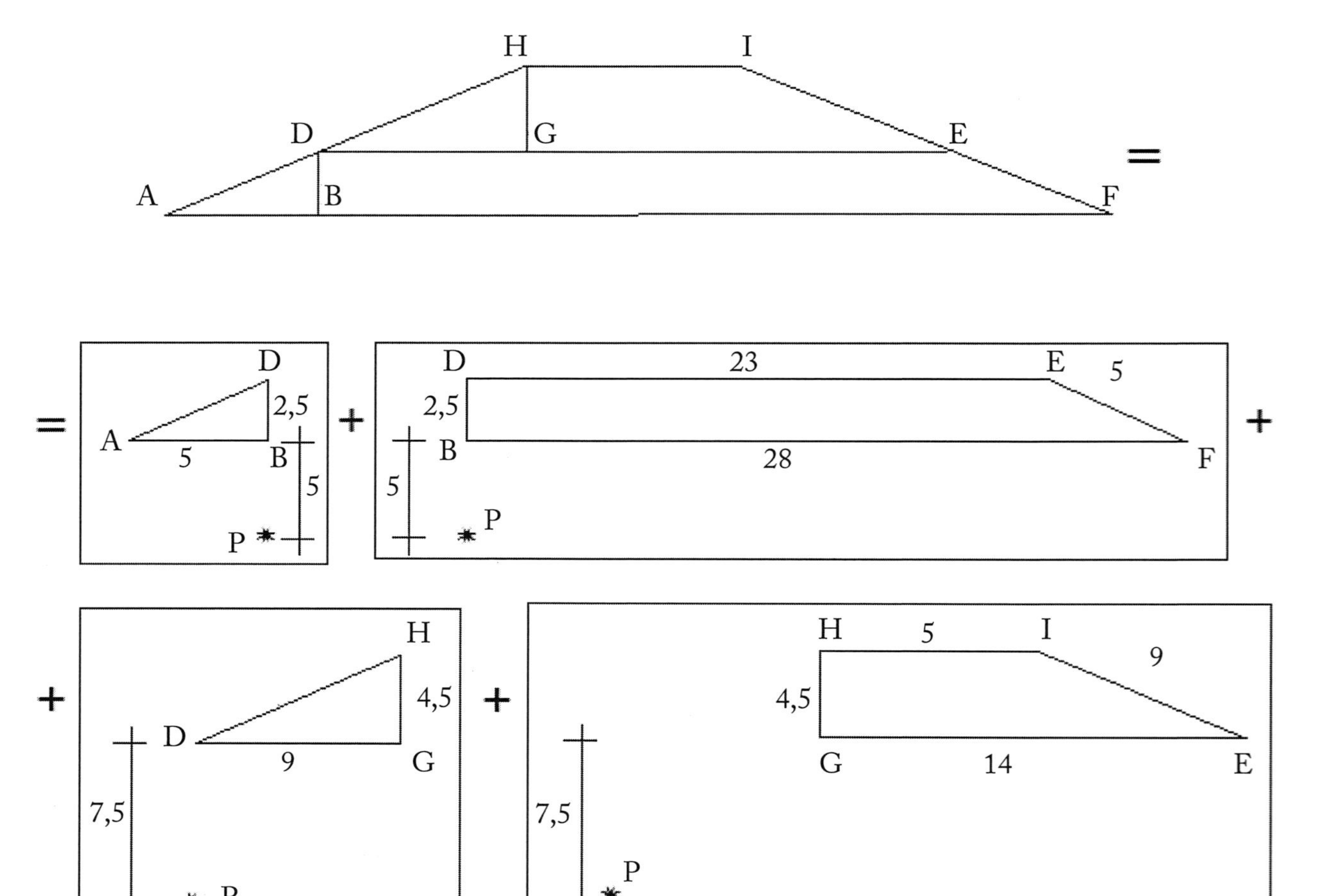

FIGURA 7.77 - Carregamento discretizado

TABELA 7.21 - Acréscimo de tensão no ponto P

PLACA	a m	b m	x m	z m	h m	r m	α°	β°	$\Delta\sigma_z$ kPa
ABD	5	5	5	5	2,5	5,0	45,0	0,0	12,5
BDEF	5	28	28	5	2,5	5,0	2,1	77,7	24,9
DGH	9	9	0	7,5	4,5	11,7	50,2	0,0	14,1
GHIE	9	14	23	7,5	4,5	11,7	10,1	11,6	4,7

$$\Delta\sigma_{zP} = 12,5 + 24,9 + 14,1 + 4,7 = 56,2 \text{ kPa}$$

27- No perfil a seguir pretende-se fazer uma escavação com 2 m de profundidade, 20 m de largura e comprimento "infinito" para a construção de uma canal. Os dois pilares de uma passarela para pedestre sobre o canal suportam cada um 40 tf. Pretende-se usar como fundação de cada pilar uma sapata quadrada de 2 x 2 m, assentes a 1 m do fundo do canal. Calcule o acréscimo de tensão vertical nos pontos **A** e **B** situados a 5 m de profundidade na vertical que passa no centro das sapatas, como mostra a **Figura 7.78**.

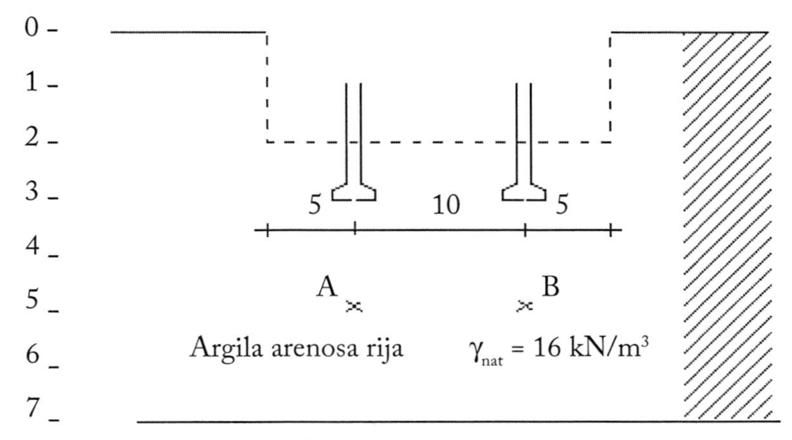

FIGURA 7.78 - Perfil do terreno

SOLUÇÃO:

i- o alívio devido à escavação do canal pode ser calculado com a **Equação 7.20**, conforme mostra a **Figura 7.79**; neste caso α = 68,9° e β = 9,8°:

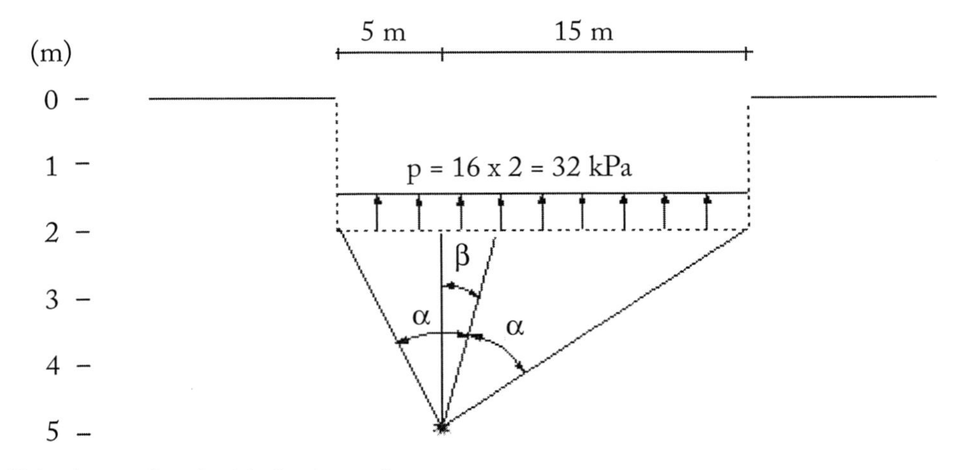

FIGURA 7.79 - Alívio de tensões devido à escavação

$$\Delta\sigma_z = \frac{p}{\pi}(2\alpha + \text{sen } 2\alpha \cos 2\beta) =$$

$$= \frac{32}{\pi}\left[\text{sen }(2 \times 68{,}9^\circ) \cos (2 \times 9{,}8^\circ) + \frac{2 \times 9{,}8^\circ \times \pi}{180}\right] = 30{,}9 \text{ kPa}$$

ii- para o cálculo dos acréscimos devido às sapatas, a **Figura 7.80** permite as seguintes considerações:

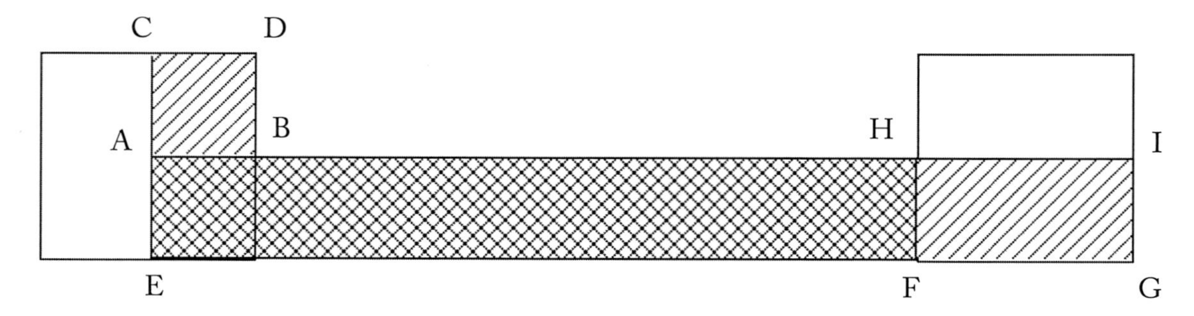

FIGURA 7.80 - Cálculo das tensões na sapata A

- o acréscimo no ponto **A** devido à sapata **A** é igual:

$$\Delta\sigma_{v_A} = 4 \text{ x } \Delta\sigma_{v_{ABCD}}$$

TABELA 7.22 - Acréscimo de tensão devido à ¼ da sapata A

Placa	p kPa	z m	a m	b m	R_1 m	R_2 m	R_3 m	$\Delta\sigma_z$ kPa
ABCD	98,1	2	1	1	2,24	2,24	2,45	8,24

$$\Delta\sigma_{v_A} = 4 \text{ x } 8{,}24 = 33{,}0 \text{ kPa}$$

- o acréscimo no ponto **A** devido à sapata **B** é igual:

$$\Delta\sigma_{v_A} = 2 \text{ x } \left(\Delta\sigma_{v_{AIEG}} - \Delta\sigma_{v_{AHEF}}\right)$$

TABELA 7.23 - Acréscimo de tensão no ponto A devido à sapata B

Placa	p kPa	z m	a m	b m	R_1 m	R_2 m	R_3 m	$\Delta\sigma_z$ kPa
AIEG	98,1	2	11	1	11,18	2,24	11,22	13,48
AHEF	98,1	2	9	1	9,22	2,24	9,27	13,47

$$\Delta\sigma_{v_A} = 13{,}48 - 13{,}47 \approx 0$$

iii-o acréscimo total de tensão vertical em cada ponto será:

$$\Delta\sigma_A = \Delta\sigma_B = 33{,}0 - 30{,}9 = 2{,}1 \text{ kpa}$$

28- Desenhe um gráfico de Newmark com escala de profundidade de 4,0 cm e valor de influência de 0,00625.

CAPÍTULO 8

Fluxo de Água nos Solos

8.1- INTRODUÇÃO

Quase ¾ da superfície da Terra é ocupado por água. Infelizmente, 97% desta água é salgada. Do volume que resta de água doce, 75% está congelada nos polos e outra parte está em grandes profundidades quase inacessível ao homem. Apenas 0,5% do total da água existente está disponível para utilização direta dos seres vivos, sendo a maioria subterrânea. O objetivo deste capítulo é estudar o movimento desta água subterrânea. A compreensão deste fluxo é indispensável não só para seu melhor aproveitamento, como também para projetos e previsões de engenharia, notadamente, nas situações de rebaixamento do lençol freático, barragens de terra, recalques por adensamento, estabilidade de taludes, escavações, contaminação de solos e combate às erosões.

O maciço de solo através dos canalículos, que se formam entre suas partículas, permite a passagem da água. Essa propriedade, chamada de permeabilidade, é típica de corpos particulados. A forma e as dimensões dos canalículos são decisivas para que este fluxo ocorra com maior ou menor dificuldade. De uma maneira muito aproximada, pode-se admitir que o "diâmetro" dos canalículos seja da mesma ordem de grandeza que o "diâmetro" dos grãos que os formam. Assim, os solos grossos apresentam maior permeabilidade que os solos finos, isto é, menor dificuldade para a passagem da água através de seus vazios e, por isto, formam os aquíferos, onde se movimenta a água subterrânea, de primordial importância para os seres vivos deste planeta.

O estudo do fluxo de água nos solos pode ser feito em sistemas uni, bi e tridimensionais. Neste capítulo, serão apresentadas estas diferentes abordagens com exemplos das condições de campo que justificam cada aplicação.

8.2- FLUXO UNIDIMENSIONAL

O matemático suíço, Daniel Bernoulli, em pleno século XVIII, propôs uma equação que é um dos pilares da mecânica dos fluidos:

$$\mathbf{H} = \mathbf{h}_z + \mathbf{h}_p + \mathbf{h}_v \qquad \textbf{Eq. 8.1}$$

onde:

$$\mathbf{h}_p = \frac{\mathbf{u}_w}{\gamma_w} \qquad \textbf{Eq. 8.2} \qquad \text{e} \qquad \mathbf{h}_v = \frac{\mathbf{v}^2}{2\mathbf{g}} \qquad \textbf{Eq. 8.3}$$

sendo:

H = carga total;
$\mathbf{h_Z}$ = carga altimétrica ou de posição;
$\mathbf{h_P}$ = carga piezométrica ou de pressão;
$\mathbf{h_V}$ = carga cinética ou de velocidade;
$\mathbf{u_W}$ = pressão na água;
$\gamma_\mathbf{W}$ = peso específico da água;
v = velocidade;
g = aceleração da gravidade.

Para compreensão da equação de Bernoulli, a **Figura 8.1** mostra um piezômetro e um tubo de Pitot aplicados a uma tubulação de um fluido.

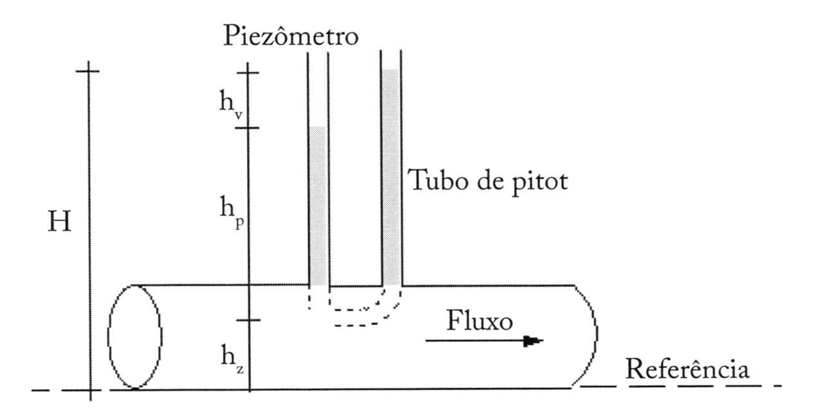

FIGURA 8.1 - **Escoamento de um fluido em uma tubulação**

De acordo com Bernoulli, em dois pontos **A** e **B** teríamos:

$$\mathbf{h}_{zA} + \frac{\mathbf{u}_{wA}}{\gamma_w} + \frac{\mathbf{v}_A^2}{2\mathbf{g}} = \mathbf{h}_{zB} + \frac{\mathbf{u}_{wB}}{\gamma_w} + \frac{\mathbf{v}_B^2}{2\mathbf{g}}$$ **Eq. 8.4**

Na maioria dos problemas de percolação de água nos solos, o termo $\mathbf{h_v} = \mathbf{v^2/2g}$ pode ser desprezado (por exemplo se **v = 5 mm/min**, o que é elevado para solos, $\mathbf{h_v}$ = 0,00002 mm). Porém, aparece uma perda de carga **ΔH**, que se transforma em calor, devida à resistência viscosa à passagem d'água pelos canalículos dos solos, como mostra a **Figura 8.2**.

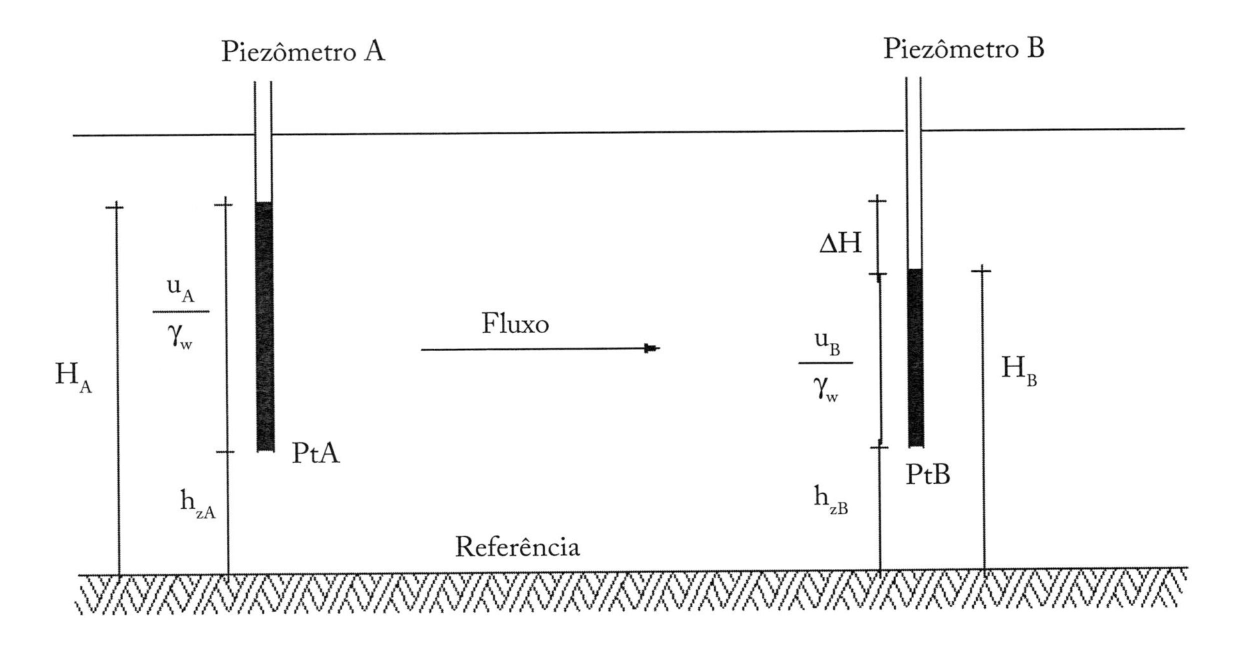

FIGURA 8.2 - **Fluxo de A a B**

Desta forma, ocorrendo fluxo, a equação de Bernoulli para solos pode ser escrita como mostra a **Eq. 8.5**:

$$h_{zA} + \frac{u_A}{\gamma_w} = h_{zB} + \frac{u_B}{\gamma_w} + \Delta H \quad \textbf{Eq. 8.5}$$

E a carga total **H** em um ponto qualquer de um espaço de solo onde percola água é:

$$H = h_z + h_p \quad \textbf{Eq. 8.6}$$

8.2.1 - Diagramas de Cargas

Os diagramas de carga são excelentes ferramentas para representar as cargas atuantes. Em primeiro lugar, desenha-se a carga altimétrica; em seguida, a carga total. Daí, por simples subtração, chega-se à carga piezométrica.

Exemplo de aplicação 8.1 - A partir dos piezômetros instalados no reservatório de água mostrado na **Figura 8.3**, trace os diagramas de carga altimétrica, piezométrica e total.

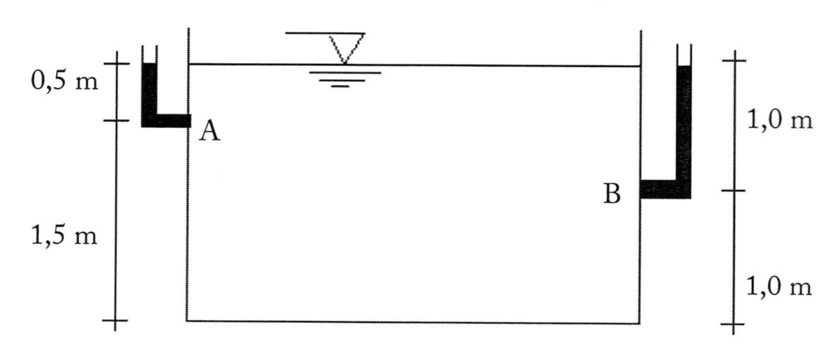

FIGURA 8.3 - **Reservatório de água**

SOLUÇÃO:

Escolhe-se convenientemente um plano de referência horizontal, que no caso será o que passa pelo fundo do reservatório. A carga altimétrica é obtida a partir da distância do plano de referência ao ponto em que está se medindo a carga e a carga total da distância do plano de referência ao ponto em que a água ascende no piezômetro. A carga piezométrica, que é a altura que a água ascende no piezômetro, pode ser obtida com a expressão: $h_p = H - h_z$. A **Tabela 8.1** mostra estes valores nos pontos **A** e **B**. A partir destes valores chega-se ao gráfico da **Figura 8.4**.

TABELA 8.1 - **Cargas total, altimétrica e piezométrica**

PONTOS	H (m)	h_z (m)	h_p (m)
A	2	1,5	0,5
B	2	1	1

A **Figura 8.4** mostra que a carga altimétrica ao longo da altura do reservatório varia de 0 a 2 m; a carga piezométrica varia no mesmo intervalo e somente a carga total se mantém constante.

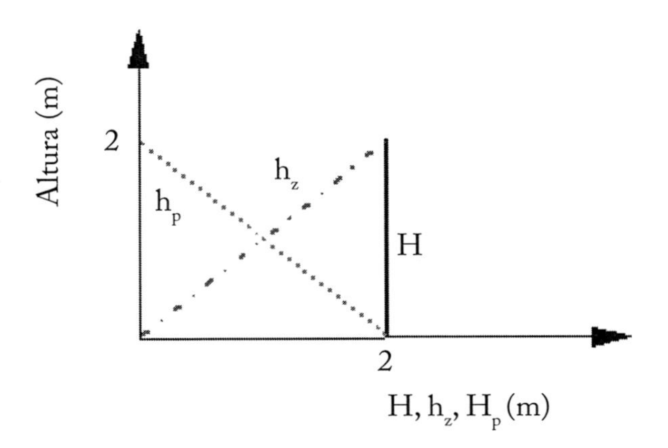

FIGURA 8.4 - Cargas altimétrica, piezométrica e total

Como o fluxo depende de diferenças de cargas totais, pode-se afirmar que não há fluxo no reservatório. Um corolário desta afirmação é que ocorrendo fluxo tem que haver perda de carga e vice-versa.

8.2.2- Permeabilidade

Darcy (1856), a partir da observação do fluxo em permeâmetros como o mostrado na **Figura 8.5**, afirmou que a velocidade de percolação era diretamente proporcional ao gradiente hidráulico.

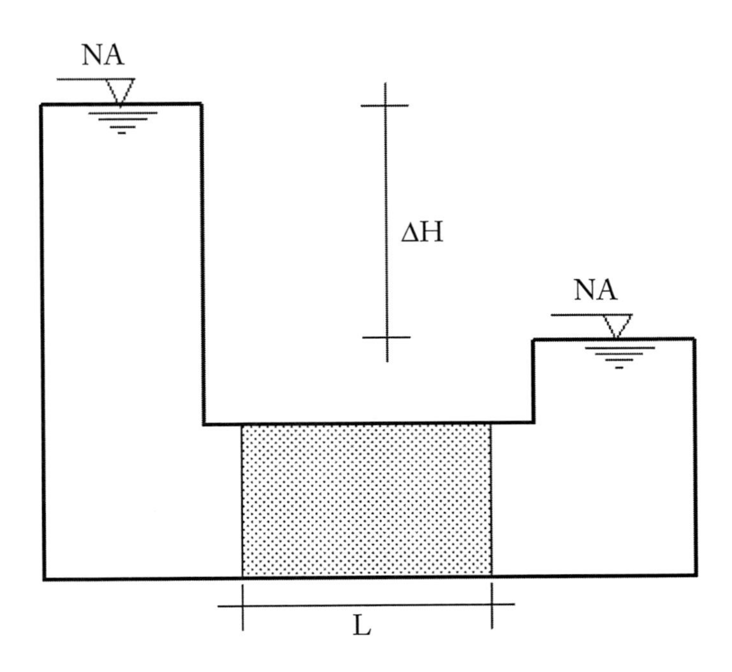

FIGURA 8.5 - Permeâmetro de Darcy

$$\mathbf{v_p = k_p i} \qquad \textbf{Eq. 8.7}$$

$$\mathbf{i = \frac{\Delta H}{L}} \qquad \textbf{Eq. 8.8}$$

onde:
v_p = velocidade de percolação;
i = gradiente hidráulico;
k_p = coeficiente de percolação, que é a velocidade média de escoamento através dos vazios do solo quando i = 1;
ΔH = perda de carga;
L = espessura da camada medida na direção do escoamento.

A lei de Darcy é válida para um escoamento laminar, isto é, quando as trajetórias das partículas de água não se cruzam, caso contrário, ocorre um escoamento turbulento e, aí, a relação entre velocidade e gradiente hidráulico deixa de ser linear como está apresentado na **Figura 8.6**:

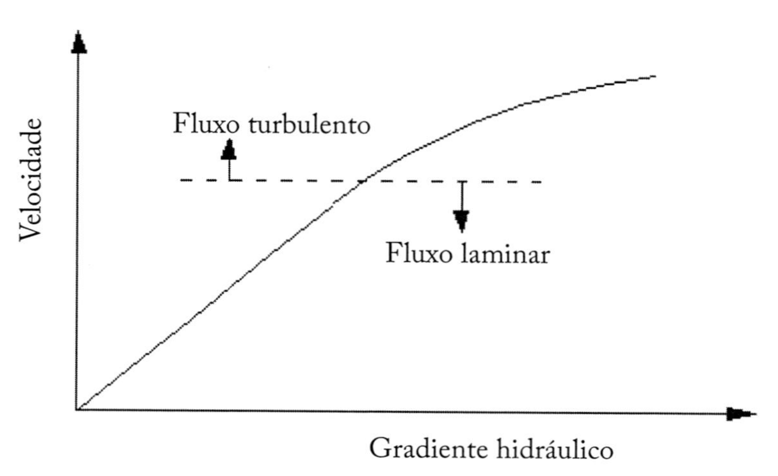

FIGURA 8.6 - Fluxo laminar e turbulento

Nos solos, mesmo com algumas limitações, vale a lei de Darcy, dentro dos seguintes limites:
i- superior: pedregulhos: para não haver turbulência a velocidade teria que ser muito pequena.
ii- inferior: argilas: se as forças capilares forem maior que as forças de percolação, devidas ao gradiente hidráulico, o fluxo não ocorre, porém, se as forças de percolação crescerem e ultrapassarem as forças capilares, o fluxo ocorrerá obedecendo a proporcionalidade entre a velocidade e o gradiente hidráulico, prevista por Darcy, conforme mostra a **Figura 8.7**.

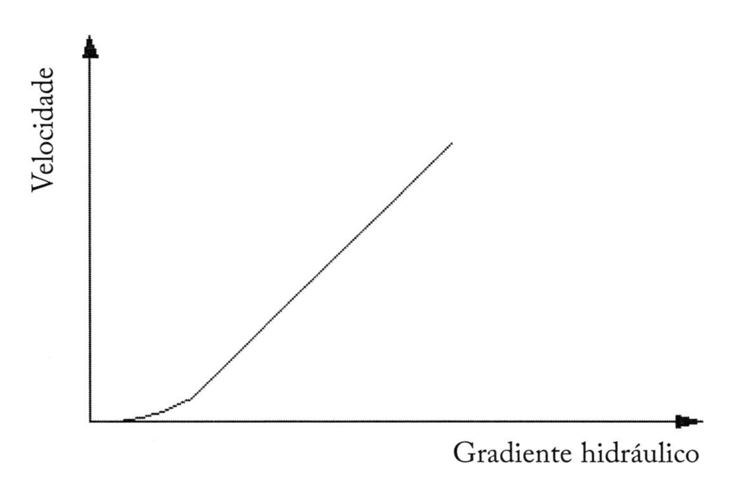

FIGURA 8.7 - Fluxo retardado pelas forças capilares

8.2.3- Coeficiente de Permeabilidade

Na prática, é mais conveniente trabalhar com a área total da amostra (sólidos + vazios). Daí, então, o uso do chamado coeficiente de permeabilidade **k**, definido como a velocidade média aparente de escoamento da água – também chamada de velocidade virtual – através da área total da seção transversal do solo, sob um gradiente hidráulico unitário.

$$v = k\,i \qquad \textbf{Eq. 8.9}$$

A relação entre **v** e $\mathbf{v_p}$ pode ser encontrada facilmente:

$$\mathbf{v_p} = \frac{\mathbf{v}}{\frac{\mathbf{n}}{\mathbf{100}}} \qquad \textbf{Eq. 8.10}$$

onde **n** é a porosidade.

A permeabilidade dos solos depende principalmente de:

i- tamanho e forma das partículas – influi diretamente no diâmetro dos canalículos;
ii- índice de vazios – quanto mais compacto estiver o solo, menor sua permeabilidade;
iii-grau de saturação – quanto maior o grau de saturação maior a permeabilidade;
iv- viscosidade da água – quanto mais viscosa, maior será a dificuldade da água de atravessar o solo.

Como a viscosidade varia com a temperatura, a permeabilidade também variará: quanto maior a temperatura, menor a viscosidade da água e, portanto, maior o coeficiente de permeabilidade. Por isto, convenciona-se relacionar o valor de $\mathbf{k_{20}}$ a 20°C.

O gráfico da **Figura 8.8**, fornece o coeficiente de correção, $\mathbf{C_\eta}$ em função da temperatura, para se obter o $\mathbf{k_{20}}$, isto é, o coeficiente de permeabilidade à 20°C.

$$\mathbf{k_{20} = C_\eta k_t} \qquad \textbf{Eq. 8.11}$$

$$\mathbf{C_\eta = \frac{\eta_t}{\eta_{20}}} \qquad \textbf{Eq. 8.12}$$

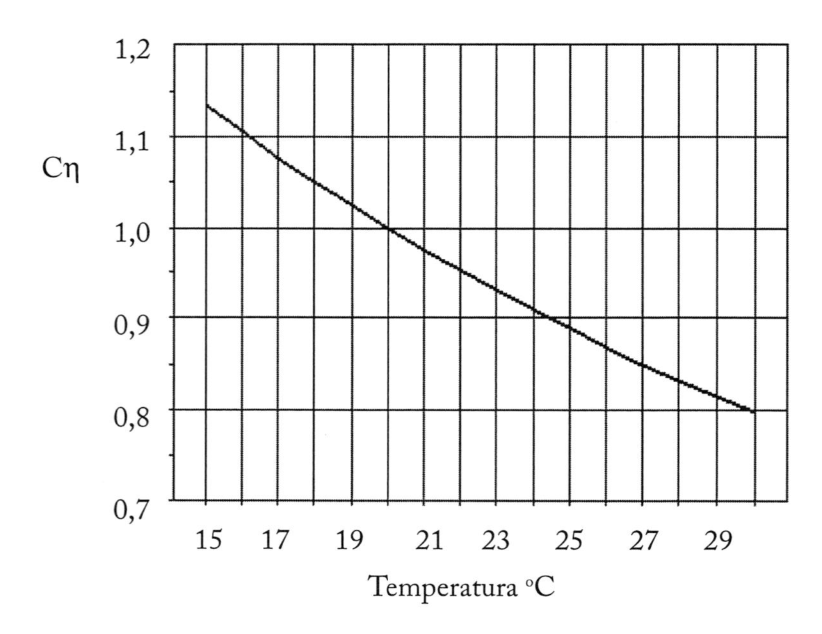

FIGURA 8.8 - Valores de Cη

A **Tabela 8.2**, mostra a faixa de variação de **k** em solos:

TABELA 8.2 - Valores de coeficientes de permeabilidade em solos

Grau de Permeabilidade	Tipos de Solos	Coef. de Perm. a 20°C (cm/seg)
alta	pedregulho	$10^{-1} < k$
média	areia	$10^{-3} < k < 10^{-1}$
baixa	silte e argila	$10^{-5} < k < 10^{-3}$
muito baixa	argila	$10^{-7} < k < 10^{-5}$
baixíssima	argila	$k < 10^{-7}$

NOTA 8.1 - Considerações sobre o coeficiente de permeabilidade

Para se ter uma ordem de grandeza da baixa permeabilidade de um solo com k = 1 x 10^{-7} cm/s – que facilmente pode ser encontrado em um solo argiloso – com a atuação de um gradiente hidráulico unitário, em um século a água percorreria neste solo pouco mais de 3 m; se fosse bentonita (k = 1 x 10^{-11} cm/s), nas mesmas condições, o deslocamento da água seria 0,3 mm em um século (na verdade, devido às forças capilares, certamente, não ocorreria fluxo nestas condições).

8.2.4 Estimativas do Coeficiente de Permeabilidade

Indiretos:

- cálculo a partir da curva granulométrica;
- cálculo a partir do ensaio de adensamento (será visto no **Capítulo 9**).

Diretos:

- permeâmetro de carga constante;
- permeâmetro de carga variável;
- ensaios "in situ" (serão vistos adiante em fluxo tridimensional).

8.2.4.1 Cálculo a partir da curva granulométrica

Fórmula de Hazen:

$$\mathbf{k = C\varphi_{10}^2} \qquad \textbf{Eq. 8.13}$$

onde:

$\varphi 10$ = diâmetro efetivo em cm para obter k em cm/s;
C = coeficiente que depende do tipo de solo.

Hazen (1930) fez experiências em areias uniformes com $\varphi 10$ variando entre 0,1 mm e 3,0 mm e encontrou **C** entre 46 e 146. Normalmente, utiliza-se **C** = 100, no entanto, isto só é válido para areias e assim mesmo com restrições.

Levando-se em conta a temperatura **t**, tem-se:

$$\mathbf{k = C\varphi_{10}^2\left(0,7+0,03\ t\right)} \qquad \textbf{Eq. 8.14}$$

com **C** com o mesmo valor de Hazen e **t** em °C. Obtém-se **k** em cm/seg.

Schlichter, citado por Badillo e Rodriguez (1975), leva ainda em conta o efeito da compacidade da areia:

$$\mathbf{k = \frac{771}{C}\varphi_{10}^2\left(0,7+0,03\ t\right)} \qquad \textbf{Eq. 8.15}$$

onde **C** é função da porosidade e pode ser estimado a partir da **Tabela 8.3**:

TABELA 8.3 - Valores de C para a fórmula de Schlichter

n (%)	C
26	83,4
38	24,1
46	12,8

Terzaghi, citado por Badillo e Rodriguez (1975), propõe uma fórmula que leva também em conta a forma dos grãos.

$$\mathbf{k = C_1\varphi_{10}^2\left(0,7+0,03\ t\right)} \qquad \textbf{Eq. 8.16}$$

com:

$$C_1 = C_0 \left(\frac{\frac{n}{100} - 0,13}{\sqrt[3]{1 - \frac{n}{100}}} \right) \qquad \textbf{Eq. 8.17}$$

onde:
n = porosidade;
$\mathbf{C_0}$ = coeficiente que depende da forma da partícula e pode ser estimado a partir da **Tabela 8.4:**

TABELA 8.4 - **Valores de C_0 para a fórmula de Terzaghi**

FORMA DOS GRÃOS	C_0
areias com grãos arredondados	800
areias com grãos angulosos	460
areias com siltes	<400

Deve ficar claro que as fórmulas a partir da curva granulométrica são meras aproximações e, ainda assim, para solos granulares. Não há sentido em utilizá-las em solos argilosos.

8.2.4.2 Permeâmetro de carga constante

Usado para solos granulares (**Figura 8.9**). A partir da fórmula de Darcy, chega-se à seguinte expressão para este ensaio:

$$k = \frac{Q_t \ x \ L}{A \ x \ \Delta H \ x \ \Delta t} \qquad \textbf{Eq. 8.18}$$

onde:
k = coeficiente de permeabilidade;
$\mathbf{Q_t}$ = quantidade de água que atravessa a amostra em um intervalo de tempo $\mathbf{\Delta t}$;
L = comprimento da amostra na direção do fluxo;
A = área da amostra perpendicular ao fluxo;
$\mathbf{\Delta H}$ = perda de carga medida no ensaio;
$\mathbf{\Delta t}$ = intervalo de tempo medido para passar o volume de água $\mathbf{Q_t}$.

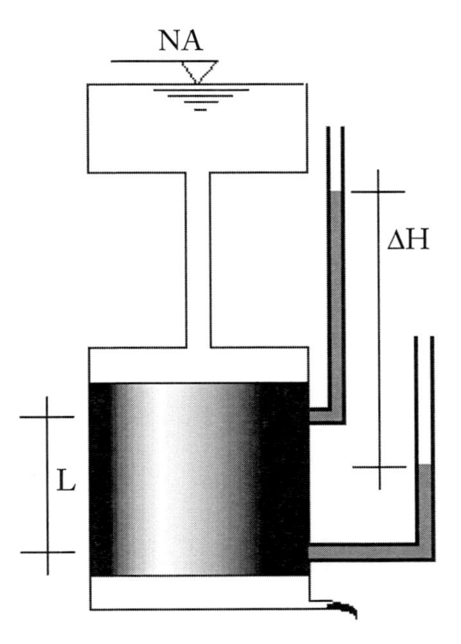

FIGURA 8.9 - Permeâmetro de carga constante

8.2.4.3- Permeâmetro de carga variável

O permeâmetro de carga variável é usado para solos finos. Considerando a **Figura 8.10** e a lei de Darcy pode-se chegar à **Eq. 8.19**:

$$\mathbf{k = \frac{L \times a}{A \times \Delta t} \ln \frac{h_1}{h_2}} \qquad \textbf{Eq. 8.19}$$

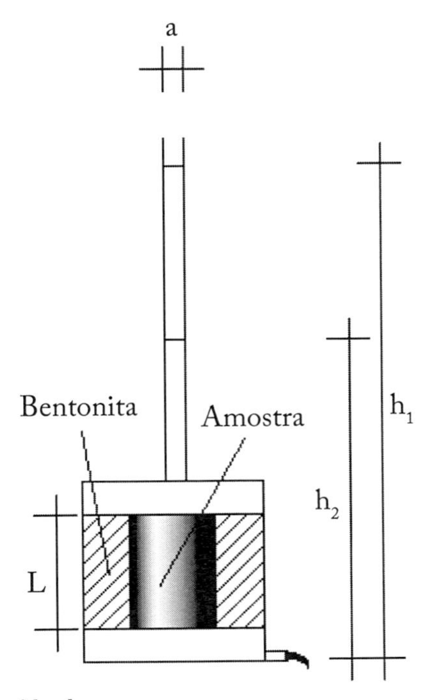

FIGURA 8.10 - Permeâmetro de carga variável

onde:

a = área do tubo alimentador;

$\mathbf{h_1}$ = carga inicial igual a distância do ponto de saída da água no permeâmetro ao nível da água no tubo alimentador no início do ensaio;

$\mathbf{h_2}$ = carga final igual a distância do ponto de saída da água no permeâmetro ao nível da água no tubo alimentador no fim do ensaio;

Δt = intervalo de tempo medido no ensaio para a água no tubo alimentador descer de $\mathbf{h_1}$ para $\mathbf{h_2}$.

NOTA 8.2 - Considerações sobre o tubo de alimentação

Pode-se usar artifícios para aumentar a carga no tubo de alimentação, tais como coluna de mercúrio ou ar sob pressão (ver problemas 3 e 7). Se o tubo alimentador for muito fino é conveniente fazer a correção devido à capilaridade (ver problema 2).

8.2.5 - Coeficiente de Permeabilidade Equivalente para Solos Estratificados

Ocorrendo fluxo horizontal em solos estratificados, conforme mostra a **Figura 8.11**, o coeficiente de permeabilidade horizontal equivalente pode ser encontrado com a **Eq. 8.20**:

$$\mathbf{k_{h_{eq}} = \frac{1}{h}\sum_{1}^{n} k_{h_n} h_n} \qquad \textbf{Eq. 8.20}$$

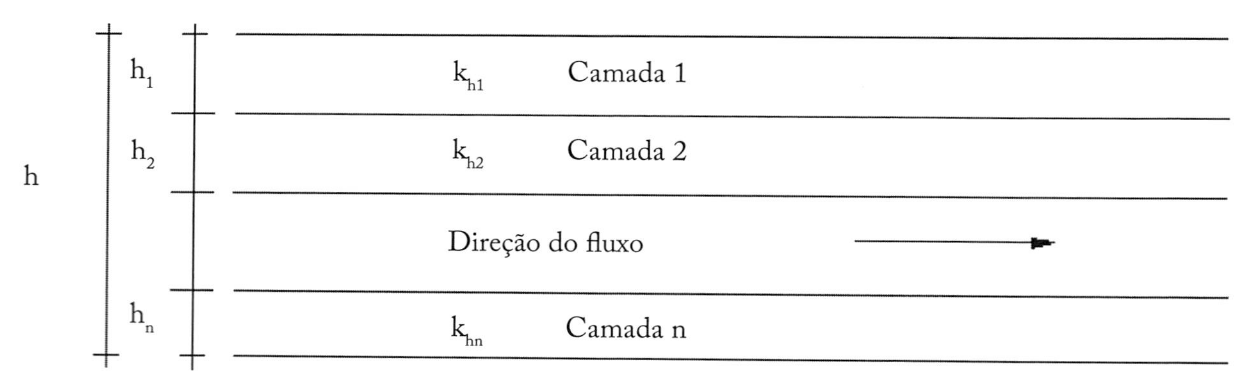

FIGURA 8.11 - Fluxo horizontal em solos estratificados

Se o fluxo for vertical, conforme mostra a **Figura 8.12**, o coeficiente de permeabilidade vertical equivalente será obtido com a **Eq. 8.21**:

$$\mathbf{k_{v_{eq}} = \frac{h}{\sum_{1}^{n} \frac{h_n}{k_{v_n}}}} \qquad \textbf{Eq. 8.21}$$

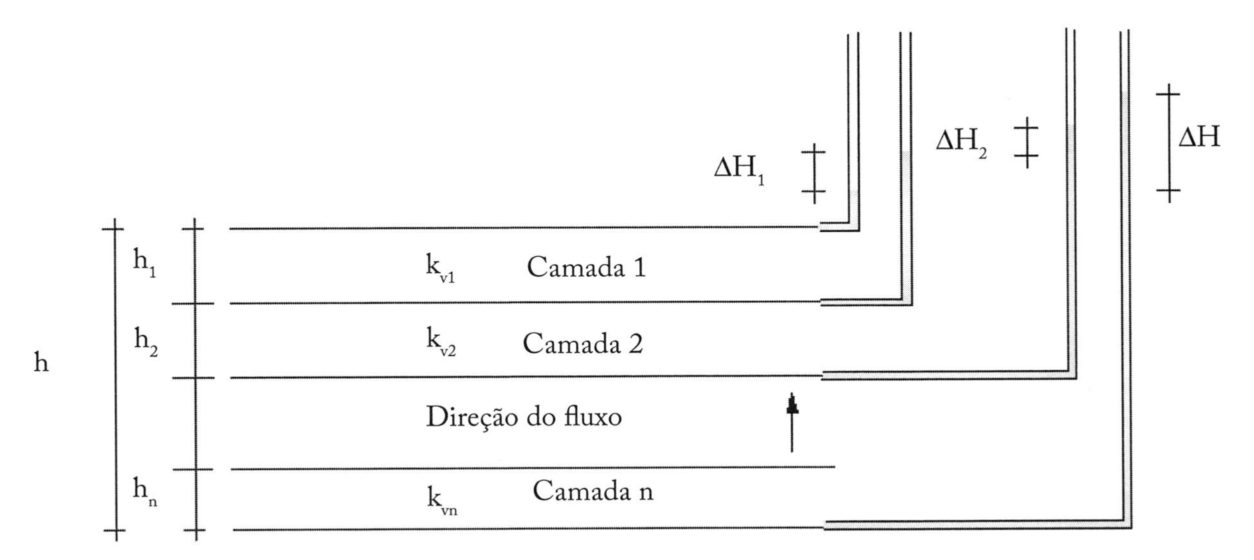

FIGURA 8.12 - Fluxo vertical em solos estratificados

8.3- FLUXO BIDIMENSIONAL

A equação que representa o fluxo bidimensional para um fluxo estacionário admitindo-se o solo como isotrópico e homogêneo é a conhecida equação de Laplace:

$$\frac{\partial^2 h}{\partial z^2} + \frac{\partial^2 h}{\partial x^2} = 0 \qquad \textbf{Eq. 8.22}$$

A solução desta equação são duas famílias de curvas normais entre si denominadas de linhas de fluxo e linhas equipotenciais. As primeiras representam a trajetória das partículas de água e as segundas representam o lugar geométrico dos pontos com a mesma carga total. A representação destas famílias de curvas é chamada de rede de fluxo.

Os métodos para se obter as redes de fluxo são a solução analítica da equação, a utilização de modelos físicos, a analogia elétrica e o traçado manual. Este último será aqui apresentado.

O primeiro passo para o traçado de uma boa rede de fluxo é procurar ter ideia do traçado final para a situação estudada. Para isto é suficiente a observação de redes de fluxo já conhecidas. Procura-se então definir as condições de fronteira para o caso, representadas por algumas equipotenciais e linhas de fluxo. Como primeira tentativa, traça-se as linhas de fluxo e em seguida as equipotenciais, tomando-se o cuidado de obedecer ao máximo a perpendicularidade no cruzamento das linhas de fluxo com as equipotenciais. Também procura-se visualizar círculos inscritos entre linhas de fluxo e equipotenciais adjacentes. Se há simetria, procura-se tirar partido disso. Ao final, após análise do resultado, se necessário, faz-se nova tentativa até se chegar a uma rede satisfatória. Recomenda-se o traçado com 5 a 6 linhas de fluxo, sob pena de um número alto de tentativas.

A rede de fluxo permite o cálculo da vazão, das poro-pressões e a verificação da possibilidade de ocorrência de areia movediça.

8.3.1- Cálculo da Vazão

A vazão por metro pode ser obtida com a **Eq. 8.23**:

$$\frac{Q}{L} = k \frac{n_f}{n_e} \Delta H \qquad \textbf{Eq. 8.23}$$

onde:

$\frac{Q}{L}$ = vazão por unidade de comprimento (em geral, metro) na direção perpendicular ao fluxo;
K = coeficiente de permeabilidade na direção do fluxo;
$\mathbf{n_f}$ = número de canais de fluxo que é igual ao número de linhas de fluxo menos 1;
$\mathbf{n_e}$ = número de quedas de potencial que é igual ao número de linhas equipotenciais menos 1;
$\mathbf{\Delta H}$ = perda de carga total no sistema.

8.3.2- Cálculo das Poropressões

Se a rede de fluxo for traçada de tal forma que, em cada elemento, formado por duas linhas de fluxo e duas equipotenciais, a distância $\mathbf{l_f}$ entre as linhas de fluxo seja igual a distância $\mathbf{l_e}$ entre as equipotenciais, conforme mostra a **Figura 8.13**, as perdas de carga $\mathbf{\Delta H_e}$, que ocorrem entre duas equipotenciais consecutivas, podem ser obtidas com a **Eq. 8.24**:

$$\Delta H_e = \frac{\Delta H}{n_e} \qquad \textbf{Eq. 8.24}$$

Desta forma pode-se calcular em qualquer ponto da rede a carga total. Diminuindo-se deste valor a carga altimétrica, encontra-se a carga piezométrica. Uma vez que $\mathbf{u_w = h_p \gamma_w}$, pode-se achar facilmente a poropressão $\mathbf{u_w}$ naquele ponto.

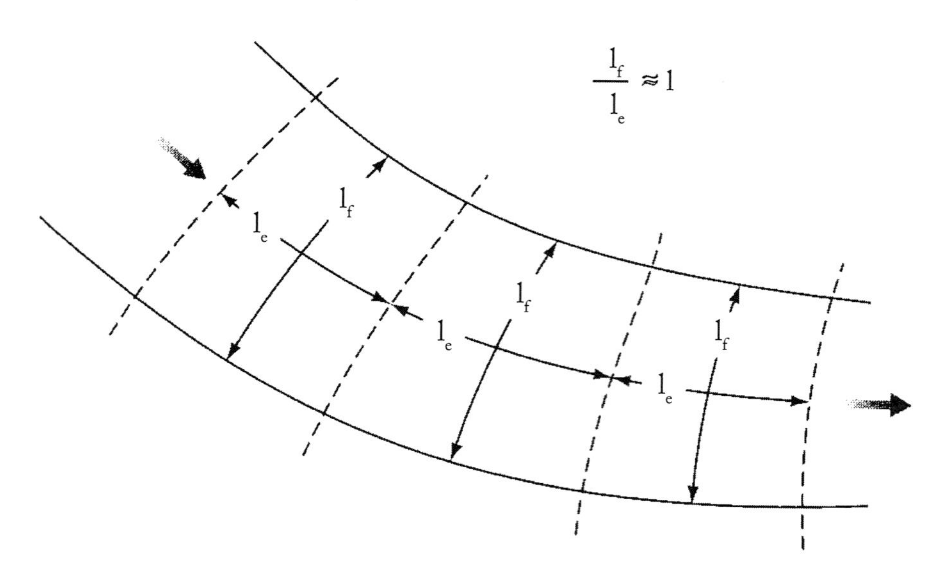

FIGURA 8.13 - Detalhe de um canal de fluxo

8.3.3- Areia Movediça

Uma areia pode perder completamente sua resistência em função de um fluxo ascendente que consiga neutralizar o peso submerso dos grãos. O solo nesta situação é conhecido como areia movediça.

Em condições naturais o fenômeno da areia movediça surge da configuração mostrada na **Figura 8.14**, onde o artesianismo que ocorre na camada drenante pode criar um fluxo ascendente em determinados pontos.

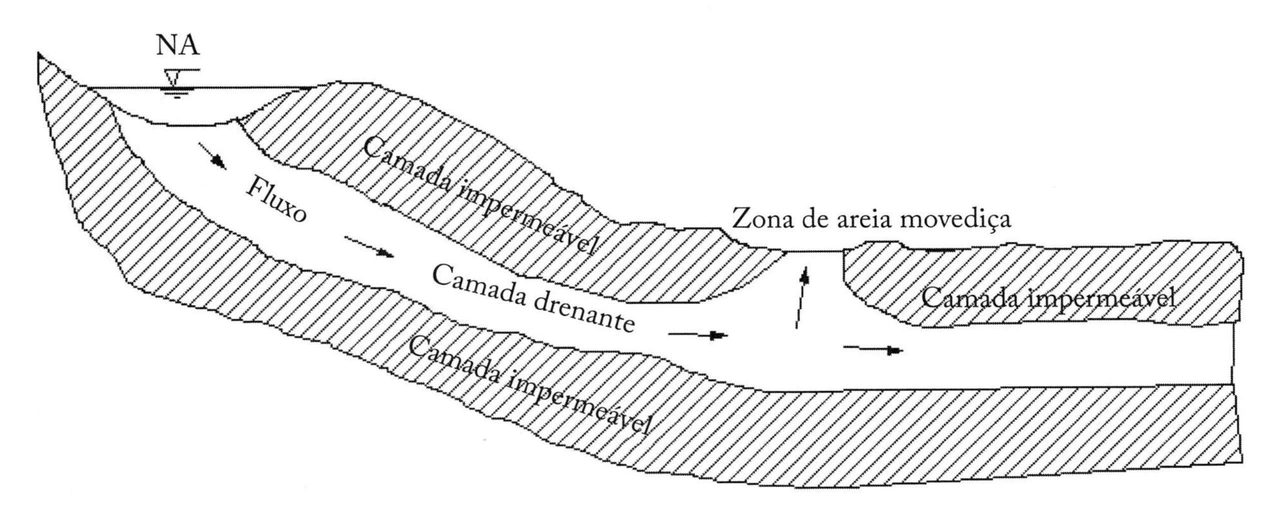

FIGURA 8.14 - Areia movediça

A força de percolação tem a mesma direção e sentido das linhas de fluxo. Logo, quando o fluxo é ascendente essa força pode igualar o peso submerso do grão. Nesse caso, as tensões efetivas nesta região anulam-se e, como a resistência ao cisalhamento de um solo não coesivo é diretamente proporcional às tensões efetivas, se essas tornam-se zero, o mesmo ocorre com a resistência e a areia comporta-se como um líquido, perdendo sua capacidade de suporte.

A força de percolação por unidade de volume pode ser obtida com a **Eq. 8.25**:

$$\mathbf{j} = \mathbf{i}\,\gamma_w \qquad \textbf{Eq. 8.25}$$

Quando $\mathbf{j} = \gamma_{sub}$ ocorre a condição de areia movediça o que faz com que o gradiente crítico para se chegar a esta situação seja:

$$\mathbf{i}_{crit} = \frac{\gamma_{sub}}{\gamma_w} \approx \mathbf{1} \qquad \textbf{Eq. 8.26}$$

A comparação do gradiente de saída com o gradiente crítico permite avaliar a possibilidade de ocorrência de areia movediça.

Exemplo de aplicação 8.2 - Na contenção de estacas-prancha mostrada na **Figura 8.15** ache a vazão por metro, a poropressão nos pontos A, B, C, D e E e verifique a possibilidade de ocorrência de areia movediça. Admitir a camada drenante com $k_v = k_h = 1 \times 10^{-3}$ m/seg.

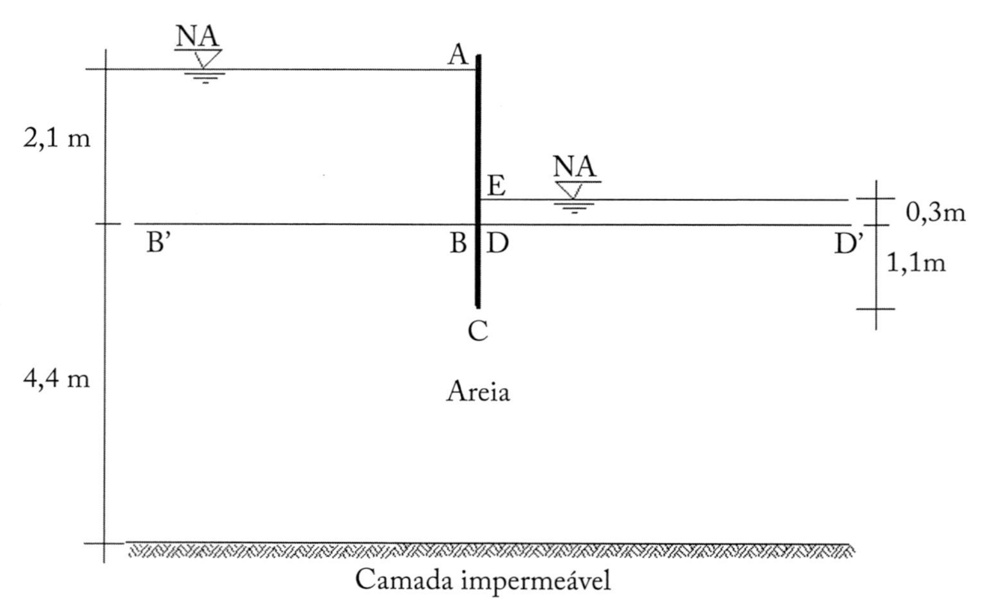

FIGURA 8.15 - Perfil do problema

SOLUÇÃO

O primeiro passo é definir as condições de fronteira para se conseguir traçar uma rede de fluxo adequada. Neste caso, a horizontal **B'B** e a **DD'** são linhas equipotenciais (de mesma carga total) e a ficha da estaca--prancha (linha **BCD**) e o topo da camada impermeável são linhas de fluxo. A partir destes dados, chega-se por tentativa, à rede de fluxo mostrada na **Figura 8.16**:

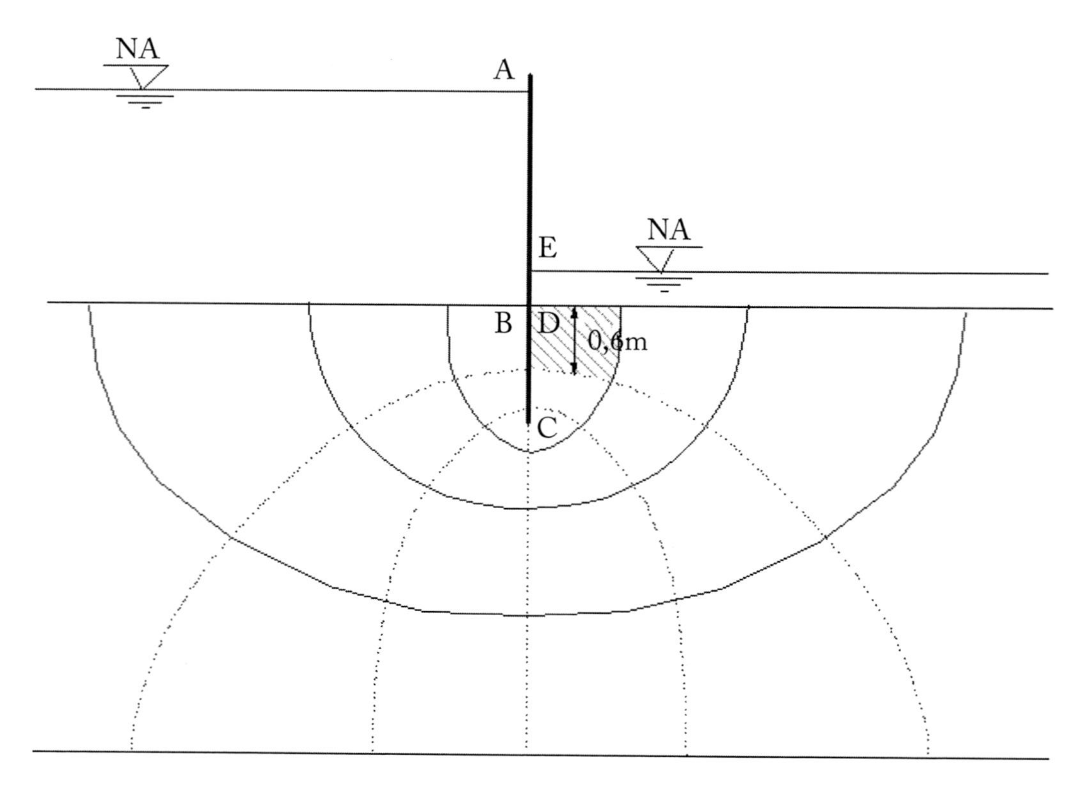

FIGURA 8.16 - Rede de fluxo

VAZÃO POR METRO

Na **Figura 8.16** obtém-se: n_f = 4 e n_e = 6. Com isto acha-se a vazão por metro sob a estaca-prancha:

$$\frac{Q}{L} = k\frac{n_f}{n_e}\Delta H = 1 \text{ x } 10^{-3} \text{ x } \frac{4}{6} \text{ x } 1{,}8 = 1{,}2 \text{ x } 10^{-3} \ \frac{m/s}{m}$$

POROPRESSÃO NOS PONTOS A, B, C, D e E

A perda de carga de uma equipontencial para outra é:

$$\Delta H_e = \frac{\Delta H}{n_e} = \frac{2{,}1 - 0{,}3}{6} = 0{,}3 \text{ m}$$

De **A** para **B**, praticamente não ocorre nenhuma perda de carga, logo, para um plano de referência arbitrado no topo da camada impermeável, tem-se nesses pontos **A** e **B**, a carga total de 6,5 m. A carga altimétrica no ponto **A** é 6,5 m e no ponto **B**, 4,4 m, logo a carga piezométrica nesses pontos será, respectivamente, 0 e 2,1 m. No ponto **C** ocorre a perda de carga correspondente a três equipotenciais, portanto, **H** = 6,5 - 3 x 0,30 = 5,6 m; a carga altimétrica é de 3,3 m, logo a piezométrica será de 2,3 m. A **Tabela 8.5** apresenta o resultado para todos os pontos.

TABELA 8.5 - Poropressão nos pontos A, B, C, D e E

PONTOS	CARGAS (m)			PORO PRESSÃO (kPa)
	TOTAL	ALTIMÉTRICA	PIEZOMÉTRICA	
A	6,5	6,5	0	0
B	6,5	4,4	2,1	19,6
C	5,6	3,3	2,3	22,6
D	4,7	4,4	0,3	2,9
E	4,7	4,7	0	0

AREIA MOVEDIÇA

O gradiente máximo de saída ocorre no elemento hachurado da **Figura 8.16,** próximo à estaca-prancha (o fluxo tem sentido ascendente e para o mesmo ΔH_e é o que tem o menor **L**), e é igual a:

$$i_{saída} = \frac{\Delta H_e}{L} = \frac{0{,}3}{0{,}6} = 0{,}5$$

Como o $i_{crít}$ é em torno de 1, não há ocorrência de areia movediça.

8.3.4- Ruptura de Fundo

No caso de um aquífero confinado, a eventual escavação na camada confinante pode provocar a ruptura desta camada em função da subpressão que atua sob ela. A **Figura 8.17** mostra esta situação: a força devido ao peso da camada diminui com o avanço da escavação do solo entre as paredes diafragmas; quando esta força igualar à subpressão, que atua sob a camada de argila, essa romperá, ocorrendo o que se chama de ruptura de fundo. O meio de evitar essa ruptura de fundo é fazer, através de bombeamento, o alívio das subpressões no topo da camada drenante subjacente à camada argilosa, até valores suficientemente menores que o peso da camada.

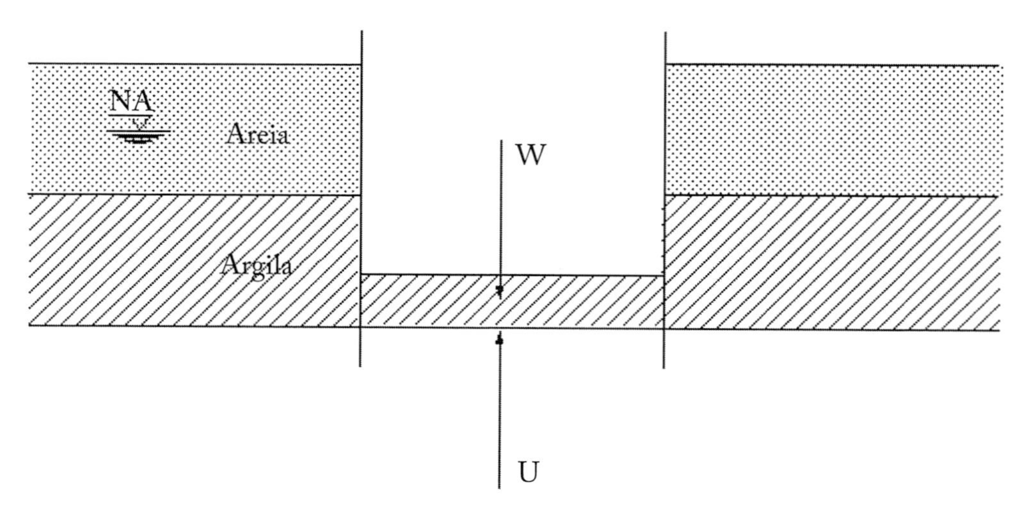

FIGURA 8.17 - Ruptura de fundo

8.3.5- Rede de Fluxo em Solos Anisotrópicos

Quando a permeabilidade horizontal for diferente da vertical, a solução da equação bidimensional do fluxo continua sendo duas famílias de curvas como na condição isotrópica, porém já não perpendiculares entre si. Neste caso aplica-se o artifíco de Samsioe, que consiste em desenhar a rede de fluxo em uma seção transformada, em que as medidas horizontais são multiplicadas por um fator igual a:

$$\sqrt{\frac{\mathbf{k_v}}{\mathbf{k_h}}}$$

Onde $\mathbf{k_v}$ e $\mathbf{k_h}$ são respectivamente os coeficientes de permeabilidade vertical e horizontal. Redesenhada a seção, a rede de fluxo é traçada no novo perfil como se fosse para um solo isotrópico. Após o traçado da rede, pode-se retornar à escala original obtendo-se a rede para a condição anisotrópica, conforme mostra a **Figura 8.20**.

Para o cálculo da vazão procede-se como na condição isotrópica, utilizando a **Eq. 8.23**, apenas substituindo o coeficiente de permeabilidade por um equivalente igual a $\sqrt{\mathbf{k_v k_h}}$.

Exemplo de aplicação 8.3 - Para o perfil mostrado na **Figura 8.18**, trace a rede de fluxo considerando o solo anisotrópico em relação à permeabilidade, com $\mathbf{k_h} = 6 \times 10^{-3}$ cm/s e $\mathbf{k_v} = 1 \times 10^{-3}$ cm/s.

SOLUÇÃO

A escala do perfil redesenhado se mantém na vertical, e na horizontal todas a dimensões devem ser multiplicadas por $\sqrt{\frac{\mathbf{k_z}}{\mathbf{k_x}}} = \sqrt{\frac{\mathbf{1 \times 10^{-3}}}{\mathbf{6 \times 10^{-3}}}} = \mathbf{0,41}$.

Como a estaca-prancha tem espessura irrelevante, isto torna-se desnecessário. Traça-se então a rede de fluxo mostrada na **Figura 8.19**.

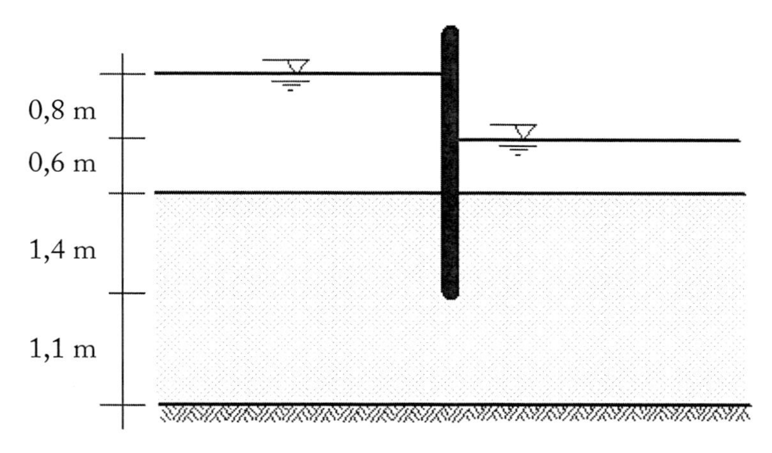

FIGURA 8.18 - **Estaca Prancha**

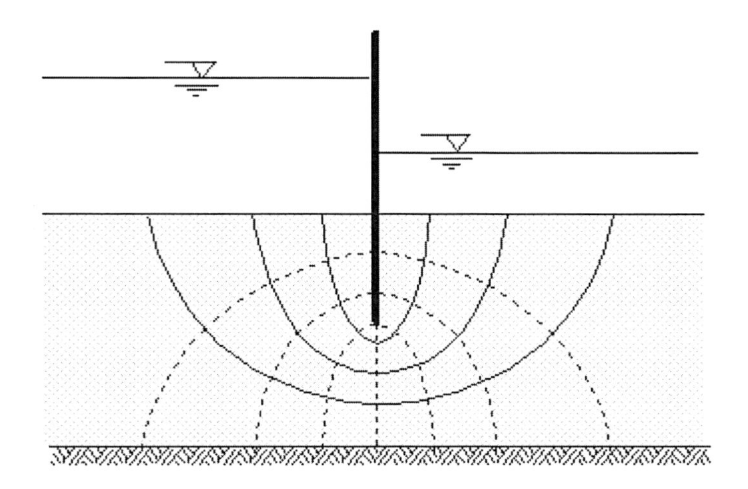

FIGURA 8.19 - **Rede de fluxo no perfil transformado**

Após o traçado da rede, faz-se o retorno à escala original, mantendo-se as dimensões verticais e dividindo--se as horizontais por 0,41. O resultado é apresentado na **Figura 8.20**.

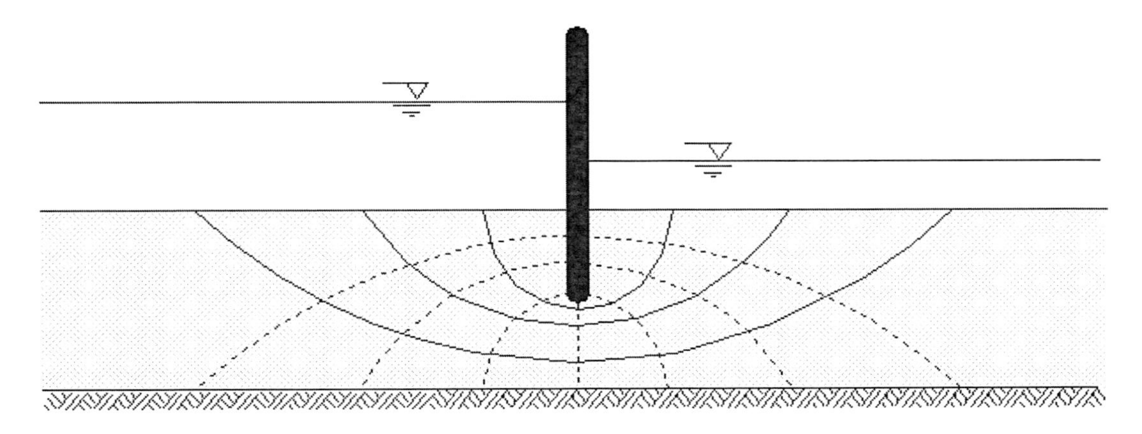

FIGURA 8.20 - **Rede de fluxo na escala real**

8.3.6- Rede de Fluxo Através de uma Barragem de Terra

Como no exemplo anterior, o fluxo que se desenvolve através de uma barragem de terra é, na maior parte, bidimensional, por isto, as recomendações aqui apresentadas para traçar a rede de fluxo permanecem válidas para esta situação. Em geral, segue-se o que foi proposto por Casagrande em 1937. A definição da linha freática é feita com o traçado de uma parábola básica com correção nas extremidades da curva. A **Figura 8.21** ajuda a compreender o processo.

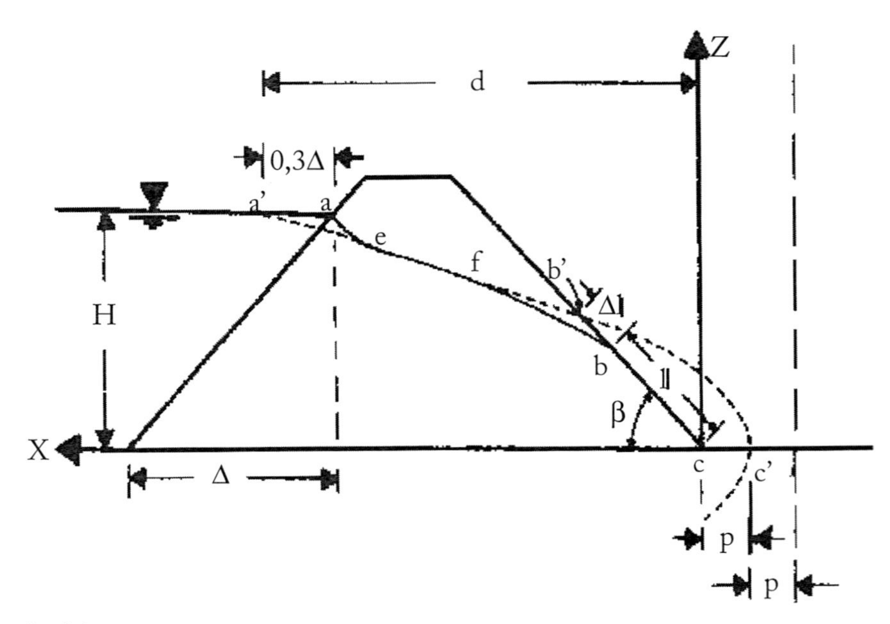

FIGURA 8.21 - Linha freática

i- situa-se o foco da parábola no fim do talude de jusante **(ponto c)** ou no começo de algum filtro que haja nesta parte da barragem;

ii- calcula-se **Δ** e a partir deste valor, calcula-se **aa´** que é o ponto extremo da parábola sugerida por Casagrande e igual a 0,3 **Δ**;

iii-chega-se ao valor de **d** e com isto à distância focal **p (cc´)**:

$$p = \frac{\sqrt{d^2 + H^2} - d}{2} \qquad \textbf{Eq. 8.27}$$

iv- plota-se a parábola básica usando processos gráficos ou com a fórmula da parábola:

$$x = \frac{z^2 - 4p^2}{4p} \qquad \textbf{Eq. 8.28}$$

v- como o talude de jusante é uma equipotencial, a linha freática, que é uma linha de fluxo, tem que ser perpendicular a ele; com essa condição, faz-se, manualmente, a correção para a entrada do fluxo (**ae** mostrado na **Figura 8.21**);

vi- o valor de **l (bc)**, ponto de saída do fluxo no talude de jusante (o que sempre deve ser evitado para impedir que a erosão, devido à força de percolação, provoque uma ruptura regressiva ou "piping") ou na chegada do filtro (que é a solução recomendada), pode ser calculado:

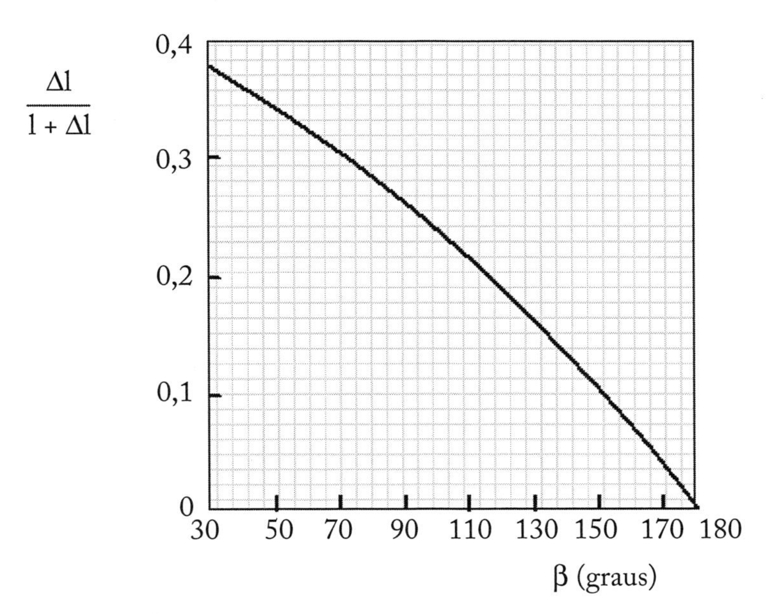

FIGURA 8.22 - Proposta de Casagrande

- se $\beta < 30°$ com a expressão:

$$l = \frac{d}{\cos\beta} - \sqrt{\frac{d^2}{\cos^2\beta} - \frac{H^2}{\operatorname{sen}^2\beta}} \quad \textbf{Eq. 8.29}$$

- se $\beta > 30°$ com o gráfico proposto por Casagrande, mostrado na **Figura 8.22**.

vii- conhecido o valor de **l**, faz-se, manualmente, a correção de saída do fluxo (**fb**) e tem-se a linha freática completa (**ac** na **Figura 8.21**);

viii- traçada a linha freática, divide-se em um número adequado de partes iguais a diferença do nível de água à montante e à jusante da barragem e transfere-se esta divisão para a freática, com linha horizontais;

ix- a partir dos pontos determinados na freática, traça-se as equipotenciais, observando que a linha de contato da barragem com a camada impermeável é uma linha de fluxo e, portanto, as equipotenciais têm que chegar normais a ela conforme indicado na **Figura 8.23**;

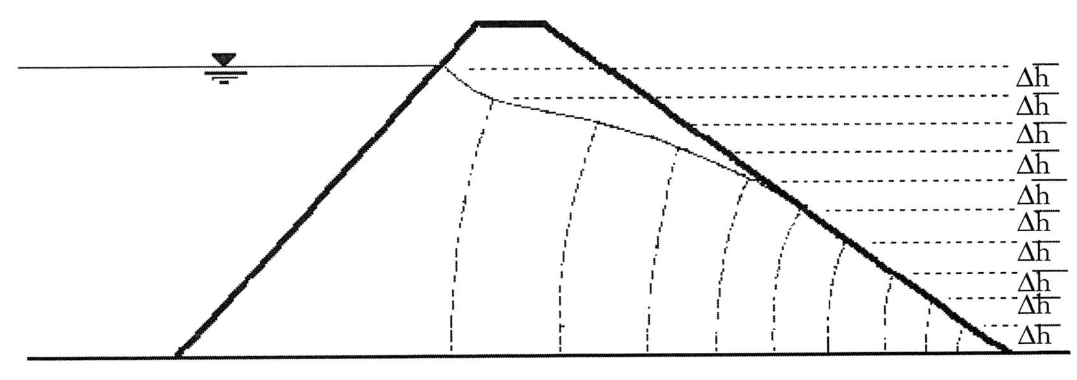

FIGURA 8.23 - Traçado das equipotenciais

x- traça-se, então, as demais linhas de fluxo, obedecendo a condição de perpendicularidade com o talude de montante e o "quadrado" formado por duas equipotenciais e duas linhas de fluxo consecutivas, como pode ser visto na **Figura 8.13**;

xi- a partir desta primeira tentativa, retoca-se o desenho original até chegar a uma rede de fluxo adequada como mostrado na **Figura 8.24**. Pode-se admitir que a rede não tenha o último canal de fluxo completo, como se observa no exemplo mostrado, em que o número de canais de fluxo, **nf**, deverá ser considerado **2,2** para cálculo da vazão.

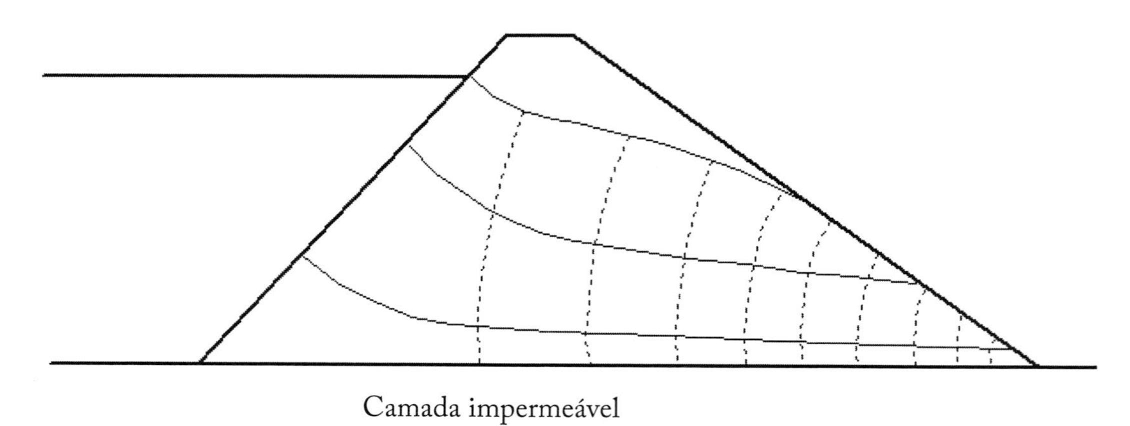

FIGURA 8.24 - **Rede de fluxo final para uma barragem de terra homogênea**

De posse da rede de fluxo, pode-se calcular a vazão e a poropressão em qualquer ponto da rede, procedendo-se como mostrado no **exemplo de aplicação 8.2**. Também se a barragem não for isotrópica, pode-se lançar mão do artifício de Samsioe, conforme mostra o **exemplo de aplicação 8.3**, obtendo-se uma seção transformada equivalente à condição de anisotropia.

Para a condição de uma barragem homogênea, sobre terreno impermeável, pode-se fazer um cálculo expedito da vazão sem a necessidade de traçar-se a rede de fluxo, através da **Equação 8.30**, atribuída a Schaffernak (1917):

$$\frac{Q}{L} = k\, l \,\text{sen}\, \beta \tan \beta \qquad \textbf{Eq. 8.30}$$

onde **l** e **β** são mostrados na **Figura 8.20**.

8.4- FLUXO TRIDIMENSIONAL

A condição de fluxo tridimensional axisimétrico fica bem caracterizada nas situações em que ocorre um fluxo radial em direção a um poço escavado no terreno. Em Geotecnia, estes casos são típicos:

i- quando se determina o coeficiente de permeabilidade do terreno através de ensaios de campo;
ii- em drenos verticais usados para aceleração de recalques;
iii-em algumas situações de rebaixamento do lençol freático.

Neste capítulo, serão apresentadas diferentes formulações para a determinação do coeficiente de permeabilidade "in situ". No Capítulo 9, serão abordados os drenos verticais para aceleração de recalques. O rebaixamento do lençol freático está fora da abrangência deste livro.

8.4.1- Determinação de k Através de Ensaios "In Situ"

8.4.1.1-Aquífero livre com poço com penetração total

Este caso prevê o bombeamento da água através de um poço que atravesse a camada drenante e atinja a camada impermeável. Dois poços testemunhas, localizados a adequada distância do poço de bombeamento, servem para determinar a linha freática no maciço. O aquífero será considerado livre quando a linha freática após o rebaixamento, também atuar como uma linha de fluxo. A condição de fluxo estabelecido é indispensável para a situação analisada. A **Figura 8.25** mostra estas condições.

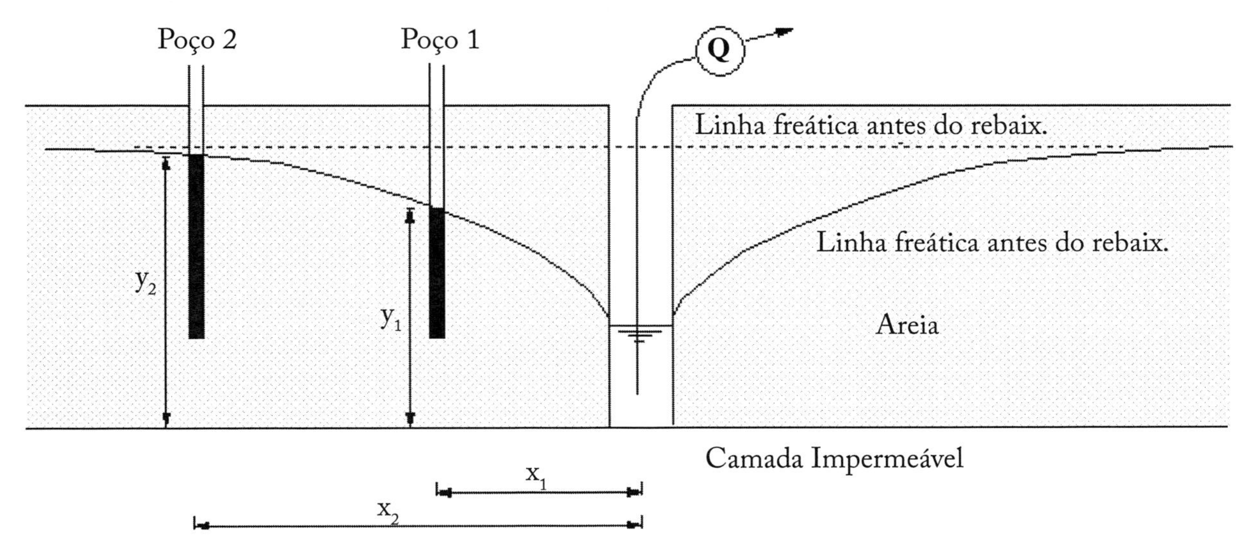

FIGURA 8.25 - Poço com penetração total e aquífero livre

Neste caso o coeficiente de permeabilidade é obtido com a **Equação 8.31**:

$$\mathbf{k} = \frac{Q}{\pi\left(y_2^2 - y_1^2\right)} \ln \frac{x_2}{x_1} \qquad \textbf{Eq. 8.31}$$

sendo **Q** a vazão do poço quando o fluxo se tornar estabelecido.

8.4.1.2-Aquífero confinado com poço com penetração total

A diferença em relação à situação anterior é que agora se tem um aquífero confinado. Um aquífero confinado é aquele em que a linha freática após o rebaixamento não contribui para o fluxo. A condição necessária, mas não suficiente, para que ocorra é que a camada drenante esteja entre duas camadas impermeáveis, conforme mostra a **Figura 8.26**. A condição de fluxo estabelecido com o nível da água no interior do poço acima da base da camada impermeável superior é obrigatória.

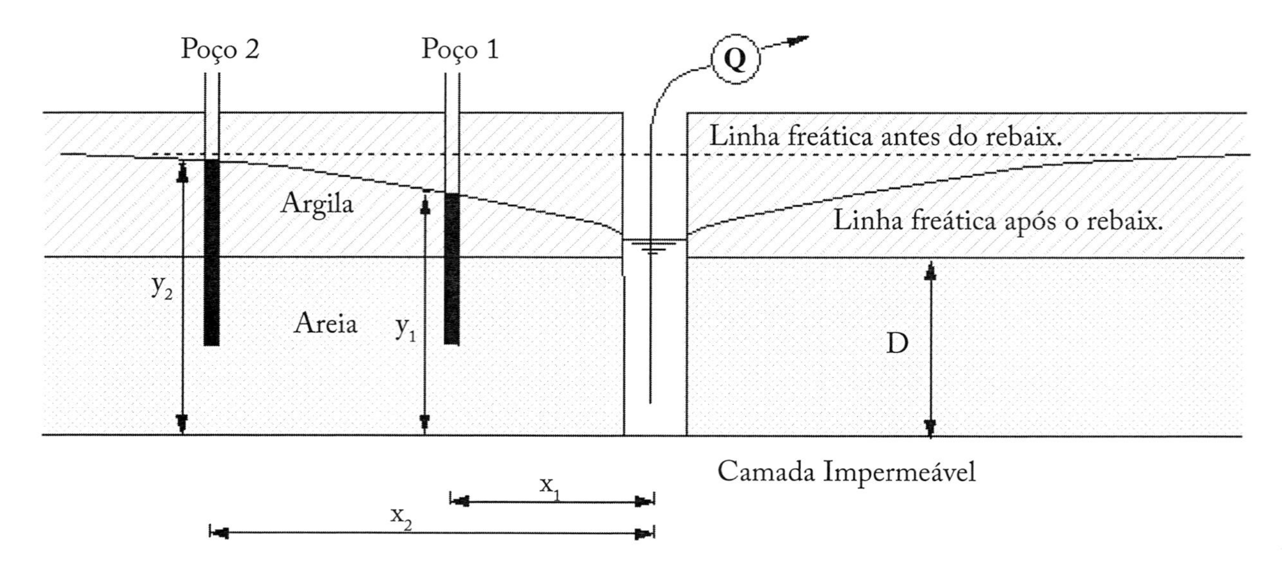

FIGURA 8.26 - Poço com penetração total e aquífero confinado

Neste caso o coeficiente de permeabilidade é obtido com a **Equação 8.32**:

$$\mathbf{k = \frac{Q}{2\pi D(y_1 - y_2)} \ln \frac{x_1}{x_2}} \qquad \textbf{Eq. 8.32}$$

8.4.1.3-Aquífero misto com poço com penetração total

Esta condição pode ocorrer em um aquífero antes confinado, que, devido ao bombeamento, torna-se livre nas imediações do poço. A condição de fluxo estabelecido também é exigida. A **Figura 8.27** expõe a situação:

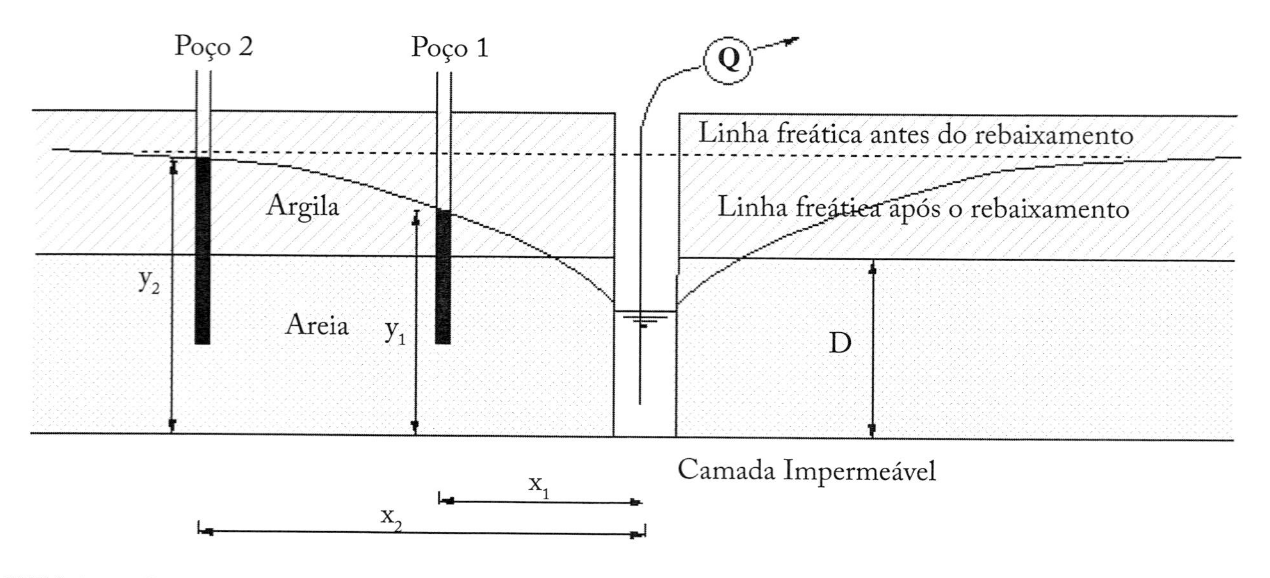

FIGURA 8.27 - Poço com penetração total aquífero misto

Neste caso o coeficiente de permeabilidade é obtido com a **Equação 8.33**:

$$\mathbf{k} = \frac{Q}{\pi\left(2Dy_1 - D^2 - y_2^2\right)} \ln \frac{x_1}{x_2} \qquad \textbf{Eq. 8.33}$$

8.4.1.4 - Em furo de sondagem

Uma alternativa de baixo custo para a determinação do coeficiente de permeabilidade "in situ", com resultados aceitáveis, é a determinação a partir de um ensaio de infiltração executado em um furo encamisado de sondagem.

Apresenta-se a seguir um método muito simples que admite que a água assume a forma de uma esfera na saída do tubo de infiltração.

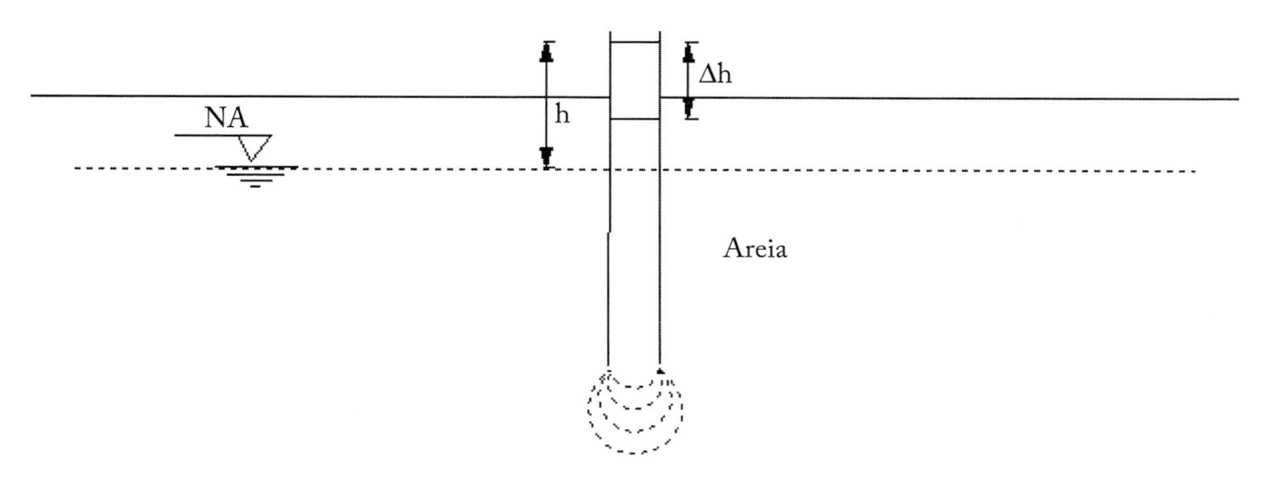

FIGURA 8.28 - Determinação de k em furo de sondagem

O ensaio consiste em adicionar água em um tubo de sondagem até uma altura **h** acima do lençol freático. Liga-se um cronômetro e mede-se o tempo **Δt** necessário para que a água no interior do tubo desça **Δh**. Sendo **r** o raio do tubo, **k** pode ser encontrado com a **Equação 8.34**:

$$\mathbf{k} = \frac{r}{4h} \frac{\Delta h}{\Delta t} \qquad \textbf{Eq. 8.34}$$

8.5- PROBLEMAS RESOLVIDOS E PROPOSTOS

1- Uma amostra de areia de 35cm^2 de área e 20 cm de comprimento foi ensaiada em um permeâmetro de carga constante, com **ΔH** = 50 cm. Em cinco minutos mediu-se $\mathbf{Q_t}$ = 105 cm^3. Sabendo-se que a massa seca da amostra e sua densidade real dos grãos valem respectivamente 1105 g e 2,67, pede-se: o coeficiente de permeabilidade, a velocidade aparente e a velocidade de percolação.

SOLUÇÃO:

i- para o cálculo do **k**, utiliza-se a **Equação 8.18:**

$$k = \frac{Q_t \text{ x } L}{A \text{ x } \Delta H \text{ x } \Delta t} = \frac{105 \text{ x } 20}{35 \text{ x } 50 \text{ x } (60 \text{ x } 5)} = 4 \text{ x } 10^{-3} \text{ cm/s}$$

ii- para o cálculo da velocidade aparente, usa-se as **Equações 8.7** e **8.8**:

$$v = k\frac{\Delta H}{L} = 4 \text{ x } 10^{-3}\frac{50}{20} = 1{,}0 \text{ x } 10^{-2} \text{ cm/s}$$

iii-para o cálculo de $\mathbf{v_p}$, primeiro calcula-se a porosidade **n**:

$$\gamma_d = \frac{M_d g}{V_t} = \frac{1105 \text{ x } 10^{-6} \text{ x } 9{,}81}{35 \text{ x } 20 \text{ x } 10^{-6}} = 15{,}49 \text{ kN/m}^3$$

$$e = \frac{\gamma_g}{\gamma_d} - 1 = \frac{2{,}67 \text{ x } 9{,}82}{15{,}49} - 1 = 0{,}69$$

$$n = \frac{e}{1+e} = \frac{0{,}69}{1+0{,}69}100 = 40{,}88 \text{ \%}$$

iv- $\mathbf{v_p}$ pode ser obtido com a **Equação 8.10:**

$$v_p = \frac{v}{\frac{n}{100}} = \frac{1 \text{ x } 10^{-2}}{\frac{40{,}88}{100}} = 2{,}5 \text{ x } 10^{-2} \text{cm / s}$$

2- Uma amostra de solo de 10 cm de diâmetro e 5 cm de espessura foi ensaiada em um permeâmetro de carga variável. A carga d'água baixou de 45 a 30 cm em 4 minutos e 32 segundos. A área do tubo alimentador era de 0,5 cm². Calcular o **k**, levando em conta a ascensão capilar.

SOLUÇÃO:

i- cálculo da altura de ascensão capilar no tubo alimentador, com a **Equação 4.2**:

$$h_c = \frac{0{,}3}{d} = \frac{0{,}3}{\sqrt{\frac{0{,}5 \text{ x } 4}{\pi}}} = 0{,}38 \text{ cm}$$

ii- cálculo de **k**, com a **Equação 8.19**:

$$k = \frac{L \text{ x } a}{A \text{ x } \Delta t} \ln \frac{h_1}{h_2} = \frac{5 \text{ x } 0{,}5}{\frac{\pi \, 10^2}{4}(60 \text{ x } 4 + 32)} \ln \frac{45 - 0{,}38}{30 - 0{,}38} = 4{,}8 \text{ x } 10^{-5} \text{ cm/s}$$

(obs.: se não fosse considerada a ascensão capilar, **k** = 4,7 x 10^{-5} cm/s).

3- Mostre que o diagrama de tensões efetivas na areia do permeâmetro apresentado a seguir está correto.

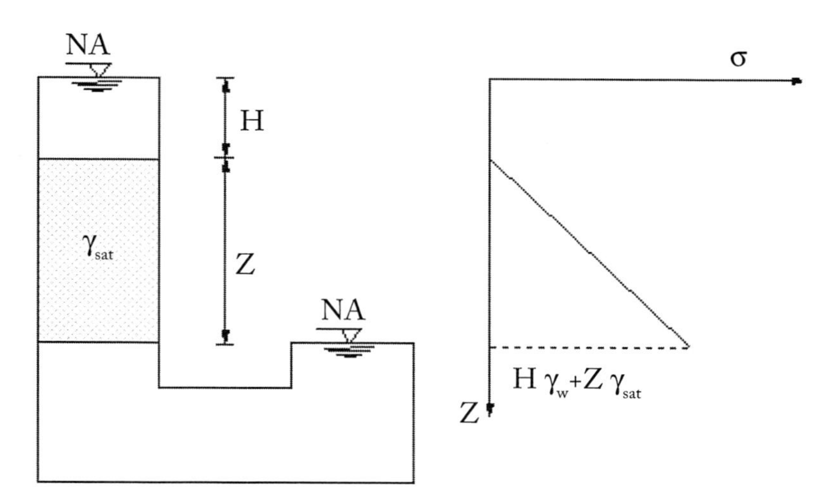

FIGURA 8.29 - Permeâmetro de carga constante

4- Executou-se um ensaio de carga constante em uma amostra de areia. Nas condições mostradas na figura, 0,625 litros de água passaram pela amostra em 23 minutos. Pede-se:

- o coeficiente de permeabilidade desta areia;
- a velocidade de percolação $\mathbf{v_p}$ na amostra;
- as tensões totais, efetivas e neutras ao longo da amostra.

Considerar: **n** = 39%, γ_{sat} = 20 kN/m³, γ_w = 10 kN/m , diâmetro da amostra = 12 cm

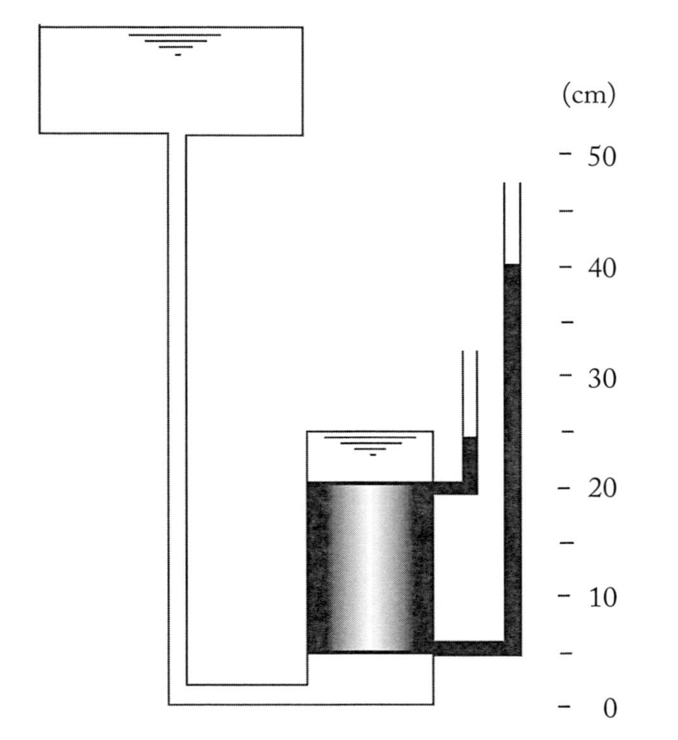

FIGURA 8.30 - Permeâmetro de carga constante

SOLUÇÃO:

i- o coeficiente de permeabilidade pode ser calculado com a **Equação 8.18.**

$$k = \frac{Q_t \ x \ L}{A \ x \ \Delta H \ x \ \Delta t} = \frac{0{,}625 \ x \ 10^3 \ x \ 15}{\pi \frac{12^2}{4} \ x \ (40\text{-}25) \ x \ (23 \ x \ 60)} = 4 \ x \ 10^{-3} \ cm/s$$

ii- a velocidade de percolação é igual a:

$$v_p = \frac{k \frac{\Delta H}{L}}{\frac{n}{100}} = \frac{4 \ x \ 10^{-3} \ \frac{15}{15}}{\frac{39}{100}} = 1 \ x \ 10^{-2} \ cm/s$$

iii-o cálculo das tensões totais, efetivas e neutras é apresentado na **Tabela 8.6**:

TABELA 8.6 - Tensões ao longo da amostra

Altura m	σ_V kPa	u_W kPa	σ'_V kPa
25	0	0	0
2	0,5	0,5	0
5	3,5	3,5	0

iv- o gráfico das tensões ao longo da amostra pode ser visto na **Figura 8.31**:

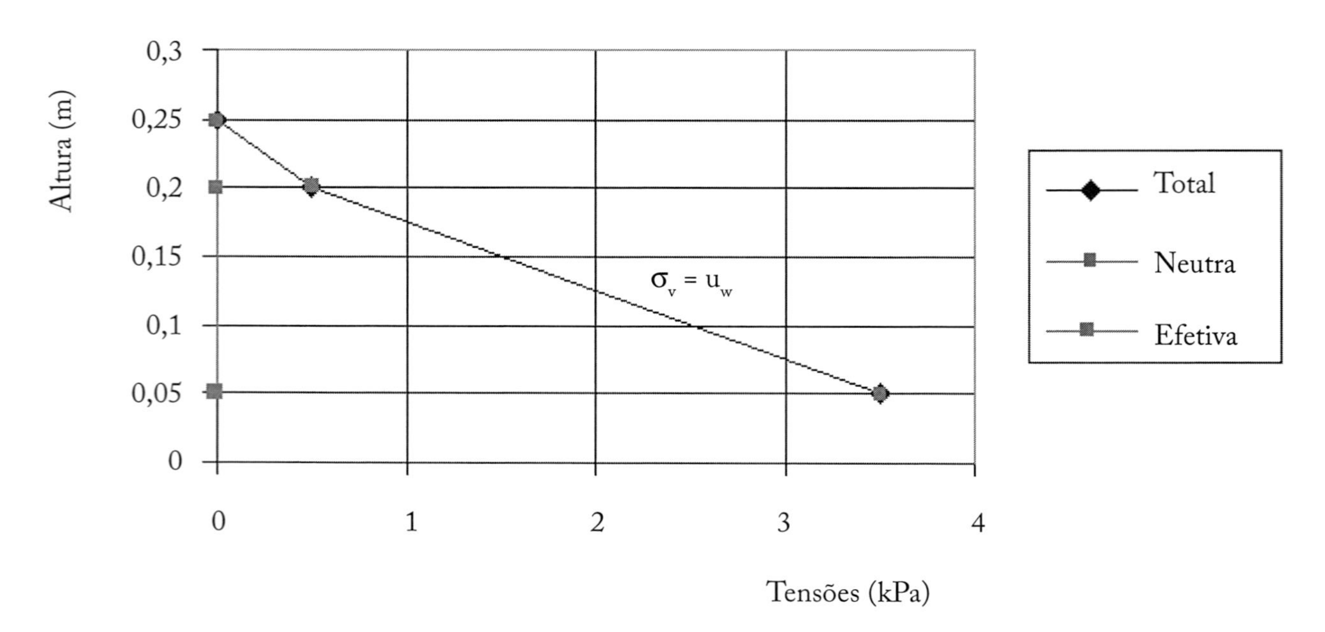

FIGURA 8.31 - Tensões x altura

v- da análise do resultado conclui-se que está ocorrendo a condição de areia movediça na areia uma vez que as tensões efetivas ao longo da amostra são nulas. De fato, pode ser verificado que o gradiente de saída é igual ao gradiente crítico.

5- Para o dispositivo mostrado na **Figura 8.32**, calcule a velocidade de percolação ($\mathbf{v_p}$) nas duas amostras. Admita que o dispositivo possa ser considerado como de carga constante.

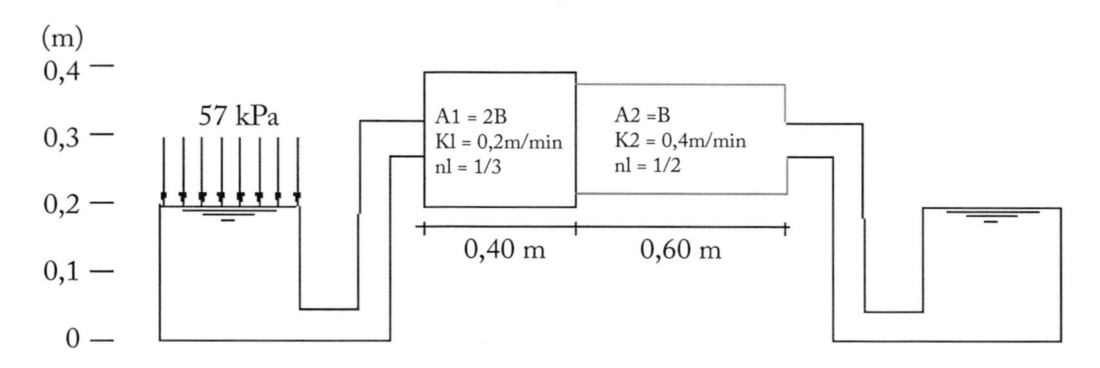

FIGURA 8.32 - Permeâmetro

SOLUÇÃO:

i- a vazão na amostra 1 é igual a da amostra 2 e portanto:

$$\mathbf{Q_1 = Q_2}$$

$$\mathbf{k_1 \frac{\Delta H_1}{L_1} A_1 = k_2 \frac{\Delta H_2}{L_2} A_2}$$

$$\mathbf{\frac{0,2 \times 100}{60} \frac{\Delta H_1}{40} 2B = \frac{0,4 \times 100}{60} \frac{\Delta H_2}{60} B}$$

$$\mathbf{\frac{\Delta H_1}{60} - \frac{\Delta H_2}{90} = 0}$$

ii- admitindo que todas as perdas de carga ocorrem nas amostras, a perda de carga na amostra 1 mais a perda na amostra 2 é igual a:

$$\mathbf{\Delta H_1 + \Delta H_2 = \frac{57}{9,81} 100}$$

iii-a solução do sistema mostrado abaixo fornece os valores de $\mathbf{\Delta H_1}$ = 232,4 cm e $\mathbf{\Delta H_2}$ = 348,6 cm:

$$\begin{cases} \mathbf{\dfrac{\Delta H_1}{60} - \dfrac{\Delta H_2}{90} = 0} \\ \mathbf{\Delta H_1 + \Delta H_2 = \dfrac{57}{9,81} 100} \end{cases}$$

iv- v_{p1} e v_{p2} podem ser calculadas com a expressão:

$$v_p = \frac{k\frac{\Delta H}{L}}{\frac{n}{100}} \rightarrow \begin{cases} v_{p1} = \dfrac{\left(\dfrac{0,2 \times 100}{60}\right)\dfrac{232,4}{40}}{\dfrac{\left(\frac{1}{3}\right)}{100}} = 5,8 \text{ cm/s} \\ v_{p2} = \dfrac{\left(\dfrac{0,4 \times 100}{60}\right)\dfrac{348,6}{60}}{\dfrac{\left(\frac{1}{2}\right)}{100}} = 7,8 \text{ cm/s} \end{cases}$$

6- No perfil mostrado na **Figura 8.33** está ocorrendo fluxo estacionário e somente na direção vertical. Qual a velocidade de percolação nos solos **A** e **B**. Considerar G_s = 2,5 para ambos os solos.

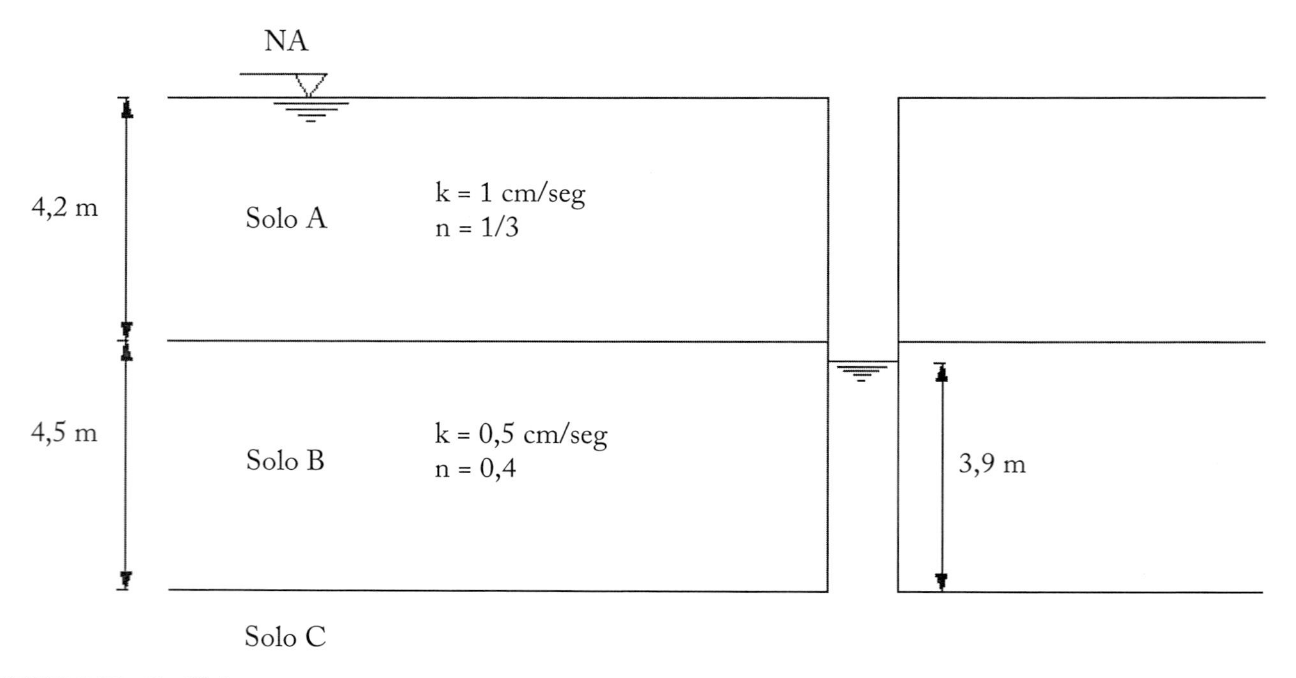

FIGURA 8.33 - **Perfil do terreno**

(Resposta: v_{pA} = 1,1 cm/s e v_{pB} = 0,9 cm/s)

7- No perfil da **Figura 8.34**, está ocorrendo fluxo estacionário e somente na direção vertical. Indique em que nível estabilizará a água no interior do piezômetro (1), sabendo que no piezômetro (2), ela ascende como mostra a figura.

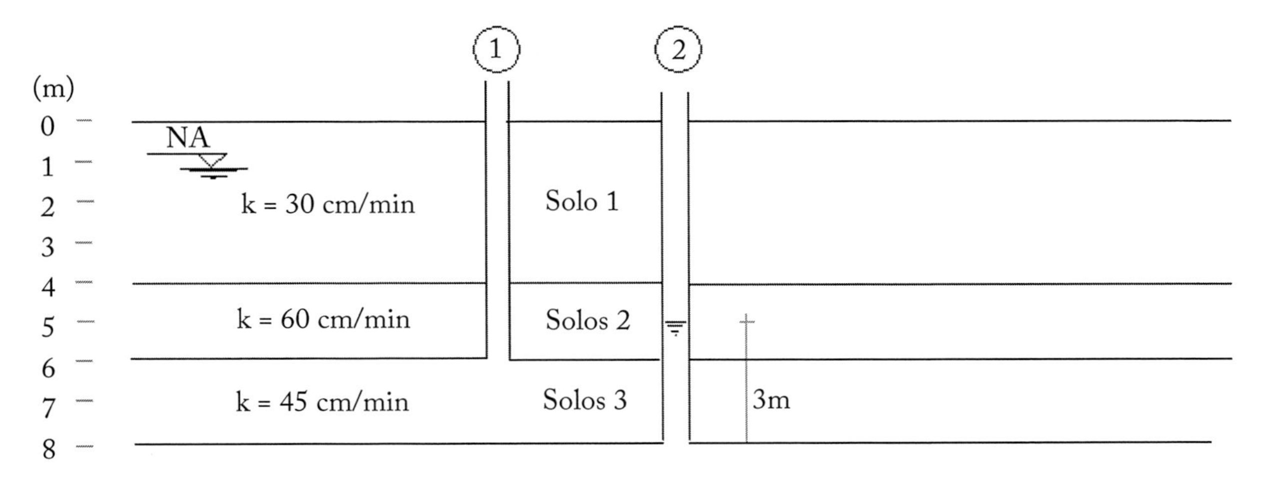

FIGURA 8.34 - Perfil do terreno

(Resposta: há uma perda de 3 m para a água fluir pelo solo 1 e 2 (ΔH_1 = 2,25 m e ΔH_2 = 0,75 m), logo a água no piezômetro ficará a 4 m de profundidade, na fronteira entre o solo 1 e 2.)

8- Em um ensaio "in situ" de permeabilidade executado no perfil mostrado na **Figura 8.35**, a vazão no poço, após o fluxo se tornar estabelecido, era de 108 1/min. Qual o **k** fornecido por este ensaio, sabendo-se que nos piezômetros (1) e (2) situados respectivamente a 6,0 m e 12,0 m do centro do poço, a água ascendeu até os níveis mostrados na **Figura 8.35**.

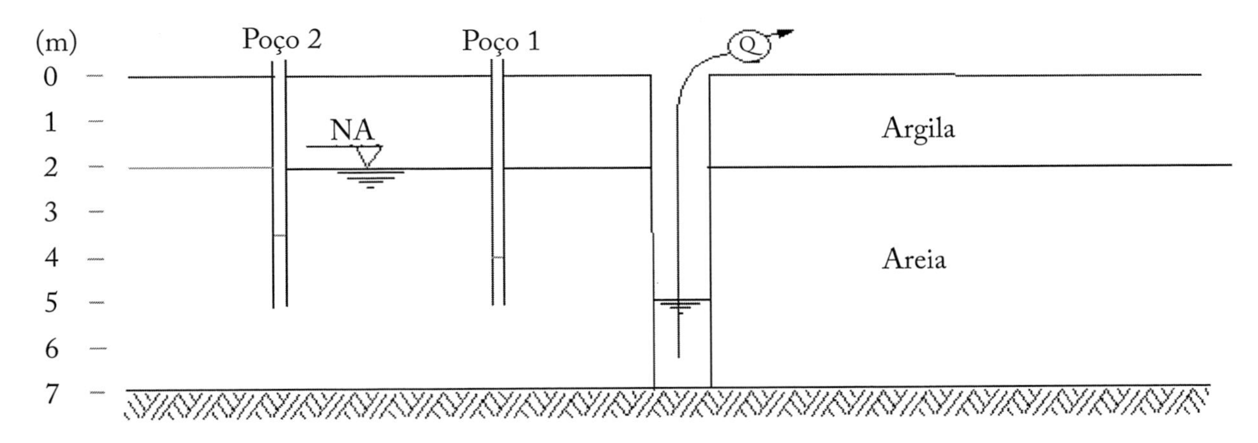

FIGURA 8.35 - Aquífero livre

SOLUÇÃO:

i - calcula-se o **k** com a **Equação 8.31** para aquífero livre, poço com penetração total:

$$\mathbf{k = \frac{Q}{\pi\left(y_2^2 - y_1^2\right)} \ln \frac{x_2}{x_1} = \frac{\frac{108 \times 10^3}{60}}{\pi\left(3{,}5^2 - 3^2\right)} \ln \frac{1200}{600} = 1{,}2 \times 10^{-2} \ cm/s}$$

9- Em um permeâmetro inclinado de carga constante, são colocadas três amostras com diferentes permeabilidades. Indique a nível de água nos piezômetros **A** e **B**, após a estabilização do fluxo, admitindo que as perdas de carga ocorrem só nas amostras e que $3\mathbf{k_1} = \mathbf{k_2} = 2\mathbf{k_3}$.

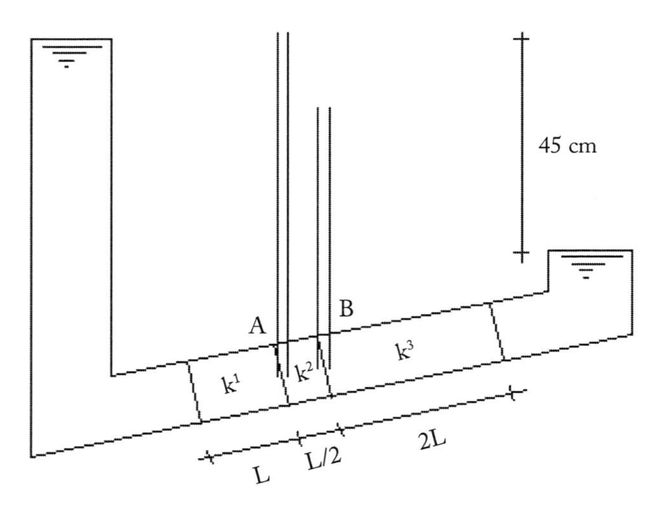

FIGURA 8.36 - Permeâmetro de carga constante

(Resposta: em **A**, 18 cm abaixo do nível inicial da água; em **B**, 3 cm abaixo do nível em **A**)

10- Em um ensaio de permeabilidade de carga variável, para aumentar a pressão, usou-se uma coluna de mercúrio, conforme mostra a **Figura 8.37**. Após 20 minutos, a coluna de mercúrio desceu 10 cm. Calcule o coeficiente de permeabilidade deste solo sabendo que:

- altura da amostra = 8 cm;
- diâmetro da amostra = 3,5 cm;
- diâmetro do tubo alimentador = 0,5 cm;
- peso específico do mercúrio = 132,7 kN/m^3.

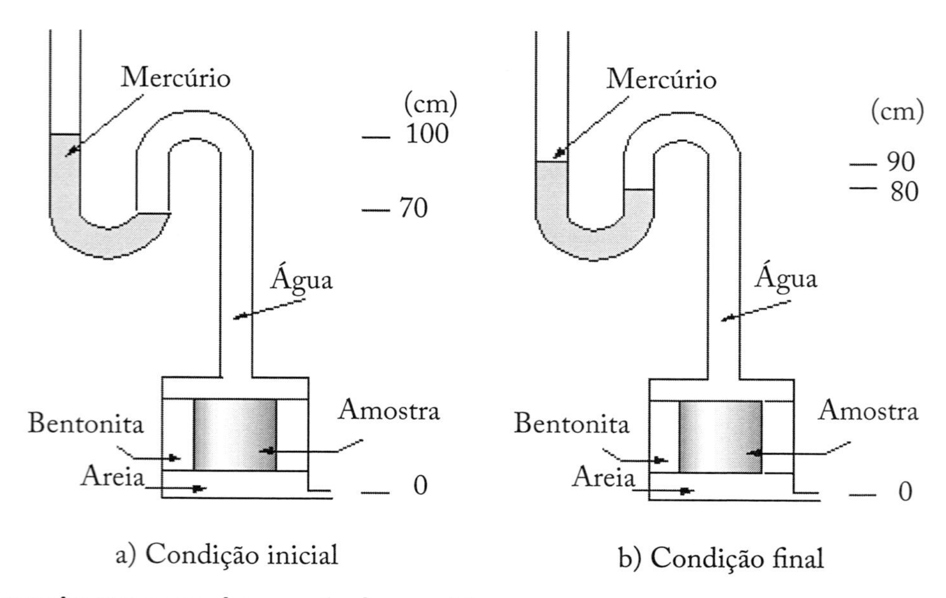

FIGURA 8.37 - Permeâmetro com sobrepressão de mercúrio

SOLUÇÃO:

i- carga equivalente em metro de coluna d´água para a condição inicial:

$$\mathbf{h_{p_{inicial}} = \frac{u_w}{\gamma_w} = \frac{0,7 \times 9,81 + 0,3 \times 132,7}{9,81} = 4,76\ m}$$

ii- carga equivalente em metro de coluna d´água para a condição final:

$$\mathbf{h_{p_{final}} = \frac{0,8 \times 9,81 + 0,1 \times 132,7}{9,81} = 2,15\ m}$$

iii-cálculo de **k** com a **Equação 8.19**:

$$\mathbf{k = \frac{8\frac{\pi\ 0,5^2}{4}}{\frac{\pi\ 3,5^2}{4}(20 \times 60)} \ln\frac{476}{215} = 1,08 \times 10^{-4} cm/s}$$

11- Trace ao longo de **z** até a profundidade de 14 m o gráfico das tensões totais efetivas e intersticiais para o perfil mostrado a seguir.

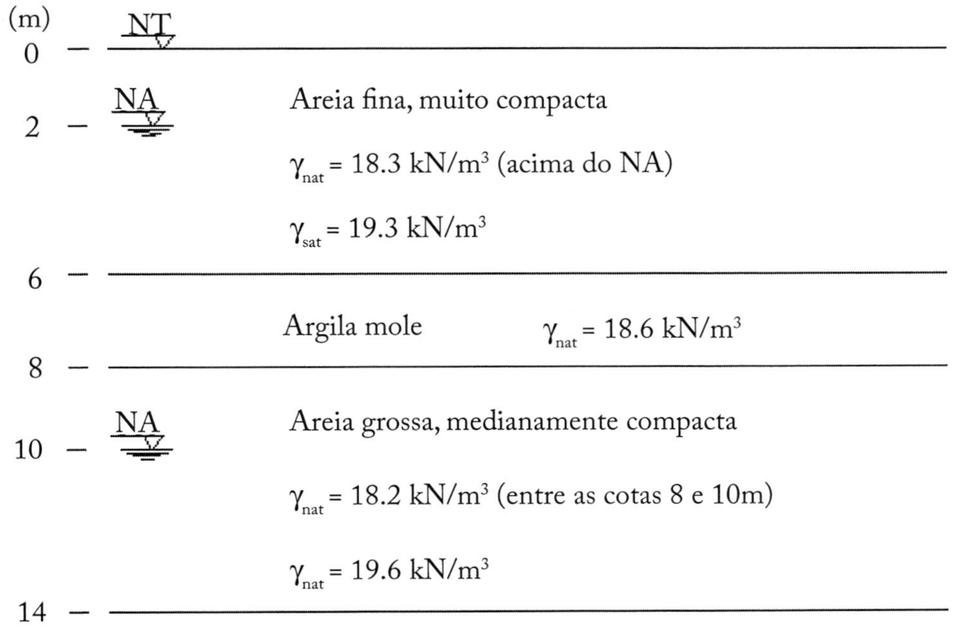

(m)

0 — NT

2 — NA — Areia fina, muito compacta

γ_{nat} = 18.3 kN/m³ (acima do NA)

γ_{sat} = 19.3 kN/m³

6 —

Argila mole γ_{nat} = 18.6 kN/m³

8 —

10 — NA — Areia grossa, medianamente compacta

γ_{nat} = 18.2 kN/m³ (entre as cotas 8 e 10m)

γ_{nat} = 19.6 kN/m³

14 —

FIGURA 8.38 - Perfil do terreno

SOLUÇÃO:

i- um piezômetro instalado na profundidade de 6,0 m indicaria $\mathbf{h_p} \approx 4{,}0$ m, outro piezômetro na profundidade de pouco maior que 8,0 m indicaria $\mathbf{h_p} \approx 0$. Isto indica que está havendo perda de carga neste trecho e, portanto, fluxo. Devido à alta permeabilidade da areia, a perda de carga que ocorre na camada de 2,0 m a 6,0 m é muito pequena e pode-se considerar que toda esta perda de carga de 4,0 m ocorre na camada de argila de 6,0 a 8,0 m. A situação mostrada na **Figura 8.38** é relativamente comum sendo o lençol freático superior chamado de "suspenso" ou "empoleirado". A **Tabela 8.7** mostra os valores das tensões ao longo de **z** para esta situação:

TABELA 8.7 - Tensões ao longo de z

z m	σ_v kPa	u kPa	σ_v' kPa	z m	σ_v kPa	u kPa	σ_v' kPa
0	0		0	8	153	0	153
2	36,6	0	36,6	10	190,2	0	190,2
4	77,2	19,62	57,58	12	227,4	19,62	207,78
6	115,8	39,24	76,56	14	264,6	39,24	225,36

ii- com os valores da **Tabela 8.7**, traça-se o gráfico da variação das tensões ao longo da profundidade:

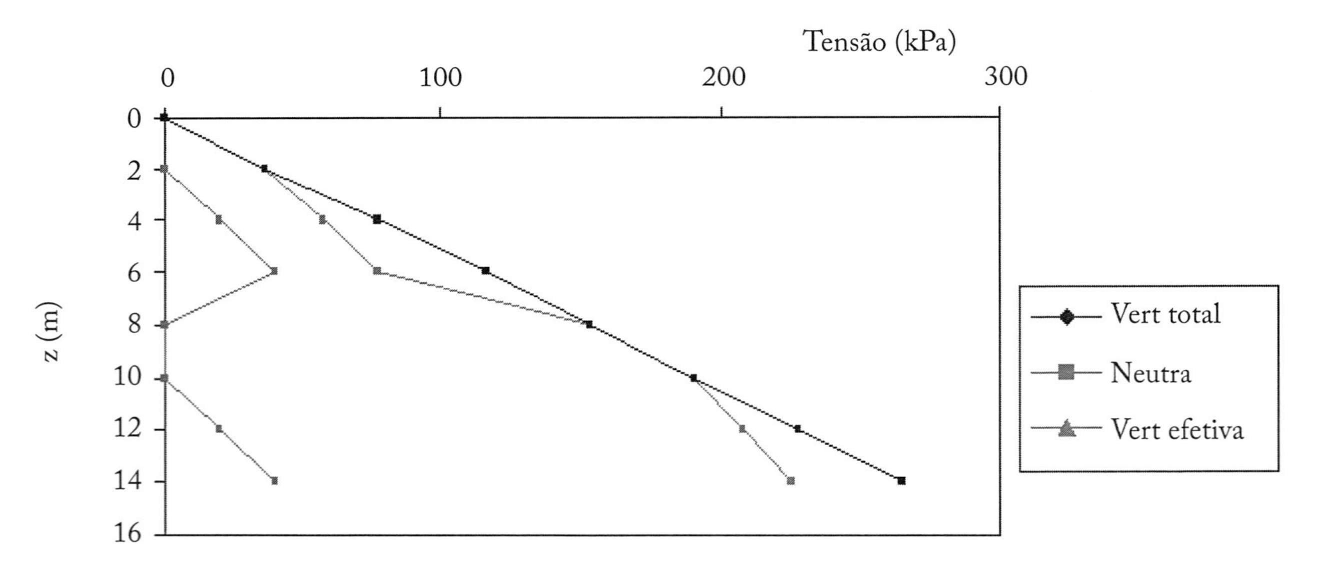

FIGURA 8.39 - Tensões x profundidade

12- No perfil mostrado na **Figura 8.40** tem-se a leitura de um piezômetro instalado na base da camada argilosa. Considerando perdas de carga lineares na camada argilosa, ache a tensão efetiva à profundidade de 4 m.

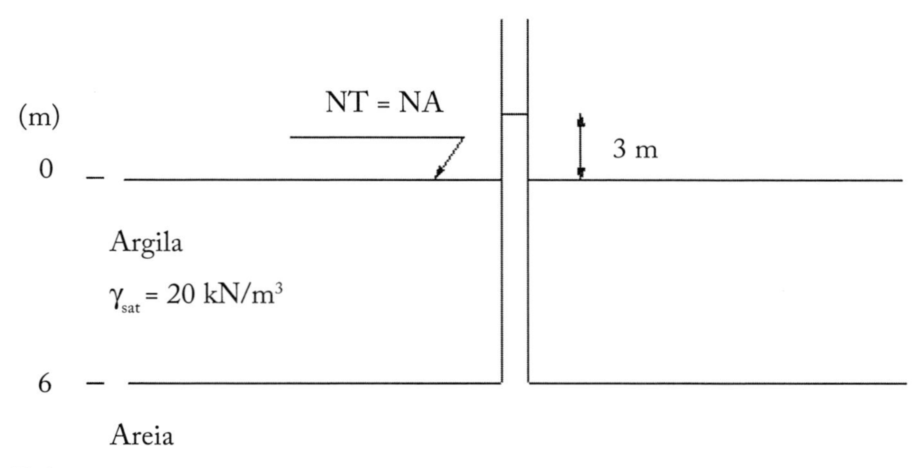

FIGURA 8.40 - Perfil do terreno

SOLUÇÃO:

i- no piezômetro instalado na base da camada de argila lê-se $\mathbf{h_p}$ = 9,0 m. Como ao nível do terreno $\mathbf{h_p}$ = 0, conclui-se que está havendo um fluxo ascendente com uma perda de carga de 3,0 m para a água ir da profundidade 6,0 m a 0 m. Sendo as perdas de carga lineares, um piezômetro a uma profundidade de 4,0 m indicaria uma perda de carga de 1,0 m para a água fluir de 6,0 para 4,0 m, portanto, $\mathbf{h_p}$ = 6,0 m, logo:

$$\mathbf{u = h_p \gamma_w = 6 \times 9{,}81 = 58{,}86\ kPa}$$

ii- a tensão efetiva neste ponto pode ser obtida com:

$$\boldsymbol{\sigma'_v} = \mathbf{4 \times 20 - 58{,}86 = 21{,}14\ kPa}$$

13- Em um permeâmetro de carga variável, a água baixou no tubo alimentador em 20 minutos de 60 para 30 cm. Qual o tempo que a água levou para baixar de 60 para 45 cm?

SOLUÇÃO:

i- na situação em que a água baixa de 60 para 30 cm em 20 minutos:

$$\mathbf{k = \frac{La}{A\Delta t} \ln \frac{h_1}{h_2} = \frac{La}{A \times 20} \ln \frac{60}{30}}$$

ii- na situação em que a água baixa de 60 para 45 cm:

$$\mathbf{k = \frac{La}{A\Delta t} \ln \frac{60}{45}}$$

iii-considerando que **k**, **L**, **a** e **A** são iguais:

$$\frac{1}{20}\ln\frac{60}{30}=\frac{1}{\Delta t}\ln\frac{60}{45}$$

$$\Delta t = 8{,}3 \text{ min.}$$

14- Em um perfil de terreno, os piezômetros da areia A e da areia B indicaram o que mostra a **Figura 8.41**. Admitindo que o fluxo ocorra exclusivamente na horizontal e só nas camadas de areia, calcule a vazão total por metro (perpendicular ao plano da figura) que ocorre no perfil.

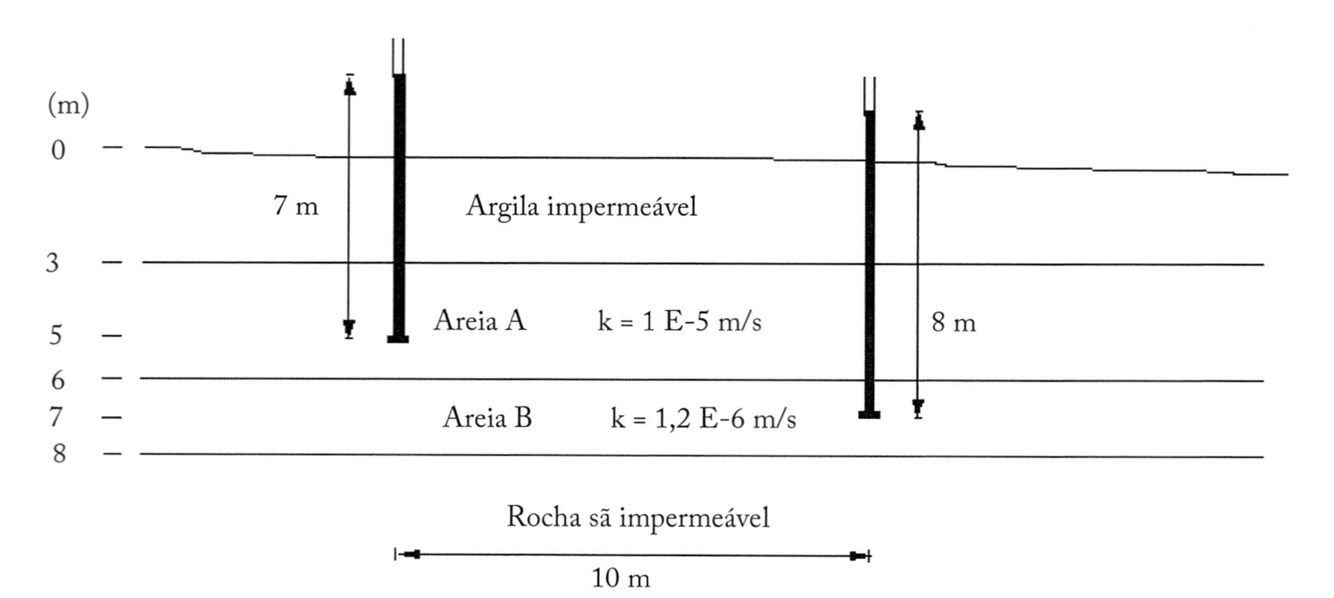

FIGURA 8.41 - Perfil do terreno

15- No perfil mostrado na **Figura 8.42**, foram realizados ensaios de permeabilidade em épocas diferentes. No primeiro ensaio, a água no poço 1, que estava no nível do terreno antes do bombeamento, desceu 50 cm e, no poço 2, desceu 80 cm. No segundo ensaio, a água no poço 1, que estava 2,0 m abaixo do nível do terreno antes do bombeamento, desceu os mesmos 80 cm e no poço 2, desceu 20 cm. A vazão registrada no primeiro ensaio foi de 98,7 l/min e no segundo de 181,4 l/min. Ache o coeficiente de permeabilidade para esta areia. Comente o ensaio e o resultado.

SOLUÇÃO:

k 1º ensaio = 2,00E-02 cm/s
k 2º ensaio = 2,10E-02 cm/s

Cabe observar que no 1º ensaio a condição era de aquífero confinado e, no segundo, de aquífero livre.

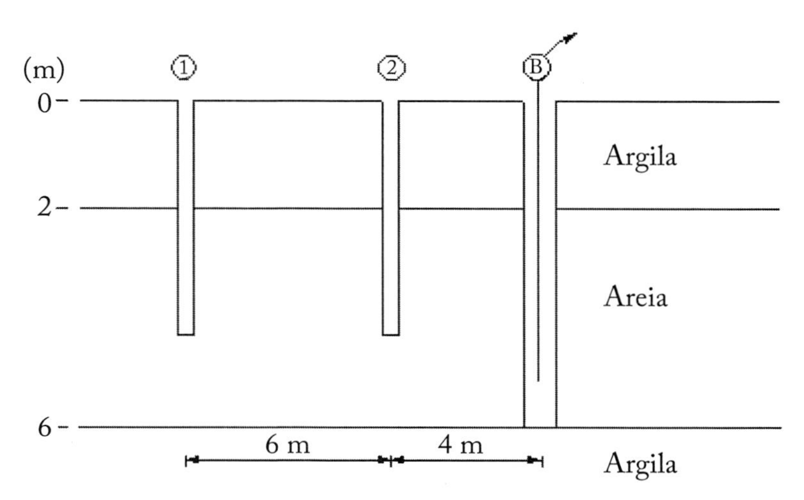

FIGURA 8.42 - Ensaio de campo

16- Traçar o gráfico das cargas altimétrica, piezométrica e total versus altura, e das tensões total, efetiva e neutra versus profundidade, sabendo que está ocorrendo fluxo só na direção vertical e que a água ascende no piezômetro como mostra a **Figura 8.43**.

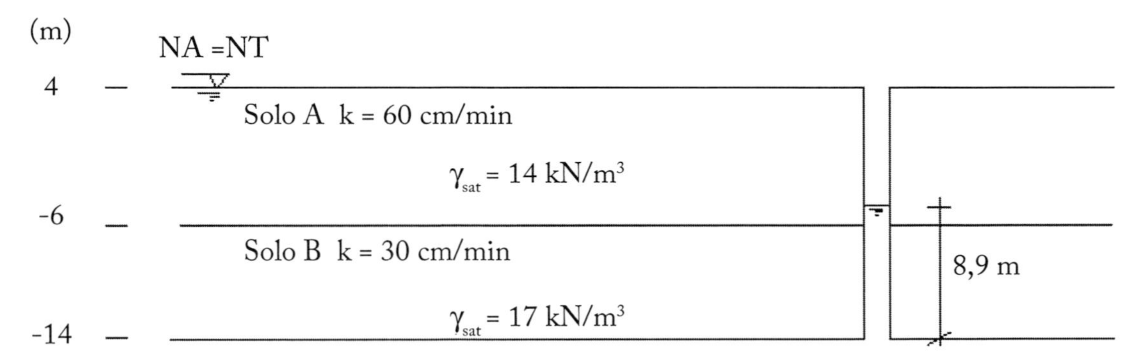

FIGURA 8.43 - Perfil do terreno

SOLUÇÃO:

i - a partir da consideração que a vazão no solo **A** é igual a vazão no solo **B** e que $\Delta H_A = 3{,}5$ **m** e $\Delta H_B = 5{,}6$ **m;**

$$\left(k_A \frac{\Delta H_A}{L_A} A = k_B \frac{\Delta H_B}{L_B} A\right)$$

$$\Delta H_A + \Delta H_B = (18 - 8{,}9)$$

ii- situando o eixo de referência na Cota -14 m, chega-se a **Tabela 8.8**:

TABELA 8.8 - Cargas total, altimétrica e piezométrica ao longo da altura

ALTURA m	H m	h_z m	h_p m
18	18	18	0
8	15	8	7
0	8,9	0	8,9

iii-com os valores da **Tabela 8.8** traça-se o gráfico:

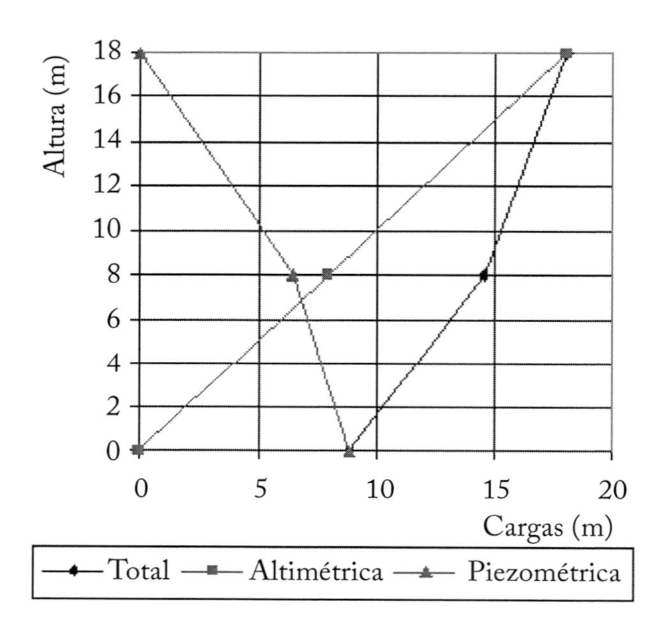

FIGURA 8.44 - Cargas total, altimétrica e piezométrica ao longo da altura

iv- considerando que $\sigma_v = \gamma_{nat}\, z$, $u_w = h_p\, \gamma_w$ e $\sigma'_v = \sigma_v - u_w$, chega-se à **Tabela 8.9**:

TABELA 8.9 - Tensão total, efetiva e neutra

COTAS m	σ_v kPa	u_w kPa	σ_v' kPa
4	0	0	0
-6	140	69	71
-14	276	87	189

v- a partir dos dados da **Tabela 8.9**, traça-se o gráfico das tensões totais, efetivas e neutra ao longo de z:

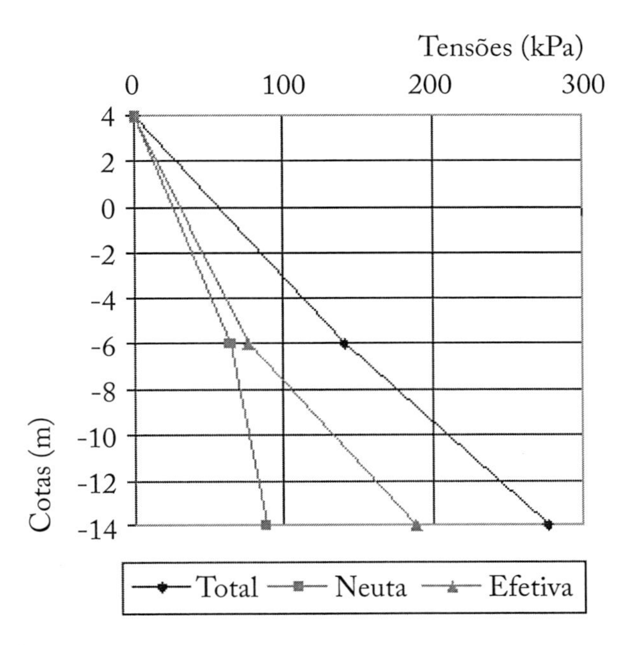

FIGURA 8.45 - Tensão total, efetiva e neutra

17- Trace a rede de fluxo para o caso da barragem mostrada na **Figura 8.46** e calcule a vazão através da mesma. Considere $\mathbf{k_v} = \mathbf{k_h} = 4$ E-5 cm/s.

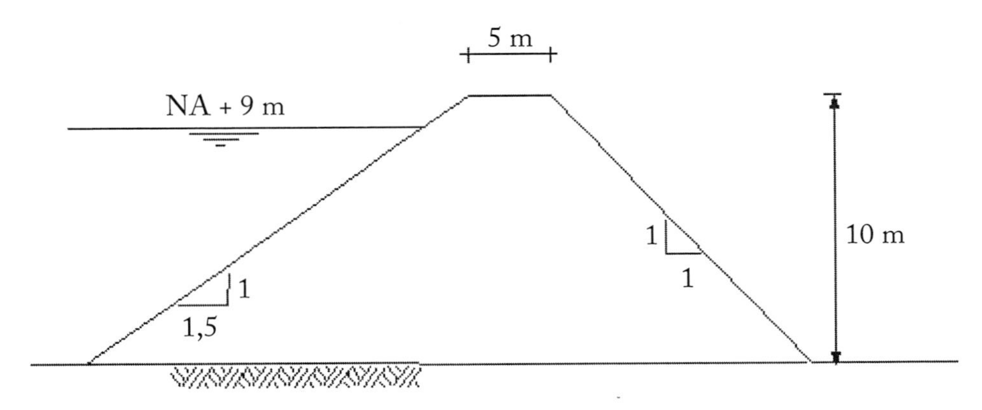

FIGURA 8.46 - Barragem de terra

SOLUÇÃO:

i- traça-se a linha freática de acordo com os passos mostrados na **Figura 8.21**; para isto determina-se os valores: **a'a** = 4,05 m, **d** = 20,55 m, **p** = 0,94 m e a equação da freática

$$\mathbf{x} = \frac{\mathbf{z}^2 - 14{,}1}{3{,}76}$$

ii- faz-se a correção da freática ($\boldsymbol{\beta}$ = 45°, $(\mathbf{l}+\Delta\mathbf{l})$ = 6,6 m e $\Delta\mathbf{l}$ = 2,3 m) e em seguida, por um processo de tentativa, desenvolve-se a rede de fluxo mostrada na **Figura 8.47**:

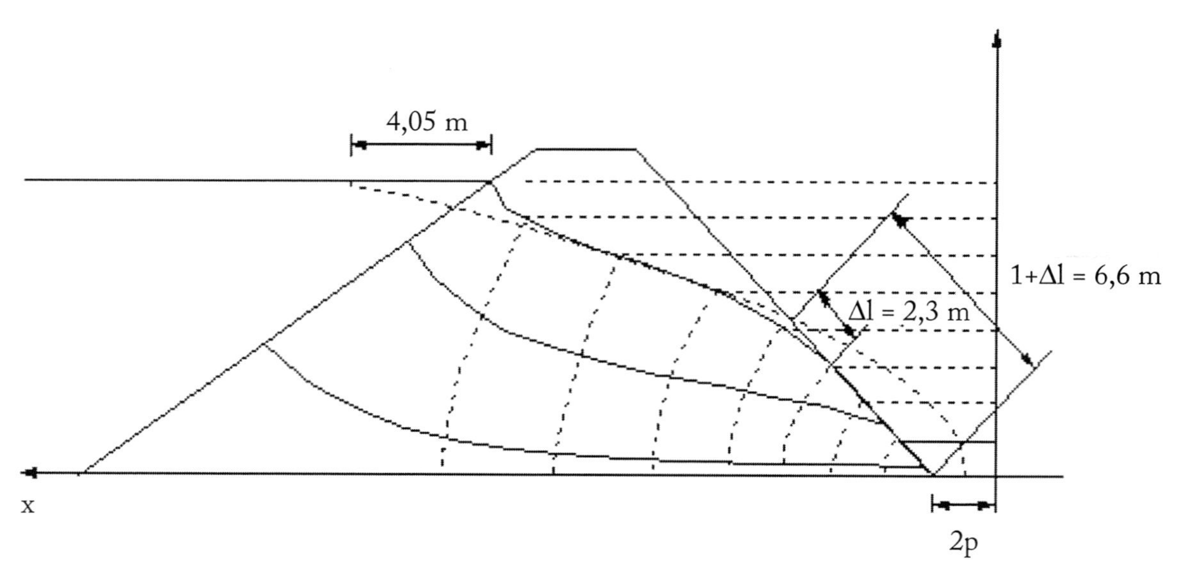

FIGURA 8.47 - Rede de fluxo

iii-na rede de fluxo lê-se $\mathbf{n_c}$ = 2,2 e $\mathbf{n_e}$ = 8; calcula-se a vazão com a **Equação 8.23**:

$$\frac{Q}{L} = k\frac{n_f}{n_e}\Delta H = 4 \times 10^{-7}\,\frac{2,2}{8}\,9 = 1,0 \times 10^{-6}\ m^3/s/m$$

18- Ache a vazão para a barragem de terra da **Figura 8.47** usando a proposta de Schaffernak.

SOLUÇÃO:

i - aplicando a **Equação 8.32** com **l** = 6,6 - 2,3 = 4,3 m e **β** = 45º:

$$\frac{Q}{L} = k\ l\ \text{sen}\ \beta\ \tan\ \beta = 4 \times 10^{-7} \times 4,3 \times \text{sen}\ 45° \times \tan\ 45° =$$

$$= 1,2 \times 10^{-6}\ m^3/s/m$$

19- Trace a rede de fluxo para o caso da barragem mostrada na **Figura 8.48** e calcule a vazão através da mesma. Considerar $\mathbf{k_v}$ = $\mathbf{k_h}$ = 4 x 10^{-5} cm/s.

SOLUÇÃO:

i- traça-se a linha freática como no exercício anterior, só que a origem do sistema de eixos deve estar localizado no início (a montante) do filtro de pé, o que altera o valor de **d** e por conseguinte a freática superior. Com estas considerações traça-se a rede de fluxo mostrada na **Figura 8.49**:

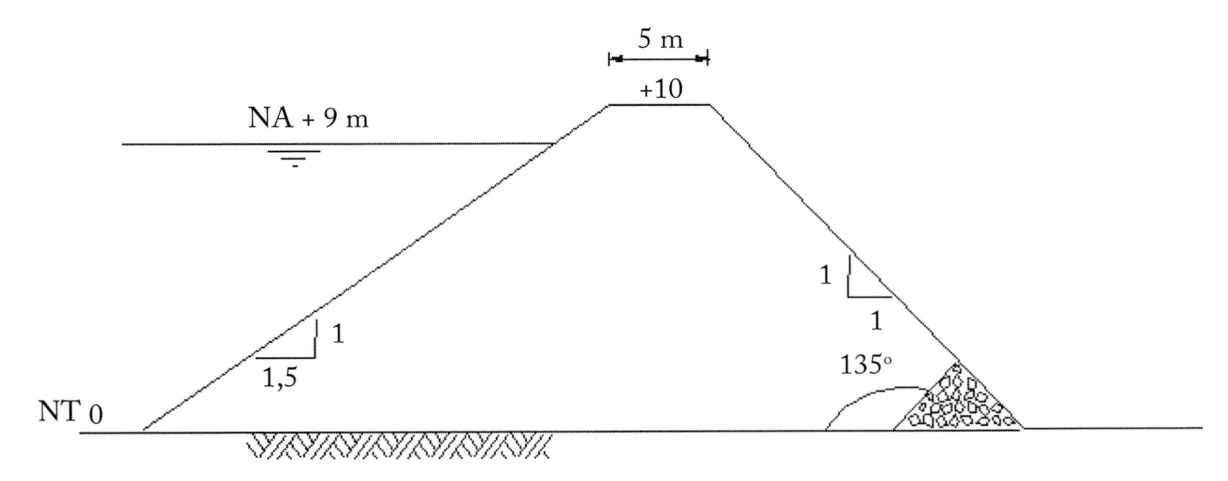

FIGURA 8.48 - Barragem de terra

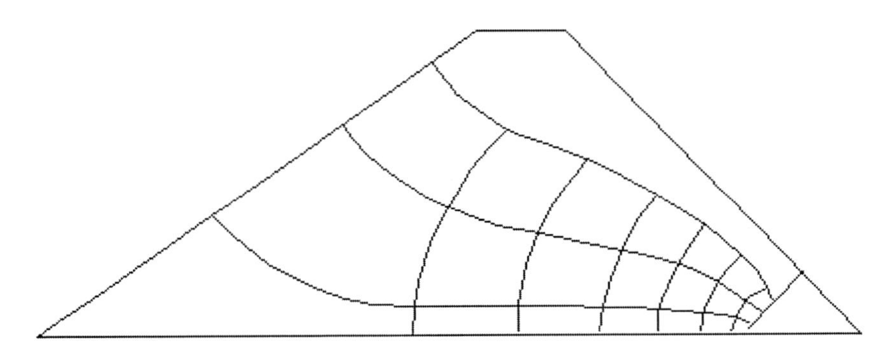

FIGURA 8.49 - Rede de fluxo

ii- na rede de fluxo lê-se $\mathbf{n_c}$ = 2,3 e $\mathbf{n_e}$ = 7; calcula-se a vazão com a expressão:

$$\frac{\mathbf{Q}}{\mathbf{L}} = \mathbf{k}\frac{\mathbf{n_f}}{\mathbf{n_e}}\Delta\mathbf{H} = \mathbf{4 \times 10^{-7}}\,\frac{\mathbf{2,3}}{\mathbf{7}}\mathbf{9} = \mathbf{1,2 \times 10^{-6}\ m^3 / s / m}$$

20- No perfil a seguir ache a profundidade que se pode escavar, sem que ocorra a ruptura de fundo.

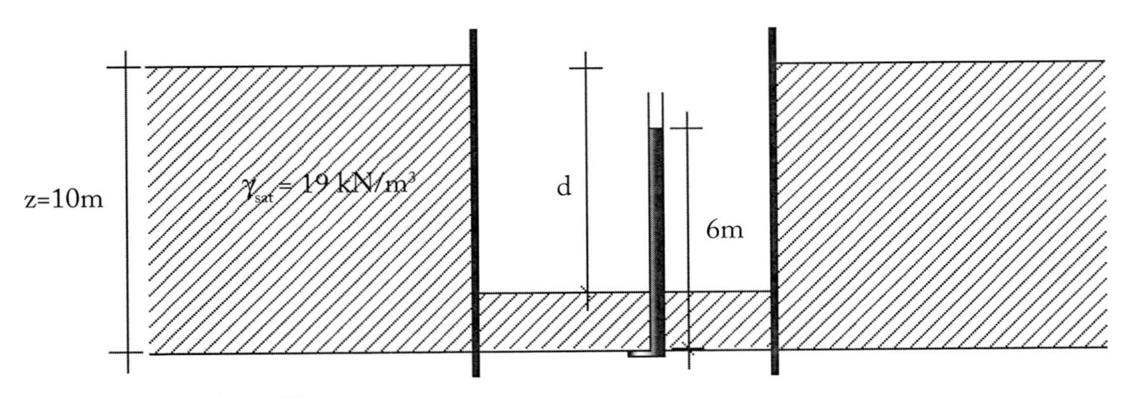

FIGURA 8.50 – Condições do problema

SOLUÇÃO:

O equilíbrio das forças que atuam na camada de fundo da escavação conforme mostra a **Figura 8.51** fornece o valor procurado:

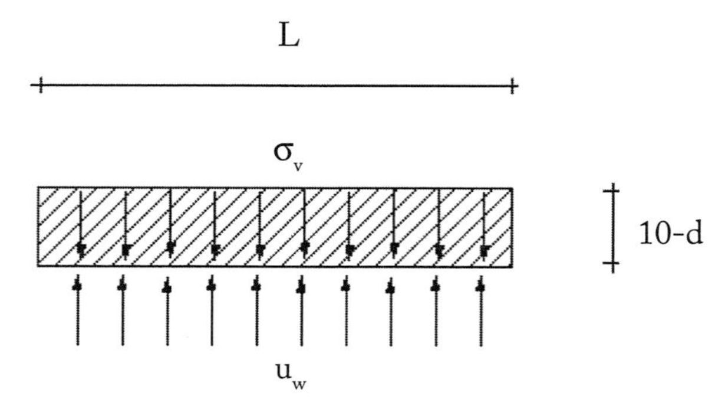

FIGURA 8.51 - Croquis do fundo da escavação

$$W = \sigma_v \times L \times 1 = (z - d)\gamma_{sat} \times L \times 1$$
$$U = u_w \times L \times 1 = h_p \times \gamma_w \times L \times 1$$
$$(10 - d)19 \times L \times 1 = 6 \times 9{,}8 \times L \times 1$$
$$d = 6{,}9 \text{ m}$$

21- Em uma escavação temporariamente abandonada, colocou-se uma lâmina de água de 5 m de profundidade. Para a situação mostrada no perfil a seguir, e com a evaporação se processando, em que nível estará a água se ocorrer ruptura de fundo, sabendo que a água ascendeu 11,0 m em um piezômetro instalado no ponto **A**.

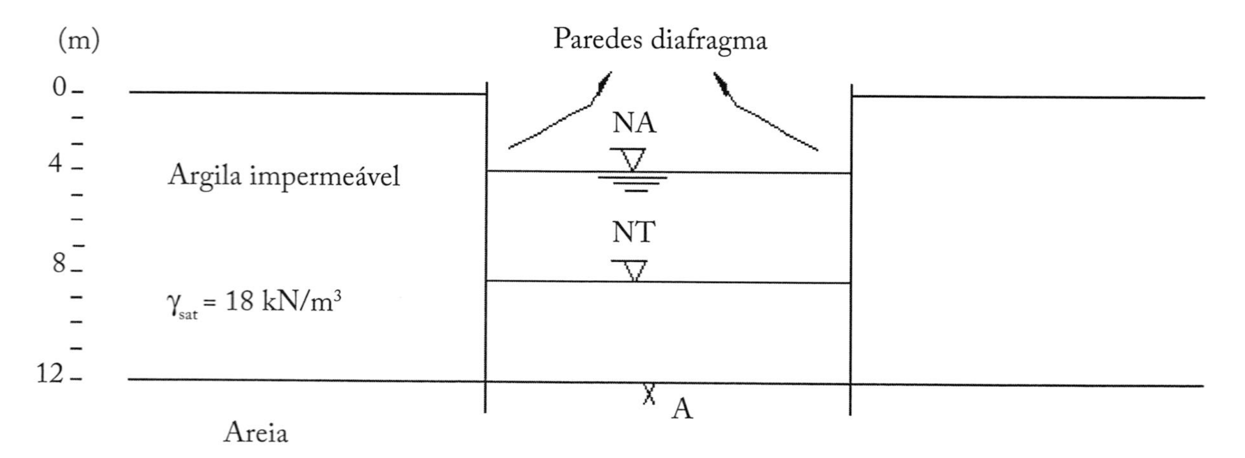

FIGURA 8.52 - Perfil da escavação

RESPOSTA:

Ocorrerá a ruptura de fundo quando o nível de água na escavação atingir 4,8 m de profundidade.

CAPÍTULO 9

Adensamento dos Solos

9.1- INTRODUÇÃO

Os acréscimos ou alívios de tensões que surgem nas camadas de solo, em função da variação dos carregamentos, produzem deformações nestas camadas que se refletem em recalques (deslocamentos verticais) das fundações assentes sobre elas. Estes recalques são positivos, quando a camada sofre compressão e a fundação desloca-se para baixo, e negativos, quando a camada sofre expansão e a fundação desloca-se para cima. Considerando o tempo após a aplicação das cargas para que se completem, estes recalques podem ser incluídos em dois grupos:

i- imediatos – ocorrem em um tempo curto, em geral, da ordem de horas;

ii- diferidos – ocorrem em um tempo muito maior, da ordem de meses, anos e até séculos.

Entre os recalques imediatos três situações se destacam:

i- quando os recalques são causados por deformações horizontais do solo, devido a ocorrência de um confinamento lateral baixo na profundidade da fundação; há um deslocamento lateral do solo, praticamente, sem variação do índice de vazios (mudança de forma com o volume permanecendo constante); sua previsão é feita com o uso de fórmulas empíricas ou por meio da Teoria da Elasticidade – por isso é, inadequadamente, chamado por alguns de recalque elástico;

ii- quando o solo não está saturado e há uma imediata compressão do ar nos vazios (mantém a forma com redução de volume); podem ser previstos com métodos desenvolvidos para recalques em solos não-saturados (Murrieta, 1989);

iii-quando um solo granular saturado sofre um processo de recalque com saída rápida da água nos vazios, devido à alta permeabilidade do solo; há redução do índice de vazios, como no caso anterior.

Entre os recalques diferidos duas situações se destacam:

i- quando um solo saturado com permeabilidade baixa sofre um processo de recalque, com saída lenta da água dos vazios; neste caso, a redução de volume do solo ocorre em um período de tempo grande, em um processo em que há aumento das tensões efetivas no solo; é chamado de adensamento primário e pode ser previsto com a teoria de adensamento unidimensional de Terzaghi;

ii- quando um solo saturado com permeabilidade baixa sofre um processo de recalque, com saída mais lenta ainda da água dos vazios; neste caso, a redução de volume do solo ocorre em um período de tempo ainda maior, porém em um processo em que as tensões efetivas permanecem, praticamente, constantes; é chamado de adensamento secundário e pode ser previsto com a teoria de adensamento secundário.

NOTA 9.1 - Recalques imediatos e diferidos

Em geral, os recalques imediatos não causam grandes transtornos às obras de engenharia, uma vez que, como ocorrem concomitantemente ao carregamento, os problemas decorrentes são corrigidos no processo construtivo. Por exemplo, uma barragem que deveria ter 20 m de altura, mesmo que sofra durante a construção grandes recalques imediatos, sempre terá ao final da construção os 20 m de altura previstos. Em um edifício, os problemas de nivelamento eventualmente surgidos na primeira laje devido aos recalques imediatos, serão corrigidos na segunda laje e assim sucessivamente. Os maiores problemas surgem dos recalques diferidos, que podem levar ao comprometimento da estrutura anos após a conclusão da obra.

Neste capítulo, será dada especial atenção aos recalques por adensamento primário, adensamento secundário e adensamento radial. Também será abordado as deformações ocorridas em argilas colapsíveis devido à saturação.

9.2- ADENSAMENTO PRIMÁRIO

9.2.1- Analogia Mecânica de Terzaghi

Para facilitar a compreensão do processo de adensamento em solos, Terzaghi propôs a analogia mecânica exposta a seguir:

Considere-se um cilindro indeformável, completamente cheio de água, conforme mostra a **Figura 9.1a**, com um pistão com área **A** suportado por uma mola fixa ao fundo do cilindro. Há no pistão um pequeno orifício e dois piezômetros instalados na lateral do cilindro – deve-se admitir, em uma abstração idealizada, que os piezômetros não retiram água do cilindro para suas marcações –, que indicam que a água no interior está em condições hidrostáticas. Fecha-se então o orifício e aplica-se uma carga **V** externa à câmara, conforme mostra a **Figura 9.1b**. Admitindo-se a água incompressível, a tensão $\Delta\sigma_u = V/A$ é integralmente suportada pela água que fica com um excesso da pressão hidrostática $\Delta\mu_w = \Delta\sigma_V$, com os piezômetros marcando um acréscimo de carga $\Delta h_p = \Delta u_w/\sigma_w = \Delta\sigma_V/\sigma_w$. O pistão nesta fase não se move. Abrindo-se o orifício, conforme mostra a **Figura 9.1c**, a água começa a fluir permitindo a descida do pistão, ocorrendo então uma transferência gradual da pressão na água para a mola. A velocidade desta transferência depende fundamentalmente do diâmetro do orifício. Após um determinado tempo de escoamento, toda a pressão $\Delta\sigma_V$ se transfere para a mola, o pistão deixa de se mover e a água volta à condição hidrostática, tendo ocorrido uma redução do volume interno da câmara como se pode ver na **Figura 9.1d**.

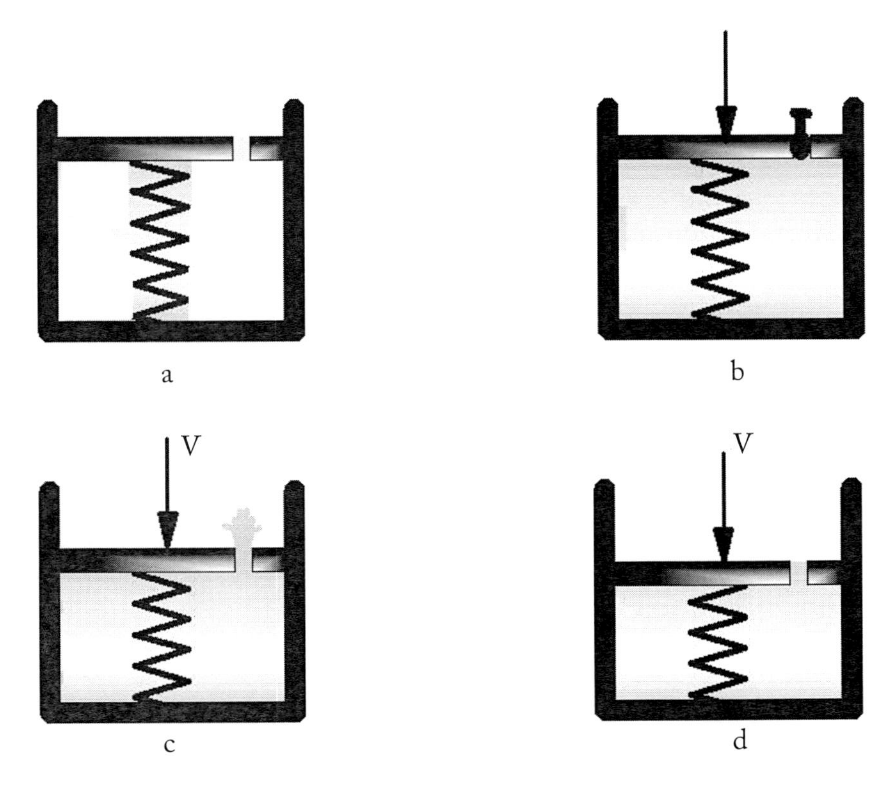

FIGURA 9.1 - Analogia mecânica de Terzaghi

Imaginando um grande número de câmaras interconectadas, pode-se representar os vazios do solo como as câmaras; os grãos podem ser representados pelas molas do modelo; a água nos vazios pelo fluido das câmaras e os canalículos capilares pelos orifícios do pistão.

No perfil mostrado na **Figura 9.1**, uma camada de argila saturada, sobrejacente a uma camada de areia, é solicitada por um carregamento "infinito" $\Delta\sigma_V$. A água contida nos vazios da argila pode drenar pela superfície superior e pela camada de areia (neste caso diz-se que a camada argilosa tem duas faces drenantes). Imediatamente após o carregamento (**t = 0**), este incremento será suportado pela água que adquire, portanto, uma pressão em excesso da hidrostática ao longo de toda a espessura **H** igual a $\Delta\sigma_V$, conforme pode ser visto na **Figura 9.1a**.

Depois de um certo tempo (**0 < t < 00**) haverá escapado certa quantidade de água pelas superfícies superior e inferior da argila, percorrendo, no máximo, o caminho H_{dr} (maior caminho de fluxo). Consequentemente, o excesso de pressão hidrostática terá diminuído, com parte desse excesso tendo se transferido para o esqueleto sólido e parte permanecendo na água; pode-se observar que

$$\Delta u_w = f(z,t) \qquad \textbf{Eq. 9.1.}$$

Esse processo envolve a redução do índice de vazios surgindo os recalques por adensamento primário. A distribuição destes esforços pode ser visto na **Figura 9.1b.** Sendo evidente que:

$$\Delta\sigma_v = \Delta\sigma_v' + \Delta u_w \qquad \textbf{Eq. 9.2}$$

Em um tempo suficientemente grande, todo o excesso de pressão hidrostática que estava na água transfere-se para o esqueleto sólido e a água nos vazios da amostra volta à condição hidrostática, cessando os recalques por adensamento primário.

Substituindo-se o valor de λu_W da **Equação 9.1** na **Equação 9.2** chega-se à **Equação 9.3** que expressa as tensões verticais efetivas em qualquer tempo e a qualquer profundidade:

$$\Delta\sigma_v' = \Delta\sigma_v - f(z,t) \qquad \textbf{Eq. 9.3}$$

Logo, encontrando-se essa função **f (z , t)**, tem-se um modelo matemático para o processo de adensamento que sofre uma camada de solo argiloso sob um carregamento $\Delta\sigma_V$, quando ocorre uma transferência gradual do excesso de pressão hidrostática inicial da água para tensões efetivas, chamado por Terzaghi de adensamento primário.

9.2.2- Equação Diferencial do Adensamento

Com a ajuda do grande matemático alemão Fröhlich, Terzhagi, em 1925, em seu excepcional livro "Erdbaumechanik auf bodenphysikalischer Grundlage", chegou à **Equação 9.4** de derivadas parciais de 2ª ordem que rege o fenômeno do adensamento primário.

$$c_v \frac{\partial^2 u_w}{\partial z^2} = \frac{\partial u_w}{\partial t} \qquad \textbf{Eq. 9.4}$$

onde:

$$c_v = \frac{k_v}{m_v \gamma_w} \qquad \textbf{Eq. 9.5}$$

$$m_v = \frac{\Delta\varepsilon_z}{\Delta\sigma'_v}$$ **Eq. 9.6**

$$\Delta\varepsilon_z = \frac{\Delta e}{1+e_0}$$ **Eq. 9.7**

sendo:
$\mathbf{c_V}$ = coeficiente de adensamento vertical;
$\mathbf{k_V}$ = coeficiente de permeabilidade vertical;
$\mathbf{m_V}$ = coeficiente de variação volumétrica vertical;
$\mathbf{\Delta\varepsilon_Z}$ = variação das deformações específicas vertical;
$\mathbf{\Delta\sigma_V'}$ = variação das tensões efetivas;
$\mathbf{\Delta e}$ = variação do índice de vazios;
$\mathbf{e_0}$ = índice de vazios inicial.

9.2.2.1 - Hipóteses simplificadoras

Como na época só cabia soluções analíticas para as equações diferenciais – não havia os métodos numéricos de hoje que permitem encontrar-se soluções aproximadas –, Terzaghi e Fröhlich tiveram que fazer as seguintes hipóteses simplificadoras para poder chegar à **Equação 9.4**, passível de solução:

i- os grãos dos solos são incompressíveis;
ii- a água dos vazios é incompressível;
iii- a saturação do solo é completa;
iv- a lei de Darcy é válida para qualquer gradiente atuante;
v- a permeabilidade do solo ($\mathbf{k_V}$) é constante;
vi- a compressibilidade do solo ($\mathbf{m_V}$) é constante;
vii- há unicidade entre as tensões efetivas e índice de vazios;
viii- o fluxo é unidimensional e somente na direção vertical.

A primeira e segunda hipóteses são plenamente aceitáveis uma vez que, para o nível de tensões que usualmente se aplica nos solos, tanto os grãos quanto a água comportam-se como materiais incompressíveis.

A saturação completa é uma condição comum de solos argilosos, especialmente, entre os sedimentares que se formaram tendo a água como agente transportador. Se o solo não estiver saturado, uma das considerações para a dedução da equação – a de que a redução do volume da amostra é igual ao volume da água que sai da amostra – não é satisfeita e, portanto, o modelo afasta-se da realidade.

A lei de Darcy válida é uma hipótese usual no estudo do fluxo de água nos solos. De fato, nas argilas, as forças capilares exercem um papel de restrição ao fluxo, só ocorrendo este quando o efeito do gradiente hidráulico for superior às forças capilares. Iniciando-se, porém, o fluxo, a lei de Darcy é observada (**Figura 8.7**).

A permeabilidade e a compressibilidade constantes, de fato, não ocorrem, uma vez que o fenômeno de adensamento implica em uma redução do índice de vazios e, portanto, em uma redução tanto na permeabilidade quanto na compressibilidade. Ocorre que, no adensamento, estes parâmetros são usados, em geral, para o cálculo de $\mathbf{c_V}$ onde se usa a relação de $\mathbf{k_V / m_V}$ (**Equação 9.5**). Os ensaios de adensamento tem mostrado que, após uma forte variação no início do ensaio, essa relação tem variação relativamente pequena o que faz com que, na maioria das vezes, essas não sejam hipóteses que levem a erros grosseiros.

A unicidade entre tensões efetivas e índice de vazios também não ocorre, não só devido ao solo sob carregamento sempre sofrer deformações residuais – o que significa diferentes índices de vazios para a mesma tensão efetiva em um ciclo de carregamento e descarregamento –, como devido à compressão secundária, que implica em deformações diferidas com tensão efetiva constante.

A última hipótese é a mais improvável de ocorrer. Apenas se a camada for delgada em relação à área do carregamento, o fluxo será unidimensional. Na maioria das vezes, ocorre fluxo bi ou tridimensional. Teorias de adensamento posteriores à de Terzaghi, como a de Biot (1942), consideram a possibilidade do fluxo tridimensional.

9.2.2.2- Solução da equação diferencial do adensamento

Considerando a origem do sistema cartesiano no nível do terreno, estabelece-se as seguintes condições de fronteira, conforme mostra a **Figura 9.2**.

$$\Delta u_w = \begin{cases} 0 \text{ para } \begin{cases} z = 0 \\ z = H \end{cases} \\ \Delta\sigma_v \text{ para } t = 0 \text{ e } 0 < z < H \end{cases}$$

Aplicando-se o método de separação de variáveis, obtém-se uma solução particular da **Equação 9.4** na forma de uma série de Fourier em senos.

$$\Delta u_w = \sum_{m=0}^{\infty} \left[\frac{2\Delta\sigma_v}{M} \operatorname{sen}\left(\frac{Mz}{H_{dr}} \right) \right] \exp\left(-M^2 T_v\right) \quad \text{Eq. 9.8}$$

sendo:

$$M = \frac{\pi(2m+1)}{2} \quad \text{Eq. 9.9}$$

m = número de termos da série menos 1;
z = distância do ponto que se quer calcular o excesso de poropressão à fronteira drenante mais próxima;
H_{dr} = o maior caminho de fluxo;
T_v = Fator Tempo na direção vertical, obtido com a **Equação 9.10**:

$$T_v = \frac{c_v t}{H_{dr}^2} \quad \text{Eq. 9.10}$$

Exemplo de aplicação 9.1 - Achar a pressão na água no ponto **A**, mostrado na **Figura 9.3**, 10 anos após a colocação de um aterro de 3 m de espessura com γ_{nat} **= 19,2 kN/m³**.

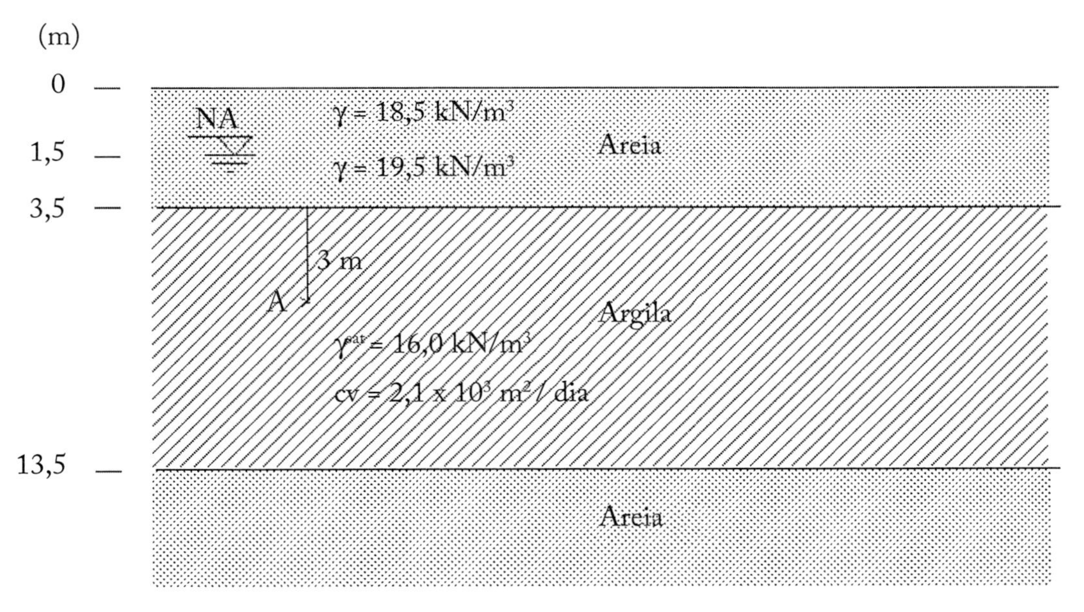

FIGURA 9.3 -Perfil do terreno

SOLUÇÃO:

A **Equação 9.8, 9.9 e 9.10** devem ser usadas, com os seguintes dados:

$$\Delta\sigma_v = 19,2 \text{ x } 3 = 57,6 \text{ kPa}$$

z = distância vertical do ponto **A** à face drenante mais próxima = **3,0 m**
H_{dr} = duas faces drenantes, logo o maior caminho de fluxo é igual a **5,0 m**.

Como exemplo, apresenta-se o cálculo usando-se 2 termos da série, i.e., **m = 1**. Aplicando-se a **Equação 9.9, 9.10 e 9.8** tem-se:

$$M = \frac{\pi(2 \text{ x } 1+1)}{2} = 4,712$$

$$T_v = \frac{2,1 \text{ x } 10^{-3} \text{ x } 365 \text{ x } 10}{5^2} = 0,307$$

$$\text{sen}\,\frac{4,712 \text{ x } 3}{5} = 0,309$$

obs.: o argumento para o cálculo do seno na expressão anterior é em radianos.

$$\exp\left[-\left(4,712^2\right)0,307\right] = 1,1 \text{ x } 10^{-3}$$

$$\Delta u_w = \frac{2 \text{ x } 57,6}{4,712} \text{ x } 0,309 \text{ x } 1,10 \text{ x } 10^{-3} = 0,008$$

Na **Tabela 9.1**, apresenta-se o cálculo completo usando 4 termos da série. Pode-se notar que, neste caso, com apenas dois termos já há convergência no resultado final.

TABELA 9.1 - Acréscimo de pressão neutra no ponto A

nº de termos	m	M	$\text{sen}\,\frac{Mz}{H_{dr}}$	$\exp(-M^2T_v)$	Δu_w	$\Sigma\Delta u_w$
1	0	1,57	0,809	4,69 E-01	27,845	27,845
2	1	4,712	0,309	1,10 E-03	0,01	27,853
3	2	7,854	-1,000	6,11 E-09	-8,97 E-08	27,853
4	3	11	0,309	7,97 E-17	2,58 E-16	27,853

A pressão na água, 10 anos após a aplicação da sobrecarga, será:

$$u_{w\,10\,anos} = \gamma_w z + \sum \Delta u_w = \mathbf{9{,}81 \times 5 + 27{,}853 = 76{,}90\ kPa}$$

9.2.2.3- Porcentagem de adensamento

Na **Figura 9.4**, considere-se $\mathbf{U_Z}$ **(%)** o grau de adensamento a uma profundidade **z**, no tempo **t,** devido a um carregamento infinito $\mathbf{\Delta\sigma_V}$, aplicado na superfície de uma camada de argila duplamente drenada. Essa condição leva a uma simetria dos acréscimos de tensão em relação à linha **DE** no meio da camada, conforme mostra a **Figura 9.3**.

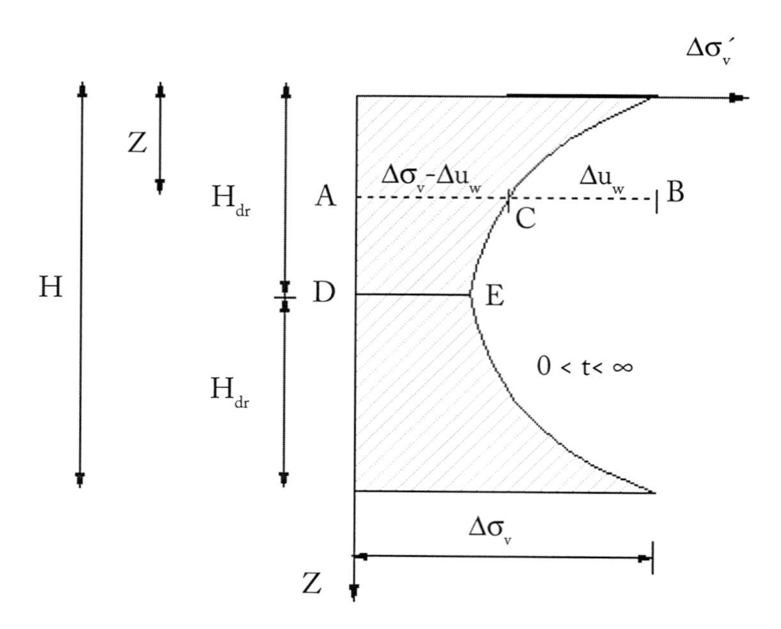

FIGURA 9.4 -Acréscimo de tensões efetivas ao longo de z, em um tempo t, em uma camada argilosa duplamente drenada.

AC representa a parcela de $\Delta\sigma_v$ já transferida para o solo, na profundidade **z**, enquanto que **CB**, a parcela de $\Delta\sigma_v$ que, ainda, está suportada pela água. **AB** = $\Delta\sigma_v$ representa o esforço que inicialmente atuou sobre a água. Logo, a porcentagem de adensamento àquela profundidade **z**, no tempo **t**, i.e., a parcela que já se transferiu para o esqueleto sólido, será:

$$U_z(\%) = \frac{AC}{AB}100 = \frac{\Delta\sigma_v - \Delta u_w}{\Delta\sigma_v}100 = \left(1 - \frac{\Delta u_w}{\Delta\sigma_v}\right)100$$

Analogamente, pode-se achar a porcentagem de adensamento para a camada completa em um tempo **t**. Na **Figura 9.4**, a zona hachurada representa na camada a área de pressão que já se transferiu para a estrutura do solo, i.e., tornou-se tensões efetivas, enquanto que a área total $2H_{dr}\Delta\sigma_v$ é a área final de tensões efetivas, quando o adensamento da camada ocorrer integralmente. Logo:

$$U_v(\%) = \frac{2\int_0^{H_{dr}} U_z(\%)}{2H_{dr}\Delta\sigma_v} = \frac{2\int_0^{H_{dr}} \left(1 - \frac{\Delta u_w}{\Delta\sigma_v}\right)100\,dz}{2H_{dr}\Delta\sigma_v} \qquad \textbf{Eq. 9.11}$$

Substituindo-se o valor de Δu_w da **Equação 9.8** e integrando chega-se à expressão procurada:

$$U_v(\%) = \left[1 - \sum_{m=0}^{\infty} \frac{2}{M^2}\exp\left(-M^2T_v\right)\right] x\ 100 \qquad \textbf{Eq. 9.12}$$

A **Equação 9.12** mostra que $U_v(\%)$ é função só do fator tempo T_v portanto, atribuindo-se valores para T_v encontra-se valores para $U_v(\%)$ e vice-versa. Os gráficos e tabelas a seguir apresentam estes valores.

TABELA 9.2 - Porcentagem de adensamento x Fator tempo

U_v%	T_v	U_v%	T_v	U_v%	T_v
0	0	35	0,096	70	0,403
5	0,002	40	0,126	75	0,477
10	0,008	45	0,159	80	0,567
15	0,018	50	0,197	85	0,684
20	0,031	55	0,239	90	0,848
25	0,049	60	0,286	95	1,129
30	0,071	65	0,342	100	00

TABELA 9.3 - Fator tempo x Porcentagem de adensamento

T_V	U_V%	T_V	U_V%	T_V	U_V%
0	7,14	0,083	32,51	0,4	69,79
0,008	10,00	0,1	35,68	0,5	76,4
0,01	12,36	0,125	39,89	0,6	81,56
0,02	15,96	0,15	43,7	0,7	85,59
0,03	18,88	0,175	47,18	0,8	88,74
0,04	21,4	0,2	50,41	0,9	91,2
0,05	24,72	0,25	56,22	1	93,13
0,06	27,64	0,3	61,32	1,5	98
0,07	30,28	0,35	65,82	2	99,42

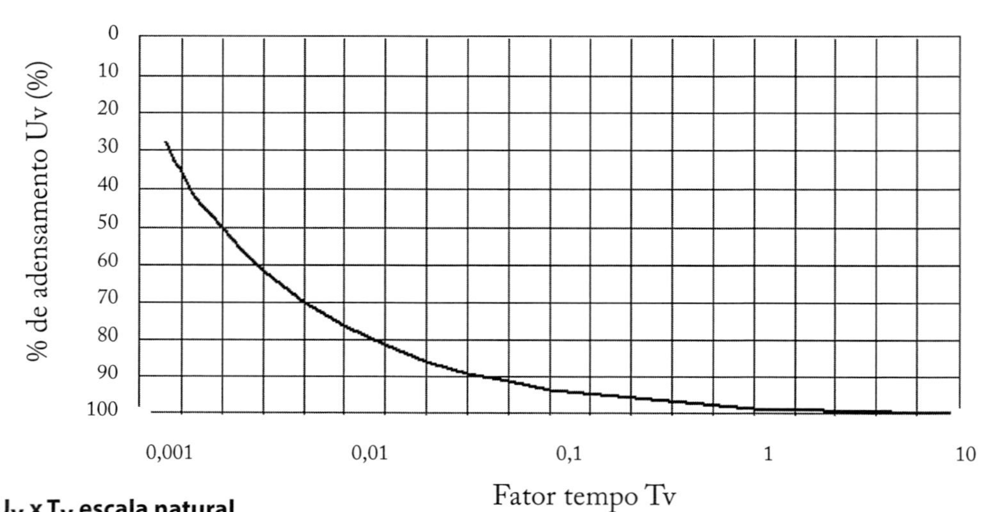

FIGURA 9.5 - U_V x T_V escala natural

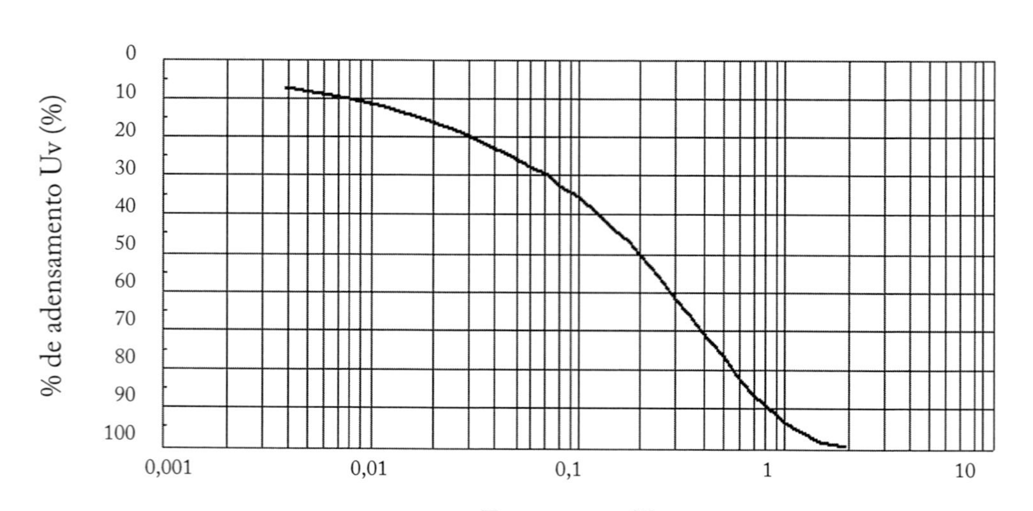

FIGURA 9.6 - U_V x T_V em escala semi-logarítmica

9.2.2.4- Fórmulas Aproximadas

Em uma tentativa de facilitar a obtenção de valores de $\mathbf{U_V}$ e $\mathbf{T_V}$, alguns autores propõem a utilização de fórmulas aproximadas às de Terzaghi que fornecem valores plenamente aceitáveis. Dentre estas fórmulas destacam-se, atualmente, as propostas por Brinch-Hansen e Sivaram e Swamee:

9.2.2.4.1- Brinch-Hansen:

$$U_v(\%) = \sqrt[6]{\frac{T_v^3}{T_v^3 + 0{,}5}} \times 100 \qquad \textbf{Eq. 9.13}$$

ou ainda:

$$T_v = \sqrt[3]{\frac{0{,}5\left(\frac{U_v}{100}\right)^6}{1-\left(\frac{U_v}{100}\right)^6}} \qquad \textbf{Eq. 9.14}$$

9.2.2.4.2- Sivaram e Swamee

$$T_v = \frac{\frac{\pi}{4}\left(\frac{U_v}{100}\right)^2}{\left[1-\left(\frac{U_v}{100}\right)^{5{,}6}\right]^{0{,}357}} \qquad \textbf{Eq. 9.15}$$

ou ainda:

$$U_V(\%) = \frac{100}{\left[\left(\frac{\pi}{4T_v}\right)^{2{,}801} + 1\right]^{0{,}179}} \qquad \textbf{Eq. 9.16}$$

Exemplo de aplicação 9.2 - Dado o perfil abaixo ($\mathbf{c_V}$ = 1 E-5 cm /s), determinar: a) o recalque por adensamento primário ocorrido em 4 anos, sabendo-se que o recalque total por adensamento primário que sofrerá a camada argilosa é de 80 cm. b) em quanto tempo ocorrerão 95% dos recalques?

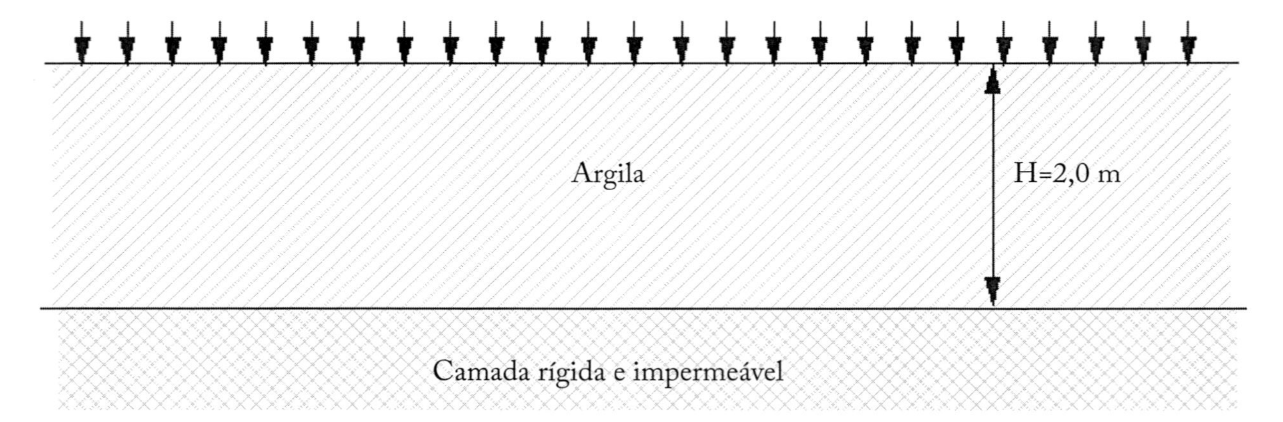

FIGURA 9.7 - Camada argilosa com uma face drenante

SOLUÇÃO

a) RECALQUE EM 4 ANOS:

O fator tempo para **4** anos, com o maior caminho de fluxo $\mathbf{H_{dr} = 200\ cm}$, pode ser obtido com a **Equação 9.10**:

$$T_v = \frac{c_v t}{H_{dr}^2} = \frac{1 \times 10^{-5} \times 4 \times 364 \times 24 \times 60 \times 60}{200^2} = 0{,}032$$

Com $\mathbf{T_V = 0{,}032}$, para achar o valor de $\mathbf{U_V}$ pode-se usar a **Equação 9.12**, ou ler na **Tabela 9.3**, ou nas **Figuras 9.5 e 9.6**, ou usar as fórmulas aproximadas. Por exemplo, usando a **Equação 9.16**, de Sivaram e Swamee:

$$U_v(\%) = \frac{100}{\left[\left(\frac{\pi}{4 \times 0{,}032}\right)^{2{,}801} + 1\right]^{0{,}179}} = 19{,}95\ \%$$

Logo:

$$S_{4\ anos} = \frac{19{,}95}{100} \times 80 = 16\ cm$$

b) TEMPO PARA OCORREREM 95% DOS RECALQUES

Na **Tabela 9.2**, para $\mathbf{U_V (\%) = 95\%}$ pode-se ler o fator tempo $\mathbf{T_V = 1{,}127}$, logo o tempo necessário para que ocorram **95%** dos recalques, por adensamento primário, de acordo com a **Equação 9.10** será:

$$t = \frac{1{,}127 \times 200^2}{1 \times 10^{-5}} = 45 \times 10^8\ s = 143\ anos$$

Exemplo de aplicação 9.3 - Resolver o problema anterior considerando uma camada de areia no lugar da camada impermeável.

a) RECALQUE EM 4 ANOS:
Com duas faces drenantes, $\mathbf{H_{dr} = 100\ cm}$ (metade da espessura da camada), logo:

$$T_v = \frac{1 \times 10^{-5} \times 4 \times 365 \times 24 \times 60 \times 60}{100^2} = 0{,}126$$

para $\mathbf{T_V = 0{,}126 \Rightarrow U_V\% = 39{,}93\%}$

$$S_{4\ anos} = \frac{39{,}93}{100} \times 80 = 32\ cm$$

b) $\mathbf{U_V\% = 95\% \Rightarrow T_V = 1{,}127}$

$$t = \frac{1{,}127 \times 100^2}{1 \times 10^{-5}} = 11{,}2 \times 10^8\ s = 35{,}7\ anos$$

Pode-se observar que, mantidas as demais condições, a ocorrência de 2 faces drenantes reduz o tempo de adensamento em 4 vezes.

9.2.2.5- Diferentes distribuição de poropressão inicial

Na **Equação 9.12**, admitiu-se que o carregamento criava no tempo $\mathbf{t = 0}$ uma distribuição de tensão e, portanto, um acréscimo inicial de poropressão na camada argilosa, linear e uniforme com a profundidade. Isto ocorre quando o carregamento é "infinito", por exemplo, no caso de um aterro de grandes dimensões. Muitas vezes, no entanto, o carregamento é de dimensões relativamente pequenas, o que provoca sensível variação deste acréscimo com a profundidade, podendo o gráfico do acréscimo de poropressões no tempo $\mathbf{t = 0}$, ao longo de **z**, ter as mais diferentes formas.

Procedendo da mesma maneira que se fez para chegar à **Equação 9.12**, porém, admitindo diferentes formas de acréscimo de poropressão para o tempo $\mathbf{t = 0}$, como mostra a **Figura 9.8**, pode-se chegar às **Tabela 9.4** e **Tabela 9.5**, que cobrem, praticamente, todos os casos usuais de carregamento. Observa-se que os valores de $\mathbf{U_V\% \times T_V}$ apresentados, anteriormente, para distribuição de poropressão inicial linear e uniforme com a profundidade (**Tabela 9.2 e 9.3**), estão configurados no **caso 1**, servindo este caso também para uma distribuição inicial linear, porém decrescente com a profundidade.

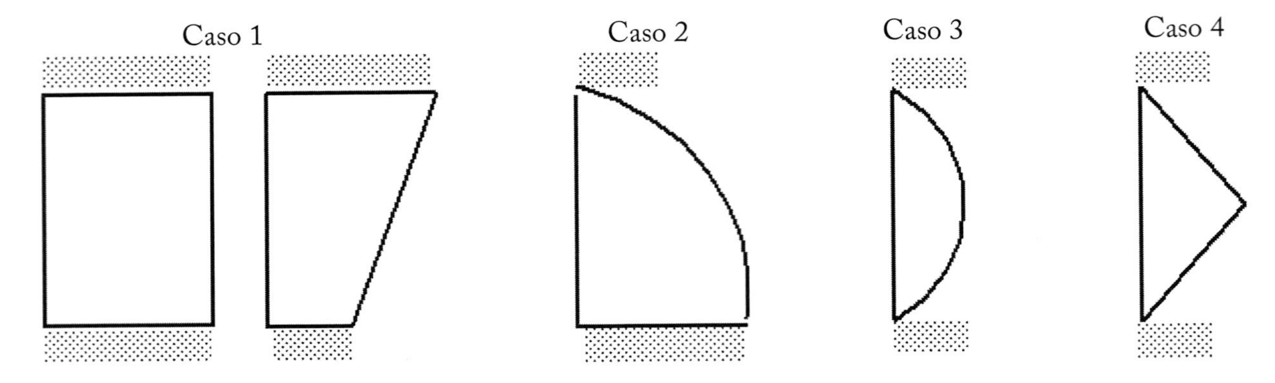

FIGURA 9.8 - Diferentes distribuições iniciais de poropressão em camadas duplamente drenadas

TABELA 9.4 - Percentagem de adensamento x Fator Tempo para quatro casos de distribuição inicial de poropressão em camadas duplamente drenadas

U_V %	FATOR TEMPO - T_V			
	caso 1	caso 2	caso 3	caso 4
0	0	0	0	0
5	0,002	0,003	0,0208	0,025
10	0,008	0,0111	0,0427	0,05
15	0,0177	0,0238	0,0659	0,0753
20	0,0314	0,0405	0,0904	0,101
25	0,0491	0,0608	0,117	0,128
30	0,0707	0,0847	0,145	0,157
35	0,0962	0,112	0,175	0,187
40	0,126	0,143	0,207	0,22
45	0,159	0,177	0,242	0,255
50	0,197	0,215	0,281	0,294
55	0,239	0,257	0,324	0,336
60	0,286	0,305	0,371	0,384
65	0,342	0,359	0,425	0,438
70	0,403	0,422	0,488	0,501
75	0,477	0,495	0,562	0,575
80	0,567	0,586	0,652	0,665
85	0,684	0,702	0,769	0,782
90	0,848	0,867	0,933	0,946
95	1,129	1,148	1,214	1,227
100	00	00	00	00

TABELA 9.5 - Fator Tempo x Percentagem de adensamento para quatro casos de distribuição inicial de poropressão em camadas duplamente drenadas

T_V	PERCENTAGEM DE ADENSAMENTO - U_V %			
	caso 1	caso 2	caso 3	caso 4
0,004	7,14	6,49	0,98	0,8
0,008	10,09	8,62	1,95	1,6
0,012	12,36	10,49	2,92	2,4
0,02	15,96	13,67	4,81	4
0,028	18,88	16,38	6,67	5,6
0,036	21,4	18,76	8,5	7,2
0,048	24,72	21,96	11,17	9,6
0,06	27,64	24,81	13,76	11,99
0,072	30,28	27,43	16,28	14,36
0,083	32,51	29,67	18,52	16,51
0,1	35,68	32,88	21,87	19,77
0,125	39,89	36,54	26,54	24,42
0,15	43,7	41,12	30,93	28,86
0,175	47,18	44,73	35,07	33,06
0,2	50,41	48,09	38,95	37,04
0,25	56,22	54,17	46,03	44,32
0,3	61,32	59,5	52,3	50,78
0,35	65,82	64,21	57,83	56,49
0,4	69,79	68,36	62,73	61,54
0,5	76,4	76,28	70,88	69,95
0,6	81,56	80,69	77,25	76,52
0,7	85,59	84,91	82,22	81,65
1	93,13	92,8	91,52	91,25
1,5	98	97,9	97,53	97,45
2	99,42	99,39	99,28	99,26

Utilizando o princípio da superposição dos efeitos, a solução para outras situações pode ser representada como a soma de diferentes gráficos de distribuição inicial de pressão, desde que considerada a proporcionalidade das áreas envolvidas mostrada na **Equação 9.17**. Isto permite que, mesmo tendo sido desenvolvidas para o caso de uma camada duplamente drenada, as **Tabela 9.4** e **Tabela 9.5** possam ser utilizadas para situações de camadas com drenagem única.

A **Figura 9.8** mostra como o caso de uma distribuição linear e decrescente, com a profundidade para a situação de uma face drenante, pode ser resolvida utilizando os **casos 1** e **4** e a **Equação 9.17**.

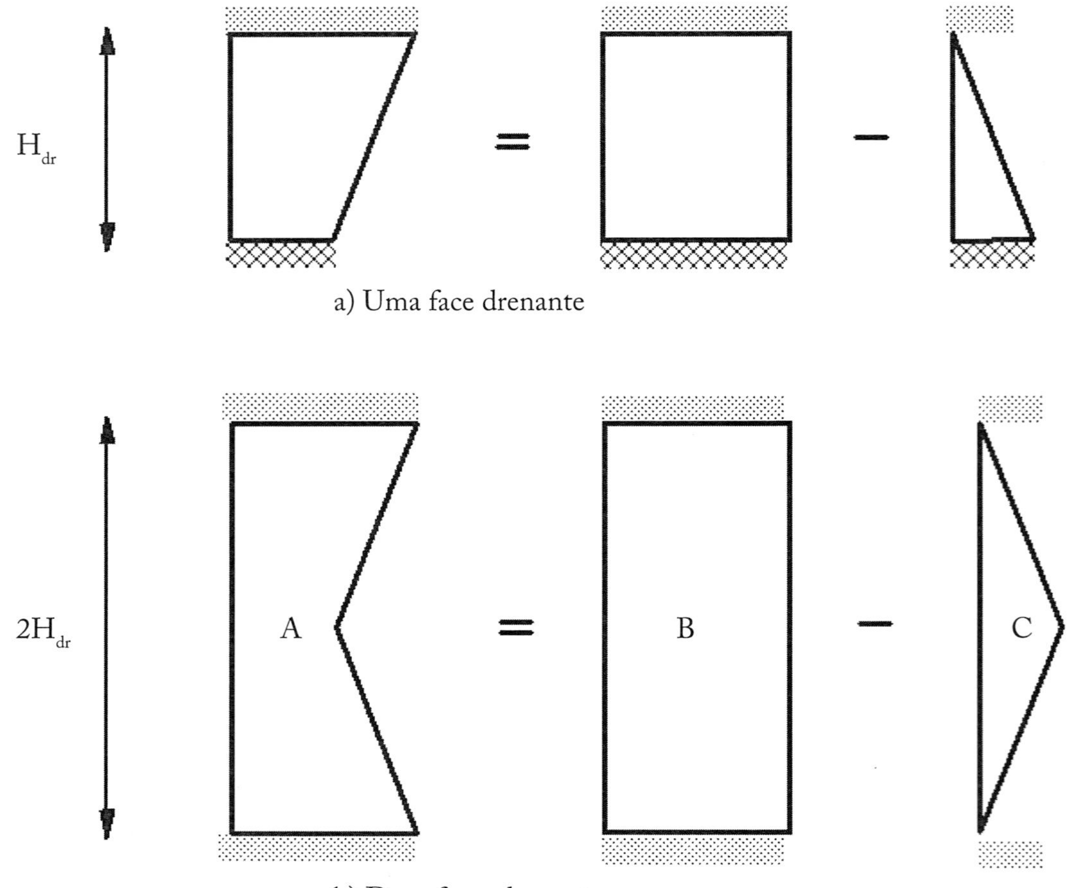

FIGURA 9.8 - Exemplo de aplicação do princípio da superposição dos efeitos

$$U_A\% = \frac{U_B A_B - U_C A_C}{A_A} \qquad \textbf{Eq. 9.17}$$

onde:
U_{vA}, U_{vB} e U_{vC} = percentagem de adensamento em **A, B** e **C**;
A_A, A_B e A_C = áreas de **A, B** e **C**.

O princípio da superposição dos efeitos permite ainda considerar o caso de várias camadas, cuja a soma dos recalques por adensamento primário seja S_t:

$$U_t\% = \frac{U_{v1}S_1 + U_{v2}S_2 + ... + U_{vn}S_n}{S_t} \qquad \textbf{Eq. 9.18}$$

onde:
U_t = percentagem total dos recalques por adensamento primário;
U_{v1}, U_{v2} e U_{vn} = percentagem de adensamento primário nas camadas **1, 2** e **n**;
S_1, S_2 e S_n = recalques por adensamento primário nas camadas **1, 2** e **n**;
S_t = recalque total por adensamento primário.

Exemplo de aplicação 9.4 - Em função de um determinado carregamento, o excesso de pressão inicial na água, em uma camada argilosa drenada pelas duas faces, é o mostrado na **Figura 9.9.** Para um fator tempo $\mathbf{T_V}$ = 0,3, calcular a porcentagem de adensamento média na camada (Das, 1983).

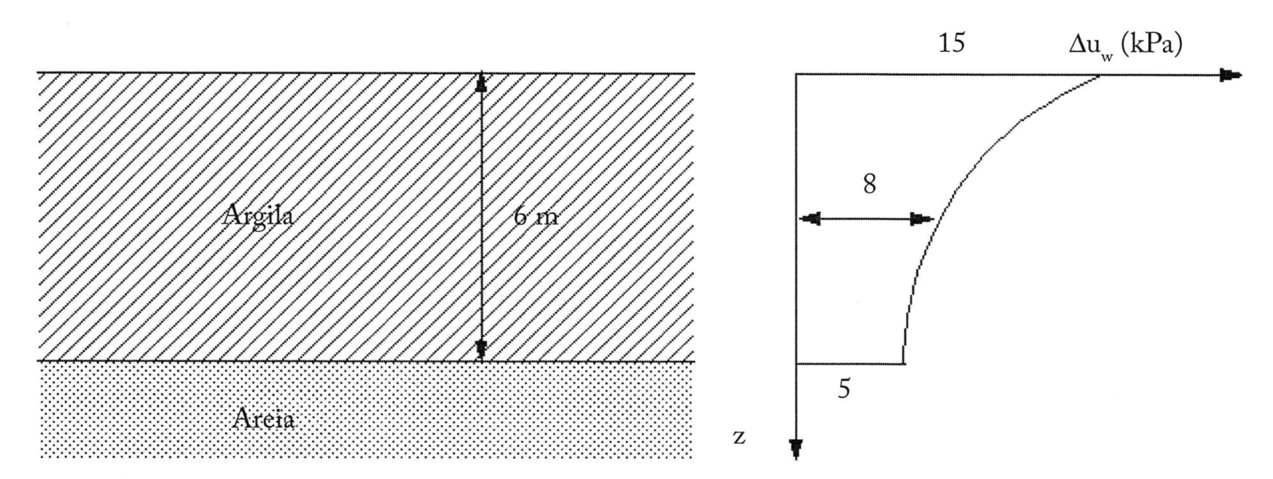

FIGURA 9.9 - **Perfil do terreno e acréscimo de poropressão inicial**

SOLUÇÃO:

A distribuição inicial de poropressão pode ser representada pela composição do **caso 1** com o **caso 3**, como mostrado na **Figura 9.10**:

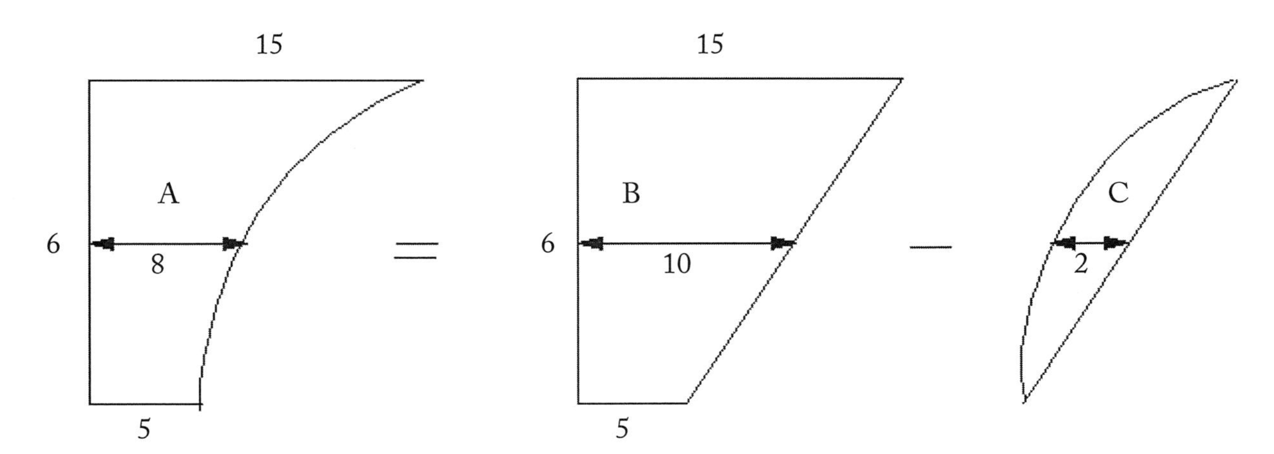

FIGURA 9.10 - **Distribuição inicial de poropressão**

Para $\mathbf{T_V = 0,3}$, no **caso 1**, tem-se $\mathbf{U_{VB} = 61,32\ \%}$; no **caso 3**, tem-se $\mathbf{U_{VC} = 52,30\ \%}$.

As áreas para **A, B** e **C** são:

$$A_B = \frac{L_1 + L_2}{2} H = \frac{15+5}{2} 6 = 60 \text{ m}^2$$

$$A_C = \int_0^H L \text{ sen } \frac{\pi z}{H} dz = \int_0^6 2 \text{ sen } \frac{\pi z}{6} dz = 2 \left| -\frac{\cos \frac{\pi z}{6}}{\frac{\pi}{6}} \right|_0^6 = \frac{24}{\pi} \text{ m}^2$$

$$A_A = \left(60 - \frac{24}{\pi}\right) \text{m}^2$$

Logo, a porcentagem de adensamento em **A** será:

$$U_A\% = \frac{60 \text{ x } 61{,}23 - \frac{24}{\pi} \text{ x } 52{,}30}{60 - \frac{24}{\pi}} = 62{,}53\ \%$$

9.2.3- Ensaio de Adensamento

A compressibilidade de um solo argiloso é muito influenciada pela sua estrutura e, por isto, as técnicas de obtenção de amostras argilosas estão ligadas à necessidade de se preservar o arranjo original das partículas do solo nos ensaios, especialmente, no de adensamento, cujos resultados são extremamente sensíveis a qualquer perturbação da estrutura. Esta estrutura pode ser destruída por amolgamento, durante as operações de amostragem ou de manuseio da amostra no laboratório, e é impossível reconstruí-la. Todos os índices físicos, que venham a ser afetados pelo amolgamento podem ser reconstituídos no laboratório, porém, nunca sua estrutura.

A **Figura 9.11** mostra um corte de uma amostra sendo submetida a um ensaio de adensamento, por meio de um edômetro ou célula de adensamento. Tal aparelho consiste de um anel metálico de diâmetro bem maior que sua altura, onde a amostra é colocada e confinada no topo e na base por duas pedras porosas.

Sobre a pedra superior coloca-se uma placa rígida de aço, por meio da qual se aplicam as cargas na amostra. O anel metálico impede as deformações laterais do corpo de prova, permitindo apenas que ocorram deformações verticais. Em geral, a amostra é mantida submersa para que não ocorra perda de umidade.

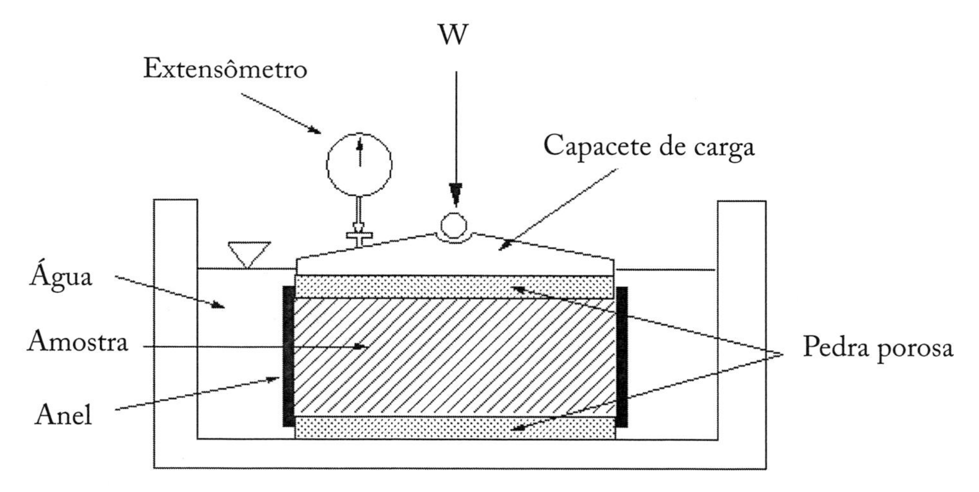

FIGURA 9.11 - Célula de adensamento unidimensional

Aplicada a carga no topo da amostra, esta começa a adensar expulsando a água dos seus poros por meio das pedras porosas. Verifica-se, pelo extensômetro aplicado no capacete de carga, que a espessura da amostra vai diminuindo com o tempo. A qualquer momento, a altura da mostra é obtida diminuindo da altura inicial da amostra, a deformação obtida com as leituras do extensômetro.

$$\mathbf{h_L = h_0 - (L_0 - L_L) C_e} \qquad \textbf{Eq. 9.19}$$

onde:
$\mathbf{h_L}$ = altura da mostra no tempo t;
$\mathbf{h_0}$ = altura inicial da mostra;
$\mathbf{L_0}$ = leitura inicial no extensômetro;
$\mathbf{L_L}$ = leitura no extensômetro no tempo t;
$\mathbf{C_e}$ = constante do extensômetro.

Estas alturas são colocadas em gráfico semi-logarítmo de 5 ciclos, em função do tempo, obtendo-se as curvas de adensamento, conforme pode ser visto na **Figura 9.12**.

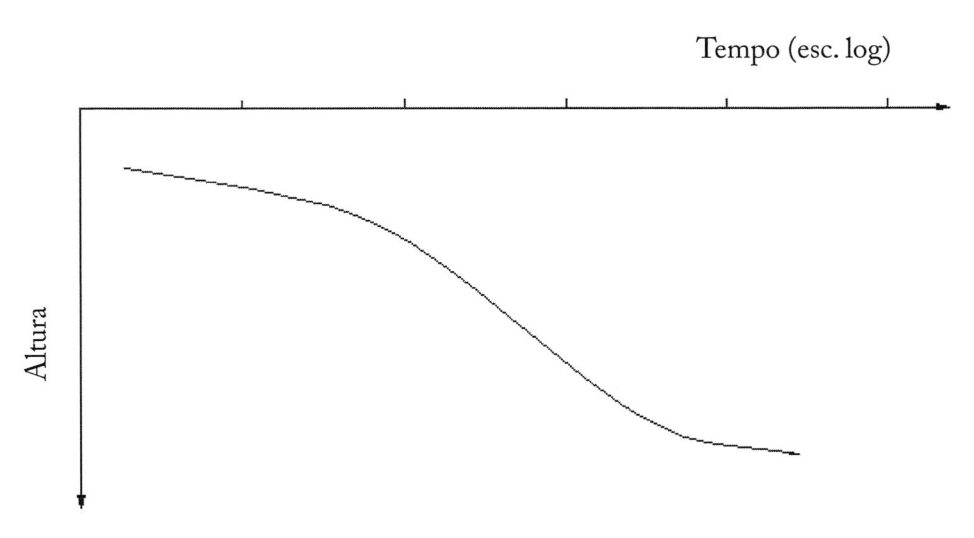

FIGURA 9.12 - Curva de adensamento (tempo-recalque)

Terminada a observação do adensamento em um estágio, aplica-se um outro acréscimo de carga (geralmente o dobro da tensão anterior) e assim por diante. A cada estágio de carga ocorre redução da altura da amostra. Chamando-se $\mathbf{e_L}$, $\mathbf{h_L}$, o índice de vazios e a altura da amostra em qualquer leitura, tem-se:

$$e_L = \frac{h_L}{h_s} - 1 \qquad \textbf{Eq. 9.20}$$

sendo $\mathbf{h_S}$, a altura da fase sólida. Como pode se depreender da **Figura 9.12**, essa altura da fase sólida é constante e, portanto, para determinar $\mathbf{h_S}$, basta se conhecer o índice de vazios inicial $\mathbf{e_o}$, a altura inicial $\mathbf{h_0}$ do corpo de prova e aplicar na **Equação 9.20**, para se chegar à **Equação 9.21**:

$$h_s = \frac{h_0}{1 + e_0} \qquad \textbf{Eq. 9.21}$$

Pode-se obter, então, pares de valores $(\boldsymbol{\sigma'_v}, \mathbf{e})$ correspondentes à deformação final para cada estágio de carga. Plota-se estes valores em um gráfico semilogarítmico e obtém-se a curva de compressibilidade (**Figura 9.13**):

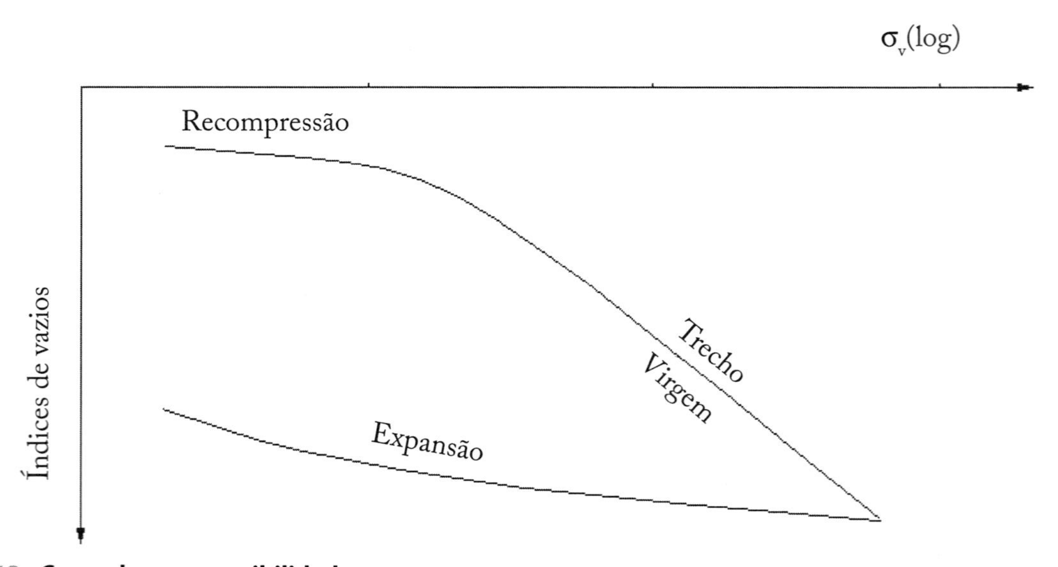

FIGURA 9.13 - Curva de compressibilidade

A primeira parte desta curva é chamada trecho de recompressão; a segunda parte, trecho virgem e a terceira, trecho de expansão.

9.2.3.1- Ajuste da curva de adensamento

Observou-se que o início da curva de adensamento obtida em laboratório não coincide completamente com a curva teórica, por isto mesmo, faz-se um ajuste para se ter o **0%** do recalque por adensamento primário na curva de laboratório. Da mesma forma, é necessário determinar quando ocorre o **100%** do adensamento primário, prosseguindo daí em diante só o adensamento secundário. Os métodos normalmente usados são o proposto por Casagrande e o proposto por Taylor.

9.2.3.1.1- Método de casagrande

A **Figura 9.14** mostra as correções propostas por Casagrande:

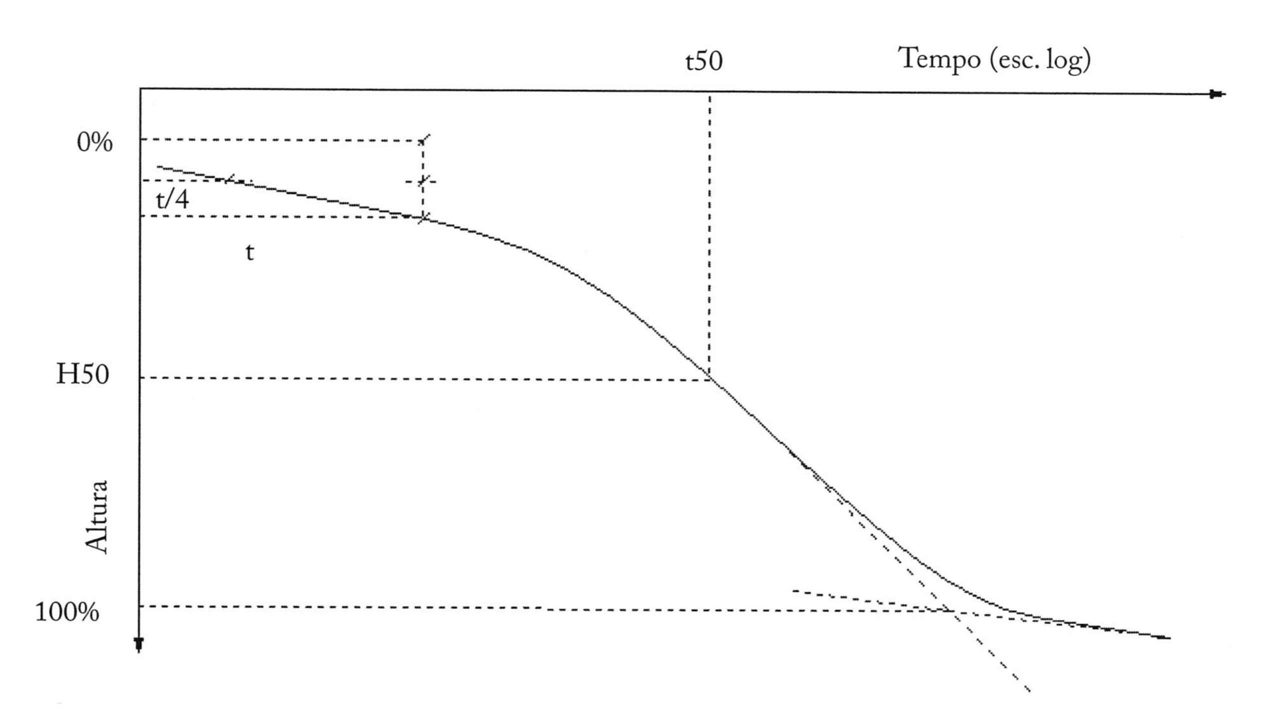

FIGURA 9.14 - **Proposta de Casagrande**

DETERMINAÇÃO DO 0% DE ADENSAMENTO:

i- escolhe-se um tempo **t** qualquer, suficientemente, menor que 50% de recalque;
ii- divide-se este tempo **t** por 4;
iii-traça-se uma horizontal a partir da curva, em **t/4**;
iv- distância da curva a esta horizontal no tempo **t** é rebatida para cima da horizontal;
v- com dois ou mais pontos determinados desta forma, interpola-se uma reta horizontal, cuja inteseção no eixo das ordenadas fornece o **0%** de adensamento.

DETERMINAÇÃO DO 100% DE ADENSAMENTO:

i- prolonga-se o trecho reto da curva;
ii- traça-se uma tangente ao final da curva;
iii-a interseção destas retas fornece o **100%** de adensamento. A metade da distância entre **0%** e **100%** fornece o $\mathbf{H_{50}}$ e o $\mathbf{t_{50}}$.

9.2.3.1.2- Método de Taylor

A **Figura 9.15** mostra as correções propostas por Taylor:

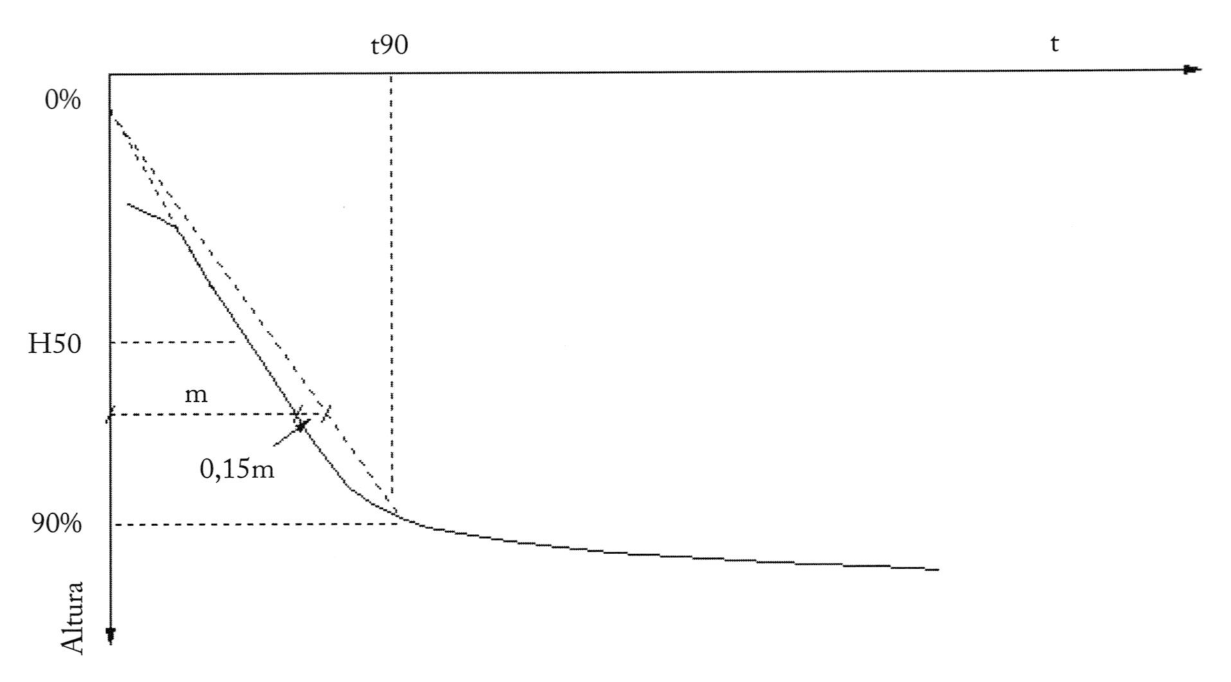

FIGURA 9.15 - Proposta de Taylor

DETERMINAÇÃO DO 0% DE ADENSAMENTO:

i- prolonga-se o trecho reto da curva $\sqrt{t}$ **x altura**, até interceptar-se o eixo das ordenadas. Este ponto corresponde a **0%** de adensamento.

DETERMINAÇÃO DO 90% DE ADENSAMENTO:

i- em qualquer parte deste trecho reto, até mesmo, no seu prolongamento, traça-se uma reta horizontal a partir do eixo vertical até o trecho reto; mede-se o comprimento **m** desta reta;

ii- faz-se o prolongamento horizontal desta reta no valor de **0,15 m**;

iii-une-se o ponto de **0%** de adensamento à extremidade deste prolongamento;

iv- o ponto $\sqrt{t90}$ da curva, que esta reta intercepta, representa **90%** de adensamento e marcando-se **5/9** da distância entre o **0%** e o **90%**, a partir de **0%** de adensamento, encontra-se o H_{50} de Taylor.

9.2.3.2- Determinação do coeficiente de adensamento - c_v

Casagrande sugere que se use para o cálculo o valor de $T_V = 0{,}197$ correspondente a **50%** dos recalques. Conhecendo-se o tempo correspondente a estes **50%** de recalques **(t_{50})** e altura média da amostra durante o carregamento **(H_{50})**, pode-se achar o valor de c_V com a **Equação 9.22**:

$$c_v = \frac{0{,}197\left(\frac{H_{50}}{2}\right)^2}{t_{50}}$$ **Eq. 9.22**

Taylor sugere que se use os valores correspondentes a **90%** dos recalques, muito embora, a altura da amostra deverá ser a altura média durante o carregamento, i.e., H_{50}, obtida por seu método, conforme mostra a **Equação 9.23**:

$$c_v = \frac{0{,}848\left(\frac{H_{50}}{2}\right)^2}{t_{90}} \qquad \textbf{Eq. 9.23}$$

Sivaram e Swamee (1977) apresentaram um método para estimar o coeficiente de adensamento que tem a vantagem de facilitar o uso de programas de computadores para seu cálculo. Os autores sugerem que:

i- sejam escolhidos 3 pontos na curva de adensamento daquele carregamento. Os dois primeiros, (t_1, h_1), e (t_2, h_2), na fase inicial (menores que 53% dos recalques), e o terceiro, h_3, em um tempo t_3, em que considerável recalque tenha ocorrido;

ii- determina-se h_0 com a **Equação 9.24**:

$$h_0 = \frac{h_1 - h_2\sqrt{\frac{t_1}{t_2}}}{1 - \sqrt{\frac{t_1}{t_2}}} \qquad \textbf{Eq. 9.24}$$

iii-determina-se h_{100} com a **Equação 9.25**:

$$h_{100} = h_0 - \frac{h_0 - h_3}{\left\{1 - \left[\frac{(h_0 - h_3)\left(\sqrt{t_2} - \sqrt{t_1}\right)}{(h_1 - h_2)\sqrt{t_3}}\right]^{5,6}\right\}^{0,179}} \qquad \textbf{Eq. 9.25}$$

iv- determina-se c_V com a **Equação 9.26**:

$$c_v = \frac{\pi}{4}\left(\frac{h_1 - h_2}{h_0 - h_{100}} \frac{H_d}{\sqrt{t_2} - \sqrt{t_1}}\right)^2 \qquad \textbf{Eq. 9.26}$$

sendo H_d o maior caminho de fluxo, conforme visto anteriormente.

9.2.3.3-Determinação do coeficiente de variação volumétrica - m_V

A partir da **Equação 9.6**, pode-se achar os m_V correspondentes a cada carregamento:

$$m_v = \frac{\Delta\varepsilon_z}{\Delta\sigma_v'}$$

9.2.3.4- Determinação do índice de compressão - C_C

Da curva de compressibilidade da **Figura 9.16** tira-se a inclinação do trecho virgem, a partir de dois pontos situados sobre ela:

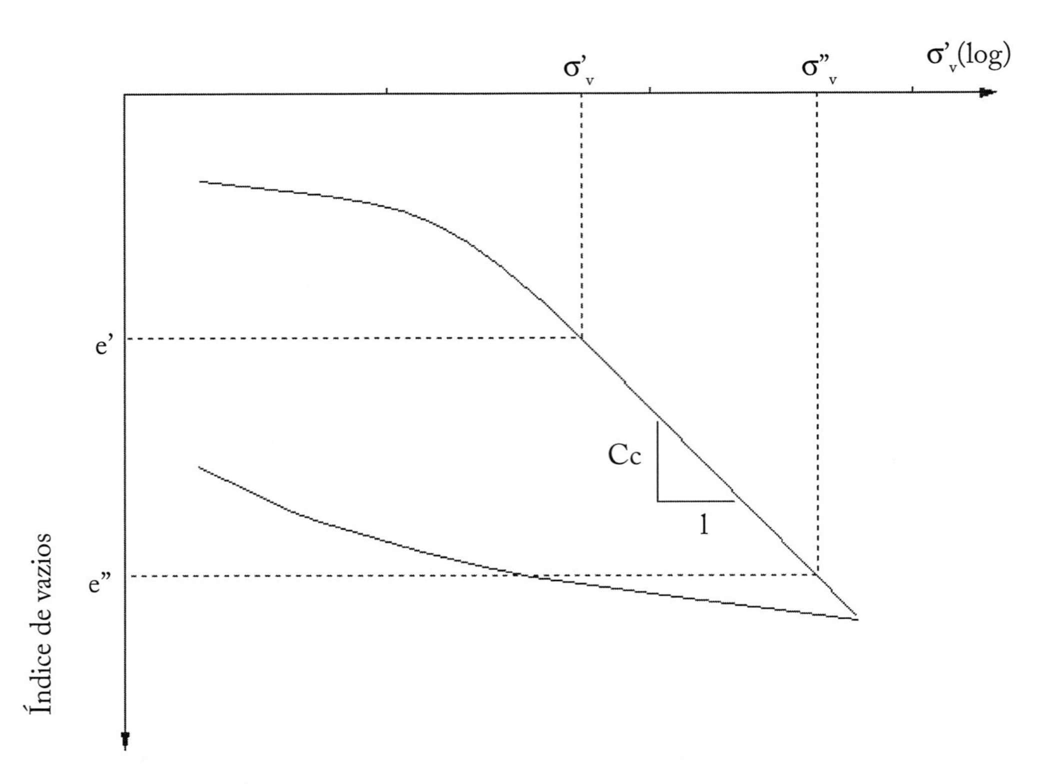

FIGURA 9.16 - Determinação do Índice de Compressão

$$C_c = \frac{e'' - e'}{\log \frac{\sigma_v''}{\sigma_v'}} \qquad \textbf{Eq. 9.27}$$

É conveniente que estes dois pontos tenham uma relação de **10** (p. exemplo: σ_V'' **= 100 e** σ_V' **= 10)** para o denominador tornar-se unitário. Deve-se observar que, quanto maior o C_c, mais compressível é o solo.

Rendon-Herrero (1983) propõe a **Equação 9.28** para estimativa do Índice de Compressão:

$$C_c = 0{,}141\, G_s^{1,2} \left(\frac{1 + e_o}{G_s} \right)^{2,38} \qquad \textbf{Eq. 9.28}$$

onde G_s é a densidade relativa dos grãos.

9.2.3.5- Determinação do índice de expansão - C_e

De forma análoga ao índice de compressão, o índice de expansão é a inclinação do trecho de recompressão, obtido, preferencialmente, por meio de dois pontos situados na diagonal da histerese, formada por um ciclo de carregamento e descarregamento, em um ensaio de adensamento, conforme mostra a **Equação 9.29** e a **Figura 9.17**:

$$C_e = \frac{e'' - e'}{\log \frac{\sigma_v''}{\sigma_v'}} \qquad \textbf{Eq. 9.29}$$

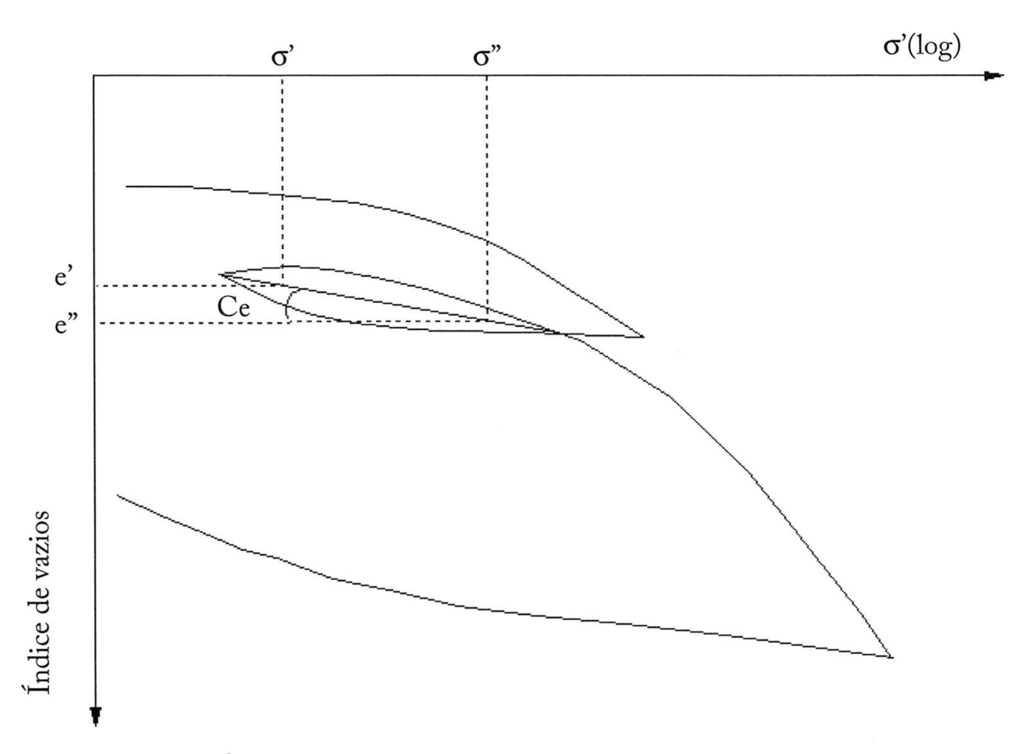

FIGURA 9.17 - Determinação do Índice de Expansão

Pode-se estimar o valor de **Ce = Cc/10**

Nota 9.2 - Considerações sobre o C_e

> **No Brasil, é incomum que os ensaios de adensamento tenham este trecho de descarregamento e carregamento durante o ensaio. Neste caso, costuma-se calcular o C_e, a partir de uma "diagonal" estimada, no trecho de descarregamento no final do ensaio, conforme mostrado no Exemplo de aplicação 9.5.**

9.2.3.6- Determinação do coeficiente de permeabilidade - k_V

Este é um método indireto para a determinação do coeficiente de permeabilidade, conforme previsto no **Capítulo 8**. Da **Equação 9.5**, tira-se:

$$\mathbf{k_v = c_v m_v \gamma_w} \qquad \textbf{Eq. 9.30}$$

Para cada carregamento, conhecendo-se o $\mathbf{c_V}$ e o $\mathbf{m_V}$, pode-se encontrar o valor de $\mathbf{k_V}$.

9.2.3.7- Tensão de pré-adensamento - σ'_{pa}

A tensão de pré-adensamento ou de sobre-adensamento corresponde ao estado de maior solicitação que o solo já esteve submetido ao longo de sua história. Determina-se usando a proposta de Casagrande (**Figura 9.18**) ou a de Pacheco Silva (**Figura 9.19**).

9.2.3.7.1- Proposta de Casagrande

i- traça-se, no ponto de maior inflexão da curva de compressibilidade, uma horizontal e uma tangente a este ponto;
ii- acha-se a bissetriz do ângulo formado por estas duas retas;
iii-prolonga-se o trecho reto da curva até interceptar a bissetriz. Este é o valor da tensão de pré-adensamento, de acordo com Casagrande.

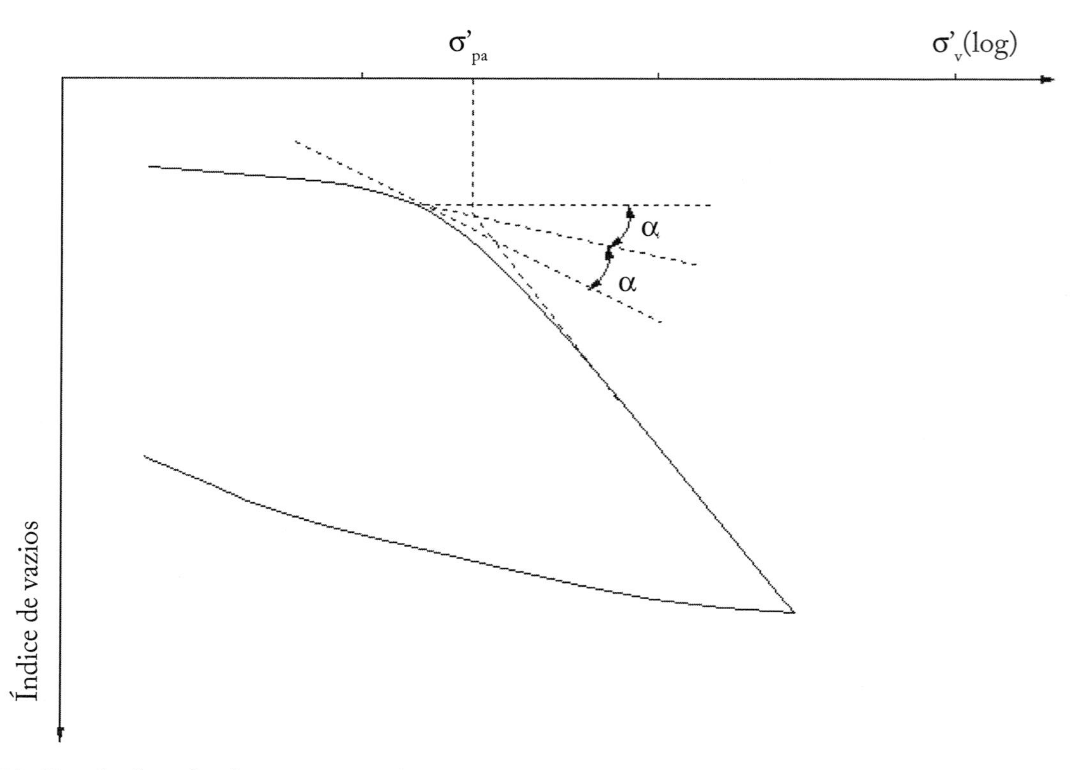

FIGURA 9.18 - Tensão de pré-adensamento pelo método de Casagrande

9.2.3.7.2- Proposta de Pacheco Silva

i- traça-se uma horizontal a partir de e_0;
ii- prolonga-se o trecho reto da curva até interceptar-se esta horizontal;
iii-a partir deste ponto traça-se uma vertical até interceptar a curva;
iv-do ponto de intercessão na curva, traça-se uma horizontal até encontrar o prolongamento do trecho reto. Esta é a tensão de pré-adensamento, de acordo com Pacheco Silva.

9.2.3.8- Estado de adensamento da camada

Após a determinação da tensão de pré-adensamento, comparando-se essa com a tensão efetiva do terreno, **(σ'_{vo})**, no ponto que foi retirada a amostra, pode-se saber se essa argila já suportou uma sobrecarga maior ao longo de sua existência.

Podem ocorrer três situações:

$\sigma'_{vo} = \sigma'_{pa}$ => argilas normalmente adensadas;
$\sigma'_{vo} < \sigma'_{pa}$ => argilas pré-adensadas;
$\sigma'_{vo} > \sigma'_{pa}$ => argilas sub-adensadas.

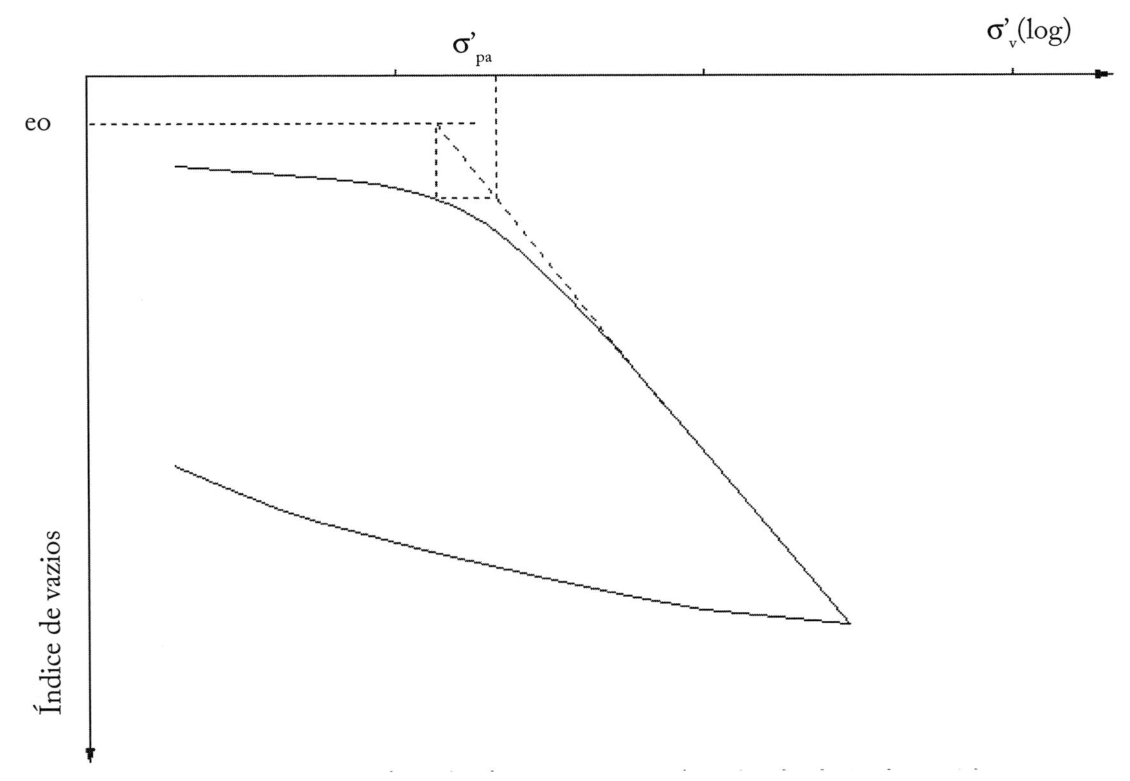

FIGURA 9.19 - **Tensão de pré-adensamento pelo método de Pacheco Silva**

No primeiro caso, a camada nunca suportou sobrecarga maior que a que atua hoje e qualquer solicitação provocará recalques por adensamento primário ao longo do trecho virgem.

No segundo caso, a camada já suportou sobrecarga maior que a que atua hoje e qualquer solicitação provocará recalques por adensamento no trecho de recompressão e, somente, quando $(\sigma'_{vo} + \Delta\sigma'_{v}) > \sigma'_{pa}$ é que se iniciará a deformação ao longo do trecho virgem.

No terceiro caso, independente de nova solicitação externa, recalques por adensamento primário se processarão, i.e., o solo ainda está adensando devido ao carregamento atual.

Define-se Razão de Pré-Adensamento, **RPA** (ou **OCR** de Over Consolidation Ratio), como:

$$\mathbf{RPA} = \frac{\sigma'_{pa}}{\sigma'_{vo}} \quad \textbf{Eq. 9.31}$$

Neste caso:

argilas normalmente adensadas => **RPA = 1;**
argilas pré-adensadas => **RPA > 1;**
argilas sub-adensadas => **RPA < 1.**

9.2.3.9- Correção de Schmertmann

Schmertmann (1953) estudou a influência do amolgamento causado pela amostragem e moldagem da amostra na curva de compressibilidade. Propôs uma correção na curva de laboratório que recuperaria a curva de campo:

9.2.3.9.1- Para solos normalmente adensados

i- traça-se uma horizontal pelo índice de vazios inicial da amostra;
ii- nesta reta lança-se o valor de σ'_{vo} (igual a σ'_{pa});
iii-marca-se na curva o valor de **0,42 e_o**;
iv- a curva de campo será a horizontal traçada por e_o e o trecho que liga σ'_{vo} ao ponto **0,42 e_o**; conforme mostra a **Figura 9.20**.

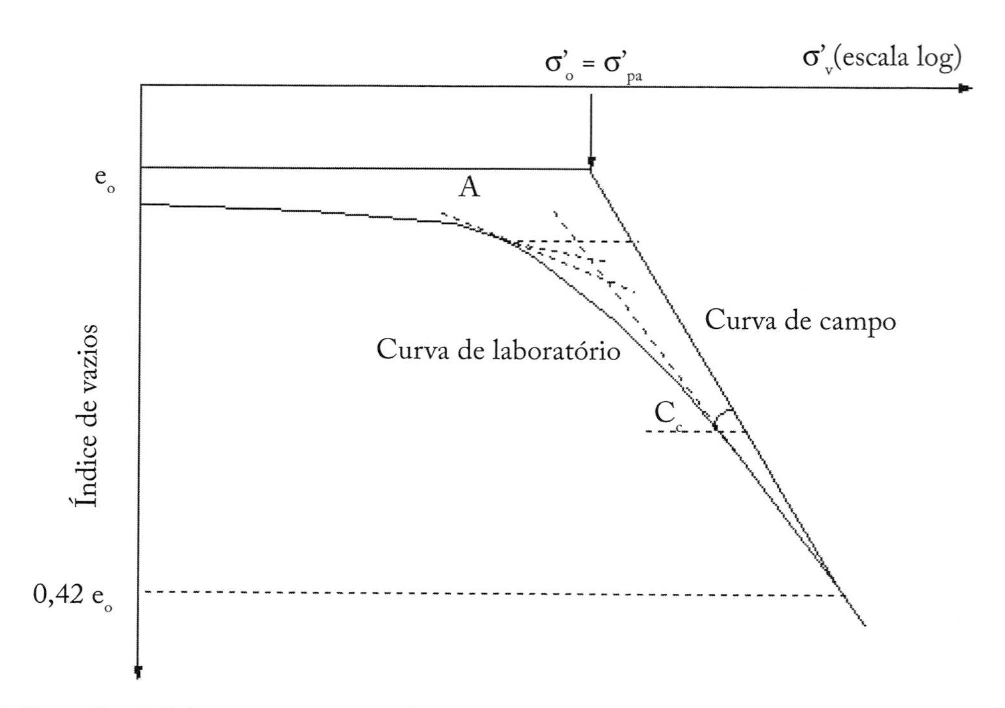

FIGURA 9.20 - Correção de Schmertmann para solos normalmente adensados

9.2.3.9.2- Para solos pré-adensados

i- traça-se uma horizontal pelo índice de vazios inicial da amostra;
ii- nesta reta lança-se o valor de σ'_{v0} (que é menor que σ'_{pa});
iii-por este ponto, traça-se uma paralela à diagonal da histerese (formada por um ciclo de descarregamento e carregamento) até o valor de σ'_{pa}. A inclinação desta reta é o índice de expansão C_e;
iv- marca-se na curva o valor de **0,42 e_o**;
v- a curva de campo será a horizontal traçada por e_o, os trechos que ligam σ'_{vo} a σ'_{pa} e σ'_{pa} a **0,42 e_o**.

9.2.3.9.3- Para solos sub-adensados:

i- traça-se uma horizontal pelo índice de vazios inicial da amostra;
ii- nesta reta, lança-se o valor de σ'_{pa} (que é menor que σ'_{v0});
iii-marca-se na curva o valor de **0,42 e_o**;
iv- a curva de campo será a horizontal traçada por e_o e o trecho que liga σ'_{pa} ao ponto **0,42 e_o**.

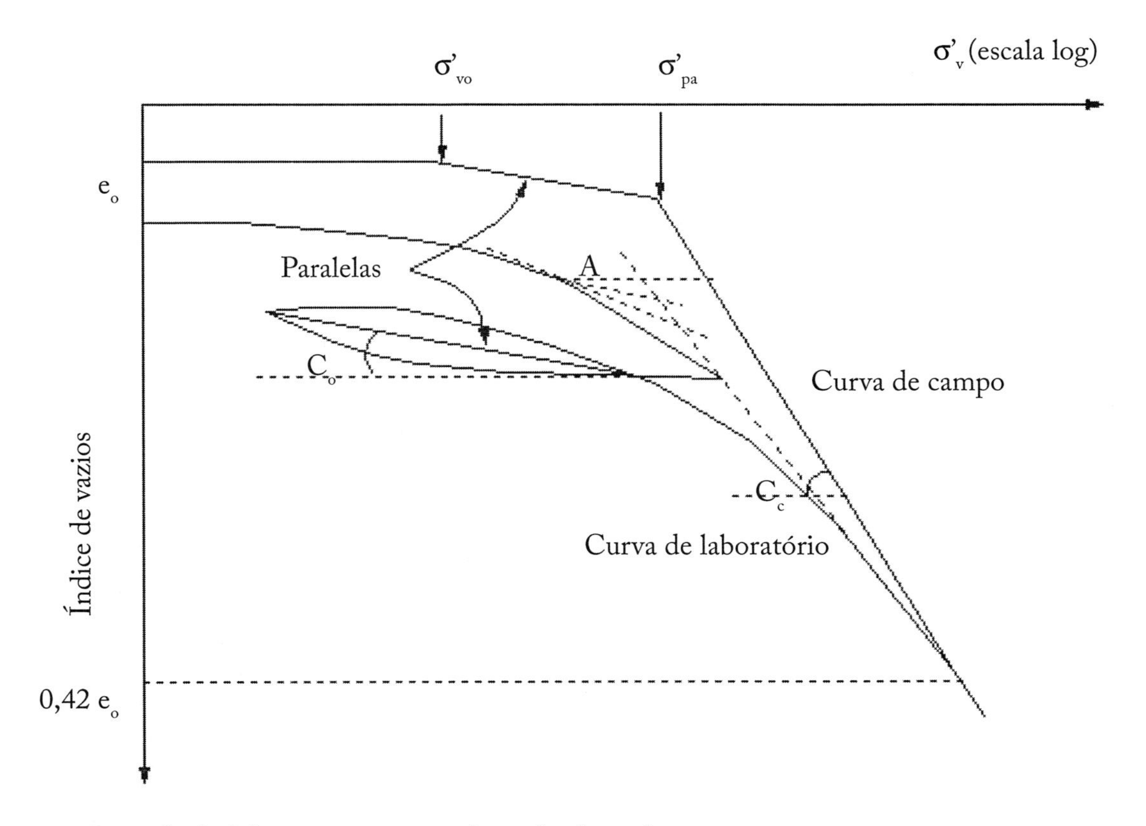

FIGURA 9.21 - **Correção de Schmertmann para solos pré-adensados**

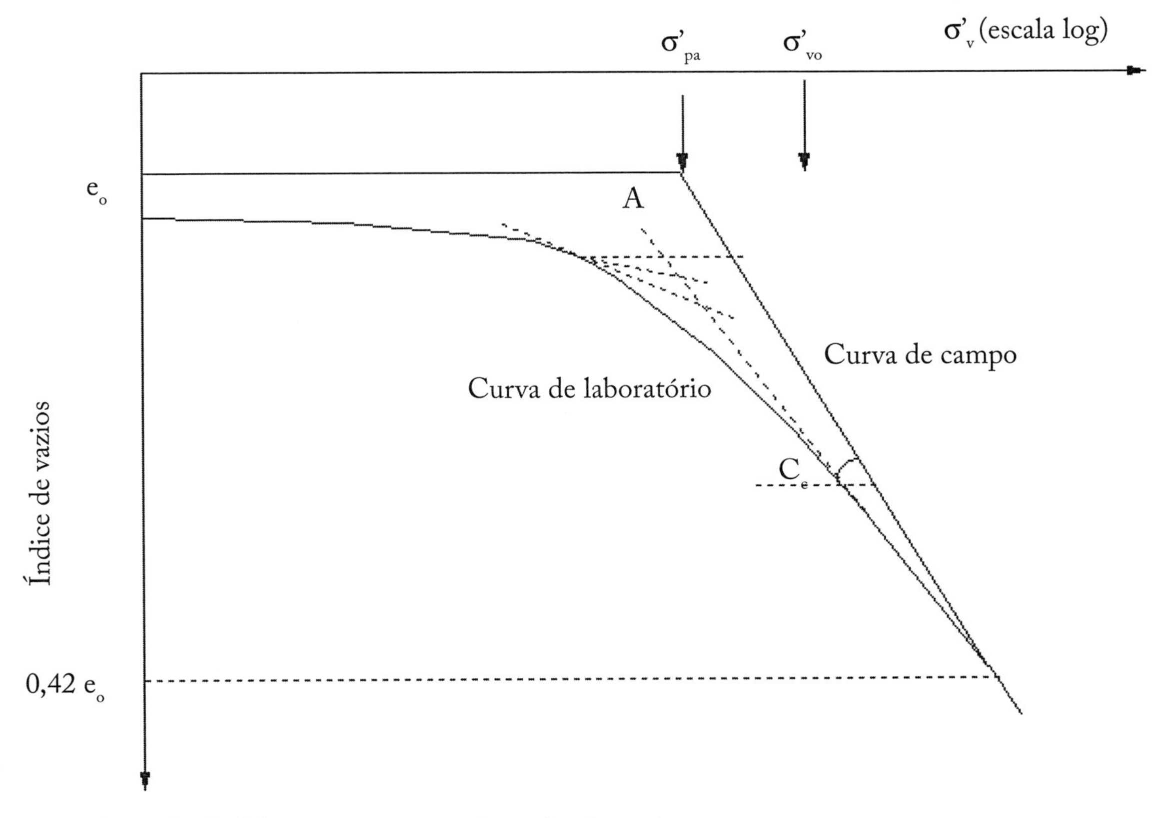

FIGURA 9.22 - **Correção de Schmertmann para solos sub-adensados**

Exemplo de aplicação 9.5 - É dado abaixo um conjunto de leituras efetuadas durante a realização de um ensaio de adensamento com 7 incrementos de carga e 3 de descarga. Além disso, são dados:

- densidade real dos grãos = 2,75
- diâmetro do anel = 63,5 mm
- massa do anel = 533,59 g
- massa do anel + amostra = 681,5 g
- altura inicial da amostra = 25,4 mm
- altura final da amostra = 19,25 mm
- umidade inicial = 39,5%
- umidade final = 21,1%
- constante do extensômetro = 0,015 mm/div.

TABELA 9.6 - Ensaio de adensamento

tempo (min)	CARREGAMENTOS (kPa)						
	12	25	50	100	200	400	800
	leituras no extensômetro (div)						
0	1000,0	977,3	953,2	899,8	795,2	650,0	513,0
0,1	999,0	975,3	946,2	887,1	788,0	630,0	483,2
0,25	998,0	973,5	943,2	881,0	784,0	625,0	474,2
0,5	996,0	971,1	940,1	872,0	780,0	618,0	463,8
1	993,1	968,0	935,0	861,0	771,0	610,0	447,4
2	989,0	962,5	928,0	845,0	762,0	595,0	428,9
4	984,0	958,0	920,3	828,5	749,0	579,0	409,3
8	980,9	956,1	914,2	815,8	732,0	560,0	392,0
15	979,3	955,1	908,6	808,0	715,0	544,0	383,0
30	978,5	954,5	906,0	803,6	695,0	532,0	378,0
60	978,0	954,1	904,0	801,0	678,0	524,0	374,1
120	977,7	953,9	903,0	799,5	665,0	518,0	371,2
240	977,5	953,7	902,0	797,8	655,0	515,0	369,2
480	977,4	953,4	901,0	796,0	652,0	514,0	367,5
1440	977,3	953,2	899,8	795,2	650,0	513,0	366,5

tempo (min)	DESCARREGAMENTOS (kPa)		
	100	25	12
	leituras no extensômetro (div)		
0	366,5	419,0	505,4
1440	419,0	505,4	571,2

Pede-se:

- determinação para cada incremento do:
- coeficiente de adensamento, c_V, pelos critérios de Casagrande, Taylor, e Sivaram e Swamee;
- coeficiente de variação volumétrica, m_V;
- coeficiente de permeabilidade, k_V, com os valores de Casagrande, Taylor, e Sivaram e Swamee;
- traçado da curva σ'_V x c_V com os valores de Casagrande, Taylor, e Sivaram e Swamee;
- traçado da curva σ'_V x k_V com os valores de Casagrande, Taylor, e Sivaram e Swamee;
- traçado da curva σ'_V x m_V;
- traçado da curva de compressibilidade;
- determinação do índice de compressão C_c;
- determinação do índice de expansão C_e;
- determinação da tensão de pré-adensamento pelos métodos de Casagrande e Pacheco Silva;

SOLUÇÃO:

COEFICIENTE DE ADENSAMENTO PELO CRITÉRIO DE CASAGRANDE

• Curvas de adensamento com a determinação de 0% e 100%

Para o traçado das curvas de adensamento, determina-se a altura da amostra em qualquer tempo utilizando-se a **Eq. 9.19**, como pode ser visto no exemplo a seguir para o carregamento de 12 kPa, nos tempos de 0,10 min e 1440 min. A **Tabela 9.7** mostra a variação da altura da amostra para todos os carregamentos.

TABELA 9.7 - Tempo x altura da amostra

	CARREGAMENTO (kPa)						
	12	25	50	100	200	400	800
t (min)	h (mm)	h (mm)	h (mm)	h (mm)	h (mm)	h (mm)	h (mm)
0	25,4	25,06	24,7	23,9	22,33	20,15	18,1
0,1	25,39	25,03	24,59	23,71	22,22	19,85	17,65
0,25	25,37	25	24,55	23,62	22,16	19,78	17,51
0,5	25,34	24,97	24,5	23,48	22,1	19,67	17,36
1	25,3	24,92	24,43	23,32	21,97	19,55	17,11
2	25,24	24,84	24,32	23,08	21,83	19,33	16,83
4	25,16	24,77	24,2	22,83	21,64	19,09	16,54
8	25,11	24,74	24,11	22,64	21,38	18,8	16,28
15,0	25,09	24,73	24,03	22,52	21,13	18,56	16,15
30,0	25,08	24,72	23,99	22,45	20,83	18,38	16,07
60,0	25,07	24,71	23,96	22,42	20,57	18,26	16,01
120,0	25,07	24,71	23,95	22,39	20,38	18,17	15,97
240,0	25,06	24,71	23,93	22,37	20,23	18,13	15,94
480,0	25,06	24,7	23,92	22,34	20,18	18,11	15,91
1440,0	25,06	24,7	23,9	22,33	20,15	18,1	15,9

$$h_L = h_0 - (L_0 - L_L) C_e$$

$$h_{0,10} = 25,4 - [(1000 - 999)\ 0,015] = 25,39 \text{ mm}$$

$$h_{1440} = 25,4 - [(1000 - 977,3)\ 0,015] = 25,06 \text{ mm}$$

Com os pares de valores tempo x altura, traça-se a curva de adensamento para cada carregamento, sendo o eixo das abcissas em escala logarítmica e o das ordenadas em escala natural. As determinações do 0% e do 100% de adensamento são feitas como indicado na **Figura 9.14**.

As **Figuras 9.23** a **9.28** mostram a aplicação da proposta de Casagrande.

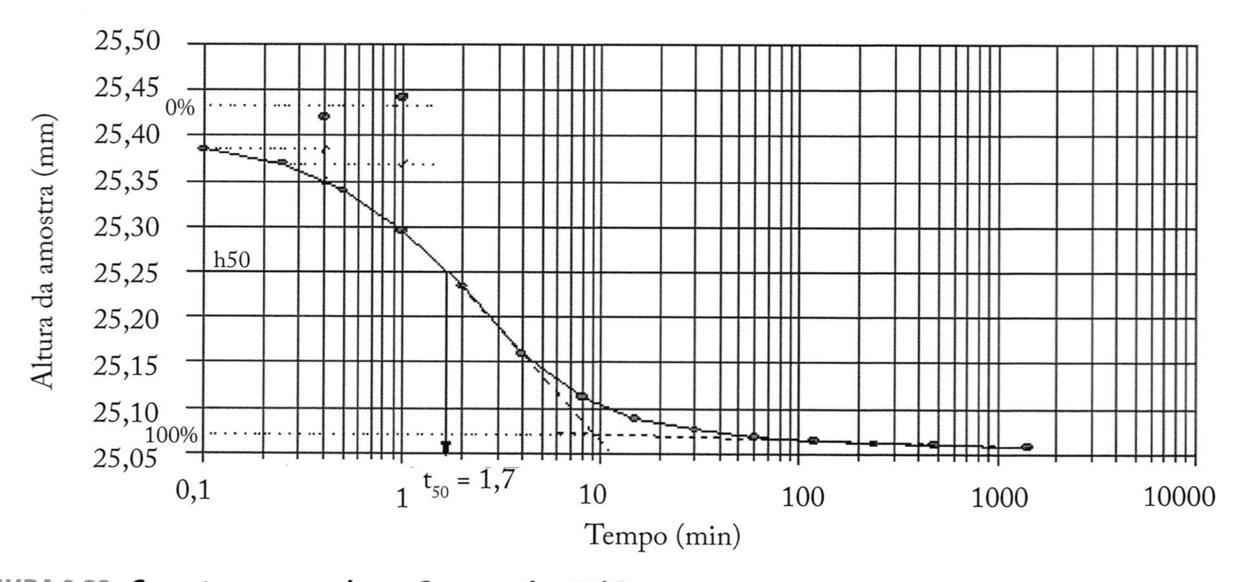

FIGURA 9.23 - Curva tempo x recalque - Casagrande - 12 kPa

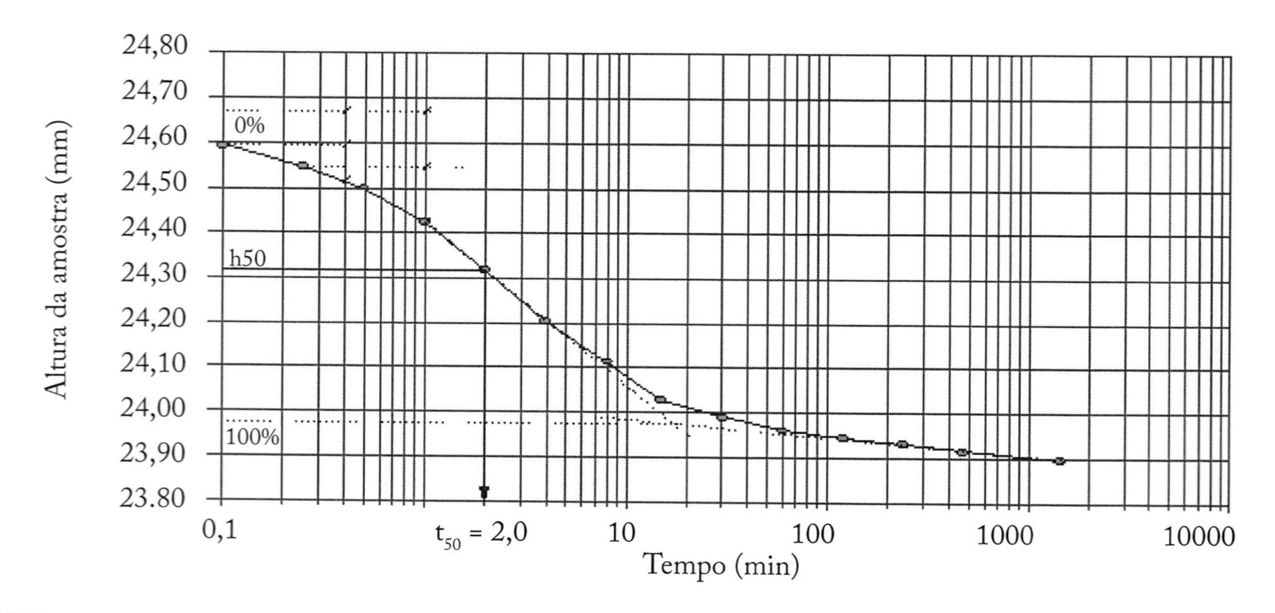

FIGURA 9.24 -Curva tempo x recalque - Casagrande - 50 kPa

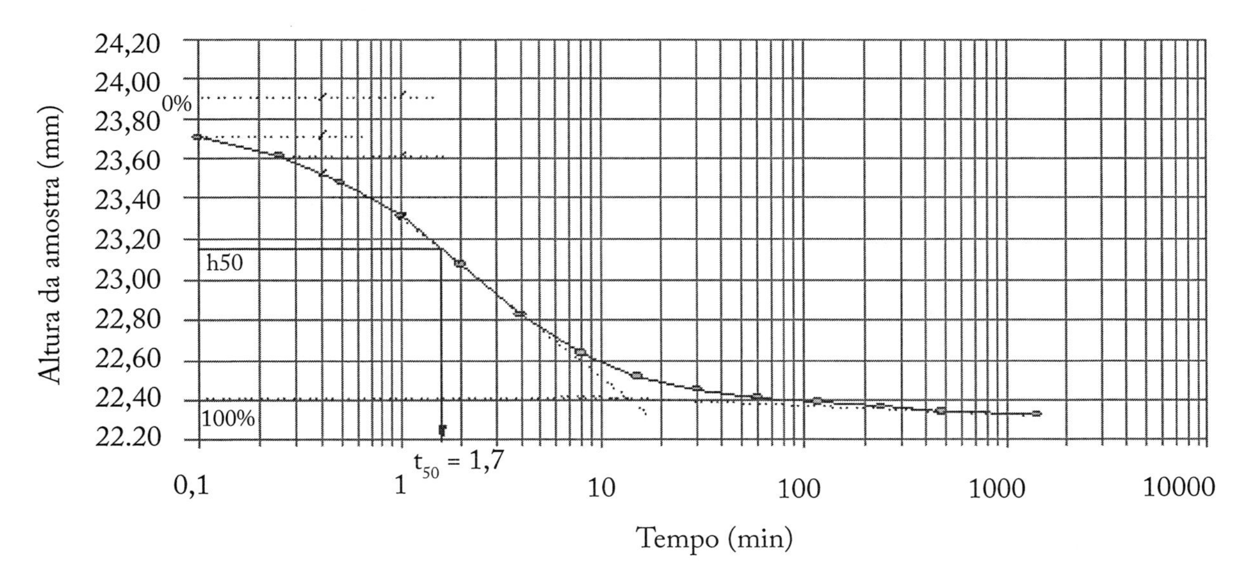

FIGURA 9.25 - Curva tempo x recalque - Casagrande - 100 kPa

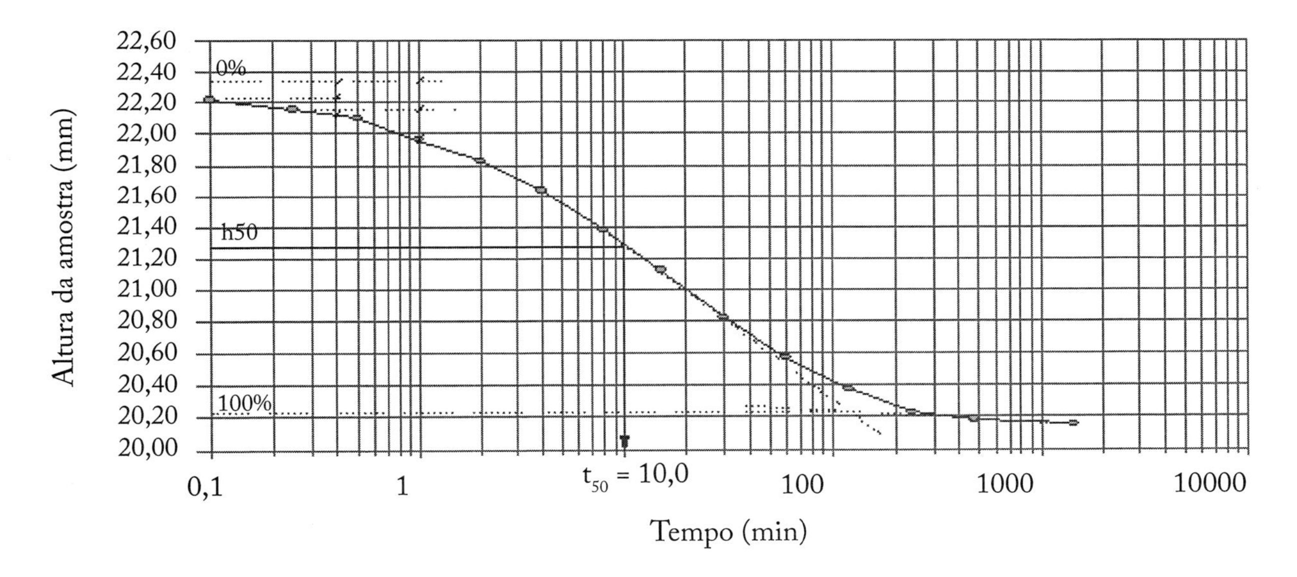

FIGURA 9.26 -Curva tempo x recalque - Casagrande - 200 kPa

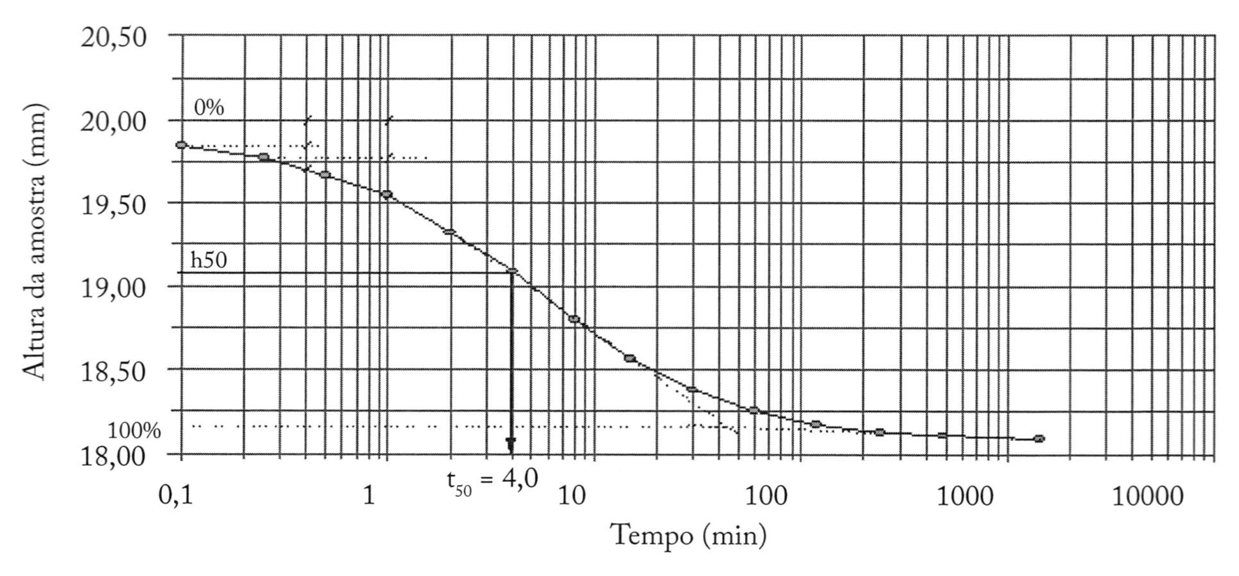

FIGURA 9.27 -Curva tempo x recalque - Casagrande - 400 kPa

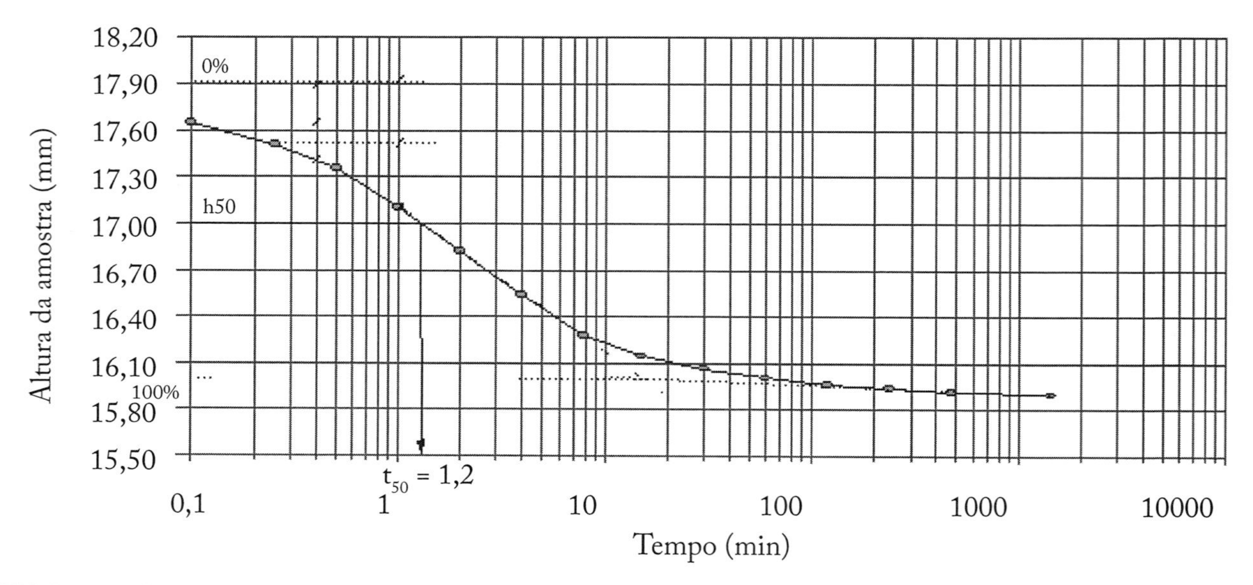

FIGURA 9.28 - Curva tempo - recalque - Casagrande - 800 kPa

• **determinação do coeficiente de adensamento, c_V :**

A partir dos dados das **Figuras 9.23** a **9.29** e da **Equação 9.22**, monta-se a **Tabela 9.8** e encontra-se os valores de c_V pelo método de Casagrande, conforme mostrado no exemplo a seguir para o carregamento de 12 kPa:

$$c_v = \frac{0{,}197\left(\frac{H_{50}}{2}\right)^2}{t_{50}}$$

$$c_v = \frac{0{,}197\left(\frac{25{,}25 \times 10^{-3}}{2}\right)^2}{1{,}7 \times 60} = 3{,}1 \times 10^{-7}\ m^2/s$$

TABELA 9.8 - Coeficiente de adensamento por Casagrande

tensão kPa	H_0 mm	H_{100} mm	H_{50} mm	t_{50} min	c_v m^2/s
12	25,43	25,07	25,25	1,7	3,1 E-07
25	25,09	24,72	24,91	1,1	4,6 E-07
50	24,68	23,98	24,33	2	2,4 E-07
100	23,9	22,41	23,16	1,7	2,6 E-07
200	22,35	20,24	21,30	10	3,7 E-08
400	20	18,2	19,10	4	7,5 E-08
800	17,9	16	16,95	1,2	2,0 E-07

COEFICIENTE DE ADENSAMENTO PELO CRITÉRIO DE TAYLOR

- **Curvas de adensamento com a determinação de 0% e 90%**

De acordo com a proposta de Taylor, com os pares de valores **√t x altura** traça-se a curva de adensamento para cada carregamento, sendo ambos os eixos em escala natural. A determinação do 0% e do 90% de adensamento são feitas como indicado na **Figura 9.15**.

As **Figuras 9.29** a **9.35** mostram a aplicação da proposta Taylor.

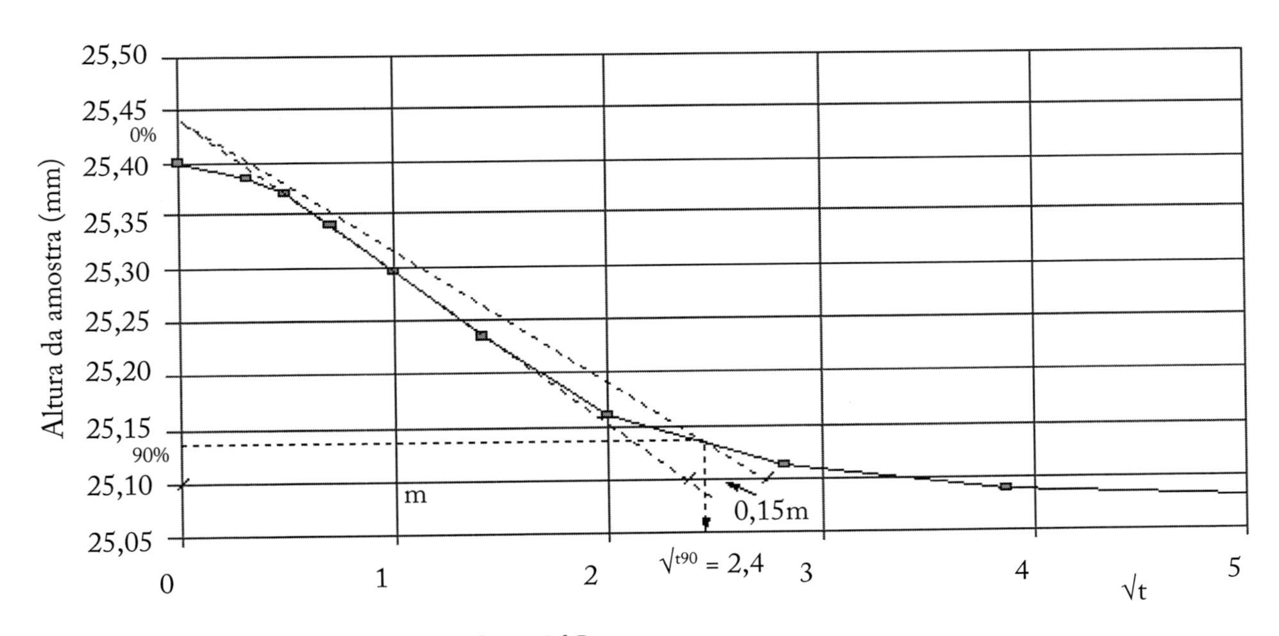

FIGURA 9.29 - Curva tempo x recalque - Taylor - 12 kPa

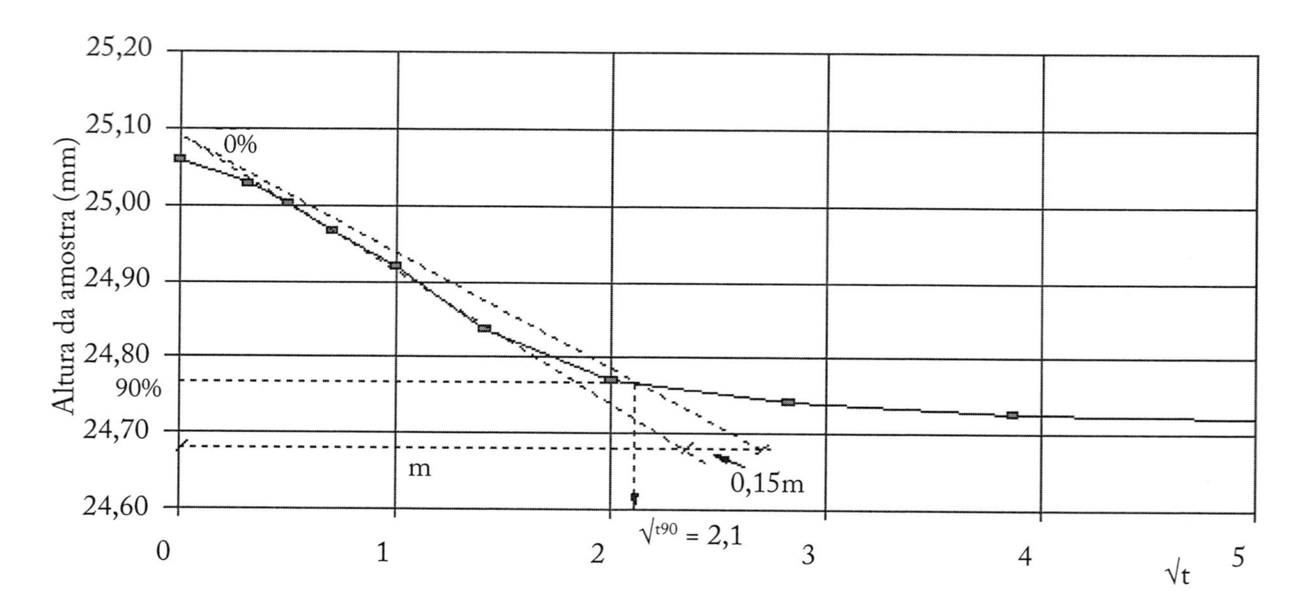

FIGURA 9.30 - Curva tempo x recalque - Taylor - 25 kPa

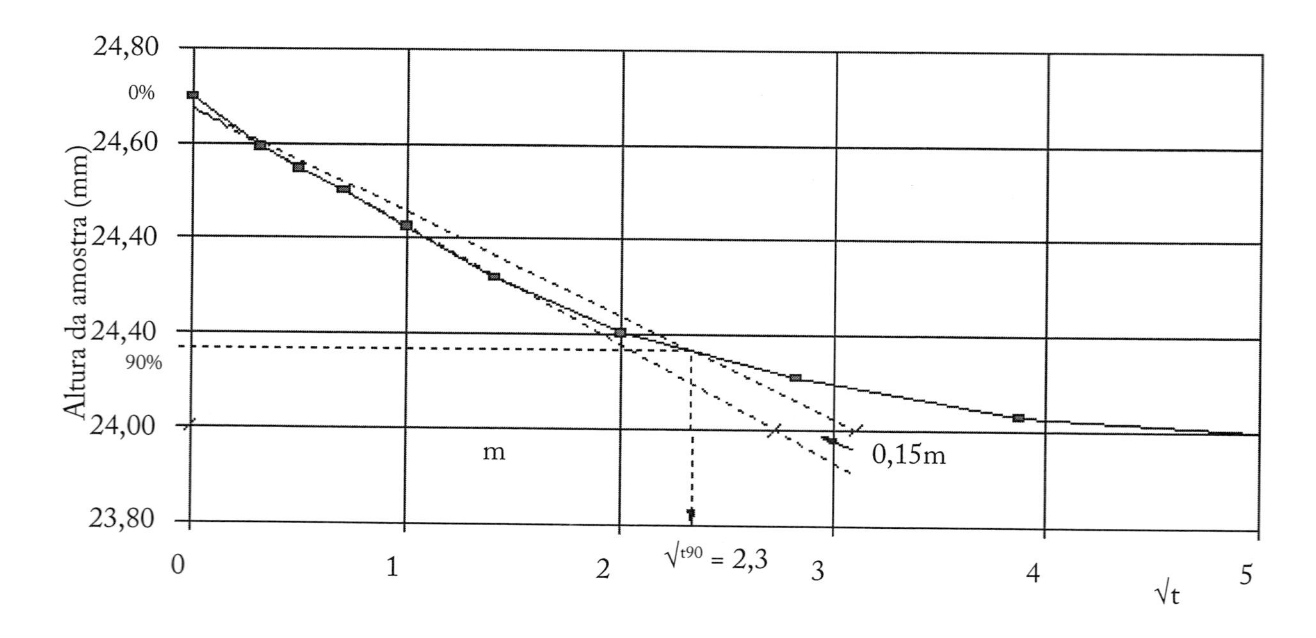

FIGURA 9.33 - Curva tempo x recalque - Taylor - 50 kPa

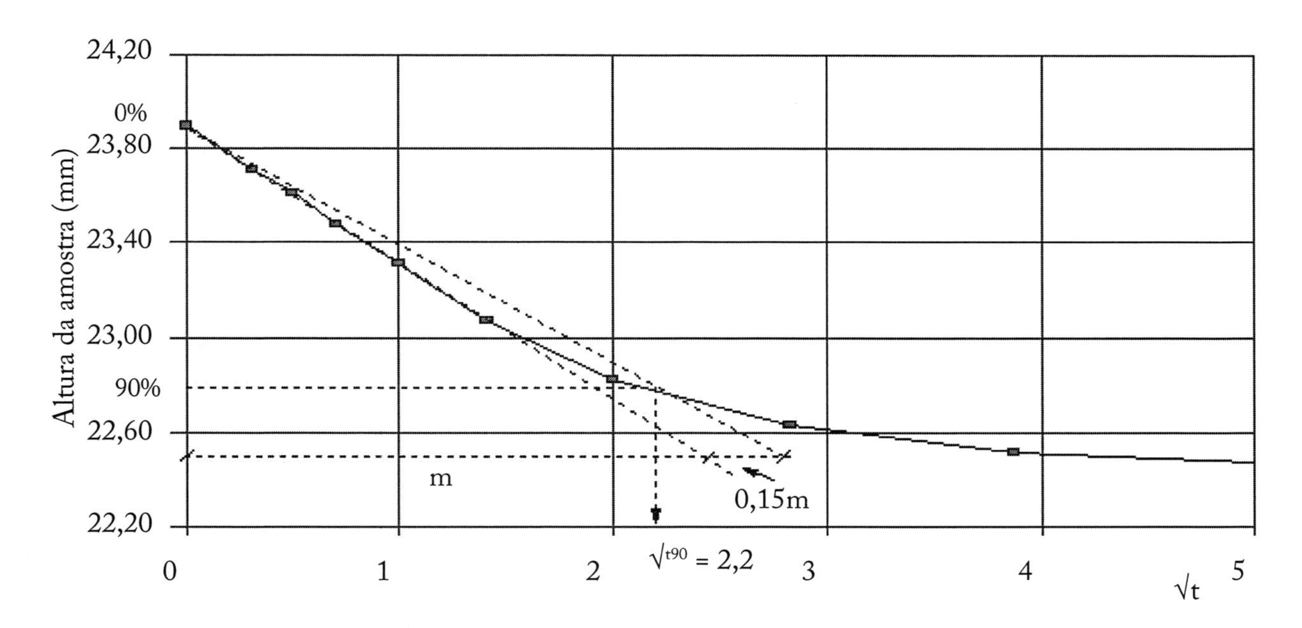

FIGURA 9.34 - Curva tempo x recalque - Taylor - 100 kPa

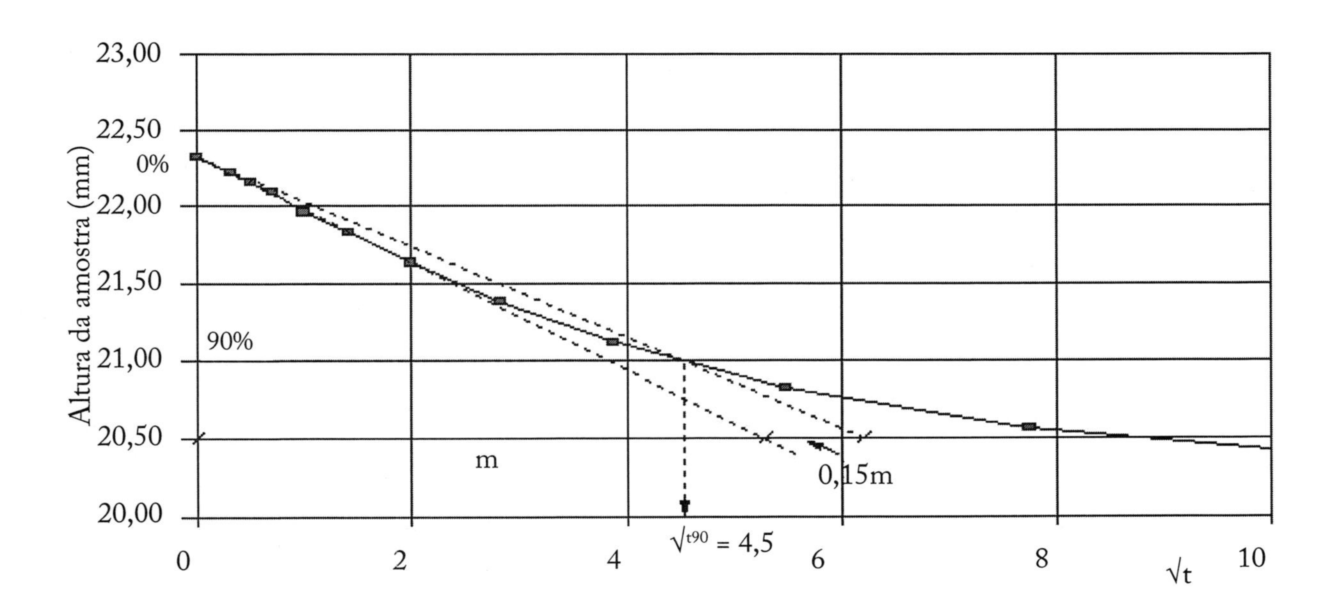

FIGURA 9.33 - Curva tempo x recalque - Taylor - 200 kPa

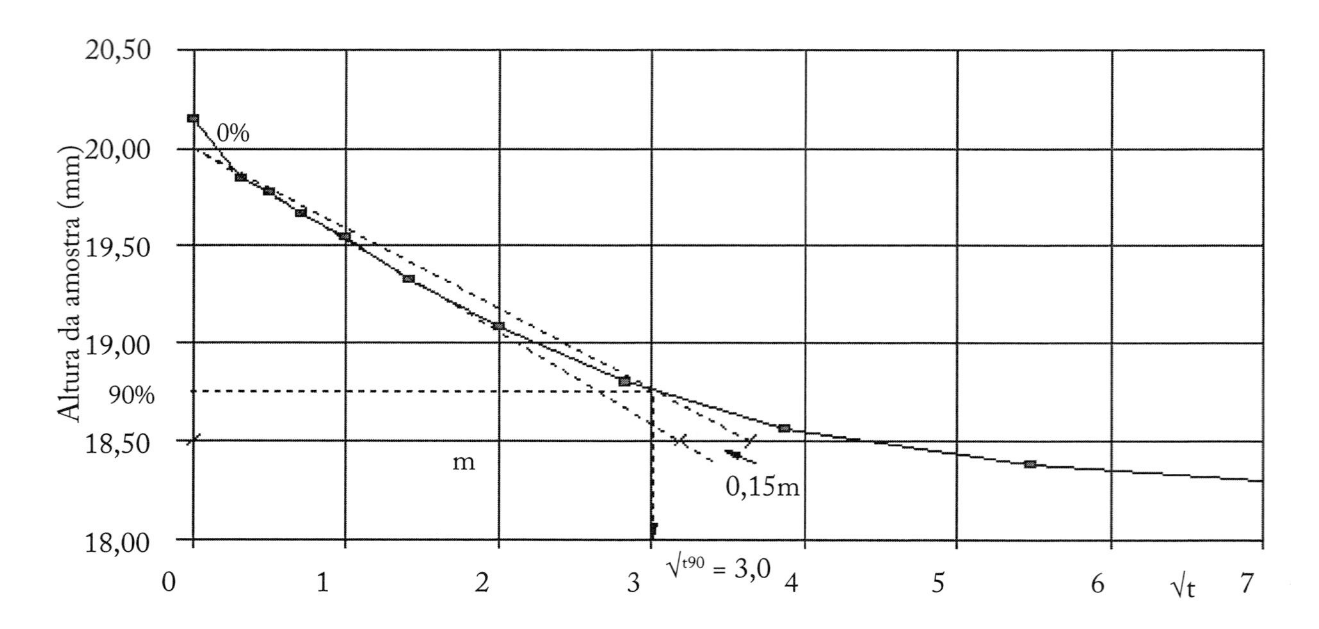

FIGURA 9.34 - Curva tempo x recalque - Taylor - 400 kPa

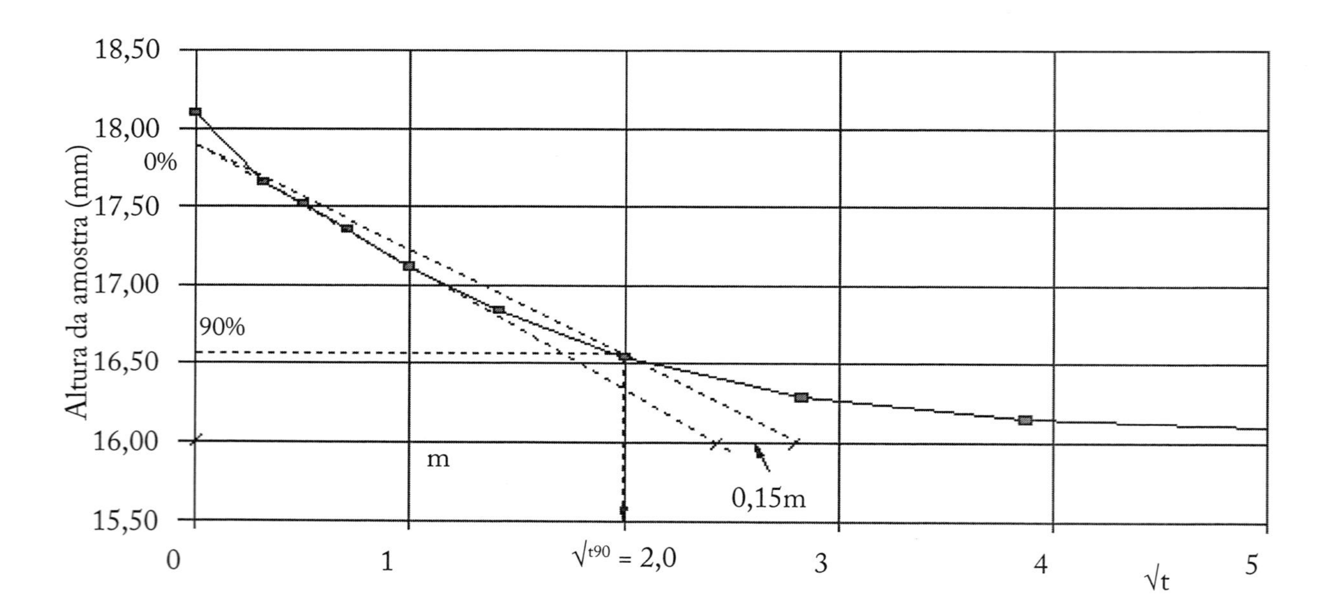

FIGURA 9.35 - Curva tempo x recalque - Taylor - 800 kPa

- **determinação do coeficiente de adensamento, c_v** :

A partir dos dados das **Figuras 9.29** a **9.35** e da **Equação 9.23**, monta-se a **Tabela 9.9**, e encontra-se os valores de $\mathbf{c_v}$ pelo método de Taylor:

TABELA 9.9 - Coeficiente de adensamento por Taylor

tensão kPa	H_0 mm	H_{90} mm	H_{50} mm	t^v_{90} min	t_{90} min	c_v m^2/s
12	25,44	25,14	25,27	2,4	5,8	3,9 E-07
25	25,1	24,78	24,92	2,1	4,4	5,0 E-07
50	24,68	24,18	24,40	2,3	5,3	4,0 E-07
100	23,9	22,8	23,29	2,2	4,8	4,0 E-07
200	22,4	21	21,62	4,5	20,3	8,1 E-08
400	20	18,75	19,31	3	9,0	1,5 E-07
800	17,9	16,55	17,15	2	4,0	2,6 E-07

COEFICIENTE DE ADENSAMENTO PELO CRITÉRIO DE SIVARAM E SWAMEE

Com as **Equações 9.24** , **9.25** e **9.26** e com os pontos correspondentes aos tempos de 0,25 min, 1,0 min e 120 min obtidos na **Tabela 9.7**, pode-se montar a **Tabela 9.10**:

TABELA 9.10 - Coeficiente de adensamento por Sivaram e Swamee

tensão kPa	h_1 mm	h_2 mm	h_3 mm	t_1 min	t_2 min	t_3 min	H_d mm	h_0 mm	h_{100} mm	c_v m^2/s
12	25,37	25,30	25,07	0,25	1	120	12,70	25,44	25,07	3,0E-07
25	25	24,92	24,71	0,25	1	120	12,53	25,08	24,71	3,8E-07
50	24,55	24,43	23,95	0,25	1	120	12,35	24,67	23,95	2,2E-07
100	23,62	23,32	22,39	0,25	1	120	11,95	23,92	22,39	2,9E-07
200	22,16	21,97	20,38	0,25	1	120	11,17	22,35	20,37	6,0E-08
400	19,78	19,55	18,17	0,25	1	120	10,08	20,01	18,17	8,3E-08
800	17,51	17,11	15,97	0,25	1	120	9,05	17,91	15,97	1,8E-07

COEFICIENTE DE VARIAÇÃO VOLUMÉTRICA, m_V

A determinação de $\mathbf{m_V}$ é feita a partir da **Eq. 9.6:**

$$m_v = \frac{\Delta\varepsilon_z}{\Delta\sigma'_v}$$

Para determinação de $\Delta\sigma_z$, utiliza-se a **Eq. 9.7** que, por sua vez, necessita do conhecimento do índice de vazios da amostra. O índice de vazios inicial, $\mathbf{e_o}$, obtém-se utilizando as expressões de índice físicos, vistas no **Capítulo 2**. Neste caso, $\mathbf{e_o = 1{,}088}$.

$$\Delta\varepsilon_z = \frac{\Delta e}{1+e_0}$$

A altura de sólidos, $\mathbf{h_S}$, é obtida com a **Eq. 9.21** e, portanto:

$$h_s = \frac{h_0}{1+e_0} = \frac{25,4}{1+1,088} = 12,17 \text{ mm}$$

Conhecido $\mathbf{h_S}$, o índice de vazios a qualquer tempo pode ser calculado com a **Eq. 9.20**, conforme mostra o exemplo para o índice de vazios final para o carregamento de 12 kPa:

$$e_f = \frac{h_f}{h_s} - 1 = \frac{25,06}{12,17} - 1 = 1,060$$

Desta forma pode-se montar a **Tabela 9.11**:

TABELA 9.11 - Determinação do m_V para cada carregamento

σ_V' kPa	H_0 mm	H_f mm	e_o	e_f	$\Delta\varepsilon$ %	m_V m^2/kN
12	25,4	25,06	1,088	1,060	1,34	1,12 E-03
25	25,06	24,7	1,060	1,030	1,44	1,11 E-03
50	24,7	23,9	1,030	0,965	3,24	1,30 E-03
100	23,9	22,33	0,965	0,836	6,57	1,31 E-03
200	22,33	20,15	0,836	0,656	9,76	9,76 E-04
400	20,15	18,1	0,656	0,488	10,17	5,09 E-04
800	18,1	15,9	0,488	0,307	12,15	3,04 E-04

COEFICIENTE DE PERMEABILIDADE k_V

A determinação de $\mathbf{k_V}$ é feita com a **Equação 9.5**, usando os valores de $\mathbf{c_V}$ obtidos por Casagrande, por Taylor e por Sivaram e Swamee. Desta forma, obtém-se a **Tabela 9.12**:

$$k_v = c_v m_v \gamma_w$$

TABELA 9.12 - Determinação do k_V para cada carregamento

σ'_V (kPa)	c_V (m^2/s)			m_V (m^2/kN)	k_V (m/s)		
	Casagrande	Taylor	SeS		Casagrande	Taylor	SeS
12	3,10E-07	3,90E-07	3,0E-7	1,12E-3	3,41E-09	4,29E-09	3,32E-09
25	4,4E-7	5,00E-07	3,8E-7	1,11E-3	5,05E-09	5,49E-09	4,22E-09
50	2,40E-07	4,00E-07	2,2E-7	1,30E-3	3,06E-9	4,39E-09	2,44E-09
100	2,60E-07	4,00E-07	2,9E-7	1,31E-3	3,34E-9	4,39E-09	3,16E-09
200	3,70E-08	8,10E-08	6,0E-7	9,76E-4	3,54E-10	8,90E-10	6,63E-10
400	7,50E-08	1,50E-07	8,3E-7	5,09E-4	3,74E-10	1,65E-09	9,11E-10
800	2,00E-07	2,60E-07	1,8E-7	3,04E-4	5,96E-10	2,86E-09	2,00E-09

TRAÇADO DAS CURVAS σ'_V x c_V:

Com os valores calculados na **Tabela 9.9**, são traçadas as curvas mostradas na **Figura 9.36:**

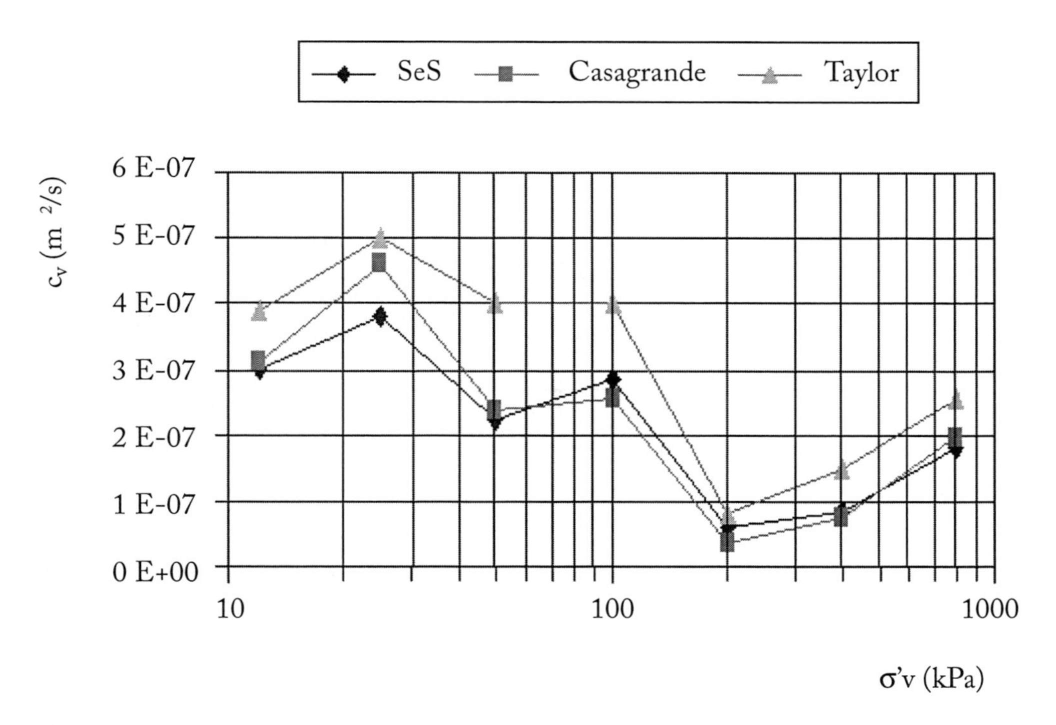

FIGURA 9.36 - **Curva c_V x σ'_V**

TRAÇADO DA CURVA σ'_V x m_V:

Com os valores calculados na **Tabela 9.10**, é traçada a curva mostrada na **Figura 9.37:**

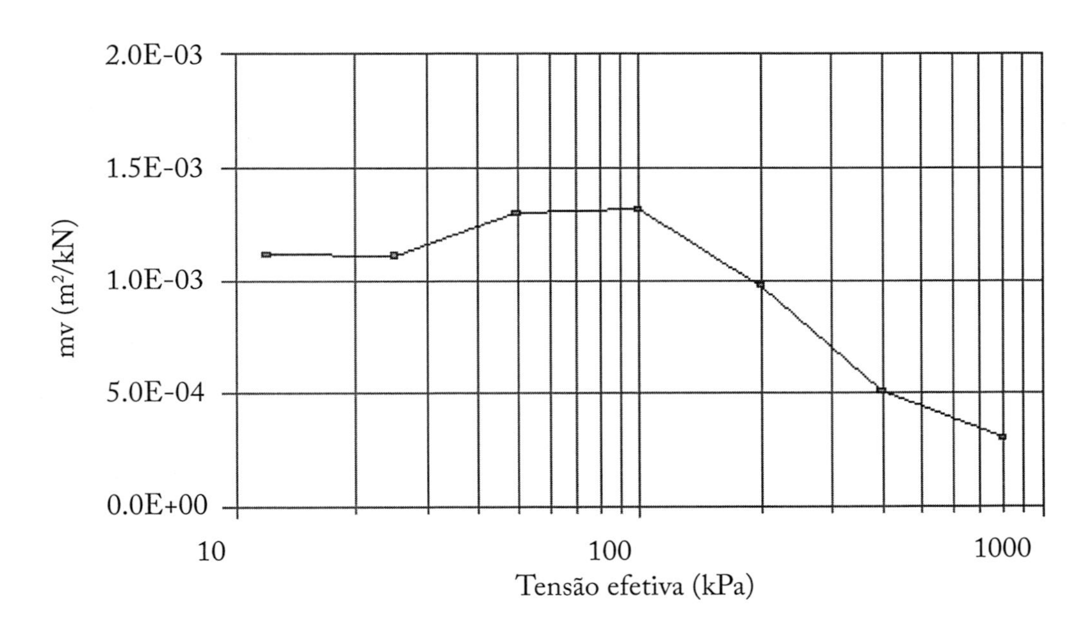

FIGURA 9.37 - **Curva σ'_V x m_V**

TRAÇADO DAS CURVAS σ'_v x k_v:

Com os valores calculados na **Tabela 9.11** são traçadas as curvas mostradas na **Figura 9.38:**

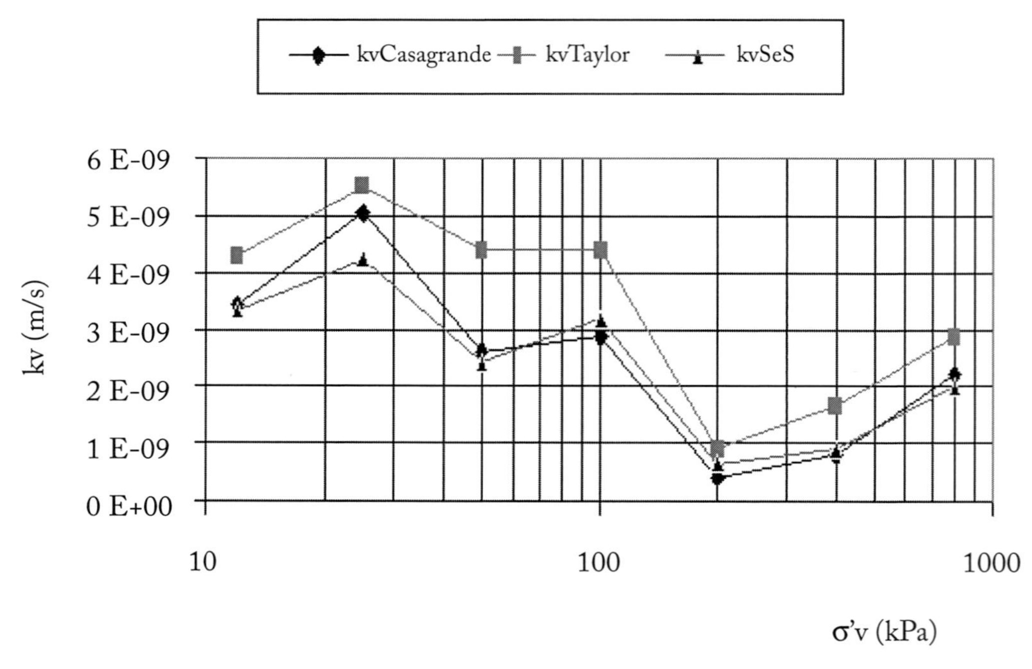

FIGURA 9.38 - **Curva σ'_v x k_v**

TRAÇADO DA CURVA COMPRESSIBILIDADE

A partir dos valores de σ'_v e **ef** mostrados na **Tabela 9.10**, pode-se traçar a curva de compressibilidade mostrada na **Figura 9.39**:

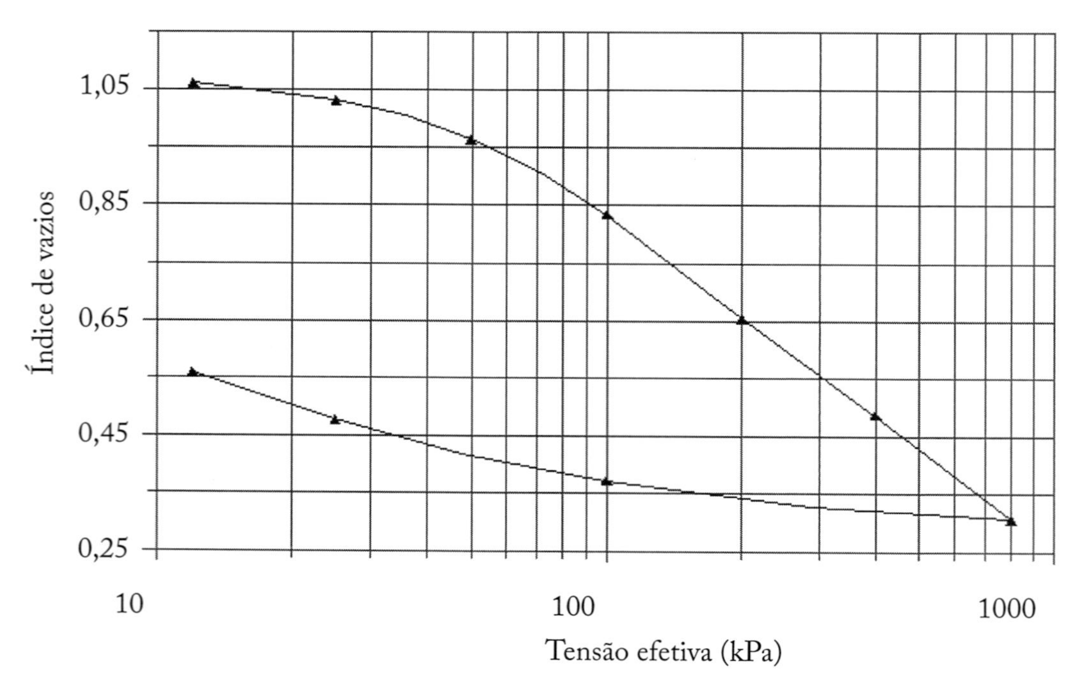

FIGURA 9.39 - **Curva de compressibilidade**

DETERMINAÇÃO DA TENSÃO DE PRÉ-ADENSAMENTO POR CASAGRANDE

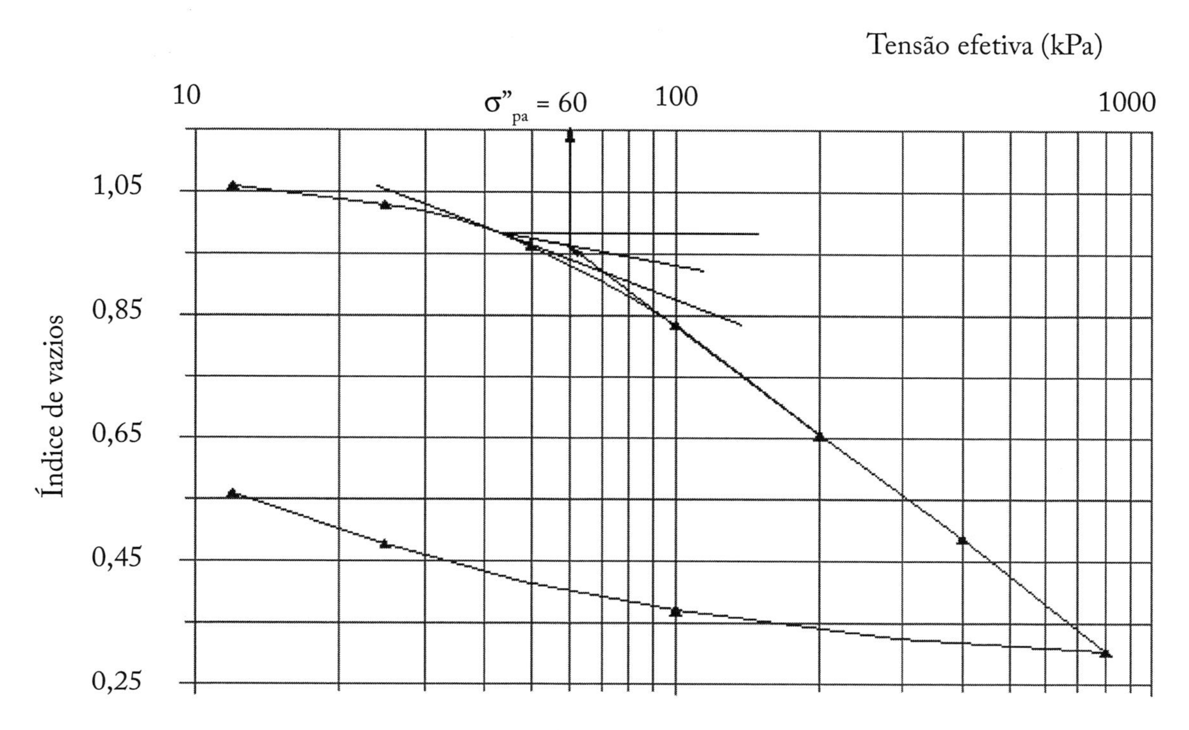

FIGURA 9.40 - Tensão de pré-adensamento por Casagrande

DETERMINAÇÃO DA TENSÃO DE PRÉ-ADENSAMENTO POR PACHECO SILVA

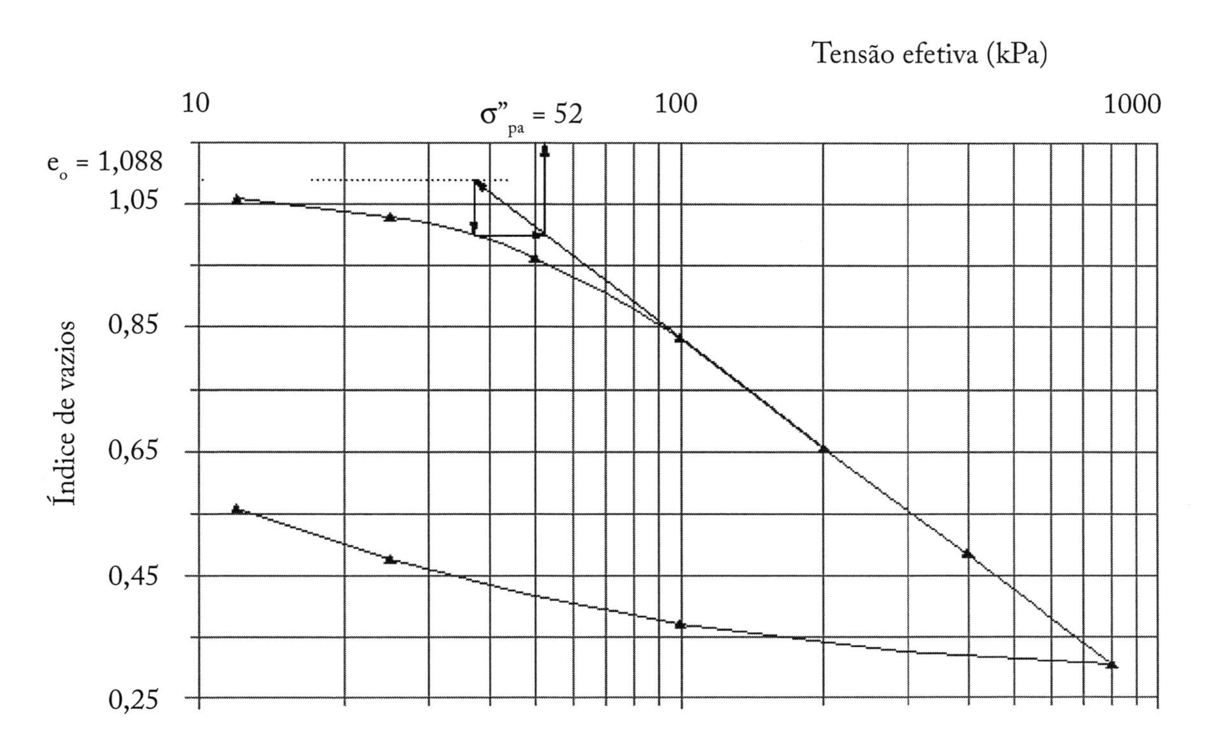

FIGURA 9.41 - Tensão de pré-adensamento por Pacheco Silva

9.2.4 - Recalques por Adensamento Primário

O recalque por adensamento primário requer atenção especial, em casos de solos argilosos, por ocorrerem ao longo de um tempo que pode ser bastante longo, podendo provocar o aparecimento de solicitações estruturais que não tinham sido previstas. É calculado quase sempre se utilizando a teoria unidimensional de Terzaghi, mesmo considerando as restrições que possam ser feitas a essa teoria.

Considerando a situação idealizada de uma amostra de solo, mostrada na **Figura 9.42**, que sofreu um recalque unidimensional – portanto sem deformações radiais – por adensamento primário devido a um carregamento qualquer. Na coluna de valores, à direita, dividindo-se $\mathbf{V_V}$ e $\mathbf{V_S}$ por $\mathbf{V_S}$, tem-se que $\mathbf{H = 1 + e_0}$. O recalque sofrido pela amostra pode ser considerado igual a $\mathbf{\Delta e}$, conforme mostra a figura. Logo, a deformação específica vertical $\mathbf{\Delta\sigma_Z}$, como já definido na **Equação 9.7,** é igual a:

$$\Delta\varepsilon_z = \frac{\Delta e}{1 + e_0}$$

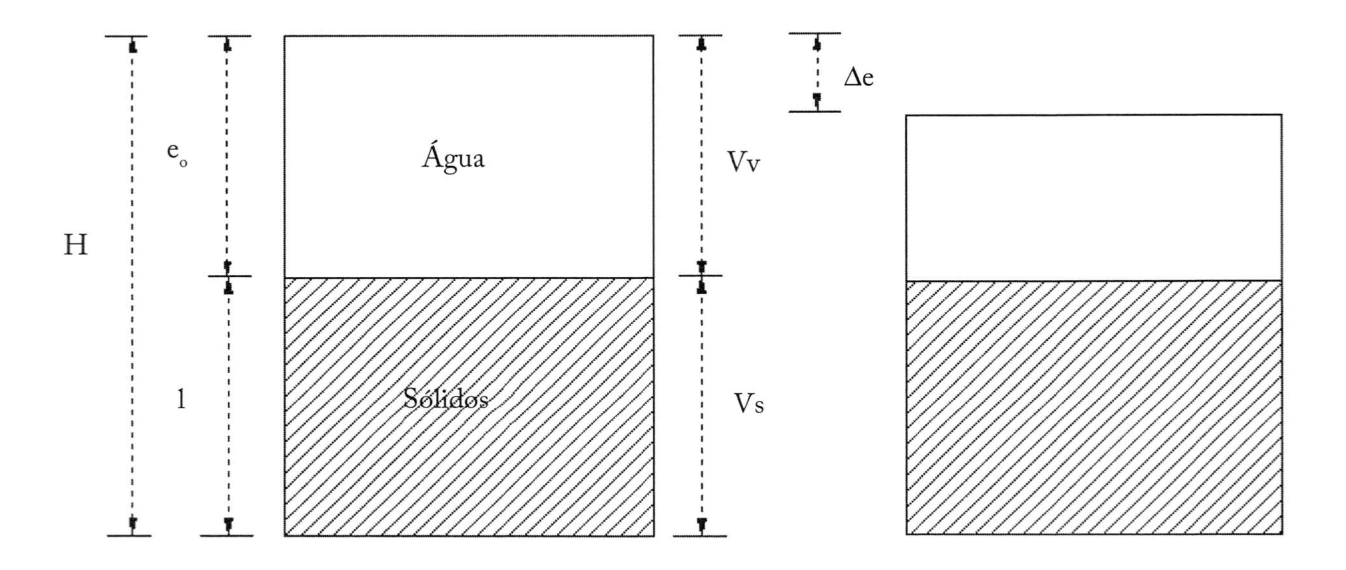

FIGURA 9.42 - Amostra idealizada

Se esta amostra é representativa de um maciço argiloso de espessura **H,** o recalque no maciço devido a um carregamento similar será:

$$S_t = \frac{\Delta e}{1 + e_0} H \qquad \textbf{Eq. 9.32}$$

Como $m_v = \dfrac{\Delta\varepsilon}{\Delta\sigma_v'}$, tem-se ainda:

$$S_t = m_v \Delta\sigma_v' H \qquad \textbf{Eq. 9.33}$$

Deve-se observar que, na condição que se supõe que ocorra o adensamento (com confinamento lateral completo), tem-se uma situação de deformações horizontais nulas, isto é, há completa restrição à deformação lateral na amostra. Neste caso, o módulo que representa a relação tensão x deformação é o módulo edométrico **(E_{oed})**, que pode ser obtido com a expressão:

$$E_{oed} = \frac{1}{m_v} \quad \textbf{Eq. 9.34}$$

O que leva a:

$$\frac{S_t}{H} = \frac{\Delta\sigma'_v}{E_{oed}}$$

Note-se a analogia com a lei de Hooke uma vez que **St/H** é a deformação específica **ε**.

O valor de **Δe** na **Equação 9.32** varia com a história de tensões do solo. Se a argila é normalmente adensada, **Δe** é obtido a partir da fórmula do índice de compressão **C_c** chegando à **Equação 9.35**, que é a fórmula mais usada para cálculo de recalques por adensamento primário:

$$S_t = \frac{H}{1+e_0} C_c \log \frac{\sigma'_{v0} + \Delta\sigma'_v}{\sigma'_{v0}} \quad \textbf{Eq. 9.35}$$

sendo:

σ'_{V0} = tensão efetiva inicial média na camada;

$\Delta\sigma'_V$ = acréscimo de tensão médio na camada;

H = espessura da camada (qualquer que seja o número de faces drenantes).

Se a argila é pré-adensada, os recalques ocorrerão inicialmente ao longo do trecho de recompressão. Só se a sobrecarga ultrapassar a tensão de pré-adensamento é que se atinge o trecho virgem. Por isto mesmo duas situações devem ser analisadas:

- se **$\sigma'_{V0} + \Delta\sigma'_V < \sigma'_{pa}$**, obtém-se **$\Delta e$** – preferencialmente a partir da curva de compressibilidade corrigida de Schmertmann –, em função de **C_e**, uma vez que não se chega ao trecho virgem:

$$\Delta e = C_e \left[\log\left(\sigma'_0 + \Delta\sigma'_v\right) - \log \sigma'_0 \right] = C_e \log \frac{\sigma'_0 + \Delta\sigma'_v}{\sigma'_0}$$

$$S_t = \frac{H}{1+e_0} C_e \log \frac{\sigma'_0 + \Delta\sigma'_v}{\sigma'_0} \quad \textbf{Eq. 9.36}$$

- se **$\sigma'_{V0} + \Delta\acute{o}'_V > \sigma'_{pa}$**, são levadas em conta duas parcelas para **Δe**: a primeira no trecho de recompressão, em função de **C_e** e a segunda no trecho virgem em função de **C_c**:

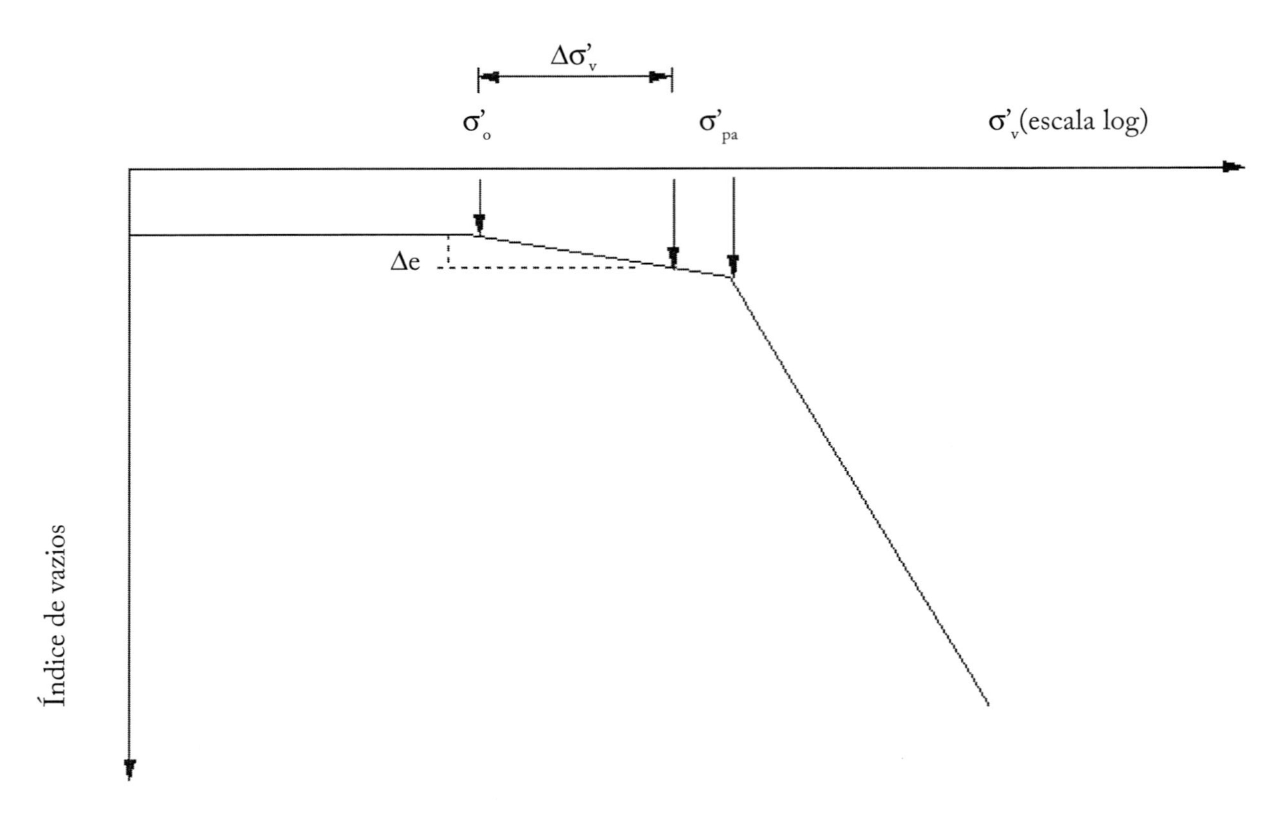

FIGURA 9.43 - **Argila pré-adensada com $\sigma'_{vo} + \Delta'\sigma_v < \sigma'_{pa}$**

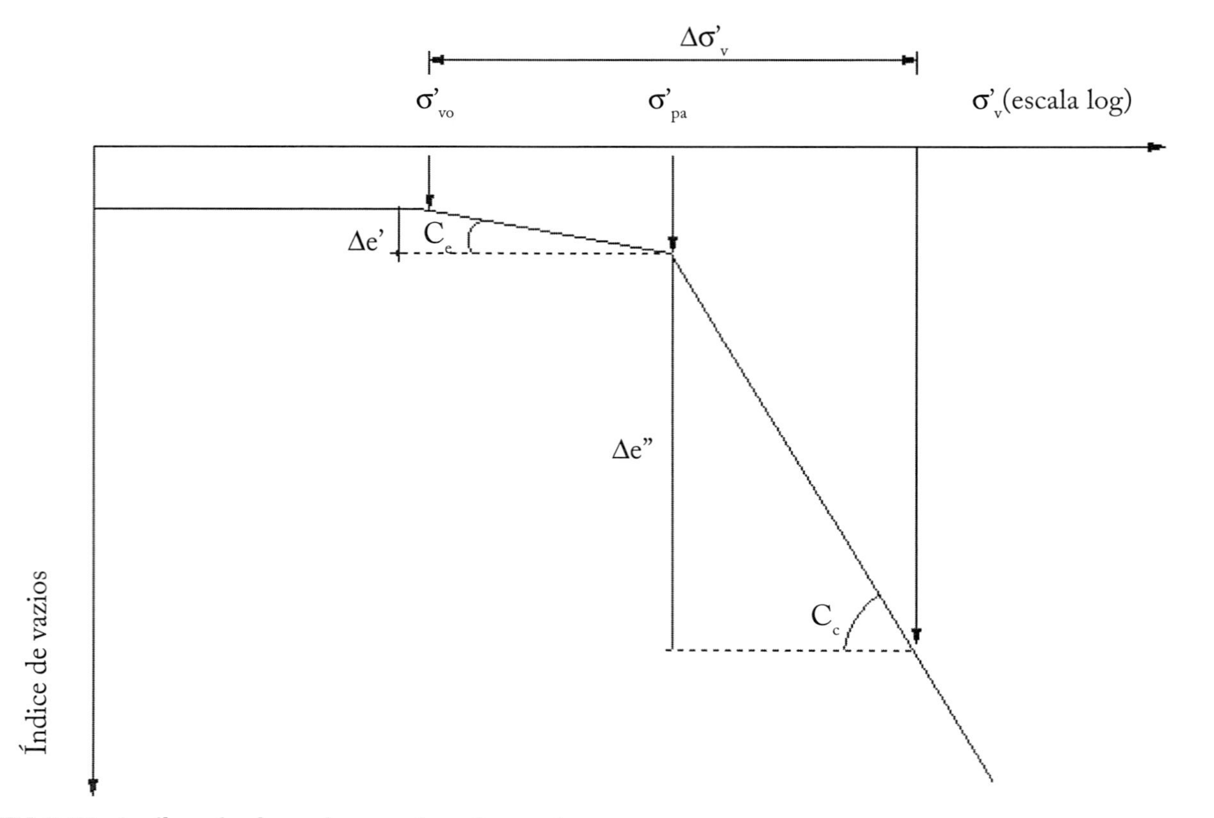

FIGURA 9.44 - **Argila pré-adensada com $\sigma'_{vo} + \Delta\sigma_v > \sigma'_{pa}$**

$$\Delta e' = C_e \log \frac{\sigma'_{pa}}{\sigma'_0}$$

$$\Delta e'' = C_c \log \frac{\sigma'_{v0} + \Delta\sigma'_v}{\sigma'_{pa}}$$

$$S_t = \frac{H}{1+e_0}\left(C_e \log \frac{\sigma'_{pa}}{\sigma'_{v0}} + C_e \log \frac{\sigma'_{v0} + \Delta\sigma'_v}{\sigma'_{pa}}\right) \qquad \textbf{Eq. 9.37}$$

Se a argila é sub-adensada, haverá uma parcela de recalque independente do novo carregamento. A partir também da curva corrigida de Schmertmann obtém-se:

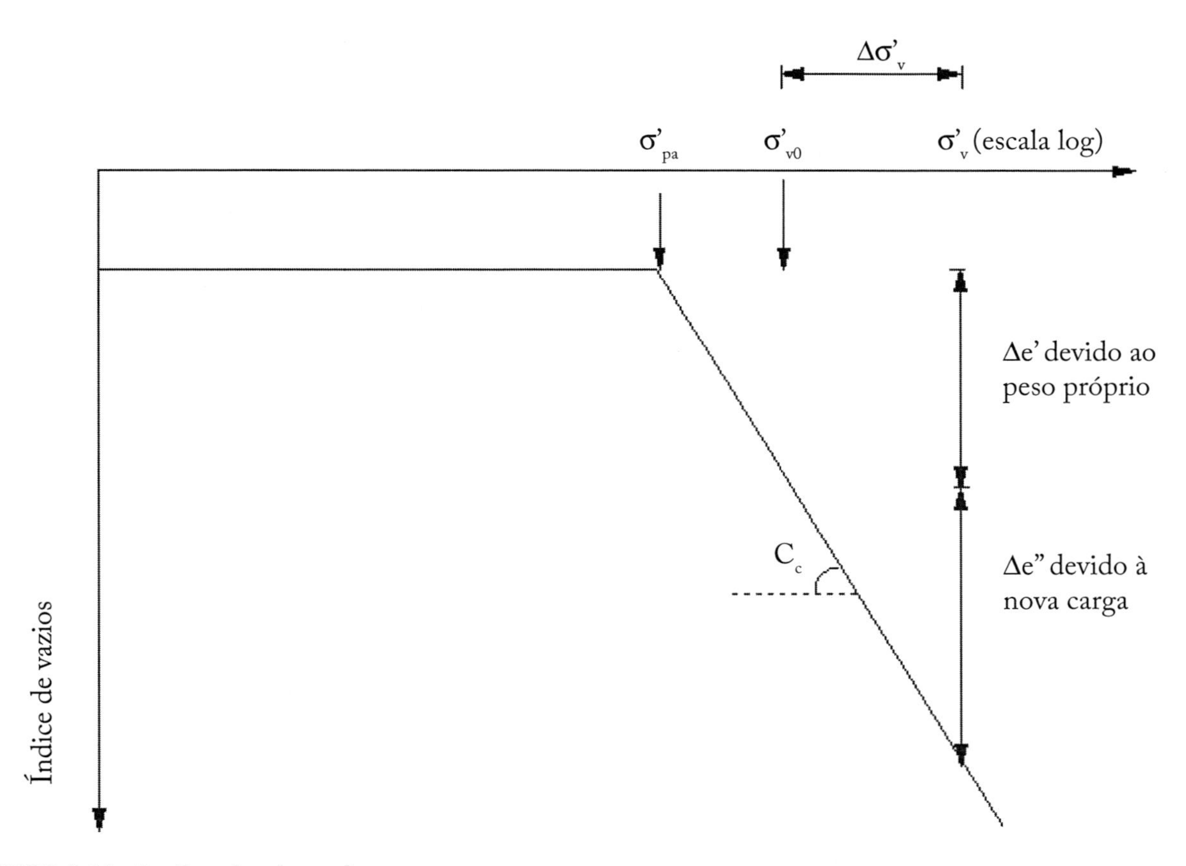

FIGURA 9.45 - Argila sub-adensada

$$\Delta e = C_c \log \frac{\sigma'_{v0} + \Delta\sigma'_v}{\sigma'_{pa}}$$

$$S_t = \frac{H}{1+e_0} C_c \log \frac{\sigma'_{v0} + \Delta\sigma'_v}{\sigma'_{pa}} \qquad \textbf{Eq. 9.38}$$

Exemplo de aplicação 9.6 - Um depósito com fundação em radier flexível de 12 x 30 m com uma sobrecarga uniformemente distribuída de 110 kPa, será construído sobre o perfil mostrado na **Figura 9.46**. Calcule o recalque no centro do edifício devido ao adensamento primário da camada argilosa, considerando:

i- a camada argilosa normalmente adensada.

ii- a camada argilosa pré-adensada com $\boldsymbol{\sigma'_{pa} = (\sigma'_{vo} + 47)}$ kPa.

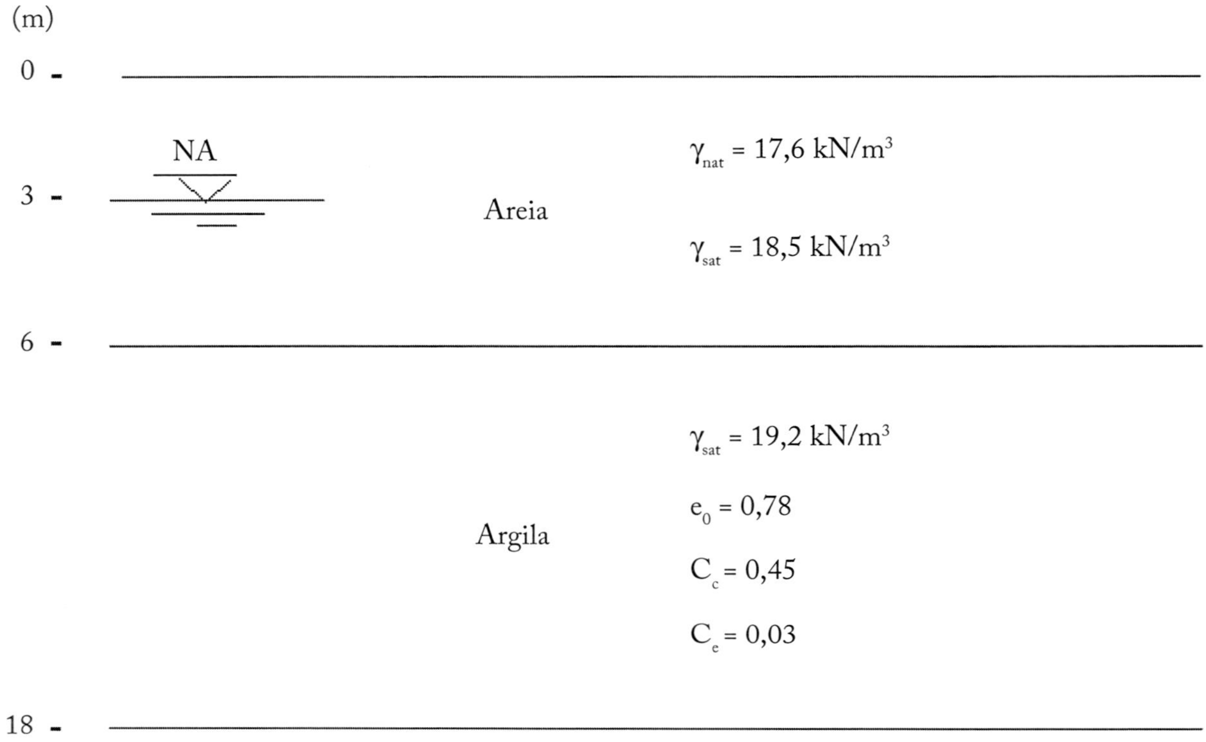

(m)

0 -

NA

3 -

Areia

$\gamma_{nat} = 17{,}6 \text{ kN/m}^3$

$\gamma_{sat} = 18{,}5 \text{ kN/m}^3$

6 -

Argila

$\gamma_{sat} = 19{,}2 \text{ kN/m}^3$

$e_0 = 0{,}78$

$C_c = 0{,}45$

$C_e = 0{,}03$

18 -

FIGURA 9.46 - Exemplo de aplicação 9.6

i- normalmente adensada:

$$S_t = \frac{H}{1+e_0} C_c \log \frac{\sigma'_0 + \Delta\sigma'}{\sigma'_0}$$

o gráfico das tensões efetivas e dos acréscimos de tensões devido ao depósito ao longo da profundidade é apresentado na **Figura 9.47**:

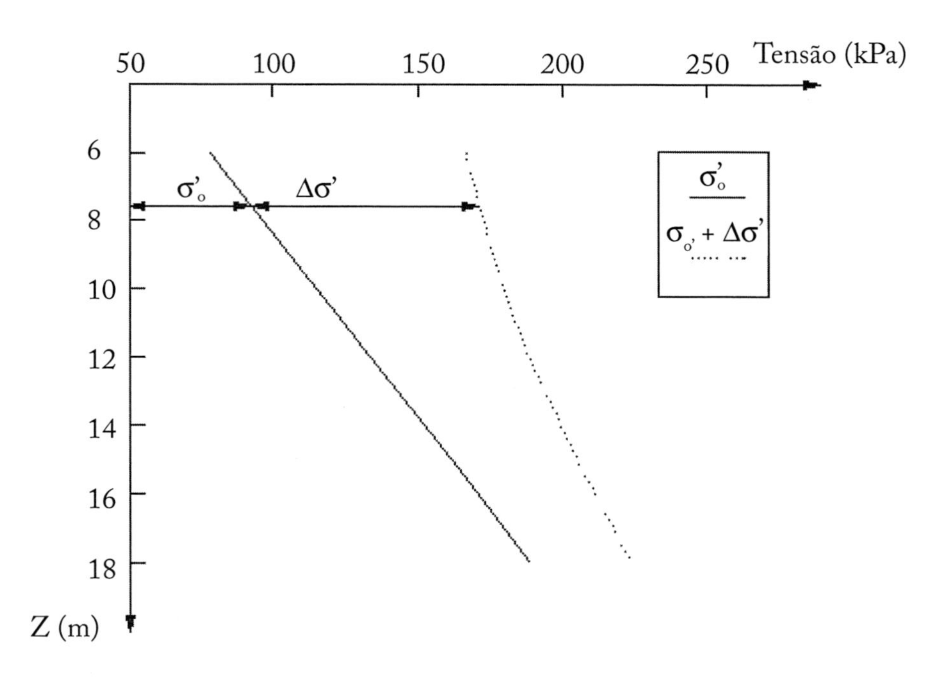

FIGURA 9.47 - Tensões efetivas e acréscimos de tensões x profundidade

dividindo-se a camada argilosa em 4 sub-camadas de 3 metros, tem-se:

TABELA 9.13 - Recalque com a argila normalmente adensada

camada	H (m)	z (m)	σ_{vo} (kPa)	$\Delta\sigma_v$ (kPa)	S_t (cm)
1	3	7,5	92,1	79	20,4
2	3	10,5	119,7	62	13,8
3	3	13,5	147,3	49	9,5
4	3	16,5	174,9	39	6,6
					St_{total} = 50,3 cm

ii- pré-adensada com $\boldsymbol{\sigma'_{pa} = (\sigma'_{vo} + 47)}$ kPa.
neste caso o gráfico das tensões com a profundidade é mostrado na **Figura 9.48.**

Se $\boldsymbol{\Delta\sigma' > \left(\sigma'_{pa} + \sigma'_0\right)}$, calcula-se o recalque com a fórmula:

$$\mathbf{S_t = \frac{H}{1+e_0}\left(C_e \log \frac{\sigma'_{pa}}{\sigma'_0} + C_c \log \frac{\sigma'_0 + \Delta\sigma'}{\sigma'_{pa}}\right)}$$

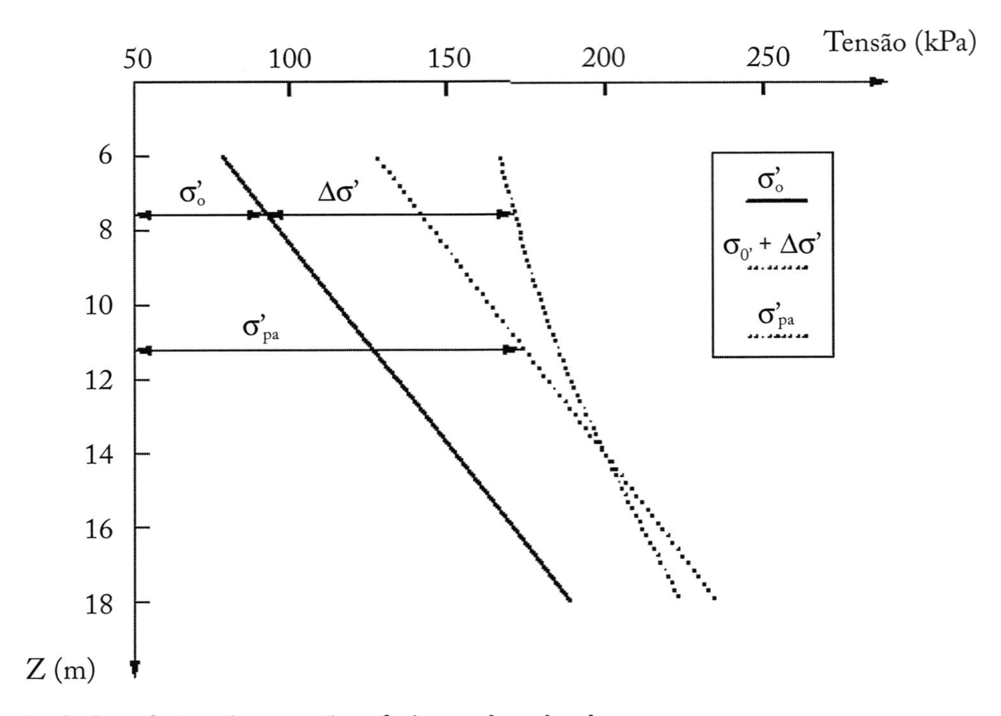

FIGURA 9.48 - **Acréscimo de tensões, tensões efetivas e de pré- adensamento x z**

Se $\Delta\sigma' \leq \left(\sigma'_{pa} + \sigma'_0\right)$, calcula-se 3 sub-camadas de 3, 5 e 4 m, respectivamente, pode-se então montar a **Tabela 9.14**:

TABELA 9.14 - **Recalque com a argila pré-adensada**

camada	H m	z m	σ vo kPa	$\Delta\sigma_v$ kPa	σ_{pa} kPa	St cm
1	3	7,5	92,1	79	139,1	7,7
2	5	11,5	128,9	57,1	175	4,5
3	4	16	170,3	40,4	217,3	0,6
						St_{total} = 12,8 cm

NOTA 9.3 - **Considerações sobre a espessura da camada**

Quando a espessura da camada é grande em relação às dimensões da placa é recomendável a discretização da camada para se ter maior representatividade dos acréscimos de tensão e, portanto, dos recalques. Há casos em que o cálculo do recalque unidimensional considerando apenas uma camada leva a resultados muito maiores que fazendo o mesmo cálculo discretizando a camada em três ou quatro subcamadas, como no problema anterior.

9.3- ADENSAMENTO SECUNDÁRIO

A definição clássica do adensamento secundário é a de uma deformação diferida que ocorre em solos argilosos a tensões efetivas constantes. Na explicação do fenômeno Barden (1968) leva em conta principalmente a viscosidade efetiva da camada de água adsorvida e em menor escala a tixotropia. O adensamento aproxima as partículas, logo as ligações na camada adsorvida serão mais fortes e ainda aumentarão com o tempo devido à tixotropia.

As deformações são um processo de rupturas localizadas nos contactos, que em sua maioria ocorrem entre camadas de água adsorvidas. Há três níveis de ruptura:

i- ruptura completa do contato onde as partículas acabam formando novas ligações fortes com outras partículas. Terzaghi chamou estas ligações de "***solid bond***";

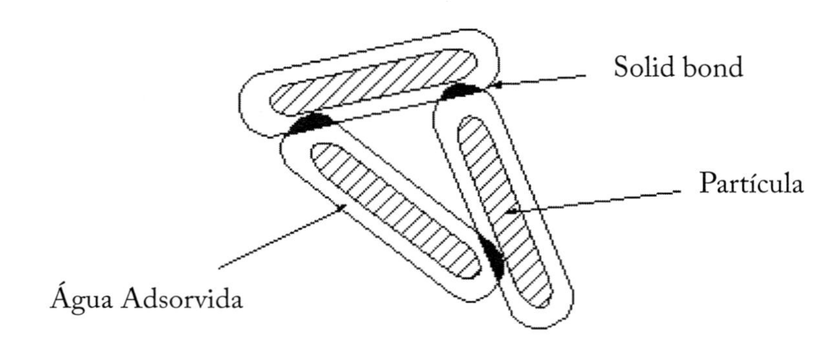

FIGURA 9.49 - Ligações fortes

ii- ruptura parcial com as partículas separando-se mas voltando a se unir, com estas novas ligações ocorrendo em regiões mais superficiais da camada de água adsorvida.

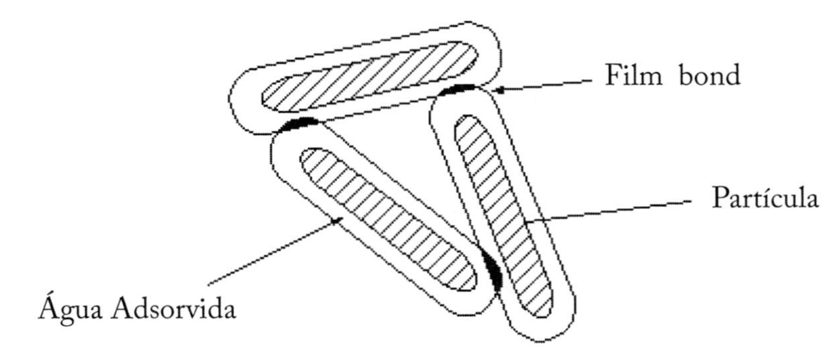

FIGURA 9.50 - Ligações fracas

iii-surgimento de tensões cisalhantes nos contatos, que provocam imperceptível afastamento das partículas, não o suficiente para causar a separação mas o suficiente para tornar os contatos mais superficiais.

Os tipos **ii** e **iii** formam ligações mais fracas que Terzaghi chamou de "***film bond***".

Estes conceitos são usados por Barden para explicar o fenômeno do adensamento secundário, por meio de um modelo reológico composto de um elemento Kelvin (**mola + amortecedor**), mostrado na **Figura 9.51**:

- a mola representa no modelo o adensamento primário. A transferência das pressões da água para a mola se processam quando ocorre ruptura completa nos contatos, ou seja, quebra das ligações fortes (***solid bond***)
- o amortecedor representa no modelo o adensamento secundário. As ligações fracas (***film bond***) vão acumulando pressão no amortecedor que muito lentamente as transfere para a mola, mesmo com a água livre já em condições hidrostáticas.

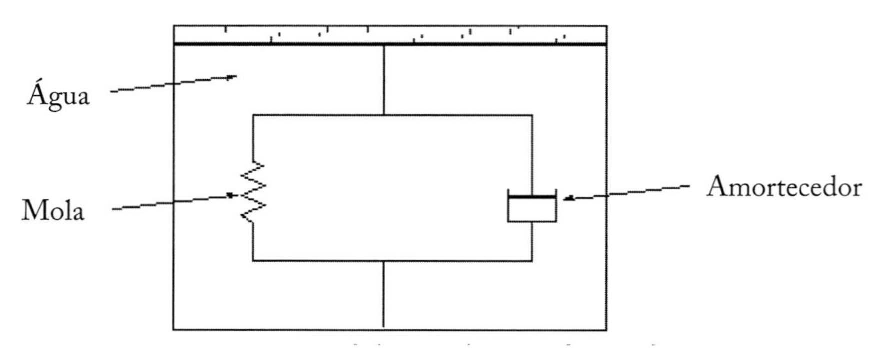

FIGURA 9.51 - Modelo reológico de Barden

No modelo Barden admite:

$$\begin{cases} \mathbf{t = 0} & \rightarrow \quad \boldsymbol{\Delta\sigma_V = \Delta u_W} \\ \mathbf{t > 0} & \rightarrow \quad \boldsymbol{\Delta\sigma_V = \Delta\sigma'_V + \Delta u_W + p_V} \\ \mathbf{t >>> 0} & \rightarrow \quad \boldsymbol{\Delta\sigma_V = \Delta\sigma'_V + p_V} \\ \mathbf{t \approx \infty} & \rightarrow \quad \boldsymbol{\Delta\sigma_V = \Delta\sigma'_V} \end{cases}$$

onde:

$\Delta\sigma_V$ = incremento de tensão total
$\Delta\sigma'_V$ = incremento de tensão na mola
Δu_W = incremento de pressão na água
p_V = incremento de pressão no amortecedor.

Isto é, inicialmente, para **t = 0**, $\Delta\sigma_V$ é suportado pela água, devido a mola e o amortecedor serem mais compressíveis que a água. Em um tempo **t > 0**, $\Delta\sigma_V$ é suportado pela água, pela mola e pelo amortecedor. Quando $\Delta u_W = 0$ (fim do adensamento primário), a compressão secundária prossegue com $\Delta\sigma_V$ sendo suportado pelo mola e pelo amortecedor, ocorrendo transferência direta do amortecedor para a mola. Após considerável tempo $\Delta\sigma_V = \Delta\sigma'_V$, com todo o esforço anteriormente suportado pelo amortecedor tendo se transferido para a mola, ou ainda, com todas as ligações fracas tendo sido rompidas pelas tensões cisalhantes surgidas nos contatos devido às deformações, e se transformado em ligações mais fortes porque se situam nas camadas mais profundas de água adsorvida e por isto mesmo, com viscosidade maior.

A partir daí o processo de deformação cessa, podendo ainda continuar a ocorrer o crescimento da resistência das ligações devido à tixotropia.

Barden desenvolve uma formulação complexa e, utilizando métodos numéricos, chega a um gráfico $\mathbf{U_V}$ **x** $\mathbf{T_V}$ (que não será apresentado aqui) análogo ao de Terzaghi, porém incluindo o adensamento secundário.

9.3.1 - Recalques por Adensamento Secundário

A forma usual de calcular os recalques por adensamento secundário $\mathbf{S_s}$ é com a expressão:

$$\mathbf{S_s = \frac{H_s}{1 + e_{100}} C_{\alpha} \log \frac{t}{t_{100}}} \qquad \textbf{Eq. 9.39}$$

sendo:

$$\mathbf{H_s = H - S_t}$$

onde:
H = espessura inicial da camada;
$\mathbf{S_t}$ = recalque por adensamento primário;
$\mathbf{e_{100}}$ = índice de vazios no tempo $\mathbf{t_{100}}$ (ao final do adensamento primário).
$\mathbf{t_{100}}$ = tempo em que ocorre o **100%** do adensamento primário;
t = tempo a a partir de $\mathbf{t_{100}}$ para o qual se quer calcular o adensamento secundário;
$\mathbf{C_{\alpha}}$ = coeficiente de adensamento secundário.

A determinação de $\mathbf{C_{\alpha}}$ é feita de forma análoga à determinação do $\mathbf{C_c}$ em uma curva **t x e**, como mostra a **Equação 9.40** e a **Figura 9.52**.

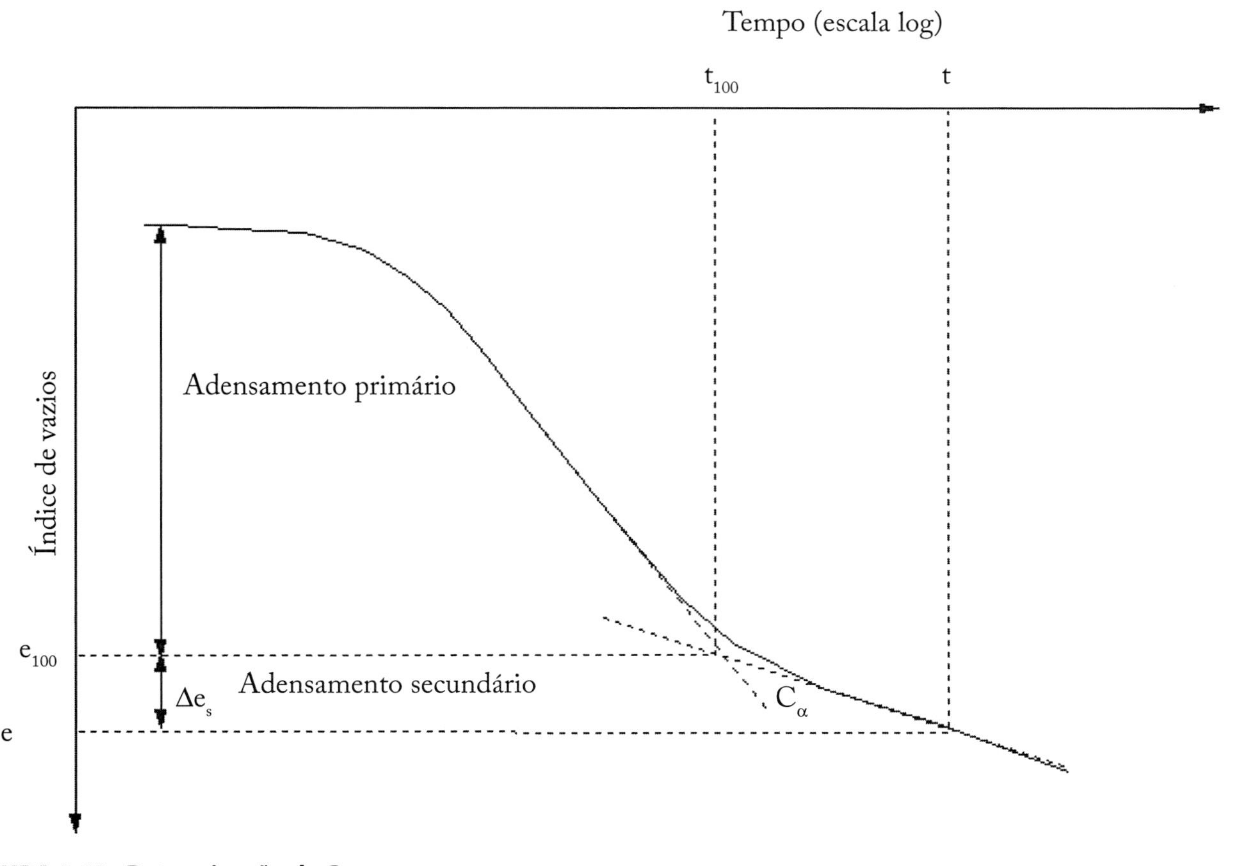

FIGURA 9.52 - Determinação de C_{α}

$$C_\alpha = \frac{\Delta e_s}{\log \frac{t}{t_{100}}}$$ **Eq. 9.40**

Valores de C_α podem ser obtidos a partir das **Tabelas 9.15** e **9.16**:

TABELA 9.15 - **Valores de C_α**

TIPO DE SOLO	C_α
Argilas normalmente adensadas	0,005 a 0,02
Solos muito plásticos e solos orgânicos	≥ 0,03
Argilas pré-adensadas com RPA > 2	< 0,001

TABELA 9.16 - **Valores de C_α**

Valores de C_α	Grau de Compressão Secundária
$C_\alpha < 0,002$	muito baixa
$0,002 < C_\alpha < 0,004$	baixa
$0,004 < C_\alpha < 0,008$	média
$0,008 < C_\alpha < 0,016$	alta
$0,016 < C_\alpha < 0,032$	muito alta
$C_\alpha > 0,032$	extremamente alta

Exemplo de aplicação 9.7 - Calcule os recalques por adensamento primário e secundário que ocorrerão em 32, 50 e 100 anos devido à colocação de um aterro de 3,0 m de altura e peso específico aparente de 20 kN/m³, sobre uma camada argilosa com 4,0 m de espessura sobrejacente à rocha sã. Ensaios de adensamento edométrico, duplamente drenados, realizados em amostras de 2 cm de espessura retiradas no meio da camada, forneceram:

$\gamma = 15,8\ kN/m^3;\ e_o = 1,8\ ;\ Cc = 0,18\ ;\ C_e = 0,02$

$C_\alpha = 0,015\ ;\ t_{100} = 35\ min\ ;\ \sigma'_{pa} = 45\ kPa$

SOLUÇÃO:

CÁLCULO DO RECALQUE POR ADENSAMENTO PRIMÁRIO:
TENSÃO INICIAL EFETIVA E ACRÉSCIMO DE TENSÃO DEVIDO AO ATERRO, NO MEIO DA CAMADA:

$$\sigma'_{v0} = 15,8 \times 2 = 31,6\ kPa$$

$$\Delta\sigma'_v = 20 \times 3 = 60\ kPa$$

como:

$$\sigma'_{v0} + \Delta\sigma'_v > \sigma'_{pa}$$

usa-se a **Equação 9.37** para o cálculo do adensamento primário:

$$S_t = \frac{H}{1+e_0}\left(C_e \log\frac{\sigma'_{pa}}{\sigma'_{v0}} + C_c \log\frac{\sigma'_{v0}+\Delta\sigma'_v}{\sigma'_{pa}}\right)$$

$$S_t = \frac{4}{1+1,8}\left(0,02\ \log\frac{45}{31} + 0,18\ \log\frac{31,6+60}{45}\right) = 0,084\ \text{m}$$

ÍNDICE DE VAZIOS AO FINAL DO ADENSAMENTO PRIMÁRIO:

$$V_t = V_v + V_s$$

$$V_t = eV_s + V_s$$

$$V_s = \frac{V_t}{1+e}$$

como o V_S não varia, pode-se escrever:

$$\frac{V_0}{1+e_0} = \frac{V_f}{1+e_f}$$

que leva a:

$$\frac{H}{1+e_0} = \frac{H_{100}}{1+e_{100}} \quad \text{Eq. 9.41}$$

$$\frac{4}{1+1,8} = \frac{4-0,084}{1+e_{100}}$$

$$e_{100} = 1,74$$

TEMPO EM QUE CESSOU O ADENSAMENTO PRIMÁRIO NO CAMPO:

$$T_v = \frac{c_v t}{H_{dr}^2} \qquad \frac{t_{amostra}}{H^2_{dr\ amostra}} = \frac{t_{campo}}{H^2_{dr\ campo}} \quad \text{Eq. 9.42}$$

$$\frac{35}{\left(\frac{2}{2}\right)^2} = \frac{t_{100}}{400^2} \quad \rightarrow \quad t_{100} = 5,6 \times 10^6\ \text{min} = 10,66\ \text{anos}$$

CÁLCULO DO RECALQUE POR ADENSAMENTO SECUNDÁRIO:

$$S_s = \frac{H_s}{1+e_{100}} C_\alpha \log\frac{t}{t_{100}} = \frac{400-8,4}{1+1,74} 0,015 \log\frac{t}{10,66}$$

$$\begin{cases} S_{25\ \text{anos}} = 0,8\ \text{anos} \\ S_{50\ \text{anos}} = 1,4\ \text{anos} \\ S_{100\ \text{anos}} = 2,1\ \text{anos} \end{cases}$$

TABELA 9.17 - **Resumo dos recalques**

TEMPO (anos)	ADENSAMENTO PRIMÁRIO (cm)	COMPRESSÃO SECUNDÁRIA (cm)	RECALQUE TOTAL (cm)
25	8,4	0,8	9,2
50	8,4	1,4	9,8
100	8,4	2,1	10,5

9.4- ADENSAMENTO RADIAL

Drenos verticais são usados com a finalidade de acelerar os recalques de uma camada argilosa ou aumentar sua resistência. Obtém-se isto provocando o adensamento primário da camada com a redução do caminho de drenagem. Inicialmente foram usados drenos verticais de areia (**Figura 9.53**), hoje torna-se cada vez mais comum o uso de drenos pré-fabricados de plásticos, chamados geodrenos (**Figura 9.55**)

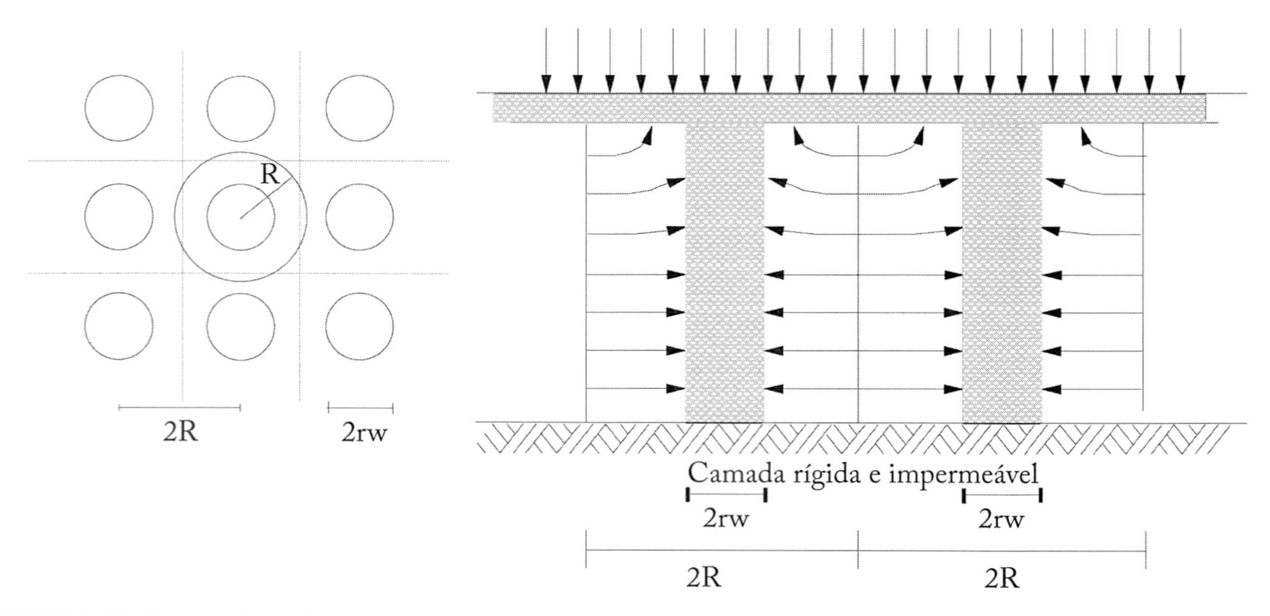

FIGURA 9.53 - **Drenos de areia**

Os drenos de areia funcionam como estacas drenantes de areia. Sua execução geralmente é feita com a cravação de uma camisa metálica de ponta fechada ou aberta sendo que esta, embora amolgue menos o solo, exige escavação pelo interior da camisa por meio de uma "piteira" ou ainda por processo de jateamento. Após a escavação e o preenchimento com areia, a camisa é retirada. O grande inconveniente dos drenos de areia é que este processo de instalação provoca o amolgamento (smear) do solo natural, reduzindo assim sua permeabilidade (**Figura 9.54**).

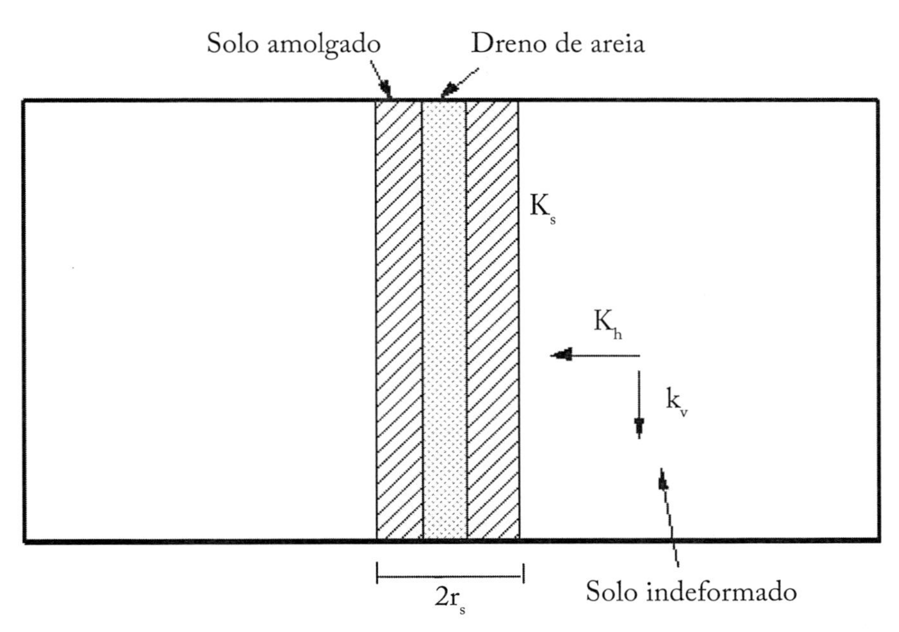

FIGURA 9.54 - Zona amolgada

Os geodrenos (**Figura 9.55**) tem um núcleo geralmente de material derivado do petróleo (polietileno, polipropileno ou poliester) revestido por um filtro protetor. Para sua instalação, máquinas próprias (**Figura 9.56**) cravam no terreno um mandril com uma sapata ou um tubo na ponta (**Figura 9.57**), que serve para ancorar o geodreno na profundidade desejada. Após a instalação o mandril é retirado. O fato de ter dimensões reduzidas (em torno de 100 mm de largura por 6 mm de espessura) faz com que sua instalação no terreno, em geral, ocorra com facilidade, levando, quase sempre, a uma grande rapidez de instalação. Após a cravação, uma camada drenante ou geodrenos horizontais podem ser colocados para permitir a drenagem dos geodrenos verticais (**Figura 9.58**).

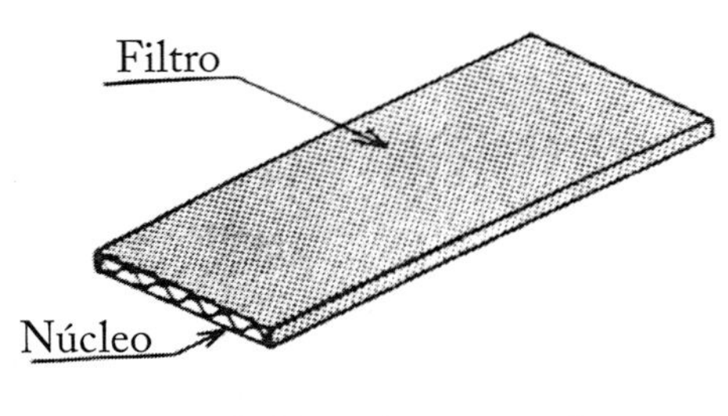

a) Vista de um geodreno

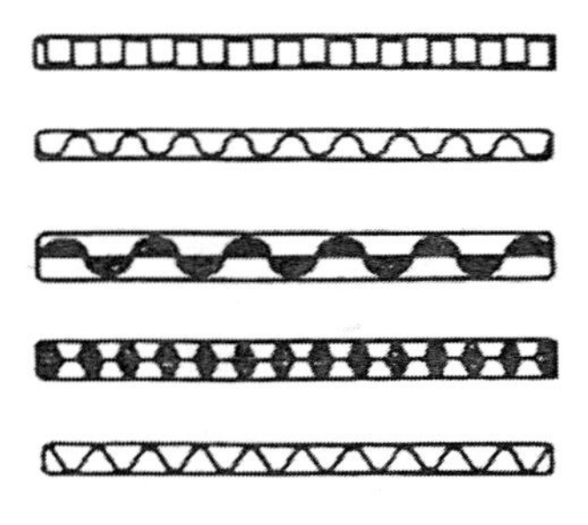

b) Exemplo de seções transversais de geodrenos

FIGURA 9.55 - Geodrenos

FIGURA 9.56 - Equipamento de instalação de geodrenos

FIGURA 9.57 - Detalhe da sapata do geodreno e do mandril

FIGURA 9.58 - Drenagem horizontal dos geodrenos

9.4.1 - Formulação Teórica

Terzaghi, em 1925, chegou à **Equação 9.43** que rege o adensamento unidimensional:

$$c_v \frac{\partial^2 u_w}{\partial z^2} = \frac{\partial u_w}{\partial t}$$

Na condição tridimensional tem-se:

$$c_{v_x} \frac{\partial^2 u_w}{\partial x^2} + c_{v_y} \frac{\partial^2 u_w}{\partial y^2} + c_{v_z} \frac{\partial^2 u_w}{\partial z^2} = \frac{\partial u_w}{\partial t} \qquad \textbf{Eq. 9.43}$$

sendo

$$c_{v_z} = \frac{k_z}{m_{v_z} \gamma_w} \qquad c_{v_x} = \frac{k_x}{m_{v_x} \gamma_w} \qquad c_{v_x} = \frac{k_y}{m_{v_y} \gamma_w}$$

Admitindo-se isotropia no plano horizontal:

$$c_{v_h} \left(\frac{\partial^2 u}{\partial x^2} + \frac{\partial^2 u}{\partial y^2} \right) + c_{v_z} \frac{\partial^2 u}{\partial z^2} = \frac{\partial u}{\partial t}$$

Utilizando-se coordenadas polares:

$$c_{v_r} \left(\frac{\partial^2 u}{\partial r^2} + \frac{1}{r} \frac{\partial u}{\partial r} \right) + c_{v_z} \frac{\partial^2 u}{\partial z^2} = \frac{\partial u}{\partial t}$$

Carrillo, utilizando o método de separação de variáveis, mostrou que este problema pode ser tratado separando-se o adensamento vertical (unidimensional) do adensamento radial:

- adensamento unidimensional:

$$c_{v_z}\frac{\partial^2 u_w}{\partial z^2}=\frac{\partial u_w}{\partial t}$$

- adensamento radial:

$$c_{v_r}\left(\frac{\partial^2 u}{\partial r^2}+\frac{1}{r}\frac{\partial u}{\partial r}\right)=\frac{\partial u}{\partial t} \qquad \textbf{Eq. 9.44}$$

Tratando o problema desta forma, Carrillo mostra que como a equação é linear pode-se usar o princípio da superposição dos efeitos. Logo:

$$(1-U_t)=(1-U_r)(1-U_z) \qquad \textbf{Eq. 9.45}$$

onde:
U_t = percentagem de adensamento total (vertical + radial)
U_r = percentagem de adensamento radial
U_v = percentagem de adensamento vertical

9.4.2- Solução da Equação

A solução para adensamento vertical já foi apresentada anteriormente. Para adensamento radial a equação pode ter duas abordagens:

- **DEFORMAÇÕES VERTICAIS LIVRES**: neste caso considera-se a placa de carregamento flexível o que implica em recalques diferentes e tensões iguais na interface solo-placa;
- **DEFORMAÇÕES VERTICAIS IGUAIS**: neste caso considera-se a placa de carregamento rígida o que implica em recalques iguais e tensões diferentes na interface solo-placa;

Na situação de deformações verticais livres, pode-se achar a solução admitindo as seguintes condições de fronteira: a pressão na água no tempo t_o é uniforme; a pressão na água na face do dreno ($r = r_w$) é zero para $t > 0$; o limite da zona de influência do poço ($r = R$) é impermeável, logo, neste ponto, $\partial u/\partial r = 0$.

$$U_r = 1-\sum\frac{4U_1^2(\alpha)}{\alpha^2(n^2-1)\left[n^2U_0^2(\alpha_n)-U_1^2(\alpha)\right]}\exp\left(-4\alpha^2n^2\right) \qquad \textbf{Eq. 9.46}$$

onde:

$$n=\frac{R}{r_w} \qquad \textbf{Eq. 9.47}$$

$$T_r = \frac{c_{v_r} t}{(2R)^2} \quad \text{Eq. 9.48}$$

$$U_1(\alpha) = J_1(\alpha)Y_0(\alpha) - Y_1(\alpha)J_0(\alpha)$$
$$U_0(\alpha n) = J_0(\alpha n)Y_0(\alpha) - Y_0(\alpha n)J_0(\alpha) \quad \text{Eq. 9.49}$$

sendo:
J_0 e J_1 = funções de Bessel de 1ª classe de ordem zero e ordem 1, respectivamente;
Y_0 e Y_1 = funções de Bessel de 2ª classe de ordem zero e ordem 1, respectivamente;
$\mu_1, \mu_2, ..., \mu_n$ = raízes da função de Bessel que satisfazem:

$$J_1(\alpha n)Y_0(\alpha) - Y_1(\alpha n)J_0(\alpha) = 0 \quad \text{Eq. 9.50}$$

Para a situação de deformações verticais iguais, admitindo-se a pressão na água no tempo t_0 não uniforme, pode-se chegar, com ajuda das **Eq. 9.47** e **9.48**, a seguinte solução:

$$U_r = 1 - \exp\left(\frac{-8T_r}{F(n)}\right) \quad \text{Eq. 9.51}$$

$$F(n) = \frac{n^2}{n^2 - 1}\ln(n) - \frac{3n^2 - 1}{4n^2} \quad \text{Eq. 9.52}$$

O gráfico da **Figura 9.59**, desenvolvido por Richart, apresenta a solução para os dois casos. Pode-se ver que, para $R/r_w > 5$ os resultados obtidos considerando deformações verticais livres ou deformações verticais iguais são muito próximos. Por isto mesmo, considerando a simplicidade da solução, quase sempre se trabalha considerando a ocorrência de deformações verticais iguais.

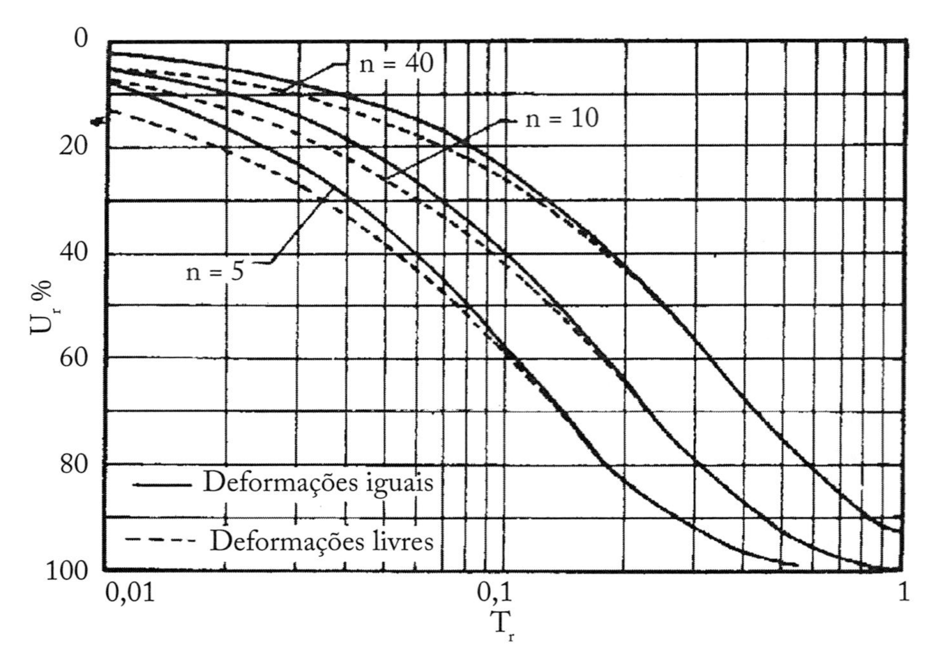

FIGURA 9.59 - $U_r \times T_r$

9.4.3- Consideração do Smear:

Barron (1948) apresentou uma solução que considera o amolgamento causado no terreno (smear) pela colocação do dreno:

$$U_r = 1 - \exp\left(\frac{-8T_r}{F(m)}\right) \qquad \text{Eq. 9.53}$$

$$F(m) = \frac{n^2}{n^2 - S^2}\ln\left(\frac{n}{S}\right) - \frac{3}{4} + \frac{S^2}{4n^2} + \frac{k_h}{k_s}\left(\frac{n^2 - S^2}{n^2}\right)\ln S \qquad \text{Eq. 9.54}$$

$$n = \frac{R}{r_w} \qquad S = \frac{r_s}{r_w} \qquad \text{Eq. 9.55}$$

onde:
r_s = raio da zona amolgada;
k_s = coeficiente de permeabilidade da zona amolgada;
k_h = coeficiente de permeabilidade horizontal do terreno.

Se o amolgamento não é considerado, o valor de **F(m)** torna-se igual ao valor de **F(n)** da **Equação 9.52.** Nesse caso:

$$r_s = r_w \quad \text{e} \quad \frac{k_h}{k_s} = 1$$

A formulação apresentada foi desenvolvida por Barron (1948) e Richart (1957) visando a utilização em drenos de areia. Se forem usados geodrenos pode-se considerar $\mathbf{r_w}$ como o raio equivalente de um círculo com perímetro igual ao do geodreno (Hansbo, 1979):

$$r_w = \frac{a+b}{\pi} \qquad \textbf{Eq. 9.56}$$

sendo **a** e **b** a largura e a espessura do geodreno.

Exemplo de aplicação 9.8 - Para o perfil mostrado na **Figura 9.60**, calcule um sistema drenante para que ocorra 90% dos recalques por adensamento primário em 180 dias. Resolver o problema considerando a ocorrência do smear e a utilização de drenos de areia e geodrenos. Admitir: $\mathbf{c_v} = \mathbf{c_{vr}} = 4\ mm^2/min$, $\mathbf{r_w} = 20$ cm, $\mathbf{r_s} = 0{,}3$ m ; $\mathbf{k_h} / \mathbf{k_s} = 4$

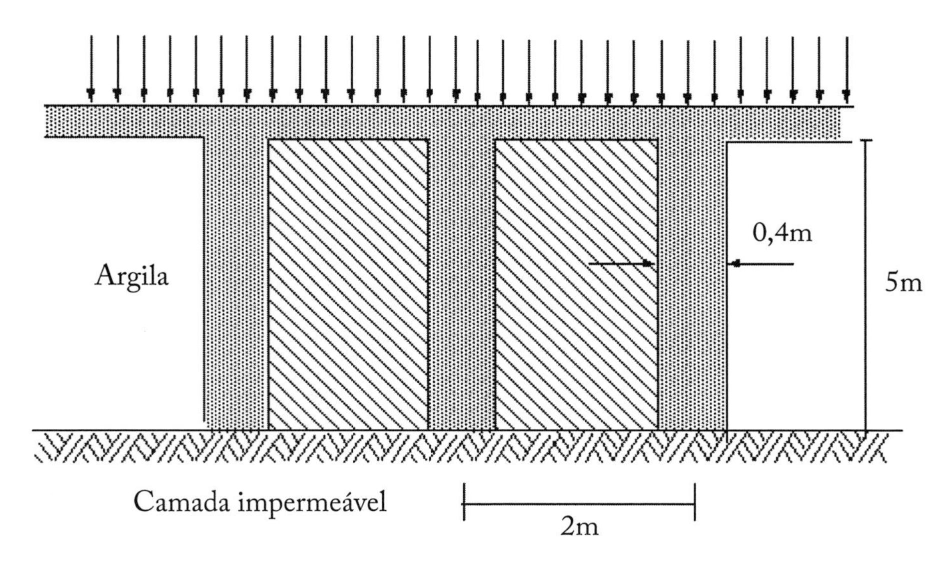

FIGURA 9.60 - Perfil do terreno

- porcentagem de adensamento vertical em 180 dias:

$$T_v = \frac{\frac{0,04}{60} 180 \text{ x } 24 \text{ x } 60 \text{ x}60}{500^2} = 0,041$$

$$U\% = \sqrt[6]{\frac{0,041^3}{0,041^3 + 0,5}} = 22,9\%$$

- porcentagem de adensamento radial em 180 dias:

$$(1-0,90) = (1-U_r)(1-0,229)$$

$$U_r = 87\%$$

Admitindo-se o diâmetro do dreno de areia igual a 40 cm e:

$$n = \frac{R}{r_w} = 5 \qquad \frac{r_s}{r_w} = 1{,}5 \qquad \frac{k_h}{h_s} = 4$$

vem que:

$$m = \frac{5^2}{5^2 - 1{,}5^2} \ln\left(\frac{5}{1{,}5}\right) - \frac{3}{4} + \frac{1{,}5^2}{4 \text{ x } 5^2} + 4\left(\frac{5^2 - 1{,}5^2}{5^2}\right) \ln 1{,}5 = 2{,}071$$

$$0{,}87 = 1 - \exp\left(\frac{-8T_r}{2{,}071}\right)$$

$$T_r = 0{,}528$$

$$0{,}528 = \frac{\frac{0{,}04}{60} 180 \text{ x } 24 \text{ x } 60 \text{ x } 60}{(2R)^2}$$

$$R = 70 \text{ cm}$$

Como a admissão de $\frac{R}{r_w} = 5$ não é satisfeita uma vez que **70 cm ≠ 5 x 20 cm** usa-se um processo de tentativa para chegar ao valor correto de R como mostrado na **Tabela 9.18**:

TABELA 9.18 - Recalques previstos e calculados com drenos de areia

r_w (cm)	R/r_w	m	T_r	R_{calc} (cm)	R_{prev} (cm)
20	5	2,071	0,528	70	100
20	4	1820	464	75	80
20	3	1453	371	84	60

A partir do gráfico recalque R_{calc} x R_{prev} mostrado na **Figura 9.61**, estima-se o **R** em 76 cm.

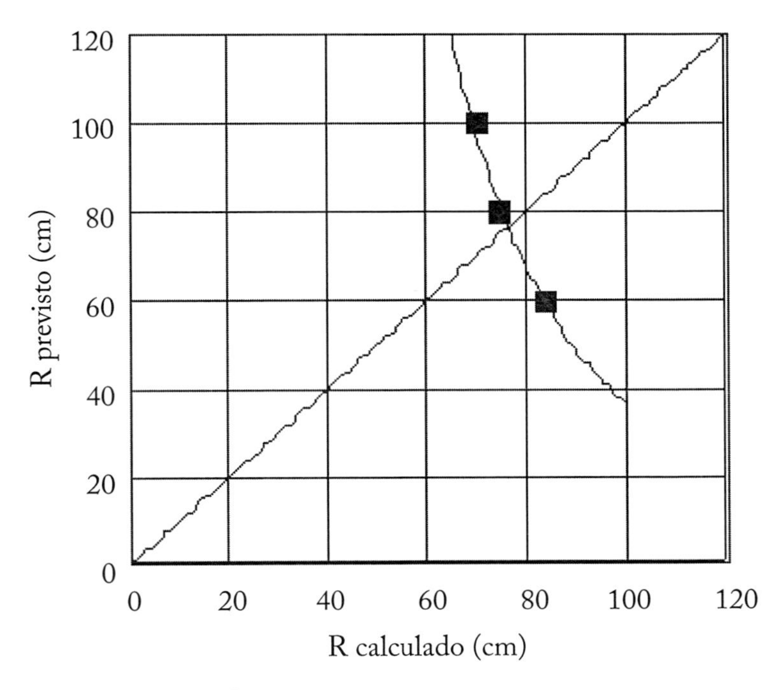

FIGURA 9.61 - Recalques previstos e calculados

Para a solução utilizando geodrenos admite-se a seção mais comum de 100 mm x 6 mm e calcula-se o raio equivalente do geodreno com a **Equação 9.56**:

$$r_w = \frac{a+b}{\pi} = \frac{10+0,6}{\pi} = 3,4 \text{ cm}$$

- com mesmo procedimento mostrado anteriormente, chega-se a **Tabela 9.19** e ao valor de **R** igual a 56 cm:

TABELA 9.19 - Recalques previstos e calculados com geodrenos

r_w (cm)	R/r_w	m	T_r	R_{calc} (cm)	R_{prev} (cm)
3,4	5	2,071	0,528	70	17
3,4	10	2,782	0,709	60	34
	15	3,184	0,812	57	51
3,4	3,4	3,278	0,836	56	56

9.5- COLAPSIBILIDADE DE ARGILAS

Algumas argilas não saturadas sofrem uma brusca redução do índice de vazios quando saturam e recebem algum tipo de solicitação. Este comportamento, por exemplo, é típico das argilas porosas de Brasília. A causa está associada aos macro-poros que se formaram a partir de um processo de lixiviação pela água, no qual as partículas finas são carreadas para camadas mais profundas e deixado nos contatos um material cimentante, no caso de Brasília o óxido de ferro ou de alumínio. Com a saturação, esse material cimentante é dissolvido e o colapso da estrutura da argila pode ocorrer. O papel do material cimentante pode ser feito por forças capilares que surgem nos solos não saturados devido aos meniscos que se formam nos contatos das partículas (coesão aparente) e que também desaparecem com a saturação.

O grau de colapsibilidade de uma argila pode ser definido a partir de um índice mostrado na **Equação 9.57** chamado de coeficiente de colapso **i** (Vargas, 1978) obtido em ensaios de adensamento (**Figura 9.62**), em que a amostra é inundada a determinada tensão, maior ou igual a que atua no campo, em ensaios chamados de duplo edométricos, em que duas amostras do mesmo bloco são ensaiadas, uma na umidade natural e outra inundada no início do ensaio.

$$\mathbf{i} = \frac{\Delta \mathbf{e}}{1 + \mathbf{e}_0} \qquad \textbf{Eq.9.59}$$

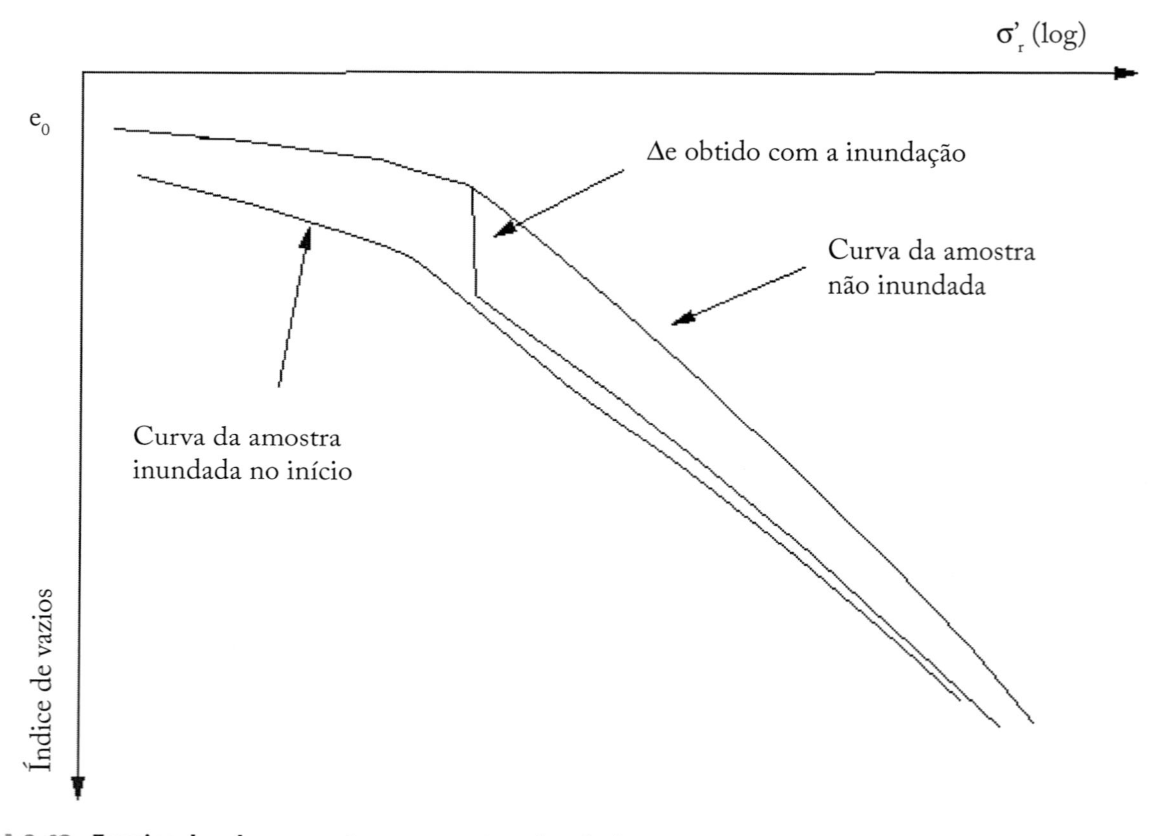

FIGURA 9.62 - **Ensaios de adensamento em um solo colapsível**

De acordo com Vargas, se **i** > **0,02** o solo é considerado colapsível.

9.6- PROBLEMAS RESOLVIDOS E PROPOSTOS:

1- A curva de compressibilidade de uma amostra de argila é mostrada na **Figura 9.63**. Sabendo que esta amostra foi retirada a 3,0 m de profundidade do perfil apresentado na **Figura 9.64**, mostre se esta argila já suportou sobrecargas maiores em épocas passadas.

50
100
500
1000
σ' (kPa)

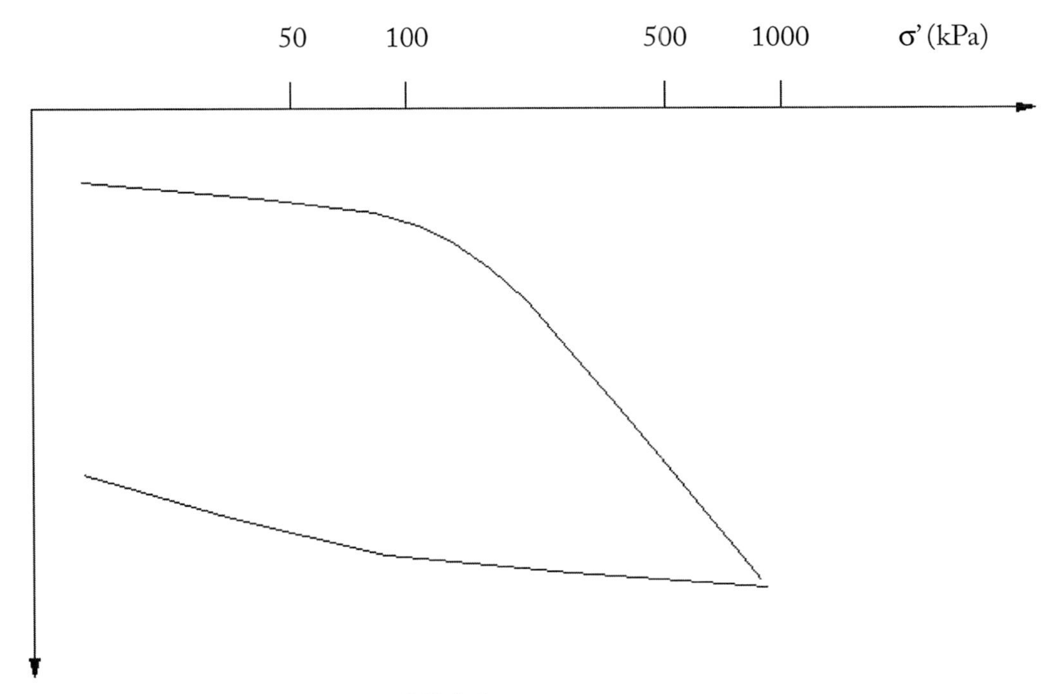

FIGURA 9.63 - Problema 1 - Curva de compressibilidade

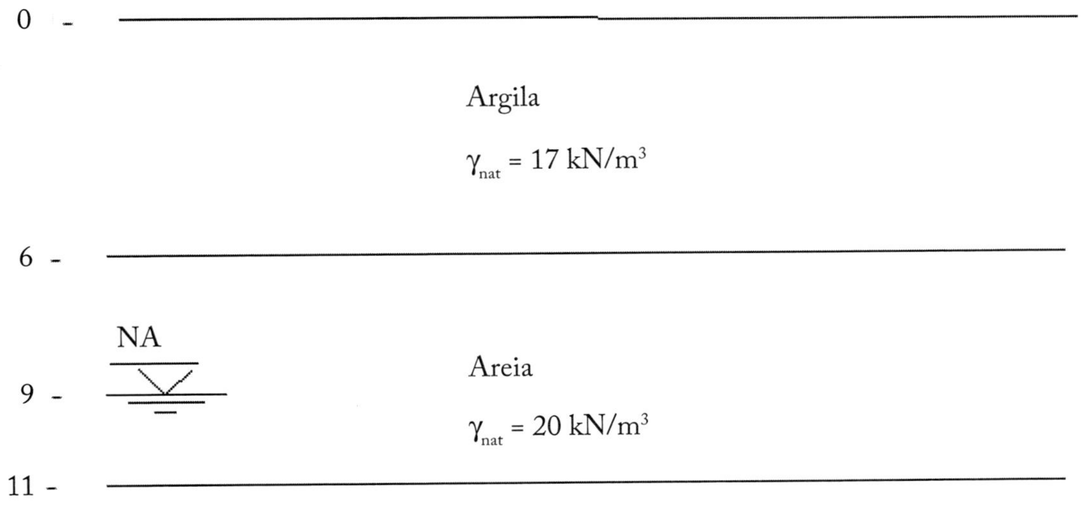

0 -
Argila
γnat = 17 kN/m³
6 -
NA
9 -
Areia
γnat = 20 kN/m³
11 -

FIGURA 9.64 - Perfil do terreno

(Resposta: Sim, da ordem de 200 kPa)

2- Um ensaio de adensamento executado em uma amostra de 2,0 cm de espessura drenada por ambas as faces, atingiu 95% do adensamento em 2 h. Calcule em quanto tempo ocorrerá 95% de adensamento no maciço argiloso mostrado na **Figura 9.65**, do qual a amostra foi retirada, quando sujeito à carga de um terrapleno.

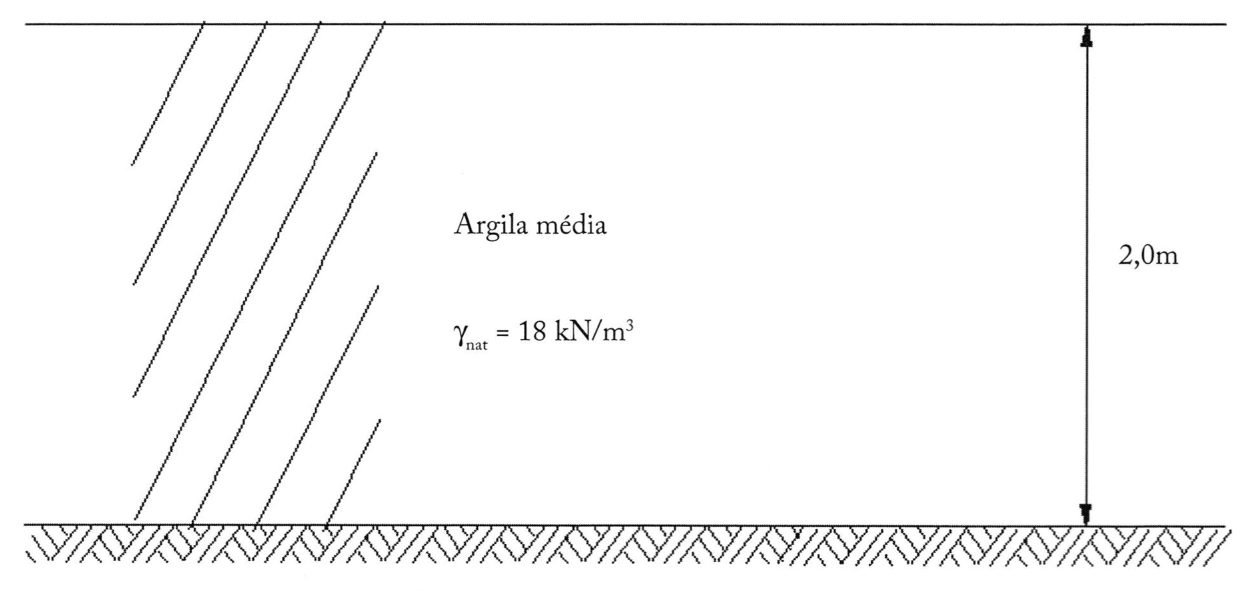

FIGURA 9.65 - Problema 2 - Perfil do terreno

DADOS:

$H_{dr\ amostra}$ = 2 cm = 0,02 m
$H_{dr\ campo}$ = 2 m
$t_{95\%}$ = 2,0 h = 2,3 E-4 anos

Cálculo do fator tempo para **U** = 95%, usando Brinch-Hansen:

$$\mathbf{T} = \sqrt[3]{\frac{0,5\left(\frac{U}{100}\right)^6}{1-\left(\frac{U}{100}\right)^6}} = \sqrt[3]{\frac{0,5\left(\frac{95}{100}\right)^6}{1-\left(\frac{95}{100}\right)^6}} = \mathbf{1,115}$$

A partir da equação $\mathbf{T} = \frac{c_v t}{H_{dr}^2}$, pode-se chegar à expressão para o cálculo do tempo necessário para chegar a 95% do adensamento primário no campo:

$$t_{campo} = \frac{H^2_{dr\ campo}}{\left(\frac{H^2_{dr\ amostra}}{t_{amostra}}\right)} = \frac{2^2}{\left(\frac{\left(\frac{0,02}{2}\right)^2}{2,3\ E\text{-}4}\right)} = \mathbf{9,13\ anos}$$

3- Um pilar de um edifício deverá ter como fundação uma sapata circular assente no perfil mostrado na **Figura 9.66**. Qual deverá ser o diâmetro desta sapata para que os recalques por adensamento primário na camada de argila não ultrapassem 1,5 cm. Admitir uma carga uniformemente distribuída atuando na sapata **(p)** = 500 kPa.

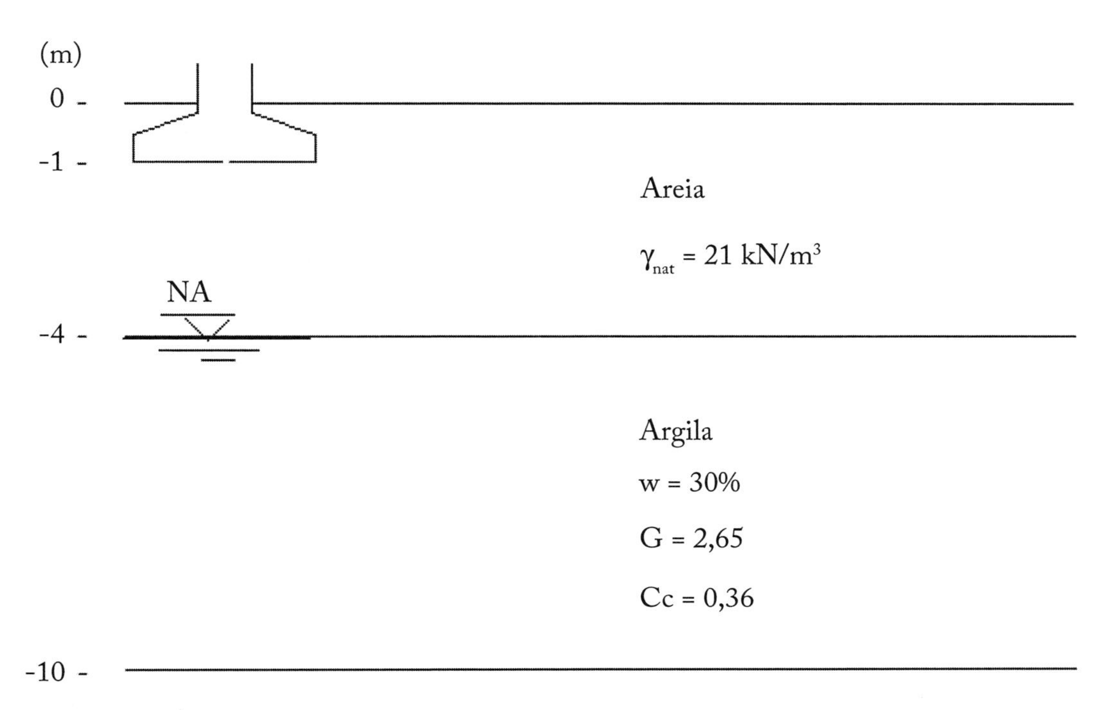

FIGURA 9.66 - **Problema 3 - Perfil do terreno**

A partir dos dados da argila (**w** = 30% , $\mathbf{G_S}$ = 2,65 e $\mathbf{S_r}$ = 100%), chega-se ao valor de $\mathbf{e_0}$ = 0,795 e $\boldsymbol{\gamma}_{\mathbf{nat}}$ = 19,192 kN/m³.

Calcula-se então a tensão efetiva vertical inicial no meio da camada de argila:

$$\sigma'_o = \gamma_{nat\ areia}\ h_{areia} + \left(\gamma_{sat\ argila} - \gamma_w\right)\ \frac{h_{argila}}{2}$$

$$= 21 \times 4 + \left(19{,}192 - 10\right)\ \frac{6}{2} = 111{,}58\ kPa$$

Calcula-se o acréscimo de tensão efetiva vertical no meio da camada de argila para que ocorra um recalque de 1,5 cm, com a expressão:

$$S_t = \frac{H}{1+e_0} C_c \log \frac{\sigma'_0 + \Delta\sigma'}{\sigma'_0}$$

$$1{,}5 = \frac{6}{1+0{,}795} 0{,}36 \log \frac{111{,}58 + \Delta\sigma'}{111{,}58}$$

$$\Delta\sigma' = 3{,}25\ kPa$$

Utilizando a fórmula de Love (para acréscimo de tensões em pontos situados na vertical que passa pelo centro de uma placa circular) pode-se chegar à expressão que fornece o diâmetro da placa:

$$d = 2\ z\ \exp\left\{\frac{\ln\left\{\left\{\exp\left[(2/3)\ln\left(\frac{1}{1-\frac{\Delta\sigma'}{p}}\right)\right]\right\}-1\right\}}{2}\right\}$$

$$d = 2 \times 6 \times \exp\left\{\frac{\ln\left\{\left\{\exp\left[(2/3)\ln\left(\frac{1}{1-\frac{3,25}{500}}\right)\right]\right\}-1\right\}}{2}\right\}$$

$$= 0,79\ \text{m}$$

4- Calcule o máximo recalque por adensamento primário que ocorre em 10 anos na camada de argila mostrada na **Figura 9.67** devido à construção de um tanque de óleo com 15 m de altura útil (interna) e fundação em radier flexível circular, com 15 m de diâmetro, sabendo que:
- peso específico do óleo = 8 kN/m^3;
- deve-se admitir o tanque completamente cheio de óleo e com peso próprio de 3150 kN;
- deve-se levar em conta o alívio devido à escavação.

A partir dos dados da argila (**w** = 32% , $\mathbf{G_S}$ = 2,70 e $\mathbf{S_r}$ = 100%), chega-se ao valor de $\mathbf{e_0}$ = 0,864 e $\boldsymbol{\gamma_{nat}}$ = 19,12 kN/m.

Calcula-se, então, a tensão efetiva vertical inicial no meio da camada de argila:

$$\sigma'_0 = \gamma_{nat\ areia}\ h_{1\ areia} + \gamma_{sat\ areia}\ h_{2\ areia} + \left(\gamma_{sat\ argila} - \gamma_w\right)\ \frac{h_{argila}}{2}$$

$$= 19 \times 4 + 20 \times 3 + (19,192 - 10)\ \frac{2}{2} = 105,12\ \text{kPa}$$

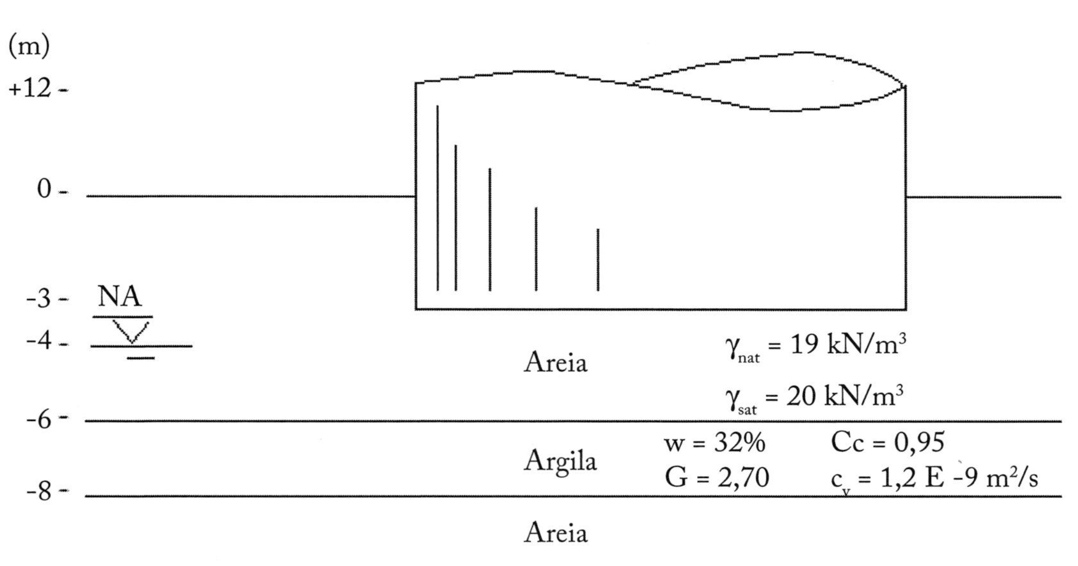

FIGURA 9.67 -Problema 4 - Perfil do terreno

Calcula-se a tensão líquida transmitida pelo tanque, considerando o alívio devido à escavação:

$$\mathbf{p} = \frac{\mathbf{W}_{\text{tanque}}}{\mathbf{A}_{\text{radier}}} + \gamma_{\text{óleo}} \mathbf{h}_{\text{tanque}} - \gamma_{\text{nat areia}}\ \mathbf{z}_{\text{radier}}$$

$$= \frac{3150}{\pi\left(\frac{15}{2}\right)^2} + 8 \times 15 - 19 \times 3 = 80{,}83 \text{ kPa}$$

Calcula-se o acréscimo de tensão efetiva vertical no meio da camada de argila:

$$\Delta\sigma_z = p\left\{1 - \frac{1}{\left[1+\left(\frac{r}{z}\right)^2\right]^{\frac{3}{2}}}\right\} = 80{,}83\left\{1 - \frac{1}{\left\{1+\left[\frac{\left(\frac{15}{2}\right)}{4}\right]^2\right\}^{\frac{3}{2}}}\right\} = 72{,}40 \text{ kPa}$$

Calcula-se o recalque por adensamento primário na camada de argila:

$$S_t = \frac{H}{1+e_0} C_c \log \frac{\sigma_0' + \Delta\sigma'}{\sigma_0'} = \frac{2}{1+0{,}864} 0{,}95 \log \frac{105{,}12 + 72{,}40}{105{,}12} = 0{,}232 \text{ m}$$

Calcula-se o fator tempo para 10 anos:

$$T = \frac{c_v t}{H_{dr}^2} = \frac{1,2E-9 \times 10 \times 365 \times 24 \times 60 \times 60}{\left(\frac{2}{2}\right)^2} = 0,378$$

Calcula-se a percentagem de recalque para este fator tempo usando Brinch-Hansen:

$$U(\%) = \sqrt[6]{\frac{T^3}{T^3 + 0,5}} \times 100 = \sqrt[6]{\frac{0,378^3}{0,378^3 + 0,5}} \times 100 = 67,88\ \%$$

Calcula-se o recalque em 10 anos:

$$S_{10\ anos} = \frac{67,88}{100}\ 23,20 = 15,74\ cm$$

5- É dado a seguir um conjunto de leituras efetuadas durante a realização de um ensaio de adensamento com 8 incrementos de carga e três de descarga:

TABELA 9.20 - Leituras do ensaio

1° Carregamento = 10 kPa	
tempo (min)	**leit, extens, (div)**
0	1455
1	1448
5	1443
15	1438
30	1434
60	1430
120	1425
240	1420
480	1417
960	1415
1440	1415

2° Carregamento = 15 kPa	
tempo (min)	**leit, extens, (div)**
0	1415
1	1412
5	1411
15	1409
30	1407
60	1404
120	1401
240	1397
480	1393
960	1390
1440	1390

3º Carregamento = 20 kPa	
tempo (min)	**leit, extens, (div)**
0	1390
1	1384
5	1383
15	1382
30	1381
60	1379
120	1378
240	1376
480	1375
960	1375
1440	1375

4º Carregamento = 30 kPa	
tempo (min)	**leit, extens, (div)**
0	1375
1	1370
5	1364
15	1357
30	1350
60	1342
120	1335
240	1330
480	1327
960	1325
1440	1323

5º Carregamento = 81 kPa	
tempo (min)	**leit, extens, (div)**
0	1324
1	1309
5	1290
15	1266
30	1242
60	1208
120	1173
240	1145
480	1125
960	1116
1440	1116

6º Carregamento = 157 kPa	
tempo (min)	**leit, extens, (div)**
0	1116
1	1095
5	1076
15	1055
30	1033
60	1007
120	987
240	972
480	963
960	957
1440	955

7º Carregamento = 241 kPa	
tempo (min)	**leit, extens, (div)**
0	955
1	933
6	921
15	910
30	898
60	887
120	877
240	868
480	960
960	855
1346	853

8º Carregamento = 320 kPa	
tempo (min)	**leit, extens, (div)**
0	853
1	848
5	843
15	838
30	832
60	826
110	820
240	812
480	806
960	803
1221	802

Descarregamento	
tensão (kPa)	**leit,extens (div)**
320	802
157	815
30	875
10	954

Além disto são dados da amostra:

- densidade real dos grãos = 2,63;
- constante do defletômetro = 0,01 mm/div;
- diâmetro = 13,80 cm; | altura inicial = 2,73 cm;
- peso inicial = 6,35 N | umidade inicial = 66,45%;
- peso final = 5,61 N | umidade final = 48,52%.

Pede-se:

a) curvas de adensamento com a determinação de 0 e 100% de adensamento pelos critérios de Casagrande e Taylor.

b) determinação para cada incremento do:
  - coeficiente de adensamento c_v pelos dois critérios;
  - coeficiente de variação volumétrica m_V;
  - coeficiente de permeabilidade k_v;

c) traçado da curva de compressibilidade

d) determinação do índice de compressão C_C

e) determinação da tensão de pré-adensamento pelos métodos de Casagrande e Pacheco Silva.

6- No perfil mostrado na **Figura 9.68** lançou-se um aterro com altura de 5 m e γ_{nat} = 22 kN/m³ em março de 1988. Qual o c_v da camada argilosa sabendo-se que em outubro de 1991 o recalque por adensamento primário era 18 cm.

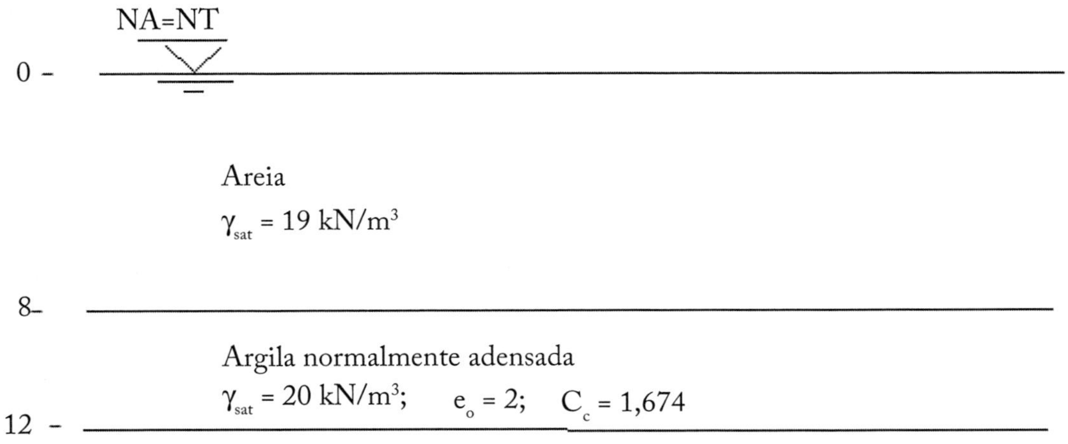

NA=NT

0 -

Areia

γ_{sat} = 19 kN/m³

8-

Argila normalmente adensada

γ_{sat} = 20 kN/m³; e_o = 2; C_c = 1,674

12 -

FIGURA 9.68 - Problema 6 - Perfil do terreno

Calcula-se a tensão efetiva vertical inicial no meio da camada de argila:

$$\sigma'_o = (\gamma_{sat\ areia} - \gamma_w)\ h_{areia} + (\gamma_{sat\ argila} - \gamma_w)\ \frac{h_{argila}}{2}$$

$$= (19-10)\ x\ 8 + (20-10)\ \frac{4}{2} = 92\ kPa$$

Calcula-se o acréscimo de tensão efetiva vertical no meio da camada de argila:

$$\Delta\sigma_z = 22\ x\ 5 = 110\ kPa$$

Calcula-se o recalque por adensamento primário na camada de argila:

$$S_t = \frac{H}{1+e_0} C_c \log\frac{\sigma'_0 + \Delta\sigma'}{\sigma'_0} = \frac{4}{1+2} 1,674 \log\frac{92+110}{92} = 0,76\ m$$

Calcula-se a percentagem de recalque U%:

$$U\% = \frac{0,18}{0,76} 100 = 23,61\%$$

Calcula-se o fator tempo para esta percentagem de recalque usando Brinch-Hansen:

$$T = \sqrt[3]{\frac{0,5\left(\frac{U}{100}\right)^6}{1-\left(\frac{U}{100}\right)^6}} = \sqrt[3]{\frac{0,5\left(\frac{23,61}{100}\right)^6}{1-\left(\frac{23,61}{100}\right)^6}} = 0,044$$

Calcula-se o c_v pedido:

$$T = \frac{c_v t}{H_{dr}^2}$$

$$c_v = \frac{0,044 \text{ x } \left(\frac{4}{2}\right)^2}{1309} = 1,4E-4 \text{ m}^2/\text{dia}$$

7- Em um ensaio de adensamento, no primeiro estágio de carga obteve-se as seguintes leituras no defletômetro:

TABELA 9.21 - Leituras do ensaio

tempo	Leitura do extensômetro div	tempo	Leitura do extensômetro div
0"	5000	15'	4950
6"	4991	30'	4940
15"	4988	1h	4934
30"	4985	2h	4930
1'	4980	4h	4928
2'	4976	8h	4927
4'	4969	24h	4926
8'	4960		

Sabendo que a constante do defletômetro é 10 μm/div* e que a altura inicial do corpo de prova era de 1,5 cm, calcule o coeficiente de adensamento c_v pelos métodos de Casagrande e de Taylor para este estágio.

*O termo "mícron", de símbolo **μ** (plural: **mícrons** ou **micra**), foi oficialmente retirado pelo Bureau Internacional de Pesos e Medidas a partir de 1968, passando o símbolo **μ** a designar exclusivamente o prefixo **micro** (que significa $1\text{x}10^{-6}$) das unidades do Sistema Internacional de Unidades.

8- Lançou-se um aterro arenoso "infinito" com 3 m de espessura e γ_{nat} = 20 kN/m³ sobre uma camada argilosa duplamente drenada. Tempos depois, ensaios de adensamento executados em amostras saturadas retiradas no meio da camada argilosa, forneceram os seguintes resultados: γ_{sat} = 19 kN/m³ , C_c = 0,65 , σ'_{pa} = 130 kPa , e_o = 0,82 , C_e = 0,05. Removeu-se então o aterro e foi construído um edifício com fundação em radier de 20 x 20 m, assente na superfície do terreno, com uma carga uniformemente distribuída de 50 kPa. Sabendo que a espessura da camada argilosa é de 8 m, calcule o recalque que sofrerá o centro da placa devido ao adensamento primário da camada de argila.

Calcula-se a tensão efetiva vertical inicial no meio da camada de argila:

$$\sigma'_0 = \gamma_{sat\ argila} \frac{h_{argila}}{2}$$

$$= 19 \text{ x } \frac{8}{2} = 76 \text{ kPa}$$

Calcula-se o acréscimo de tensão efetiva vertical no meio da camada de argila:

$$\Delta\sigma_z = \frac{p}{2\pi}\left[\text{arc tan } \frac{ab}{zR_3} + \frac{abz}{R_3}\left(\frac{1}{R_1^2} + \frac{1}{R_2^2}\right)\right]$$

$$R_1 = \sqrt{a^2 + z^2}$$

$$R_2 = \sqrt{b^2 + z^2}$$

$$R_3 = \sqrt{a^2 + b^2 + z^2}$$

$$R_1 = \sqrt{10^2 + 4^2} = 10,77 \text{ m}$$

$$R_2 = \sqrt{10^2 + 4^2} = 10,77 \text{ m}$$

$$R_3 = \sqrt{10^2 + 10^2 + 4^2} = 14,70 \text{ m}$$

$$\Delta\sigma_z = 4 \text{ x } \frac{50}{2\pi}\left[\text{arc tan } \frac{10 \text{ x } 10}{4 \text{ x } 14,70} + \frac{10 \text{ x } 10 \text{ x } 4}{14,70}\left(\frac{1}{10,77^2} + \frac{1}{10,77^2}\right)\right] = 48,02 \text{ kPa}$$

Calcula-se o recalque por adensamento primário na camada de argila pré-adensada:

$$S_t = \frac{H}{1+e_0}\left(C_e \log\frac{\sigma'_{pa}}{\sigma'_0} + C_c \log\frac{\sigma'_0 + \Delta\sigma'}{\sigma'_{pa}}\right) =$$

$$= \frac{800}{1+0,82}\left(0,05 \log\frac{130}{76} + 0,65 \log\frac{76+48,02}{130}\right) = 4,67 \text{ cm}$$

9- Trace a curva de campo para a amostra cuja a curva de compressibilidade é mostrada na **Figura 9.69**, sabendo-se que e_o = 0,90 e σ'_o= 30 kPa.

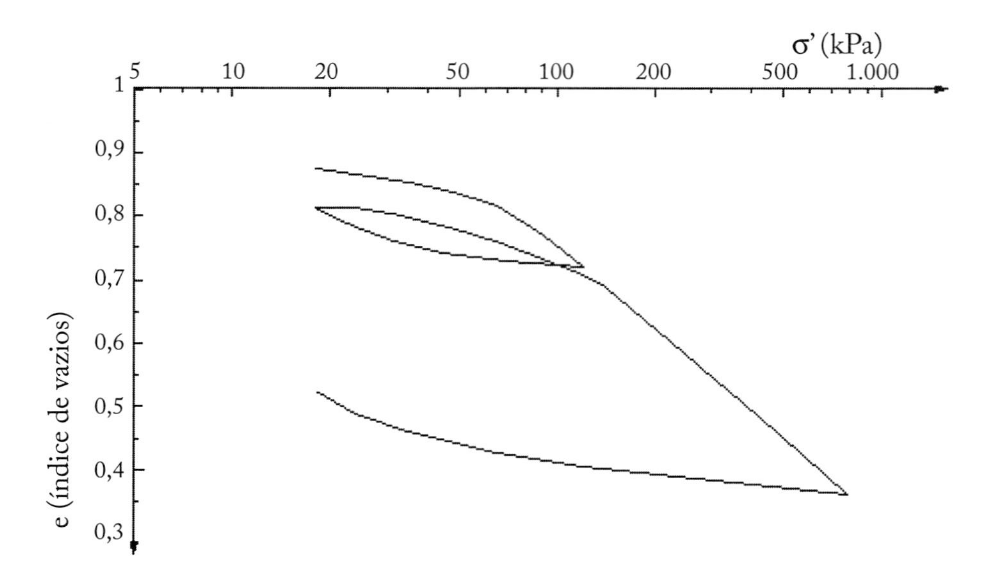

FIGURA 9.69 - Problema 9 - Curva de compressibilidade

10- Um ensaio de adensamento duplamente drenado realizado em uma amostra de argila, normalmente adensada, com espessura de 25,4 mm, retirada do meio de uma camada com 2,8 m de espessura, também duplamente drenada, mostrou que, para **σ'** = 140 kPa, **e** = 0,92 e para **σ'** = 212 kPa, **e** = 0,86. O tempo que a amostra atingiu 50% de adensamento foi de 4,5 min. Considerando que no campo a camada de argila será submetida a um carregamento similar (i.e., σ_o' = 140 kPa e $\Delta\sigma'$ = 72 kPa), calcule o tempo necessário para que o recalque no campo por adensamento primário atinja 40 mm.

Cálculo do C_c:

$$C_c = \frac{e'' - e'}{\log \frac{\sigma''}{\sigma'}} = \frac{0,92 - 0,86}{\log \frac{212}{140}} = 0,33$$

Cálculo do c_v:

$$c_v = \frac{0,197\left(\frac{H_{50}}{2}\right)^2}{t_{50}} = \frac{0,197\left(\frac{2,54}{2}\right)^2}{52 \text{ x } 60} = 1,0E-4 \text{ cm}^2/\text{min}$$

Cálculo do recalque por adensamento primário:

$$S_t = \frac{H}{1+e_0} C_c \log \frac{\sigma_0' + \Delta\sigma'}{\sigma_0'} = \frac{280}{1+0,92} 0,33 \log \frac{140+72}{140} = 8,75 \text{ cm}$$

Cálculo da percentagem de recalque para o recalque de 4 cm;

$$\mathbf{U\% = \frac{4}{8,75}100 = 45,71\%}$$

Cálculo do fator tempo para esta percentagem de recalque usando Brinch-Hansen:

$$\mathbf{T = \sqrt[3]{\frac{0,5\left(\frac{U}{100}\right)^6}{1-\left(\frac{U}{100}\right)^6}} = \sqrt[3]{\frac{0,5\left(\frac{45,71}{100}\right)^6}{1-\left(\frac{45,71}{100}\right)^6}} = 0,166}$$

Cálculo do tempo para ocorrer 4 cm de recalque:

$$\mathbf{T = \frac{c_v t}{H_{dr}^2}}$$

$$\mathbf{t_{4\,cm} = \frac{0,166 \text{ x } \left(\frac{280}{2}\right)^2}{1,0E\text{-}4 \text{ x } 24 \text{ x } 60 \text{ x } 60} = 370,6 \text{ dias}}$$

11- Ache o grau de colapsibilidade de uma argila porosa de Brasília cujo o ensaio de adensamento, com inundação a 50 kPa, forneceu os seguintes resultados:

TABELA 9.22 - Leituras do ensaio

Tensão Vert. (kPa)	Leit. Deflet. (div)	Tensão Vert. (kPa)	Leit. Deflet. (div)
0	1500	200	13199
12	14945	400	12533
25	14861	800	11868
50	14612	100	12118
50	14279	25	12617
100	13781	12	12949

Sabe-se:
G = 2,75;
w_{in} = 37,7%;
w_{fin} = 28,7%;
massa do anel = 533,59 g;
altura do anel = 25,40 mm;
massa do anel + amostra = 683,15 g;
constante do defletômetro = 0,015 mm/div.

12- No meio de uma camada argila de 3 m de espessura, retirou-se uma amostra que forneceu: G_s = 2,7, e_O = 1,03, γ = 18 kN/m³ e w = 38,2%. A curva de compressibilidade obtida em um ensaio de adensamento nesta amostra é mostrada na **Figura 9.70**. Calcular o recalque por adensamento primário que sofrerá esta camada de argila quando for aplicada em sua superfície uma placa circular flexível de 1,0 m de raio, com um carregamento uniformemente distribuído de 100 kPa. Considerar na resolução do problema a história de tensões desta argila, a correção de Schmertman devido ao amolgamento da amostra e a subdivisão da argila em, pelo menos, 2 camadas de 1,5 m.
(obs.: admitir que a diferença entre σ'_{pa} e σ'_O mantém-se constante em toda a camada).

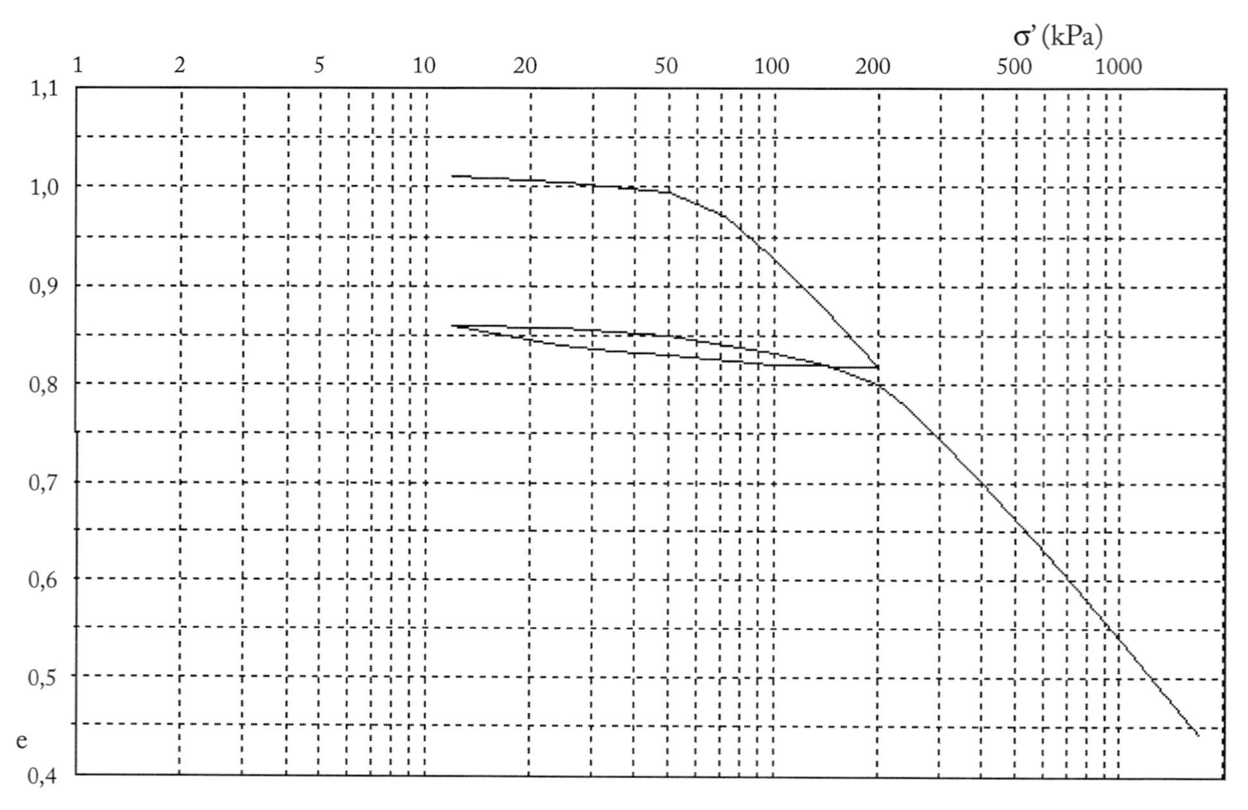

FIGURA 9.70 - Problema 12 - Curva de compressibilidade

13- Construiu-se um reservatório para água, quadrado, com 18 m de altura e 20 m de lado, na mesma época que um depósito retangular com 11 x 14 m, com carga uniformemente distribuída de 100 kPa, assentes no terreno conforme mostram as **Figuras 9.71** e **9.72**. Deseja-se saber os recalques diferenciais que ocorrerão entre as bordas do reservatório. Desprezar o peso próprio do reservatório e o alívio devido às escavações e considerar a argila normalmente-adensada.

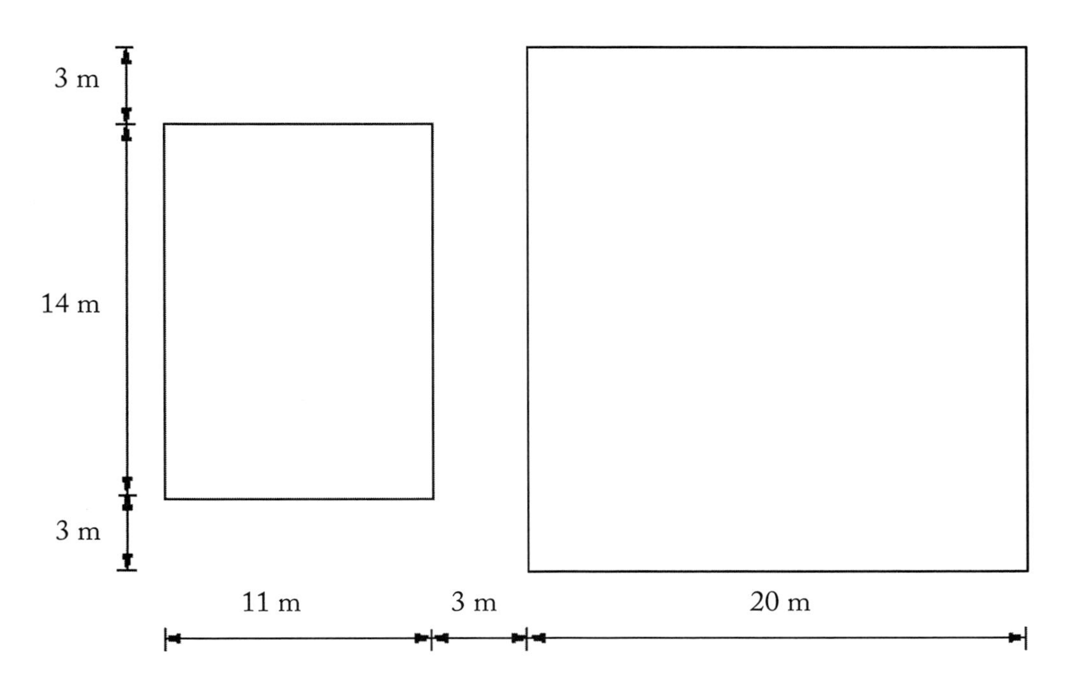

FIGURA 9.71 - Problema 13 - Planta baixa

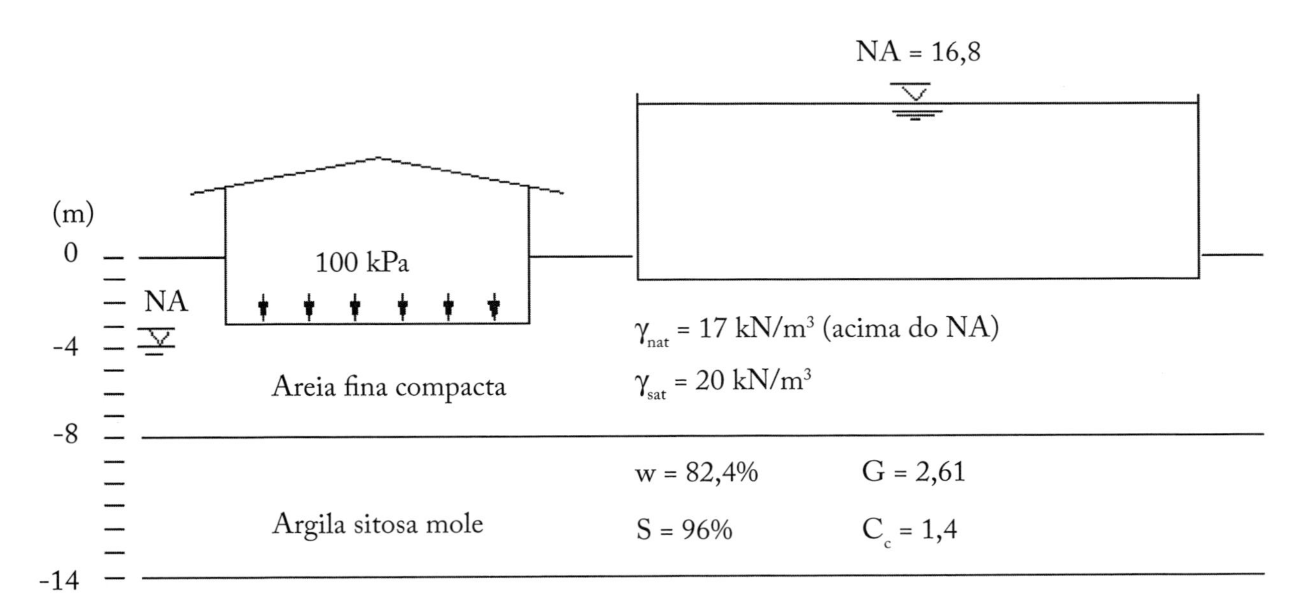

FIGURA 9.72 -Problema 13 - Perfil do terreno

A partir dos dados da argila (**w** = 82,4% , $\mathbf{G_S}$ = 2,61 e $\mathbf{S_r}$ = 96%), chega-se ao valor de $\mathbf{e_0 = 2{,}24}$ e γ_{sat} = **14,97 kN/m³**.

Calcula-se a tensão efetiva vertical inicial no meio da camada de argila:

$$\sigma'_o = \gamma_{nat\ areia}\ h_{1\ areia} + \left(\gamma_{sat\ areia} - \gamma_w\right)\ h2 + \left(\gamma_{sat\ argila} - \gamma_w\right)\ \frac{h_{argila}}{2}$$

$$= 17 \times 4 + \left(20 - 10\right)\ 4 + \left(14{,}97 - 10\right)\ \frac{6}{2} = 192{,}91\ kPa$$

Calcula-se a tensão transmitida pelo reservatório cheio de água:

$$p = \gamma_w\ (h_{res} - h_3) = 10\ (18\ -\ 0{,}20) = 178\ kPa$$

Calcula-se o acréscimo de tensão vertical efetiva devido ao depósito no meio da camada de argila, no ponto A, utilizando a fórmula para pontos situados na vertical que passa no vértice de uma placa retangular:

$$\Delta\sigma_z = \frac{p}{2\pi}\left[\arctan\ \frac{ab}{zR_3} + \frac{abz}{R_3}\left(\frac{1}{R_1^2} + \frac{1}{R_2^2}\right)\right]$$

$$R_1 = \sqrt{a^2 + z^2}$$

$$R_2 = \sqrt{b^2 + z^2}$$

$$R_3 = \sqrt{a^2 + b^2 + z^2}$$

chega-se ao valor:

$$\Delta\sigma'_{dep\ A} = 19{,}05\ kPa$$

Da mesma forma, calcula-se o acréscimo de tensão vertical efetiva devido ao depósito no meio da camada de argila, no ponto B e chega-se ao valor:

$$\Delta\sigma'_{dep\ B} = 0{,}18\ kPa$$

Também com a fórmula anterior, calcula-se o acréscimo de tensão vertical efetiva devido ao reservatório no meio da camada de argila, nos pontos A e B (que são iguais):

$$\Delta\sigma'_{res\ A} = \Delta\sigma'_{res\ B} = 56{,}94\ kPa$$

Calcula-se o acréscimo de tensão vertical efetiva no ponto A:

$$\Delta\sigma'_A = \Delta\sigma'_{dep\ A} + \Delta\sigma'_{res\ A} = 19{,}05 + 56{,}94 = 76\ kPa$$

Calcula-se o acréscimo de tensão vertical efetiva no ponto B:

$$\Delta\sigma'_B = \Delta\sigma'_{dep\ B} + \Delta\sigma'_{res\ B} = 0{,}18 + 56{,}94 = 57{,}13\ \text{kPa}$$

Calcula-se o recalque por adensamento primário da camada de argila, no ponto A:

$$S_{t\,A} = \frac{H}{1+e_0} C_c \log\frac{\sigma'_0 + \Delta\sigma'}{\sigma'_0} = \frac{600}{1+2{,}24} 0{,}65 \log\frac{192{,}90+76}{192{,}90} = 17{,}36\ \text{cm}$$

Calcula-se o recalque por adensamento primário da camada de argila, no ponto B:

$$S_{t\,B} = \frac{H}{1+e_0} C_c \log\frac{\sigma'_0 + \Delta\sigma'}{\sigma'_0} = \frac{600}{1+2{,}24} 0{,}65 \log\frac{192{,}90+57{,}13}{192{,}90} = 13{,}56\ \text{cm}$$

Finalmente, calcula-se a diferença dos recalques nos pontos A e B:

$$\Delta S_t = S_{t\,A} - S_{t\,B} = 17{,}36 - 13{,}56 = 3{,}80\ \text{cm}$$

Observe que, mesmo admitindo que a placa fosse rígida e os recalques entre A e B fossem lineares, não há hipótese de ocorrer o extravasamento.

CAPÍTULO 10

Resistência ao Cisalhamento dos Solos

10.1- INTRODUÇÃO

A determinação da resistência aos esforços cortantes dos solos constitui um dos pontos fundamentais da mecânica dos solos. Uma avaliação correta deste conceito é um passo indispensável para qualquer análise da estabilidade das obras de engenharia.

Um trabalho excepcional sobre o assunto foi publicado em 1776 pelo físico francês Coulomb. A proposta de Coulomb foi atribuir ao atrito entre as partículas de solo a resistência ao cisalhamento do mesmo, e usar as leis da mecânica clássica. Posteriormente, Mohr (1910) expandiu as propostas de Coulomb e apresentou um tratamento gráfico ao problema. Terzaghi (1925), com o princípio das tensões efetivas, e Hvorslev (1932), em seu excelente trabalho sobre coesão de argilas, completaram o arcabouço teórico usado hoje para tratar esta questão. A estes nomes, deve-se acrescentar o do professor Bishop pela grande contribuição que deu especialmente na investigação em laboratório dos parâmetros de resistência.

10.2- CRITÉRIO DE RUPTURA DE MOHR-COULOMB

A mecânica clássica diz que para um corpo, sobre o qual atua a força normal **V**, deslizar sobre uma superfície rugosa é necessário a aplicação de uma força proporcional a **V**. A **Figura 10.1a** mostra um corpo sobre uma mesa. Sendo o peso do corpo representado por **V**, a mesa opõe uma reação **N** igual a **V**. Neste momento as forças de atrito não estão sendo solicitadas. A **Figura 10.1b** mostra a aplicação no corpo de uma força horizontal **H**. O ângulo **β**, que é o ângulo que a resultante das forças **H** e **V** faz com a vertical, é proporcional à força **H**. A força de reação **F** será igual a **H** até a máxima mobilização do atrito entre o corpo e a mesa; a partir daí, o corpo começa a deslizar sobre a mesa e o ângulo **β** é maior que o ângulo de atrito entre os dois corpos **ϕ**.

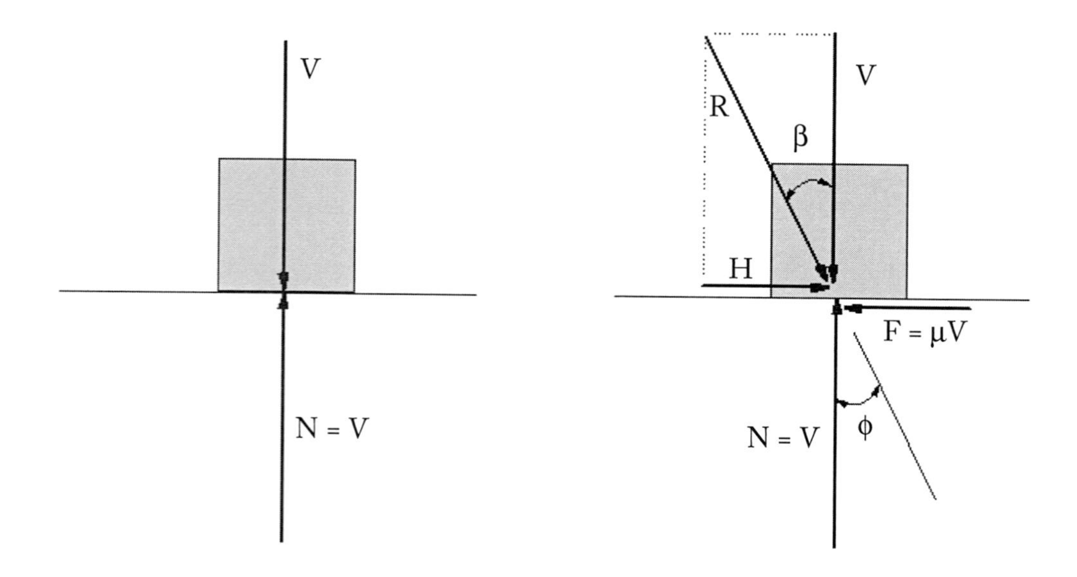

FIGURA 10.1 - **Mecanismo clássico do atrito entre dois corpos**

Coulomb admitiu que os solos rompem por esforços cisalhantes ao longo de planos de deslizamento e que o atrito entre as partículas mobiliza a resistência ao cisalhamento dos solos.

A **Equação 10.1** representa a máxima resistência ao cisalhamento mobilizada, chamada de envoltória de ruptura.

$$\tau = \sigma \tan \phi \qquad \textbf{Eq. 10.1}$$

onde:

τ = resistência ao cisalhamento no plano considerado;

σ = tensão normal ao plano;

ϕ = ângulo de atrito interno (i.e., entre partículas) e admitido por Coulomb como uma constante do material.

Da **Equação 10.1** deduz-se que a resistência ao cisalhamento deve ser nula para $\sigma = 0$. De fato, basta colocar na mão uma areia seca que esta cairá entre os dedos. Para este material, para $\sigma = 0, \tau = 0$.

Por outro lado, Coulomb pôde observar que em outros tipos de solos tal coisa não ocorria. A argila, por exemplo, no teste anterior não cairia entre os dedos, levando a concluir-se que, mesmo sobre um esforço exterior nulo, a argila apresenta uma parcela de resistência ao cisalhamento que Coulomb chamou de coesão e, também, admitiu como uma constante do solo.

Em geral, segundo Coulomb, os solos apresentam coesão e atrito interno, pelo que pode se considerar uma lei de resistência do tipo mostrado na **Equação 10.2**, tradicionalmente, conhecida em mecânica dos solos como lei de Coulomb.

$$\tau = c + \sigma \tan \phi \qquad \textbf{Eq. 10.2}$$

A representação gráfica da proposta de Coulomb é apresentada nas **Figuras 10.2** e **10.3**.

Mohr, em 1910, apresentou um critério de ruptura em que estabelecia que o solo não estaria em ruptura enquanto o círculo que representasse seu estado de tensões se encontrasse abaixo da envoltória dos círculos de ruptura daquele solo do tipo $\tau = f(\sigma)$. A **Figura 10.4** ilustra esta proposta.

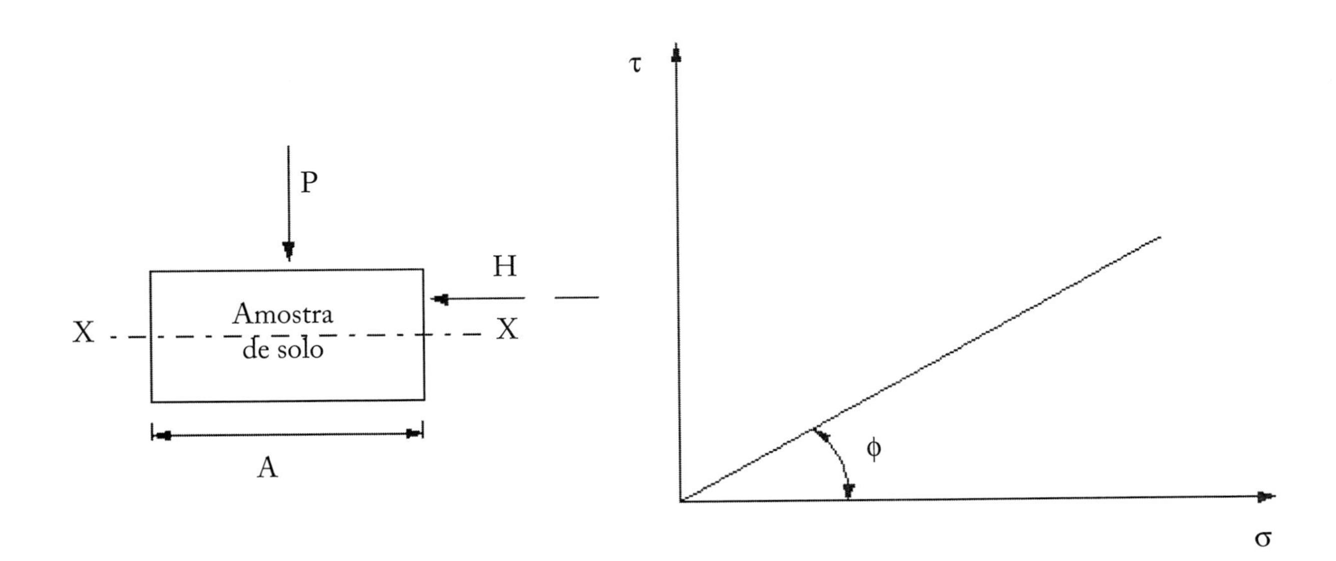

FIGURA 10.2 - Envoltória de Coulomb

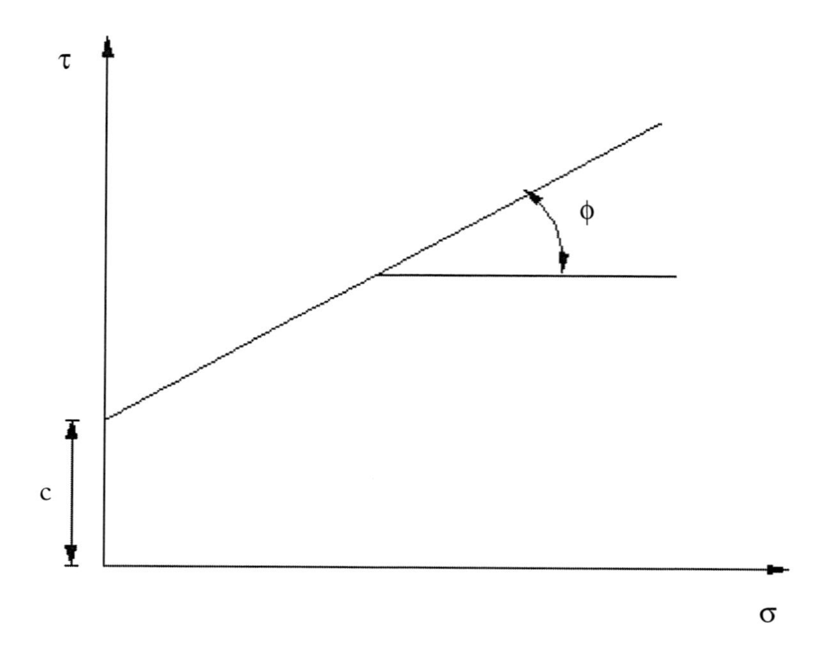

FIGURA 10.3 - Envoltória de ruptura de Coulomb

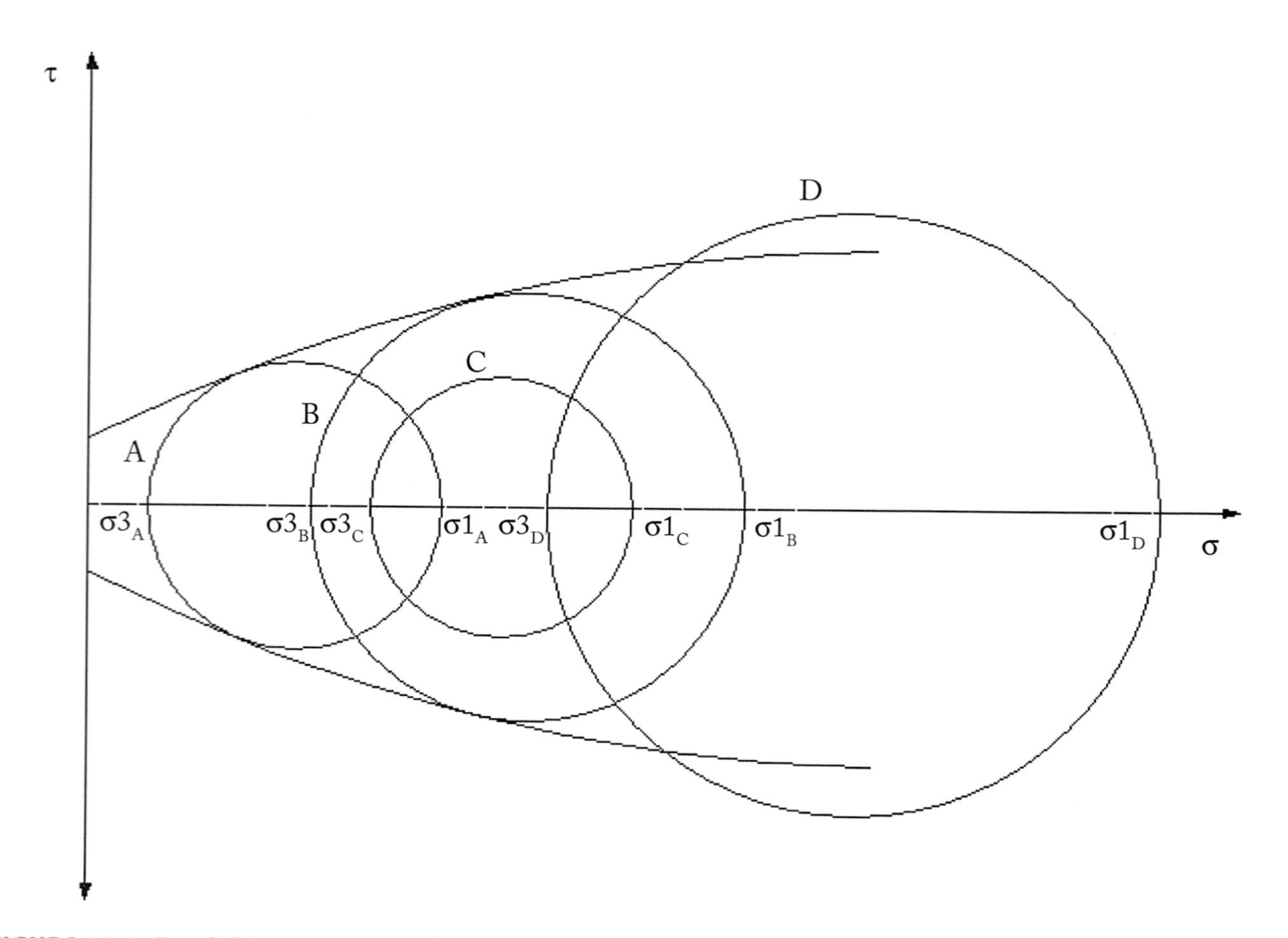

FIGURA 10.4 - Envoltória de ruptura de Mohr

Pela proposta de Mohr, os círculos **A** e **B** seriam círculos de ruptura; o círculo **C** representa um solo que não está em processo de ruptura e o círculo **D** é uma situação que não poderia ocorrer.

O critério Mohr-Coulomb considera que a envoltória de Mohr pode ser aproximada a uma reta e incorpora a **Equação 10.2** de Coulomb para representar esta reta.

Apesar de ter sido base para a elaboração de teorias de empuxo de terra, capacidade de carga, estabilidade de taludes, etc., os engenheiros notavam que em algumas situações envolvendo solos finos havia fortes discrepâncias entre a realidade e a teoria.

Em 1925, Terzaghi apresentou o princípio das tensões efetivas (ver **Capítulo 7**) e disse que, na equação proposta por Coulomb, a tensão normal deveria ser substituída pela tensão normal efetiva, pois é esta que realmente controla o fenômeno de resistência ao cisalhamento dos solos. A equação modificou-se para:

$$\tau = c' + \sigma' \tan \phi' \qquad \textbf{Eq. 10.3}$$

sendo:
c' = coesão efetiva, i.e., obtida em ensaios drenados, como se verá adiante;
ϕ' = ângulo de atrito interno efetivo;
σ' = tensão normal efetiva.

Posteriormente, Hvorslev (1932) observou que o valor da coesão nas argilas não era constante e sim uma função da história de tensões do solo. Verificou experimentalmente que argilas normalmente adensadas apresentam uma envoltória de ruptura, cujo prolongamento passa pela origem. Por outro lado, para tensões menores que a de pré-adensamento, a envoltória desloca-se da origem, passando a apresentar coesão. Cabe observar que, na maioria das vezes, o que se chama de coesão é de fato a ligação devida às forças capilares que surgem nos contatos entre partículas (coesão aparente), ou ainda, às concreções devidas a materiais cimentantes, tais como óxidos ou carbonatos, que se depositam nestes mesmos contatos .

Não há dúvidas, hoje, de que os parâmetros de resistência ao cisalhamento não são uma constante do solo, como supunha Coulomb. Dependem de vários fatores principalmente das condições de drenagem do solo.

10.3- DETERMINAÇÃO DA RESISTÊNCIA AO CISALHAMENTO.

A resistência ao cisalhamento de um solo é usualmente determinada no laboratório por um dos seguintes métodos:

i - Ensaio de Cisalhamento Direto;
ii - Ensaio de Compressão Triaxial;
iii - Ensaio de Compressão Não Confinada.

As amostras utilizadas para este fim, ou são indeformadas ou, então, se deformadas, deverão reproduzir as condições que se pretende alcançar na obra.

Em campo, há outros ensaios para determinação de parâmetros de resistência ao cisalhamento de solos que não serão abordados neste livro.

10.3.1- Ensaio de Cisalhamento Direto

O ensaio foi proposto por Coulomb e consiste em determinar, sob uma tensão normal $\boldsymbol{\sigma}$, qual a tensão de cisalhamento $\boldsymbol{\tau}$ capaz de provocar a ruptura de uma amostra de solo, colocada dentro de uma caixa composta de duas partes deslocáveis entre si, conforme mostra a **Figura 10.5**.

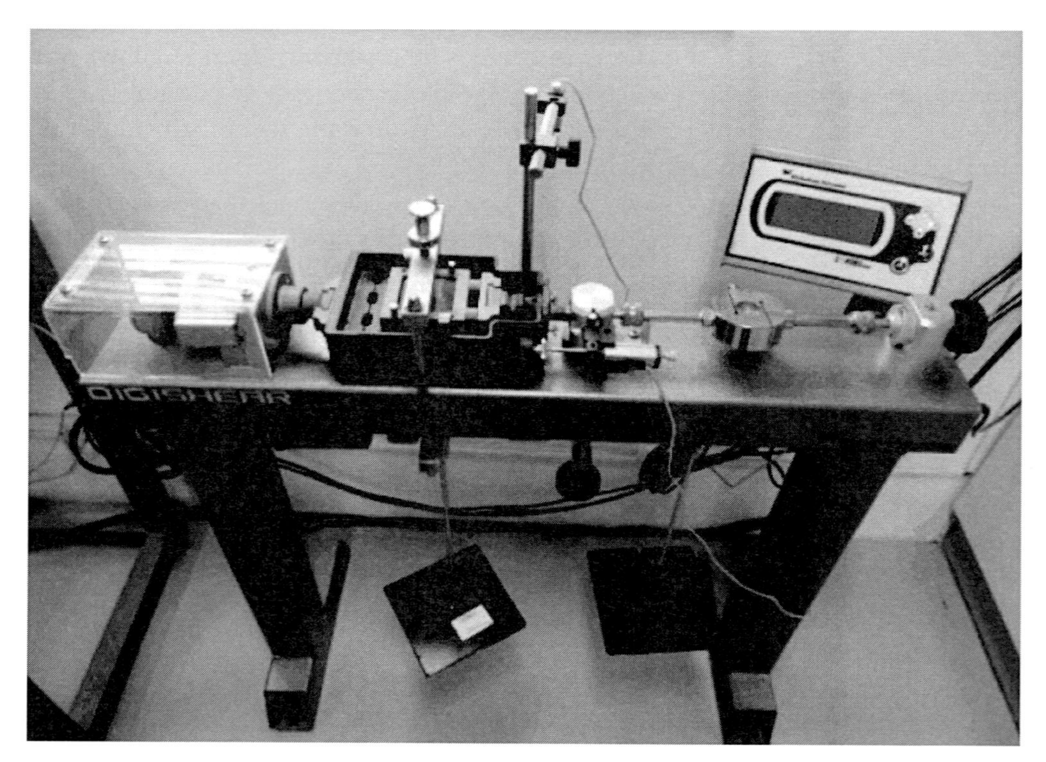

FIGURA 10.5 - **Equipamento de cisalhamento direto**

Diferentes tensões normais em amostras do mesmo solo, com a respectiva resistência ao cisalhamento obtida, fornecem a envoltória de ruptura e os parâmetros de resistência (**Figura 10.6**).

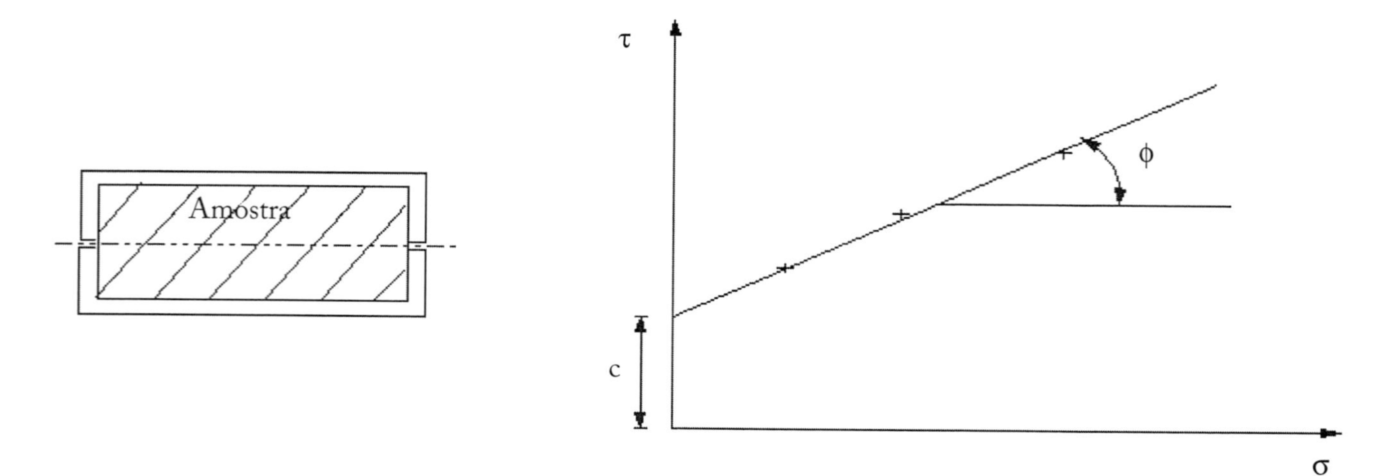

FIGURA 10.6 - **Ensaio de cisalhamento direto**

O ensaio pode ser de tensão controlada ou de deformação controlada. No primeiro, o valor do esforço tangencial é fixo, no segundo, a velocidade é fixa. Pode ser realizado em amostras coesivas e não coesivas.

Exemplo de aplicação 10.1. - Foram executados três ensaios de cisalhamento direto em uma amostra de areia com 6,0 cm x 6,0 cm. Obteve-se os dados mostrados na **Tabela 10.1**:

TABELA 10.1 - Dados do ensaio

ENSAIO	1º	2º	3º
Força Normal (kN)	0,36	0,72	1,44
Força Cisalhante (kN)	0,2	0,39	0,79

Ache os parâmetros de resistência ao cisalhamento desta amostra.

SOLUÇÃO:

Dividindo as forças normais e tangenciais pela área da amostra chega-se às tensões normais e cisalhantes apresentadas na **Tabela 10.2** que, como mostra a **Figura 10.7**, fornecem os parâmetros de resistência ao cisalhamento desta areia (**c = 0 e φ = 28,7º**).

TABELA 10.2 - Exemplo de aplicação 10.1- Dados do ensaio

ENSAIO	1º	2º	3º
σ (kPa)	100	200	400
τ (kPa)	56	108	219

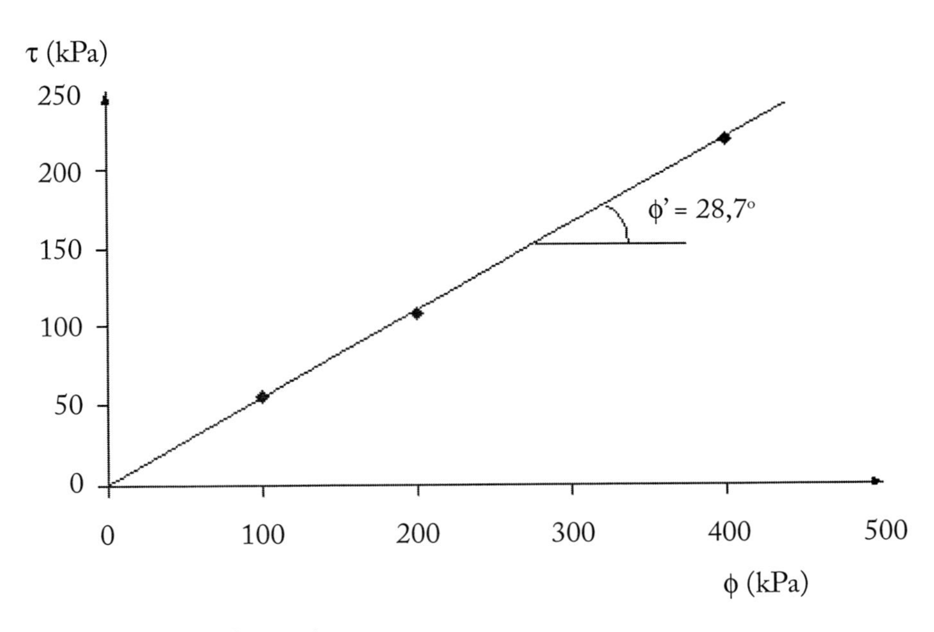

FIGURA 10.7 - Envoltória de ruptura do ensaio

10.3.2- Ensaio Triaxial

Realiza-se o ensaio triaxial em corpos de prova cilíndricos, moldados a partir da amostra do solo a estudar. Estes corpos de prova são submetidos, em geral, ao estado de tensão mostrado na **Figura 10.8**, e são colocadas em um equipamento triaxial como mostrado na **Figura 10.9**;

- em um primeiro estágio, uma pressão confinante σ_3 é aplicada por intermédio de um fluido, geralmente, a água, que enche a célula e envolve o corpo de prova que, para não ter contato com o fluido, é protegido por uma membrana de borracha;

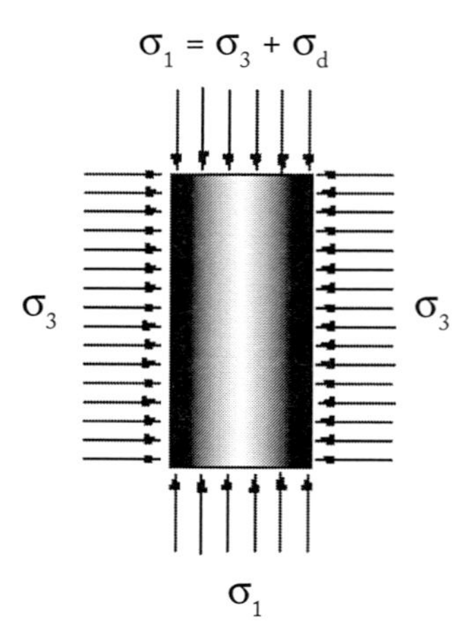

FIGURA 10.8 - Estado de tensão no triaxial

- em um segundo estágio, um acréscimo de tensão axial ($\sigma_d = \sigma_1 - \sigma_3$), chamado de tensão desvio, é aplicado por intermédio de um pistão.

Pedras porosas nas extremidades do corpo-de-prova permitem sua comunicação com o exterior da célula, a fim de obter, com o registro de drenagem aberto, a drenagem do corpo de prova em qualquer um dos estágios e medir a quantidade de água que sai da amostra. Nos ensaios em que não se permita a drenagem, esta tubulação pode ser ligada a um transdutor para medir a pressão da água nos vazios da amostra.

O ensaio clássico consiste em fazer crescer a **tensão-desvio** (σ_d) até a ruptura do corpo de prova, mantendo-se constante a pressão confinante σ_3. A aplicação de σ_d se faz a uma velocidade de deformação constante. Traça-se a curva $\sigma_d \times \varepsilon_v$ (deformação específica volumétrica), onde se pode identificar um valor máximo da ordenada. Este valor, somado a σ_3, fornece a tensão principal σ_1 aplicada ao corpo de prova no momento da ruptura.

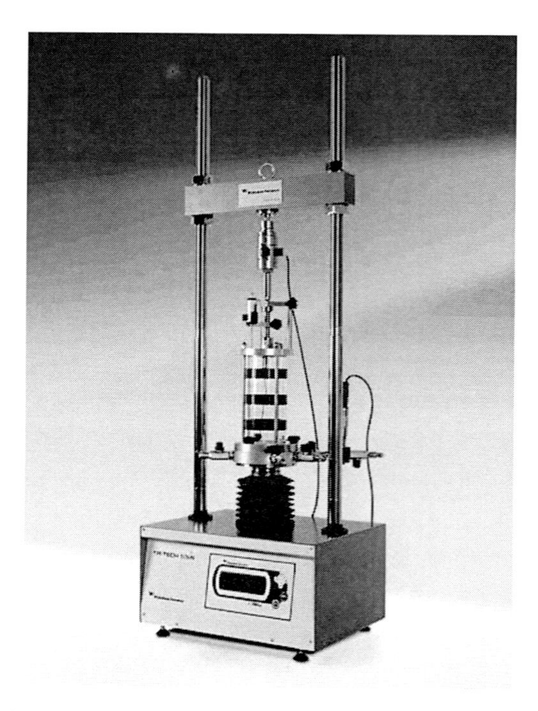

FIGURA 10.9 - Equipamento Triaxial

São realizados três ou quatro ensaios sobre corpos-de-prova idênticos com tensões confinantes σ_3 diferentes, determinando as tensões principais na ruptura. Traçam-se os círculos de Mohr correspondentes a cada um destes estados de tensão. Traça-se uma tangente a estes círculos que pode ser considerada, em primeira aproximação, como uma reta. Esta reta é chamada de envoltória de ruptura e fornece os parâmetros **c** e ϕ de ruptura, conforme pode ser visto na **Figura 10.10.**

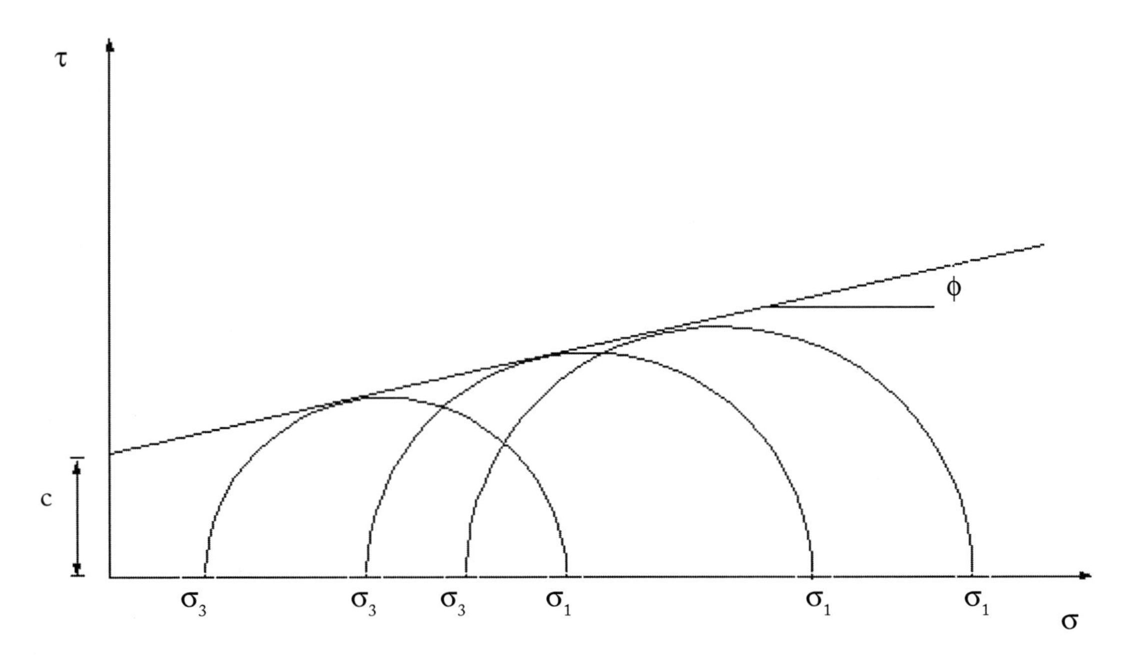

FIGURA 10.10 - Ensaio triaxial convencional

10.3.3- Ensaio de Compressão Não Confinada

É um caso particular do ensaio triaxial, no qual a tensão de confinamento é nula. Obtém-se a resistência à compressão simples $\mathbf{R_c}$, que corresponde ao σ_1 no ensaio triaxial.

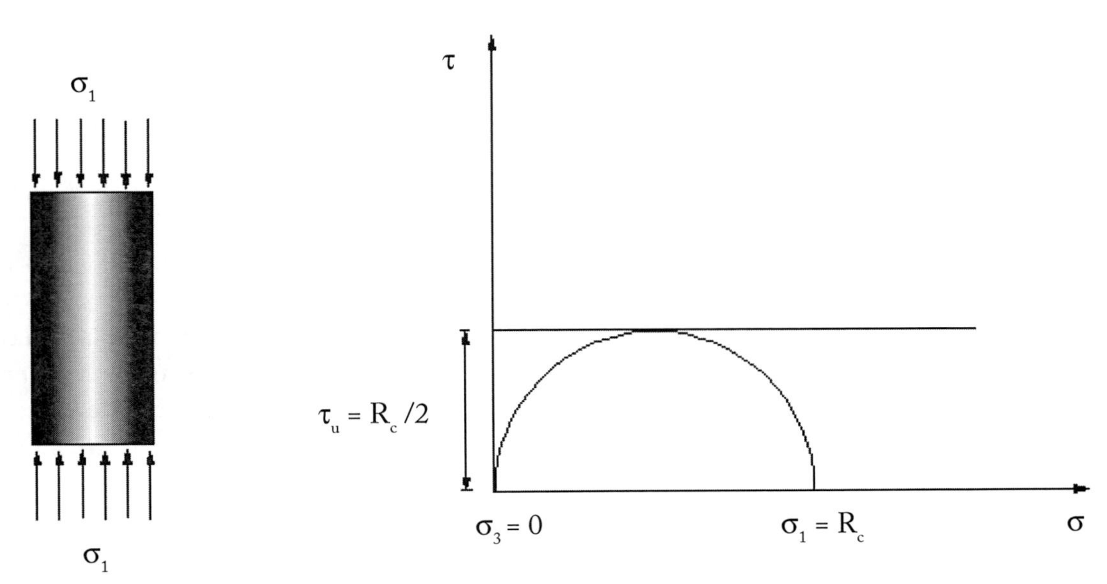

FIGURA 10.11 - Ensaio de compressão não confinada

A resistência ao cisalhamento é obtida com a expressão:

$$\tau_u = \frac{R_c}{2} \qquad \text{Eq. 10.4}$$

10.4- RESISTÊNCIA DRENADA E NÃO DRENADA

O princípio das tensões efetivas de Terzaghi estabelece que qualquer variação de resistência ou de volume de um solo é função da variação das tensões efetivas e, portanto, é lógico supor que as análises de estabilidade devam ser feitas considerando as tensões efetivas atuantes no solo. Ocorre que, para o conhecimento das tensões efetivas, é necessário conhecer as pressões neutras e isto nem sempre é fácil, principalmente, as que surgem durante o processo de cisalhamento.

Nos solos granulares, como a permeabilidade é relativamente alta, é de se esperar a ocorrência de uma ruptura drenada, isto é, aquela em que, mesmo em solos saturados, as poropressões induzidas pelo carregamento e pelo processo de cisalhamento tenham tempo de dissipar-se e, portanto, a água se mantém sempre em condições hidrostáticas. Neste caso, os parâmetros de resistência a serem considerados são chamados de parâmetros efetivos, por serem obtidos em círculos de rupturas efetivos.

Nos solos finos saturados, esta ruptura drenada só ocorre em situações em que o carregamento é muito lento. A regra geral é que surjam acréscimos de pressões neutras, sem haver tempo para a dissipação deste excesso e nem sempre é fácil conhecer com segurança as poropressões que se desenvolvem. Nesses casos, pode ser conveniente usar um artifício e trabalhar com a resistência não drenada do solo, com os parâmetros obtidos em ensaios não drenados, com a envoltória de ruptura tangente a círculos totais. Isso exige que o ensaio seja uma reprodução o mais fiel possível das condições de carregamento de campo, o que é muito difícil de se conseguir.

Quando a análise é feita com parâmetros efetivos é chamada de análise a tensões efetivas; quando é feita com parâmetros totais é chamada de análise a tensões totais.

No caso de um solo não saturado, a influência das condições de drenagem sobre **c** e **σ** decresce com o grau de saturação, por causa da grande compressibilidade do ar intersticial, em relação a estrutura sólida do solo.

Como a maioria dos solos argilosos encontrados na prática são saturados, ou têm um grau de saturação elevado, os parâmetros **c** e **σ** determinados no ensaio triaxial dependem fundamentalmente das condições de drenagem.

Em laboratório, a ruptura drenada – que fornece círculos efetivos – pode ser obtida no ensaio de cisalhamento direto, aplicando-se a força cisalhante com velocidade lenta o suficiente de forma a não se criar na amostra acréscimo de poropressão. No triaxial, obtém-se a condição drenada mantendo-se a torneira de drenagem aberta e aplicando-se também velocidades adequadas.

A ruptura não drenada – que fornece círculos totais – pode ser obtida no ensaio de cisalhamento direto, aplicando-se a força cisalhante com velocidade alta de forma a não haver tempo para a dissipação da poropressão. O mesmo se aplica ao ensaio de compressão simples. No triaxial, independentemente da velocidade do ensaio, a não drenagem é obtida simplesmente fechando-se a torneira de drenagem.

Em geral, deve-se procurar fazer análises a tensões efetivas porque, de fato, a resistência ao cisalhamento depende de tensões efetivas, o que torna mais lógica esta análise.

No caso de solos granulares, sempre deverá ser feita análise a tensões efetivas, mas, mesmo em solos argilosos, toda vez que for relativamente seguro estimar as pressões neutras – em caso de análises de longo prazo em condições hidrostáticas ou mesmo de fluxo estabelecido, por exemplo –, essa opção deve ser preferida, ainda mais, quando houver piezômetros instalados que forneçam o valor das pressões neutras de campo, o que permitiria eventuais correções do projeto.

Infelizmente, muitas vezes a estimativa das pressões neutras não é fácil – caso de final de construção de uma barragem ou aterro, de esvaziamento "rápido" do reservatório de uma barragem, por exemplo. Por isso mesmo, não se pode dizer que as análises a tensões efetivas forneçam sempre resultados melhores que as análises a tensões totais. Em muitos casos, a imprecisão das estimativas das pressões neutras, necessárias à análise de tensões efetivas, envolve uma margem de erro maior que a tentativa de reprodução das condições de campo nos ensaios usados para obter parâmetros não drenados, necessários para a análise a tensões totais.

A seguir, são apresentados os três tipos clássicos de ensaio triaxial, em que se procura variar as condições de drenagem durante os dois estágios de cada ensaio: a aplicação da pressão confinante e a ruptura por cisalhamento do corpo de prova.

10.4.1- Ensaios Triaxias Lentos

São chamados de CD (*Consolidated Drained*) ou S (*Slow*). O corpo de prova é adensado sob a pressão confinante σ_3' e cisalhado com o circuito de drenagem aberto, sob a aplicação de σ'_d. A velocidade de deformação do corpo de prova durante o cisalhamento deve ser suficientemente pequena para que não ocorra acréscimo na poropressão.

No caso de solos arenosos ou de argilas normalmente adensadas, a reta envoltória passa pela origem e a expressão passa a ser:

$$\tau = \sigma' \tan \phi' \qquad \textbf{Eq. 10.5}$$

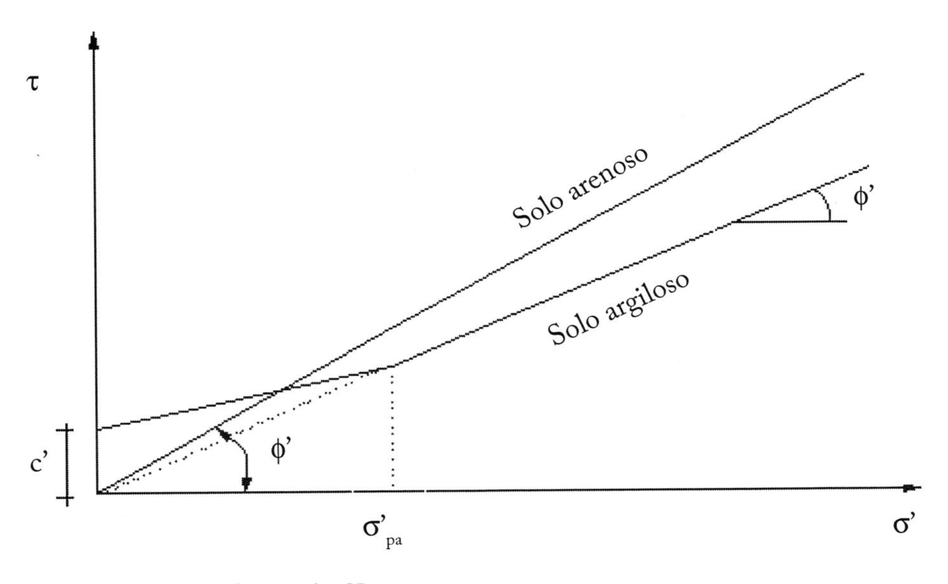

FIGURA 10.12 - **Envoltórias efetivas do ensaio CD**

No caso de argilas, a resistência ao cisalhamento é obtida da envoltória mostrada na **Figura 10.12** onde, para tensões menores que a de pré-adensamento, encontra-se uma envoltória que pode ser aproximada a uma reta, com um intercepto no eixo das tensões cisalhantes chamado de coesão. Em função do nível do carregamento que ocorrerá no campo escolhe-se os parâmetros **c'** e **σ'** adequados, chegando-se à **Equação 10.3** apresentada anteriormente.

10.4.2- Ensaios Triaxiais Rápidos

São chamados de UU (*Unconsolidated Undrained*) ou Q (*Quick*). Tanto o primeiro estágio – a aplicação da pressão confinante σ_3, quanto o segundo – a ruptura do corpo de prova – são efetuados com o registro de drenagem fechado.

A resistência ao cisalhamento é expressa por: $\tau_u = c_{UU} + \sigma \tan \varphi_{UU}$ em termos de tensões totais.
No caso de solos saturados $\varphi_{UU} = 0$, e tem-se a expressão: $\tau_u = c_u$ também em termos de tensões totais.

Este comportamento justifica-se porque, quando uma amostra com pressão neutra igual a u_{wo} é retirada de um maciço, as tensões totais verticais e horizontais caem para zero. No caso de uma amostra argilosa, a pressão neutra reduz em um valor igual à tensão total octaédrica, que seria uma tensão média, equivalente às tensões totais anisotrópicas σ_v e σ_h, obtida com a **Equação 10.6**:

$$\sigma_{oct} = \frac{\sigma_v + 2\,\sigma_h}{3} \qquad \textbf{Eq. 10.6}$$

Portanto, a pressão neutra na amostra torna-se igual a:

$$u_w = u_{wo} - \sigma_{oct} \qquad \textbf{Eq. 10.7}$$

Uma vez que as tensões totais tornaram-se iguais a zero, as tensões efetivas verticais e horizontais na amostra tornam-se iguais à tensão efetiva octaédrica de campo σ'_{oct}, antes da retirada da amostra:

$$\sigma'_1 = \sigma'_v = \sigma_v - u_w = 0 - (u_{wo} - \sigma_{oct}) = \sigma'_{oct}$$
$$\sigma'_3 = \sigma'_h = \sigma_h - u_w = 0 - (u_{wo} - \sigma_{oct}) = \sigma'_{oct}$$

Qualquer que seja a tensão confinante aplicada com drenagem impedida, como é o caso do ensaio UU, as tensões efetivas σ'_1 e σ'_3 permanecem iguais àquela tensão efetiva octaédrica de campo e, portanto, todo o círculo de Mohr apresentará o mesmo diâmetro – uma vez que a resistência ao cisalhamento é função das tensões efetivas – resultando em um envoltória paralela ao eixo das abcissas ($\varphi_{UU} = 0$), como se pode ver na **Figura 10.13**.

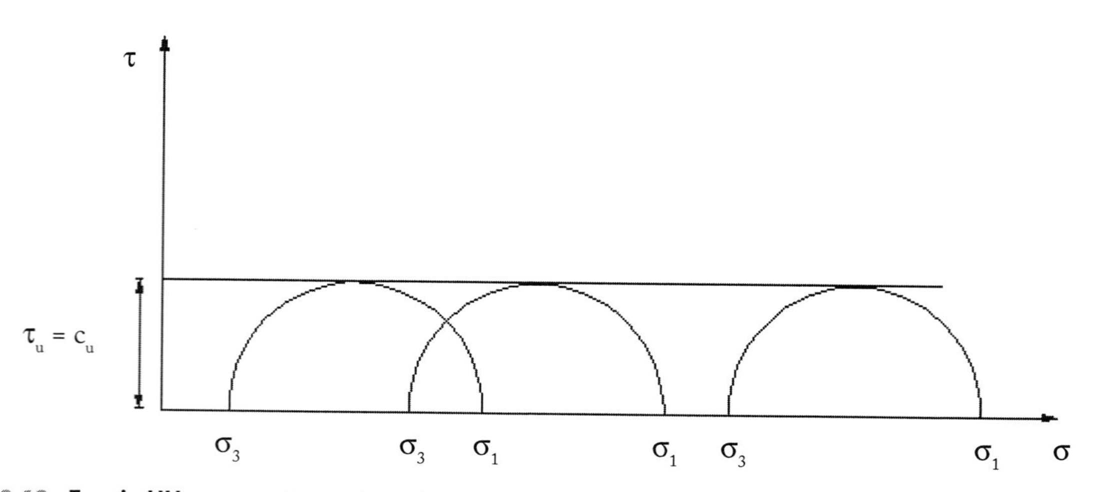

FIGURA 10.13 - Ensaio UU em amostras saturadas

Exemplo de aplicação 10.2. - Qual a tensão efetiva que ocorre em uma amostra argilosa, ao final do primeiro estágio de um ensaio UU, em que se aplicou a tensão confinante de 50 kPa, sabendo que a amostra foi retirada a 2 m de profundidade de uma camada argilosa com nível d´água situado na superfície do terreno. Dados da argila: γ_{sat} = 20 kN/m³; S_r = 100% e K_o = 0,60.

NO CAMPO:

- tensões efetivas:

$$\sigma'_v = \gamma_{sub} z = (20 - 10)2 = 20 \text{ kPa}$$

$$\sigma'_h = \sigma'_v K_0 = 20 \text{ x } 0{,}60 = 12 \text{ kPa}$$

- tensões totais:

$$\sigma_v = \gamma_{sat} z = 20 \text{ x } 2 = 40 \text{ kPa}$$

$$\sigma_h = \sigma'_h + u_w = 12 + 10 \text{ x } 2 = 32 \text{ kPa}$$

- tensões octaédricas totais e efetivas:

$$\sigma_{oct} = \frac{\sigma_v + 2\sigma_h}{3} = \frac{40 + 2 \text{ x } 32}{3} = 34{,}67 \text{ kPa}$$

$$\sigma'_{oct} = \sigma_{oct} - u_w = 34{,}67 - 20 = 14{,}67 \text{ kPa}$$

No laboratório, antes da confinante (**σ_3 = 0**):

$$u_w = u_{wo} - \sigma_{oct} = 20 - 34{,}67 = -14{,}67 \text{ kPa}$$

$$\sigma'_3 = \sigma_3 - u_w = 0 - (-14{,}67) = 14{,}67 \text{ kPa}$$

$$\sigma'_1 = \sigma_1 - u_w = 0 - (-14{,}67) = 14{,}67 \text{ kPa}$$

$$\sigma'_{oct} = \frac{\sigma'_1 + 2 \text{ x } \sigma'_3}{3} = \frac{14{,}67 + 2 \text{ x } 14{,}67}{3} = 14{,}67 \text{ kPa}$$

No laboratório, depois da confinante de **σ_3 = 50 kPa**:

$$u_w = -14{,}67 + 50 = 35{,}33 \text{ kPa}$$

$$\sigma'_1 = \sigma_1 - u_w = 50 - 35{,}33 = 14{,}67 \text{ kPa}$$

$$\sigma'_3 = \sigma_3 - u_w = 50 - 35{,}33 = 14{,}67 \text{ kPa}$$

$$\sigma'_{oct} = \frac{\sigma'_1 + 2 \text{ x } \sigma'_3}{3} = \frac{14{,}67 + 2 \text{ x } 14{,}67}{3} = 14{,}67 \text{ kPa}$$

Mesmo que a confinante fosse de σ_3 = **100 kPa** ou maior, as tensões efetivas no corpo de prova não se alterariam:

$$u_w = -14,67 + 100 = 85,33 \text{ kPa}$$

$$\sigma_1' = \sigma_1 - u_w = 100 - 85,33 = 14,67 \text{ kPa}$$

$$\sigma_3' = \sigma_3 - u_w = 100 - 85,33 = 14,67 \text{ kPa}$$

$$\sigma_{oct}' = \frac{\sigma_1' + 2 \text{ x } \sigma_3'}{3} = \frac{14,67 + 2 \text{ x } 14,67}{3} = 14,67 \text{ kPa}$$

Em amostras não saturadas $\varphi_{UU} > 0$ porque a não saturação permite a redução do índice de vazios da amostra com a aplicação da tensão confinante e, portanto, o crescimento das tensões efetivas a cada círculo. Neste caso, a envoltória tende a tornar-se horizontal quando a amostra se aproxima da saturação.

10.4.3- Ensaio Adensado Rápido

São chamados de CU (*Consolidated Undrained*) ou R (*Rapid*). No primeiro estágio, o corpo de prova é adensado sob a pressão confinante σ_3; no segundo estágio, é cisalhado com o circuito de drenagem fechado, sob a aplicação da tensão desvio σ_d.

A envoltória dos círculos de tensões totais fornece os valores de c_{CU} e φ_{CU}.

O ensaio CU apresenta uma grande vantagem em relação ao UU para obter a resistência não drenada. É que, neste último, a resistência não drenada é obtida para a tensão efetiva que atua na profundidade em que foi retirada a amostra. Por exemplo, se a amostra for retirada a 5,0 m de profundidade, o ensaio UU fornecerá a resistência não drenada correspondente às tensões efetivas que atuavam em 5 metros de profundidade. Como a tensão efetiva no maciço varia com a profundidade, uma amostra retirada a 3 m de profundidade forneceria uma resistência não drenada menor que a de 5 m, da mesma forma que uma retirada a 7 m de profundidade forneceria uma resistência não drenada maior que a de 5 m. Como o plano de ruptura no campo, em geral, situa- se em profundidade variável, ter-se-ia que optar por uma resistência não drenada média na profundidade em questão ou, eventualmente, admitir-se uma equação empírica que representasse o crescimento da resistência não drenada, por exemplo, com as tensões efetivas verticais, conforme proposto por vários estudiosos.

O ensaio CU, como fornece uma envoltória de ruptura não drenada em função de diferentes tensões de consolidação inicial – no primeiro estágio, o circuito de drenagem permanece aberto – consegue com segurança levar em conta, na resistência não drenada, o crescimento das tensões efetivas com a profundidade.

Outra vantagem do ensaio CU, agora em relação ao ensaio CD, é que nesse para a determinação dos parâmetros **c'** e **φ'** de solos argilosos, o tempo do ensaio pode ser muito grande, se o solo tem permeabilidade baixa. Uma alternativa para isto é executar um ensaio **CU**, medindo-se a poropressão durante o cisalhamento – neste caso o ensaio é chamado de $\overline{\text{CU}}$. Calcula-se as tensões efetivas na ruptura com as expressões:

$$\sigma'_1 = \sigma_1 - u_w \qquad \textbf{Eq. 10.8}$$

$$\sigma'_3 = \sigma_3 - u_w \qquad \textbf{Eq. 10.9}$$

Traçam-se os círculos totais e efetivos correspondentes. A envoltória destes círculos determina os parâmetros totais (c_{cu} e φ_{cu}) e efetivos (**c'** e **φ'**) desejados.

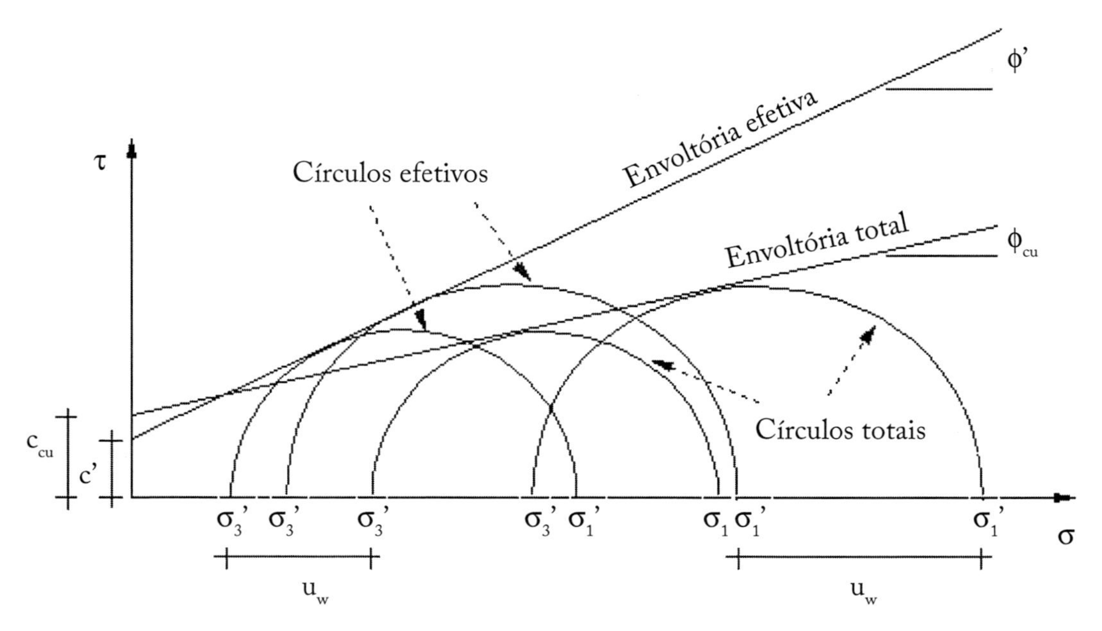

FIGURA 10.14 - Envoltórias do ensaio C_{cu}

A partir das **Equações 10.8** e **10.9** pode-se chegar à **Equação 10.10**:

$$\sigma_1 - \sigma'_1 = \sigma_3 - \sigma'_3 = u_w \qquad \textbf{Eq. 10.10}$$

10.4.4- Comentários Sobre os Ensaios

Na comparação dos três ensaios aqui mostrados, chega-se facilmente à conclusão que o ensaio triaxial é bem superior aos de cisalhamento direto e compressão não confinada, muito embora, o custo do equipamento e a maior complexidade dos ensaios triaxiais ainda limitem muito sua utilização no Brasil.

A relação das vantagens e desvantagens de cada ensaio apresentada a seguir serve para evidenciar esta superioridade:

No ensaio de cisalhamento direto pode-se citar como desvantagem do equipamento:

- o plano de ruptura é imposto: o deslocamento relativo entre as duas partes da célula de cisalhamento só pode ocorrer no plano de contato das partes, portanto, a ruptura sempre ocorrerá neste plano horizontal;
- há concentração de tensões no plano de ruptura: o mesmo deslocamento relativo entre as duas partes da célula de cisalhamento provoca que, no contato da amostra com as paredes laterais da célula, as tensões cisalhantes sejam maiores que na parte central da amostra;
- ocorre ruptura progressiva: esta é uma consequência do problema anterior; a ruptura inicia na região que as tensões cisalhantes são maiores e, portanto, começam nas bordas da amostra progredindo para o centro;
- há rotação dos planos principais: na primeira fase do ensaio, após o carregamento axial, o plano horizontal e o vertical são planos principais, uma vez que não há tensões cisalhantes nestes planos. Assim que iniciam os deslocamentos relativos entre as partes da célula com a aplicação do esforço cisalhante, surgem tensões cisalhantes neste plano e, ao final, o plano horizontal será o plano de ruptura com os planos principais, agora, sendo oblíquos a ele (v. problema 2);

- as condições de drenagem são difíceis de controlar: o equipamento de cisalhamento direto não tem um registro de drenagem que, caso fechado, possa garantir que não está havendo drenagem na amostra. Em geral, ensaios não drenados em argilas são executados neste equipamento usando-se velocidade alta, de forma que não haja tempo de ocorrer drenagem, da mesma maneira que ensaios drenados são feitos com velocidade baixa para que haja tempo de drenagem. Infelizmente, a definição destas velocidades é imprecisa e, em muitos casos, tem levado a erros.

Como vantagem do cisalhamento direto, pode-se apontar que, para solos granulares, onde a questão da drenagem não é problemática, em geral, obtém-se bons resultados a um custo muito inferior ao do triaxial.

As vantagens do triaxial, em primeiro lugar, são as desvantagens citadas para o cisalhamento direto que não ocorrem no triaxial. Além dessas, podem ainda ser relacionadas:

- pode-se impor nos ensaios triaxias uma grande variedade de caminhos de tensões: a possibilidade de aplicar-se diferentes e variáveis valores de σ_1 e σ_3 permite a simulação do carregamento de campo de forma mais realista. Esta é uma qualidade importante, especialmente, para a determinação de parâmetros não drenados em solos argilosos;
- tem-se o controle completo da não drenagem da amostra: o equipamento triaxial permite que, independentemente do tempo e da velocidade de ruptura, haja garantia da não drenagem da amostra caso o registro de drenagem permaneça fechado. Observa-se que, como no cisalhamento direto, para ensaios drenados em amostras argilosas, o controle da drenagem ainda tem que ser feito com a escolha da velocidade adequada;
- em amostras saturadas, pode-se medir as pressões neutras, tanto na base quanto no topo da amostra, conectando-se o sistema que seria usado para drenagem em um transdutor. Este processo não dá bons resultados para amostras não saturadas, sendo necessário sistemas mais sofisticados para esses casos. Como citado anteriormente, a leitura das pressões neutras em ensaios **CU** permite obter-se, em um tempo muito menor que o do ensaio **CD**, parâmetros efetivos para solos argilosos;
- pode-se medir as variações de volumes da amostra: em amostras saturadas, o meio mais simples de obter-se a variação de volume da amostra é, simplesmente, medindo o volume de água que sai da amostra em uma bureta graduada ou equipamento similar. Para solos não saturados, um processo também simples é medir a quantidade de água que entra na célula triaxial, quando ocorre a redução de volume da amostra; neste caso, cuidados especiais devem ser tomados quanto à calibração da dilatação da célula. Um processo mais sofisticado é o uso de sensores internos que medem a variação do diâmetro da amostra;
- saturação da amostra: o processo de saturação por contra-pressão, que o equipamento triaxial permite, é o mais eficaz (se não o único) para se conseguir a saturação no caso de amostras argilosas;
- ensaios de permeabilidade: a célula triaxial permite que durante ensaios triaxiais sejam executados, de forma simples, ensaios de permeabilidade a diferentes índice de vazios da amostra.

As principais desvantagens da célula triaxial são:

- atrito nos contatos amostra x pedestal e placa de topo: isto leva, muitas vezes, com que a amostra rompa com a forma de um barril, com o maior diâmetro ocorrendo no meio da amostra, pois o atrito surgido naqueles contatos restringe as deformações radiais, o que não ocorre na porção média da amostra. É comum o uso de lubrificantes com o objetivo de reduzir este efeito, muito embora com sucesso limitado;
- há influência da membrana de borracha: uma parcela do esforço considerado para romper a amostra é desviado para estender a membrana de borracha. Na maioria dos solos, este efeito é pequeno e pode ser desprezado. Em casos de argilas moles, pode-se fazer a correção abatendo o esforço gasto para distender a membrana.

Quanto ao ensaio de compressão não confinada, deve-se observar sua impossibilidade de ensaiar amostras granulares, sendo usado apenas para estimativa da resistência não drenada de solos argilosos, com as restrições apresentadas para o cisalhamento direto referentes à drenagem da amostra.

10.5- RESISTÊNCIA AO CISALHAMENTO DAS AREIAS

Para as areias, a envoltória de ruptura é dada pela **Eq. 10.5**:

$$\tau = \sigma' \tan \phi'$$

Dentre os valores que influem no φ', destacam-se:

- compacidade: este é o fator mais importante na resistência ao cisalhamento de solos arenosos; a mesma areia, no estado fofo ao compacto, pode ter o φ variando de 25° a 40°;
- entrosamento das partículas: quanto maior o imbricamento das partículas arenosas, maior deverá ser a resistência de solos arenosos;
- tamanho e forma das partículas: é de se esperar que quanto maior as partículas, menor o contato entre elas, o que influenciará para reduzir o φ'; também, quanto mais angulosa for a partícula, maior o imbricamento.

Tem-se para as areias, normalmente: **25° < φ' < 40°**

10.5.1- Índice de Vazios Crítico

Quando se submete uma amostra de areia ao ensaio de cisalhamento, verifica-se que, dependendo de seu grau de compacidade, ela aumenta ou diminui de volume antes de atingir a ruptura. As areias densas aumentam e as fofas diminuem. O limite entre os dois estados de compacidade, para o qual não se dará nem expansão, nem contração do material, é definido como índice de vazios crítico (**Figura 10.14**).

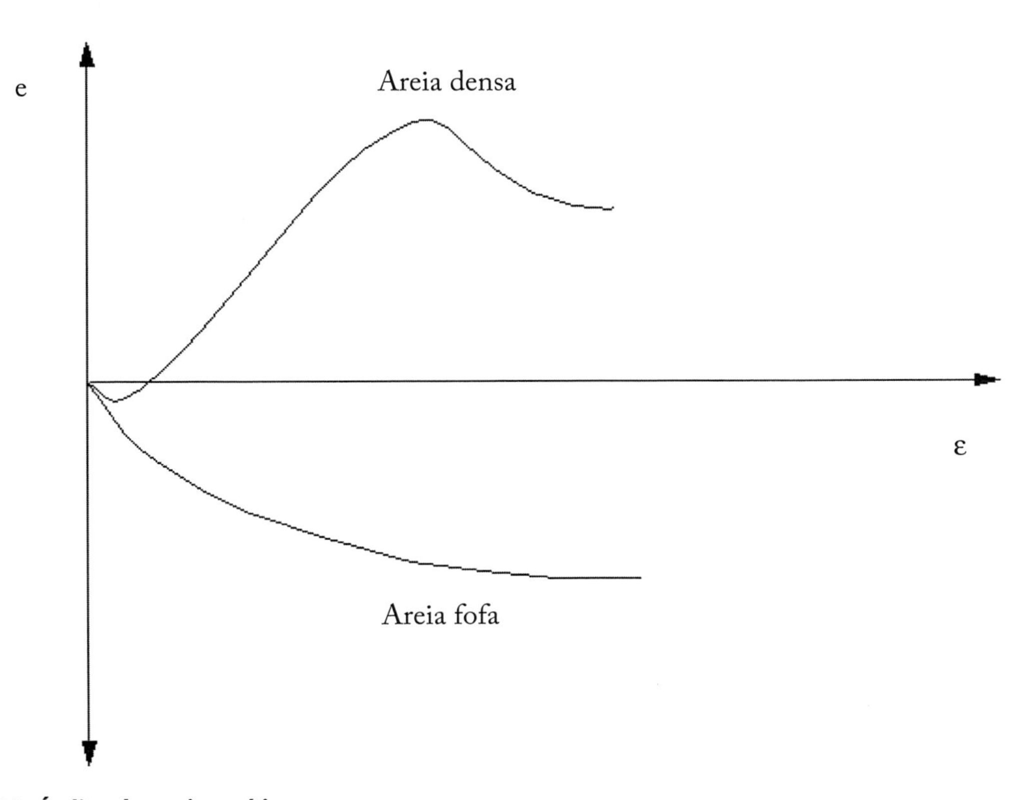

FIGURA 10.15 - Índice de vazios crítico

As areias finas, de permeabilidade relativamente baixa, caso estejam em estado fofo, ao se deformarem tendem a diminuir de volume, o que aumenta as poropressões na água se esta não drena com rapidez. Este aumento de poropressão diminui a tensão efetiva e, por conseguinte, a resistência ao cisalhamento do solo. Isto condiciona que se busque na compactação de uma areia um índice de vazios sempre menor que o crítico.

Se a areia estiver com índice de vazios crítico, teoricamente, sua resistência ao cisalhamento não varia ao ser submetida à deformação.

10.5.2- Liquefação

O fenômeno de liquefação de areias apresenta-se tanto no campo como no laboratório. É a perda rápida da resistência ao cisalhamento da areia até valores nulos ou quase nulos, causada por um aumento igualmente rápido das pressões intersticiais, que usualmente ocorre quando o solo fica sujeito a uma solicitação brusca, do tipo dinâmica (explosão, impacto, terremoto etc.).

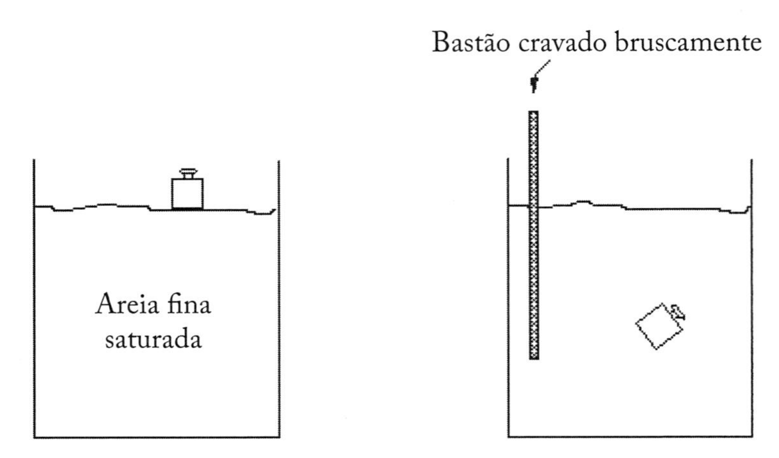

FIGURA 10.16 - Liquefação em areias

Pode-se simular no laboratório a ocorrência de liquefação, cravando bruscamente um bastão em uma areia fina saturada que suporta um peso em sua superfície como mostra a **Figura 10.16**. Com o brusco aumento das poropressões e a consequente redução das tensões efetivas, o que leva a perda de resistência ao cisalhamento, o peso afunda na areia (Badillo, 1975).

NOTA 10.1 - Liquefação x areia movediça

Não confundir liquefação com areia movediça. Embora em ambas as situações ocorra a perda da resistência ao cisalhamento, as causas dos fenômenos são diferentes. No caso de areia movediça, a causa é um fluxo de água ascendente.

10.6- RESISTÊNCIA AO CISALHAMENTO DAS ARGILAS

Ao contrário do que ocorre na areia, o estudo da resistência ao cisalhamento das argilas, dado ao número de fatores intervenientes, não apresenta a mesma simplicidade.

Os principais fatores que influem na sua resistência são:

- história de tensões do solo: os solos argilosos apresentam coesão para tensões abaixo da de pré-adensamento; a partir daí o prolongamento da envoltória passa pela origem;

- sensibilidade de sua estrutura; quanto maior a sensibilidade da argila maior a perda de resistência com o amolgamento;
- condições de drenagem: se há drenagem, a resistência ao cisalhamento aumenta em função dos acréscimos que ocorrem nas tensões efetivas;
- velocidade de aplicação de cargas: principalmente a resistência não drenada sofre influência da velocidade do carregamento. Ensaios não drenados mostram que, quanto maior a velocidade do ensaio, maior a resistência não drenada. Isso explica a pequena diferença (da ordem de 2 graus) que, em geral, ocorre no ângulo de atrito efetivo obtido em ensaios **CD**, para os obtidos em ensaios $\overline{\mathbf{CU}}$ na mesma amostra.

Na **Figura 10.17** vemos as envoltórias de ruptura de argilas saturadas obtidas em ensaios **UU, CU, CD**.

Nota-se que para o **CU** e o **CD**, encontram-se trechos retilíneos que passam pela origem para tensões maiores que a de pré-adensamento. Neste caso, as argilas apresentam-se como solos não coesivos.

Normalmente: $\mathbf{1/2\varphi' < \Phi_{CU} < 2/3\varphi'}$.

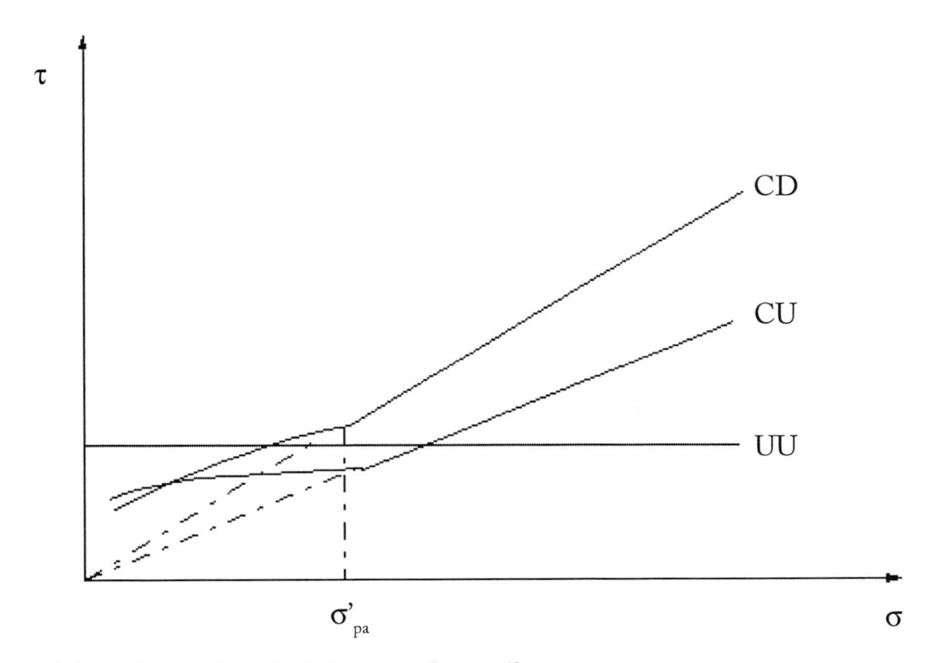

FIGURA 10.17 - Envoltórias de ensaios triaxiais para solos argilosos

Como visto, anteriormente, no ensaio **UU**, não sendo permitido a drenagem, o índice de vazios da amostra saturada será sempre o mesmo e não haverá acréscimo de tensões efetivas. Se as poropressões estiverem sendo medidas, observa-se que só há um círculo efetivo e portanto não será possível obter parâmetros efetivos em um ensaio **UU**, com medida de poropressão, conforme mostra a **Figura 10.18**.

No caso de argilas não saturadas, mesmo para o ensaio **UU**, a resistência não será constante, em face dos acréscimos de pressões efetivas que surgem devido à redução dos vazios, portanto a envoltória não será horizontal.

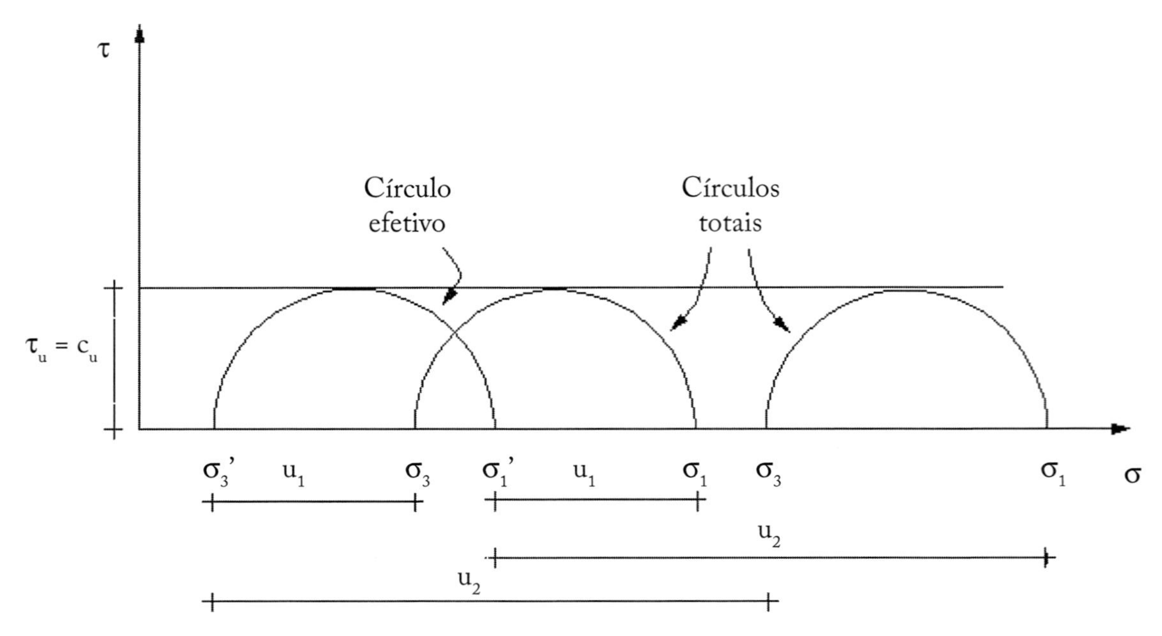

FIGURA 10.18 - Envoltória em um ensaio UU com medida de poropressão

10.7- ÂNGULO QUE FORMA O PLANO DE RUPTURA COM O PLANO PRINCIPAL MAIOR

Da **Figura 10.19**, pode-se concluir que o ângulo α que faz o plano principal maior com o plano de ruptura é igual a:

$$\alpha = 45° + \frac{\phi'}{2} \quad \textbf{Eq. 10.11}$$

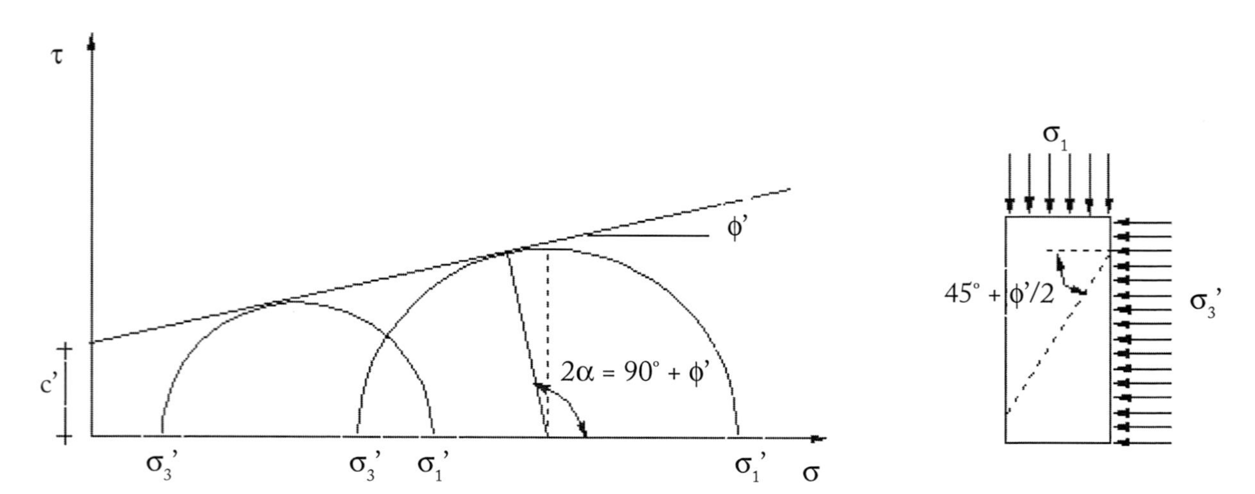

FIGURA 10.19 - Ângulo do plano de ruptura

Nem sempre o plano de ruptura fica bem determinado por causa do atrito da amostra com o pedestal e o capacete.

Cabe observar que, mesmo nos ensaios **UU**, em argilas saturadas onde obtém-se uma envoltória horizontal e tangente aos círculos totais de ruptura, na verdade o ângulo α é também igual a **45 + φ'/2**.

10.8- TRAJETÓRIA DE TENSÕES

O acúmulo de círculos de ruptura para a determinação dos parâmetros de resistência fez com que fosse mais conveniente trabalhar com as propostas de Lambe e Whitman (1979) sobre trajetória de tensões.

Os autores propõem que se use, para representar os resultados de ensaios ou mesmo situações de campo, o sistema de coordenadas **p:q** onde:

$$p = \frac{\sigma_1 + \sigma_3}{2} \quad \textbf{Eq. 10.12}$$

$$q = \frac{\sigma_1 - \sigma_3}{2} \quad \textbf{Eq. 10.13}$$

Isto significa representar cada círculo pelas tensões no plano de maior resistência ao cisalhamento. A união destes pontos forneceria a trajetória de tensão. Diferentes variações das tensões principais levam a diferentes trajetórias de tensões conforme pode ser visto nas **Figuras 10.20** e **10.21**.

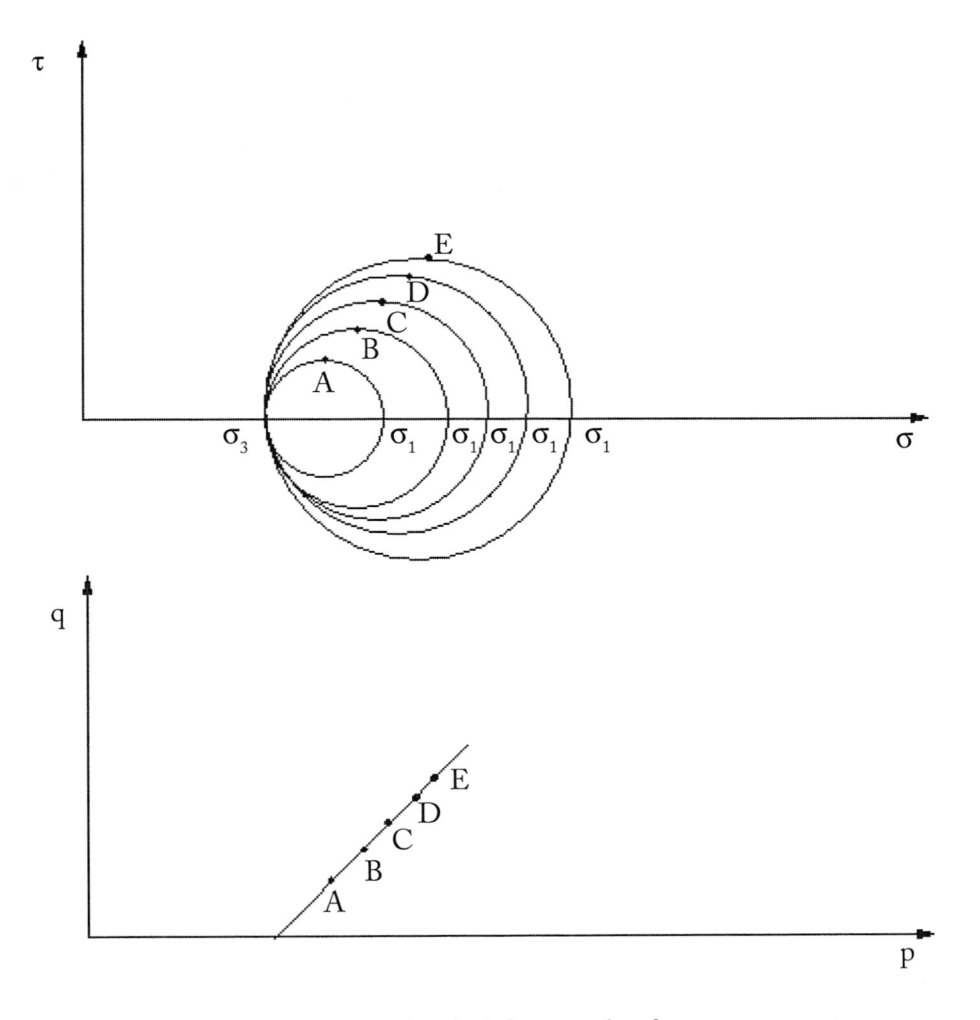

FIGURA 10.20 - Trajetória de tensões para um ensaio triaxial convencional com σ_3 constante e σ_1 crescente

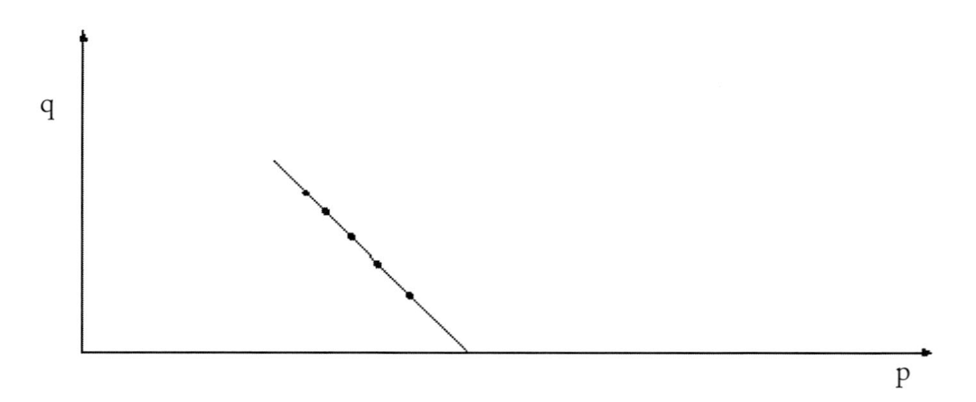

FIGURA 10.21 - Trajetória de tensões para um ensaio triaxial com σ_1 constante e σ_3 decrescente

No caso de se estar trabalhando com círculos efetivos, as coordenada se tornam **p':q'**, sendo:

$$p' = \frac{\sigma'_1 + \sigma'_3}{2} \quad \textbf{Eq. 10.14}$$

$$q' = q \quad \textbf{Eq. 10.15}$$

Analogamente à representação convencional, a linha, que une os pontos **p:q** ou **p':q'** dos círculos de ruptura, fornece a equação da envoltória de ruptura deste solo no diagrama **p:q**, chamada por Lambe de linha **Kf**, que pode ser relacionada com a envoltória de ruptura de Mohr-Coulomb, conforme mostra a **Figura 10.22**.

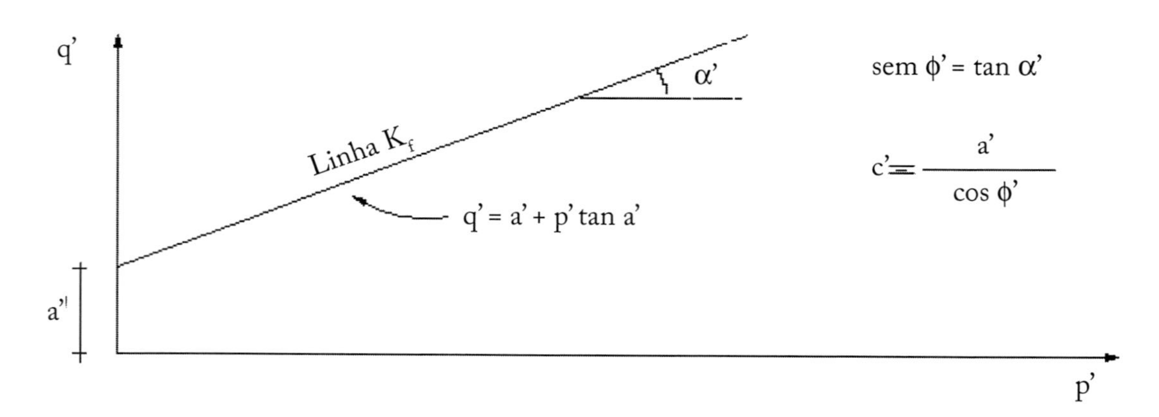

FIGURA 10.22 - Linha Kf para um ensaio CD

Da **Figura 10.21**, pode-se obter por meio de simples formulações trigonométricas, as relações entre **c'** e **a'** e **φ'** e **α'** como mostram as **Equações 10.16** e **10.17**:

$$\text{sen}\ \varphi' = \tan \alpha' \quad \textbf{Eq. 10.16}$$

$$c' = \frac{a'}{\cos \varphi'} \quad \textbf{Eq. 10.17}$$

Semelhante à linha $\mathbf{K_f}$, tem-se a linha $\mathbf{K_0}$ que representa os esforços atuantes no terreno natural devido ao peso próprio, em que **p'** e **q'** são obtidos como anteriormente com a ajuda das **Equações 10.18** e **10.19**:

$$\sigma'_1 = \sigma'_v = \gamma z \qquad \text{Eq. 10.18}$$

$$\sigma'_3 = \sigma'_h = K_0 \sigma'_v \qquad \text{Eq. 10.19}$$

10.9- PARÂMETROS DE POROPRESSÃO

Skempton (1954) apresentou uma equação que permite estimar a pressão na água em um carregamento não drenado, a partir dos chamados coeficientes de poropressão **A** e **B**.

A **Figura 10.23** mostra um carregamento anisotrópico em uma amostra, que pode ser dividido em dois: um carregamento isotrópico, $\Delta\sigma_3$, mais um carregamento unidirecional ($\Delta\sigma_1 - \Delta\sigma_3$).

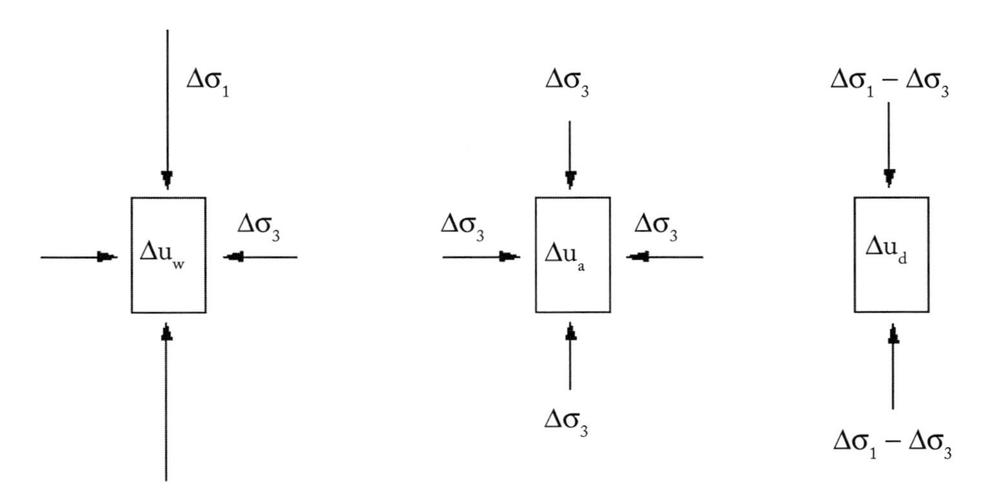

FIGURA 10.23 - **Estado de tensão em um carregamento anisotrópico**

De acordo com Skempton, a pressão na água gerada no carregamento isotrópico pode ser obtida com a **Equação 10.20**:

$$\Delta u_a = B\, \Delta\sigma_3 \qquad \text{Eq. 10.20}$$

Da mesma forma, a pressão na água gerada pelo carregamento unidirecional pode ser obtida com:

$$\Delta u_d = BA\left(\Delta\sigma_1 - \Delta\sigma_3\right) \qquad \text{Eq. 10.21}$$

onde **A** e **B** seriam coeficientes que dependeriam das características tensão-deformação do solo e do grau de saturação. A pressão, devido ao carregamento anisotrópico, seria a soma das expressões anteriores, conforme mostra a **Equação 10.22**:

$$\Delta u_w = B\left[\Delta\sigma_3 + A\left(\Delta\sigma_1 - \Delta\sigma_3\right)\right] \qquad \text{Eq. 10.22}$$

O valor de **A** seria igual a **1/3**, se o solo fosse perfeitamente elástico, o que não ocorre. A **Tabela 10.3** mostra valores de **A** usualmente encontrado nos ensaios.

TABELA 10.3 - Valores usuais de A na ruptura

TIPO DE SOLO	A
argila de alta sensibilidade	0,75 a 1,50
argila normalmente adensada	0,50 a 1,00
argila pré-adensada	-0,5 a 0,00
argila arenosa compactada	0,50 a 0,75

O valor de **B** seria igual a 0 para solos secos e 1 para solos saturados. Skempton apresenta a **Tabela 10.4** como sugestão de valores de **B** a partir do grau de saturação.

TABELA 10.4 - Saturação x B

S%	B
70	0,1
80	0,2
90	0,42
100	1

10.10- PROBLEMAS RESOLVIDOS E PROPOSTOS

1- Em uma prova triaxial CD, realizada em uma amostra de areia, a pressão da câmara era de 320 kPa e a tensão desvio na ruptura era de 830 Kpa. Determine φ'.

SOLUÇÃO:

$$\sigma_1' = \sigma_3' + \sigma_d = 320 + 830 = 1150 \text{ kPa}$$

Com o valor de σ_1' e σ_3' traça-se o círculo de Mohr mostrado na **Figura 10.24**; como a amostra é uma areia, a envoltória de ruptura é uma reta que passa pela origem e é tangente a este círculo, e o ângulo de atrito interno, φ', pode ser obtido com ajuda de um transferidor ou com a fórmula mostrada abaixo.

$$\varphi' = \text{arc } \tan \frac{\sigma_1' - \sigma_3'}{\sigma_1' + \sigma_3'} = \text{arc } \tan \frac{1150 - 320}{1150 - 320} = 34{,}4^\circ$$

2- Em uma prova de cisalhamento direto, executada em uma amostra de areia, o esforço normal sobre a amostra foi de 300 kPa, e a tensão de cisalhamento na ruptura foi de 200 kPa. Supondo uma distribuição uniforme no plano de ruptura, determine a grandeza e direção dos esforços principais.

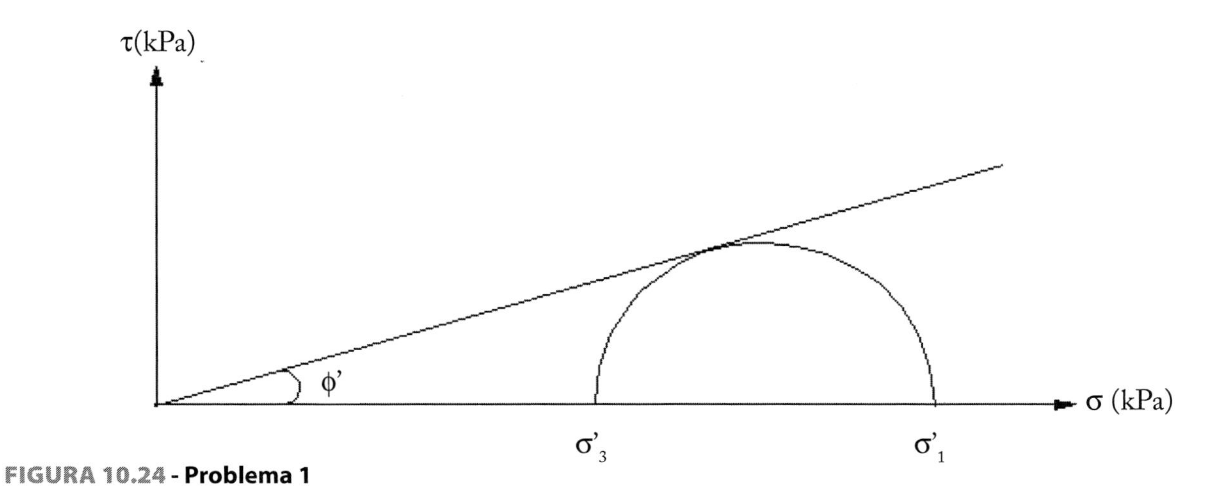

FIGURA 10.24 - Problema 1

SOLUÇÃO:

Plota-se os valores da tensão normal e cisalhante do plano de ruptura R (300 kPa e 200 kPa) no sistema de coordenadas **σ'** x **τ**, conforme mostra a **Figura 10.25**; por ser uma areia, liga-se este ponto à origem para se obter a envoltória de ruptura; a partir do ponto R que representa o plano de ruptura no círculo de Mohr, traça-se uma reta perpendicular à envoltória de ruptura; a intercessão desta reta com o eixo das abcissas, define o centro do círculo de Mohr; traça-se o círculo e lê-se **σ'_1 = 674 kPa** e **σ'_3 = 193 kPa**.

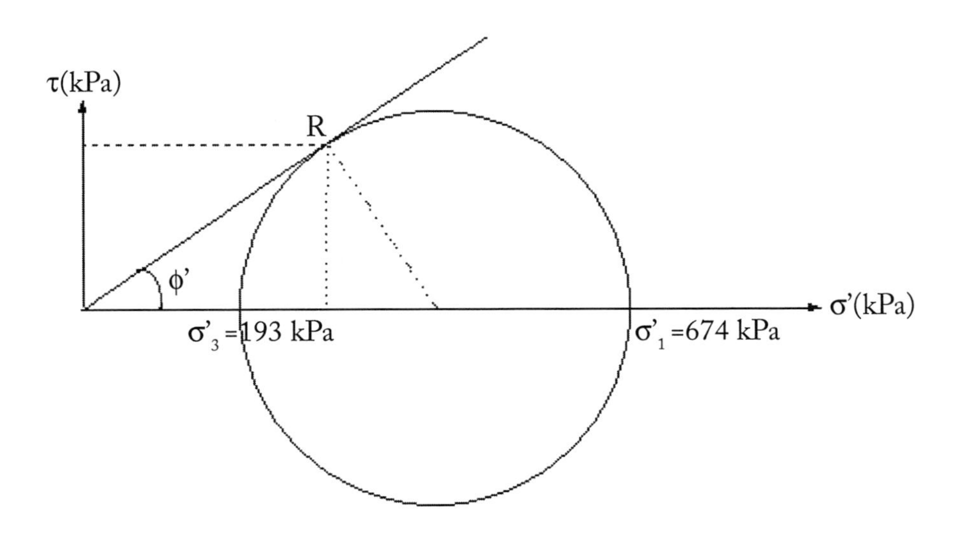

FIGURA 10.25 - Problema 2

USANDO POLO PARA DETERMINAR A DIREÇÃO DOS PLANOS PRINCIPAIS:

Com o que se viu no **Capítulo 7** sobre Polo e o que mostra a **Figura 10.26**, a partir do ponto R que representa o plano de ruptura, traça-se uma paralela a este plano na amostra (que no caso é horizontal) e, quando esta linha interceptar o círculo no ponto P, aí será o Polo. Para determinar a direção do plano principal maior, basta ligar o Polo ao ponto do círculo de Mohr que representa o plano principal maior; o mesmo se faz para determinar a direção do plano principal menor (que é perpendicular ao plano principal maior). A figura a seguir mostra esses procedimentos e o valor de **φ'**, obtido com um transferidor.

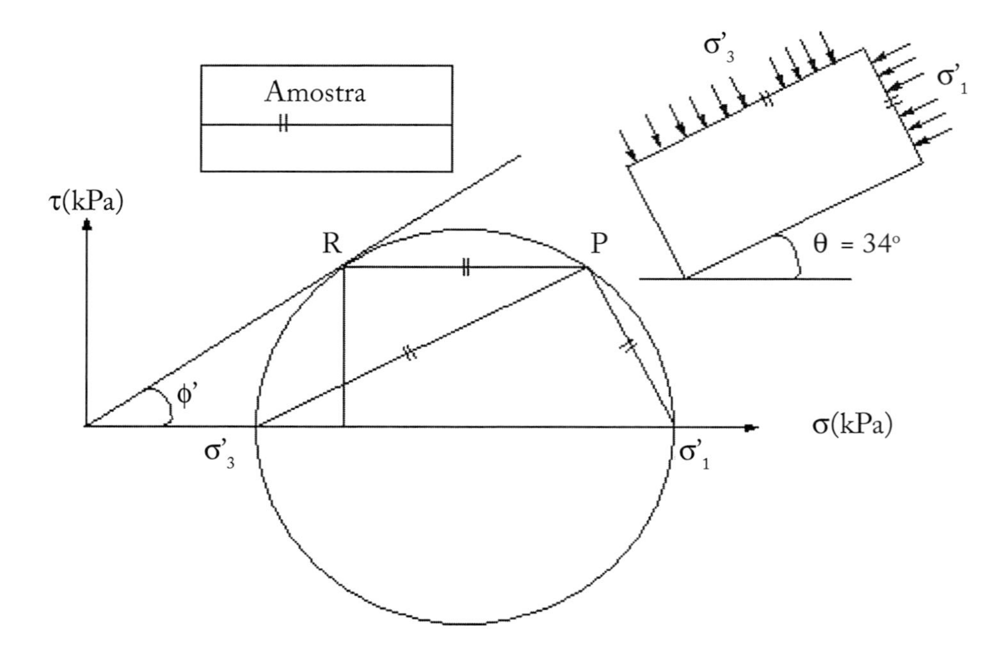

FIGURA 10.26 - **Problema 2**

Resolução analítica:

$$\varphi' = \text{arc} \ \tan \frac{\tau_\alpha}{\sigma'_\alpha} = \text{arc} \ \tan \frac{200}{300} = 33,7^\circ$$

$$\alpha = 45 + \frac{\varphi'}{2} = 45 + \frac{33,7^\circ}{2} = 61,8^\circ$$

$$\sigma'_1 = \frac{2\sigma_\alpha + \frac{2\tau_\alpha}{\text{sen}\,2\alpha}(1 - \cos\ 2\alpha)}{2} =$$

$$= \frac{2\text{x}300 + \frac{2\text{x}200}{\text{sen}\left(2\text{x}61,8^\circ\right)}\left(1 - \cos\ \left(2\text{x}61,8^\circ\right)\right)}{2} = 673,7 \text{ kPa}$$

$$\sigma'_3 = \sigma'_1 - \frac{2\tau_\alpha}{\text{sen}\,2\alpha} = 673,7 - \frac{2\text{x}200}{\text{sen}\left(2\text{x}61,8^\circ\right)} = 193 \text{ kPa}$$

3- A resistência à compressão simples de um solo arenoso muito fino, úmido e compacto foi de 20 kPa. Sabendo que seu ângulo de atrito interno pode ser estimado em 40°, qual será a pressão confinante em um ensaio CD necessária para produzir, sobre a resistência do solo seco, o mesmo efeito que a coesão aparente por capilaridade produziu no ensaio de compressão simples? (Badillo, 1975)

SOLUÇÃO:

A **Figura 10.27** representa o problema. Inicialmente, apresenta-se o círculo total obtido no ensaio de compressão simples, com σ_1 = **Rc** = 20 kPa e σ_3 = 0 kPa; o círculo efetivo do CD será tangente à envoltória de ruptura com φ = 40° e com o mesmo diâmetro do círculo total. Lê-se o valor de σ'_3 = 5,6 kPa ou a fórmula:

$$\sigma'_3 = \frac{Rc}{2}\left(\frac{1}{sen\,\varphi'} - 1\right) = \frac{20}{2}\left(\frac{1}{sen\,40^\circ} - 1\right) = 5{,}6\ kPa$$

Pode-se concluir que a poropressão na areia no ensaio de compressão simples era negativa; de fato, só esta possibilidade poderia permitir um ensaio de compressão simples em uma amostra de areia.

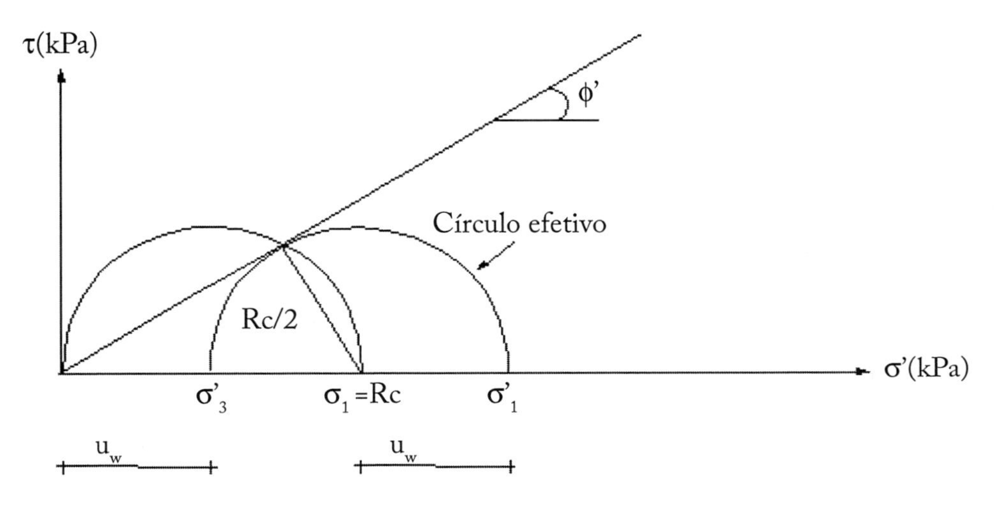

FIGURA 10.27 - Problema 3

4- Efetuou-se, em laboratório, os seguintes ensaios sobre uma amostra de areia:
   a) Ensaio de triaxial CD com $\sigma 3$ constante e igual a 200 kPa. Neste ensaio registrou-se σ_{dmax} = 332 kPa. Calcule o ângulo de atrito interno desta areia, a inclinação α do plano de ruptura e as tensões de ruptura (normal e cisalhante) neste plano.
   (Resposta: φ'= 27,0°; α = 58,5°; σ_α = 291 kPa; τ_α = 148 kPa).

   b) ensaio de cisalhamento direto com pressão normal de 250 kPa, tendo-se obtido uma tensão cisalhante máxima de 137 kPa. Determine o ângulo de atrito interno e a grandeza das tensões principais.
   (Resposta: φ'= 28,7°; σ_1 = 481,3 kPa; σ_3 = 168,9 kPa).

5- Dados os esforços principais maior e menor, respectivamente, 600 e 150 kPa, trace o círculo de Mohr. Calcular o máximo esforço cisalhante e as tensões normais e cisalhantes em um plano que forma 60° com o plano principal menor.
   (Resposta: τ_{max} = 225 kPa; σ_{60} = 262,5 kPa; τ_{60} = 195 kPa)

6- As tensões normais nos planos 1 e 2 são 300 e 1800 kPa e os esforços cisalhantes são de 600 e -600 kPa, respectivamente. Determine as tensões principais maior e menor.

SOLUÇÃO:

A **Figura 10.28** apresenta o círculo de Mohr para o problema. Pode-se ler: σ_1 = 2010 kPa e σ_3 = 90 kPa.

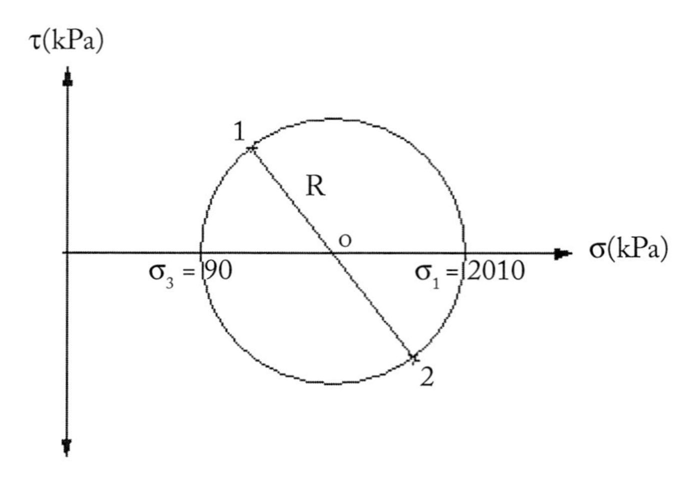

FIGURA 10.28 - Problema 6

SOLUÇÃO ANALÍTICA

$$\sigma_o = \frac{\sigma_{\alpha 1} + \sigma_{\alpha 2}}{2} = \frac{300 + 1800}{2} = 1050 \text{ kPa}$$

Determinação do raio do círculo de Mohr:

$$R = \sqrt{(\sigma_o - \sigma_{\alpha 1})^2 + \tau_{\alpha 1}^2} = \sqrt{(1050 - 300)^2 + 600^2} = 960{,}5 \text{ kPa}$$

Determinação da tensão principal maior:

$$\sigma_1 = \sigma_o + R = 1050 + 960{,}5 = 2010{,}5 \text{ kPa}$$

Determinação da tensão principal menor:

$$\sigma_3 = \sigma_o - R = 1050 - 960{,}5 = 89{,}5 \text{ kPa}$$

7- Dado o esforço principal maior de 375 kPa, calcule o valor mínimo do esforço principal menor para limitar o esforço cisalhante em 160 kPa.
(Resposta: σ_3 = 55 kPa).

8- Em um ensaio de compressão triaxial sobre um corpo de prova de areia de 5 cm de diâmetro, a força aplicada no topo do corpo de prova, pela haste transmissora de carga no instante da ruptura, era de 300 N. Se a pressão aplicada na câmara era de 100 kPa, determine a pressão normal e cisalhante sobre a superfície de ruptura neste instante.
(Resposta: σ_α = 146 kPa; τ_α = 70 kPa).

9- Um corpo de prova, extraído de uma camada espessa de areia, foi ensaiado em compressão triaxial com pressão confinante de 100 kPa, rompendo-se com a tensão desvio de 180 kPa. Determinar as tensões normal e cisalhante no plano de ruptura e o ângulo de atrito interno da areia.
(Resposta: σ_α = 150 kPa; τ_α = 80 kPa; φ' = 25,3º).

10- Uma areia média compacta tem uma resistência ao cisalhamento de 70 kPa, quando a pressão normal na superfície de ruptura é de 100 kPa. Qual será o valor da resistência ao cisalhamento correspondente a σ = 180 kPa?
(Resposta: τ = 126 kPa).

11- Em um ensaio lento de compressão triaxial realizado sobre uma amostra de areia fina compacta com tensão confinante de 100 kPa, obteve-se na ruptura σ_1 = 350 kPa. Determine:
a) as tensões normais e cisalhantes no plano de ruptura.
(Resposta: σ_α = 155,5 kPa; τ_α = 103,9 kPa);
b) o ângulo que o plano de ruptura faz com o plano principal maior.
(Resposta: α = 61,9º);
c) a tensão normal no plano de ruptura que se obteria, se fosse ensaiado um corpo de prova do mesmo solo com σ_3 = 400 kPa;
(Resposta: σ = 622.2 kPa).

12- Uma areia com φ = 30° é ensaiada em uma prova triaxial com, inicialmente, $\sigma'_1 = \sigma'_3$ = 150 kPa. Se aumentarmos σ'_1 e σ'_3, sendo $\Delta\sigma'_3 = \Delta\sigma'_{1/4}$, qual será o máximo valor de σ'_1 alcançado na ruptura?

SOLUÇÃO:
Considerando o círculo de Mohr mostrado na **Figura 10.29**, chega-se às equações:

$$\mathbf{R} = (\sigma' + \Delta\sigma'_3 + \mathbf{R})\ \mathbf{sen}\,\varphi'$$

$$\sigma'_1 = \sigma'_c + \Delta\sigma'_1$$

$$\sigma'_3 = \sigma'_c + \Delta\sigma'_3$$

$$\mathbf{R} = \frac{\sigma'_1 - \sigma'_3}{2}$$

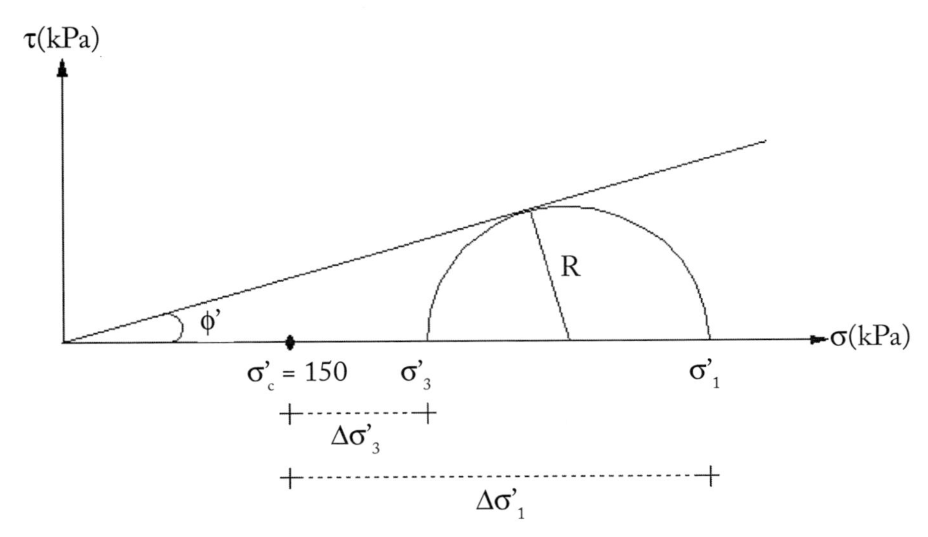

FIGURA 10.29 - Problema 12

e a partir delas:

$$\Delta\sigma'_1 = \frac{8\sigma'_c \operatorname{sen}\varphi'}{3 - 5\operatorname{sen}\varphi'} = \frac{8 \times 150 \times \operatorname{sen} 30^\circ}{3 - 5 \operatorname{sen} 30^\circ} = 1200\,\text{kPa}$$

O que dará:

$$\sigma'_1 = 1200 + 150 = 1350\ \text{kPa}$$

13- Em uma prova de cisalhamento direto em uma areia compacta, a carga normal de ruptura foi de 1440 N e a cisalhante 1000 N. Sendo a área da amostra de 36 cm^2 e supondo-se uma distribuição uniforme no plano de ruptura, determine o valor das tensões principais e o ângulo α que o plano principal maior faz com a horizontal no momento da ruptura.
(Resposta: σ'_1 = 931,1 kPa; σ'_3 = 254,7 kPa; α = 62,4°).

14- Efetuaram-se em laboratório os seguintes ensaios em uma amosta de areia:
a) ensaio de compressão triaxial com σ'_3 = 200 kPa, obtendo-se na ruptura σ'_d = 435 kPa. Calcule o ângulo de atrito interno da areia, a inclinação á do plano de ruptura e as tensões normais e cisalhantes neste plano.
(Resposta: φ' = 27,5º; α = 58,8º; σ_{rup} = 317 kPa; τ_{rup} = 192,9 kPa);
b) ensaio de cisalhamento direto com tensão normal = 250 kPa, tendo-se obtido um τ_{rup} = 137 kPa. Determine o ângulo de atrito interno da areia e as tensões principais no momento da ruptura.
(Resposta: φ' = 28,7º; σ_1 = 481,3 kPa; σ_1 = 168,9 kPa).

15- Uma amostra inalterada de uma argila orgânica normalmente adensada, foi submetida a provas triaxiais:
- em 2 ensaios CD os esforços principais na ruptura foram:
  - prova 1: σ_1' = 704 kPa ; σ_3' = 200 kPa
  - prova 2: σ_1' = 979 kPa ; σ_3' = 278 kPa
- em um ensaio $\overline{CU}$, com tensão efetiva de consolidação σ_3 = 330 kPa, obteve-se na ruptura σ_3 = 240 kPa e u_w = 238 kPa:
  a) Calcule o ângulo de atrito interno nos ensaios CD.
  (Resposta: φ' = 34º);
  b) No ensaio $\overline{CU}$:
- a inclinação da envoltória de ruptura em termos de tensões totais;
(Resposta: φ_{CU} = 15,5º);
- a inclinação da envoltória de ruptura em termos de tensões efetivas;
(Resposta: φ' = 35º).

16- Um ensaio triaxial U executado em uma amostra de argila saturada forneceu na ruptura σ_1' = 500 kPa e σ_3' = 200 kPa.
a) qual seria o valor de σ_1 na ruptura se σ_3 neste ensaio fosse igual a 400 kPa?
(Resposta: σ_1 = 700 kPa);
b) qual seria o valor de σ_2 na ruptura se σ_1 fosse igual a 800 kPa?
(Resposta: σ_3 = 500 kPa).

17- Foram executados 3 ensaios de cisalhamento direto em amostras (6 cm x 6 cm) de uma argila. A força cisalhante foi aplicada logo após a força normal, tendo as amostras rompido em menos de 10 minutos. Obteve-se os dados apresentados na **Tabela 10.5**:

TABELA 10.5 - Dados do ensaio

ENSAIOS:	1º	2º	3º
Força Normal (N)	540	900	1260
Força Cisalhante (N)	360	432	504

a) qual seria a resistência não drenada (τ_u) obtida nesta argila, se o ensaio executado fosse de compressão simples?
(Resposta: τ_u = 85,4 kPa);

b) qual deveria ser a tensão confinante na célula triaxial, se esta argila fosse ensaiada em um ensaio UU e rompesse quando σ_1 = 770 kPa?
(Resposta: σ_3 = 443 kPa).

a) Como no ensaio de cisalhamento direto não se permitiu drenagem em nenhum momento, a envoltória obtida é a mesma que se obteria em um ensaio UU e, portanto, se fosse executado um ensaio de compressão simples, a resistência não drenada obtida neste ensaio seria o raio do círculo de Mohr com tensão confinante igual a zero e tangente à envoltória de ruptura. A partir de simples relações trigonométricas, obtidas a partir da **Figura 10.30**, pode-se chegar à **Equação 10.23**:

$$\tau_u = \frac{c_u \ \text{sen}\ \varphi_u}{(1 - \text{sen}\ \varphi_u)\tan\ \varphi_u} \qquad \textbf{Eq. 10.23}$$

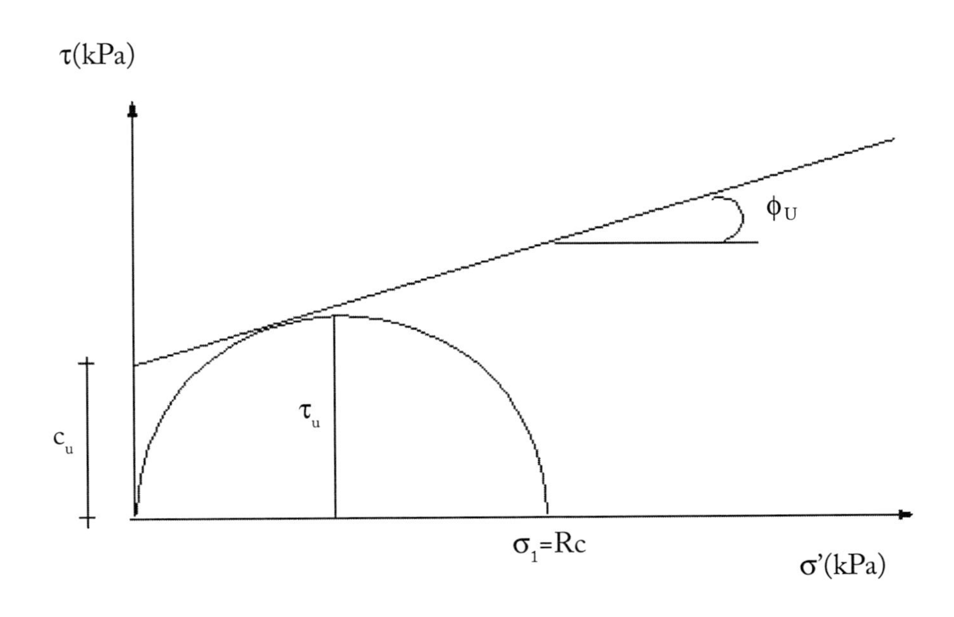

FIGURA 10.30 - Envoltória do ensaio

e portanto:

$$\tau_u = \frac{70 \text{ x sen } 11{,}3°}{(1 - \text{sen } 11{,}3°)\tan\ 11{,}3°} = 85{,}4 \text{ kPa}$$

b) considerando a **Figura 10.31**, da mesma maneira que no item anterior, pode-se chegar à **Equação 10.24**:

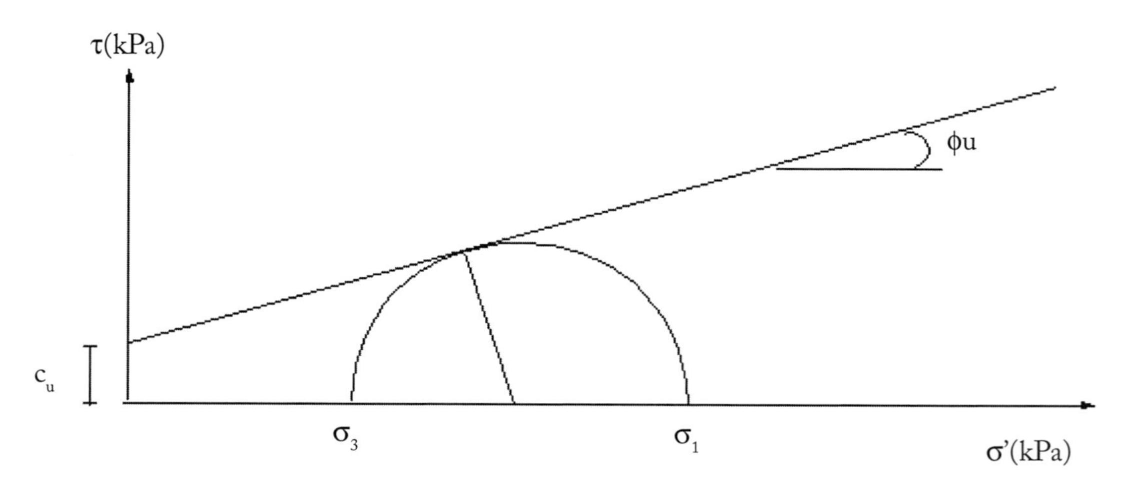

FIGURA 10.31 - Envoltória do ensaio

$$\sigma_3 = \frac{\sigma_1 \tan\ \varphi_u\ (1 - \text{ sen } \varphi_u) - 2c_u \text{ sen } \varphi_u}{(1 + \text{sen } \varphi_u)\tan\ \varphi_u} \qquad \textbf{Eq. 10.24}$$

$$\sigma_3 = \frac{770 \tan\ 11{,}3°\ (1 - \text{ sen } 11{,}3) - 2 \text{ x } 70 \text{ x sen } 11{,}3°}{(1 + \text{sen } 11{,}3)\tan\ 11{,}3} = 403 \text{ kPa}$$

18- Efetuou-se um ensaio de compressão simples em uma amostra de argila saturada obtendo-se a resistência ao cisalhamento não drenada (τ_u) igual a 150 kPa. Qual seria a tensão total atuando no plano principal maior obtido na ruptura em um ensaio UU, se fosse realizado nesta argila com tensão confinante igual a 300 kPa?
(Resposta: σ_1 = 600 kPa).

19- Em um ensaio triaxial CD executado em uma argila normalmente adensada (**c'** = 0, **ϕ'** = 25°) aplicou-se uma tensão confinante $\sigma_3' \neq 0$. Qual a máxima relação $\Delta\sigma_1'/\ \Delta\sigma_3'$ que se pode manter neste ensaio, para que não ocorra a ruptura da amostra, de acordo com a teoria Mohr-Coulomb?

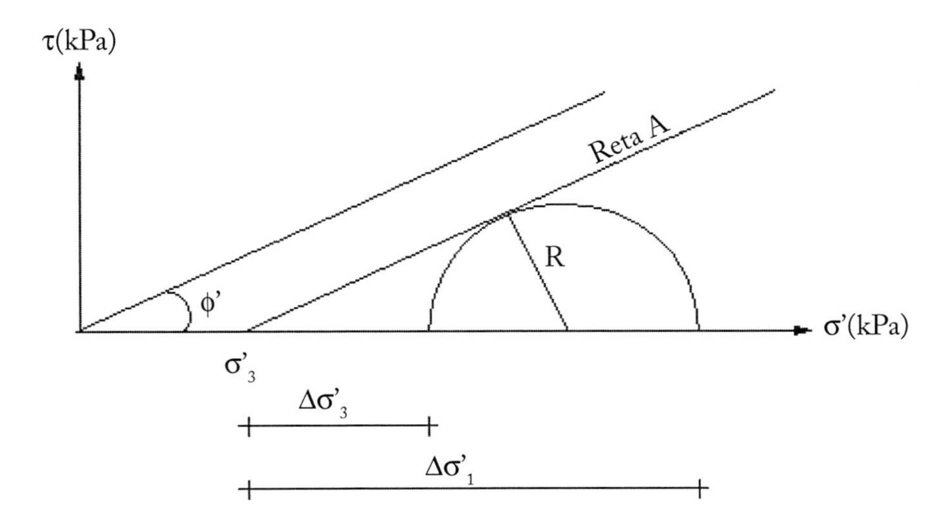

FIGURA 10.32 - Problema 19

Considerando o critério de ruptura de Mohr-Coulomb, qualquer círculo que tangencie a reta A, paralela à envoltória de ruptura e com origem em qualquer $\sigma_3' \neq 0$, mostrada na **Figura 10.32**, terá a máxima relação $\Delta\sigma_1'/\Delta\sigma_3'$ e a amostra não romperá. A partir da figura, pode-se chegar à equação que representa a solução do problema:

$$\frac{\Delta\sigma'_1}{\Delta\sigma'_3} = \frac{2\,\text{sen}\,\varphi'}{1-\text{sen}\,\varphi'} + 1 = \frac{2\,\text{sen}\,25}{1-\text{sen}\,25} + 1 = 2{,}46$$

20- O resultado de um ensaio triaxial em uma amostra compactada na ruptura é apresentado na **Tabela 10.6**. Determine parâmetros de resistência ao cisalhamento efetivos e totais para este solo.

TABELA 10.6 - Dados do ensaio

tensão confinante (kPa)	70	350
tensão desvio (kPa)	234	545
poropressão (kPa)	-30	+95

(Resposta: efetivos: **c'** = 30 kPa, **ϕ'** = 30º; totais: $\mathbf{c_U}$ = 60 kPa, $\boldsymbol{\phi_U}$ = 20º).

21- Em um ensaio triaxial drenado, executado em uma amostra de argila normalmente adensada, aplicou-se uma tensão confinante de 50 kPa. Após o adensamento, aumentou-se σ_3' e σ_1' até a ruptura. Qual é a relação $\Delta\sigma_1'/\Delta\sigma_3'$ no momento da ruptura, para que as tensões normais e cisalhantes no plano de ruptura sejam, respectivamente, 200 e 100 kPa.
(Resposta: 3,5).

22- Um aterro com γ_{nat} = 16 kN/m³ está sendo construído sobre uma camada argilosa (**c'** = 30 kN/m², **ϕ'** = 25º). Os parâmetros de poropressão obtidos em ensaios triaxiais nesta argila indicaram **A** = 0,5 e **B** = 0,9. Ache a resistência ao cisalhamento efetiva do solo na base do aterro, imediatamente, após o aterro ter atingido 3 m de altura. Considere que a dissipação das poropressões na argila, durante o alteamento do aterro, seja negligível e que os acréscimos de tensão horizontal total, em qualquer ponto, seja igual a metade do acréscimo da tensão vertical total.

SOLUÇÃO:

i- cálculo de $\Delta\sigma_v$ e $\Delta\sigma_h$ na argila imediatamente abaixo do aterro:

$$\Delta\sigma_v = \gamma_{nat} H = 16 \times 3 = 48 \text{ kPa}$$

$$\Delta\sigma_h = \frac{\sigma_v}{2} = \frac{48}{2} = 24 \text{ kPa}$$

ii- cálculo da pressão neutra na base do aterro na argila imediatamente abaixo do aterro:

$$\Delta u_w = B\left[\Delta\sigma_3 + A\left(\Delta\sigma_1 - \Delta\sigma_3\right)\right] = 0{,}9\left[24 + 0{,}5\left(48 - 24\right)\right]$$

$$\Delta u_w = 32{,}4 \text{ kPa}$$

iii-cálculo da tensão efetiva vertical na argila imediatamente abaixo do aterro:

$$\sigma'_v = \sigma_v - u_w = 48 - 32{,}4 = 15{,}6 \text{ kPa}$$

iv- cálculo da resistência ao cisalhamento na argila imediatamente abaixo do aterro:

$$\tau = c' + \sigma'_v \tan\varphi' = 30 + 15{,}6 \tan 25° = 37{,}3 \text{ kPa}$$

23- Plote em um diagrama **p':q'** a trajetória de tensões efetivas (**TTE**) para um material com $\mathbf{K_0}$ = 0,60. E para $\mathbf{K_0}$ = 1,1?

SOLUÇÃO:

$$p' = \frac{\sigma'_1 + \sigma'_3}{2} = \frac{\sigma'_v + \sigma'_h}{2} = \frac{\sigma'_v + K_0\sigma'_v}{2}$$

portanto:

$$p' = \frac{\sigma'_v(1 + K_0)}{2}$$

Pode-se montar a **Tabela 10.7** e chegar à **Figura 10.32**:

TABELA 10.7 - Problema 23

σ'_V (kPa)	Ko = 0,60		Ko = 1,10	
	p'	q'	p'	q'
0	0	0	0	0
100	80	20	105	-5
200	160	40	210	-10

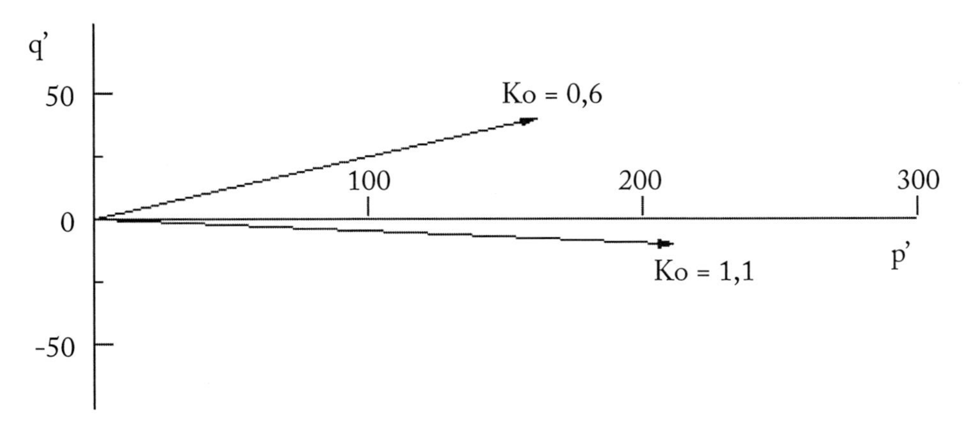

FIGURA 10.33 - Trajetórias de tensão

24- Plote, em um diagrama **p:q**, a trajetória de tensões totais (**TTT**) de um corpo de prova sujeito ao seguinte caminho de tensões:

a) início σ_V = 100 kPa e **K** = 0,60;

b) σ_h constante e σ_V aumenta até 250 kPa;

c) com σ_V constante, aplica-se $\Delta\sigma_h$ de -30 kPa;

d) com σ_h constante, aplica-se $\Delta\sigma_V$ de -30 kPa.

SOLUÇÃO:

Com os dados do problema monta-se a **Tabela 10.8**

TABELA 10.8 - Problema 25

	σ_V (kPa)	σ_h (kPa)	p (kPa)	q (kPa)
a	100	60	80	20
b	250	60	155	95
c	250	30	140	110
d	220	30	125	95

o que leva à **Figura 10.34**:

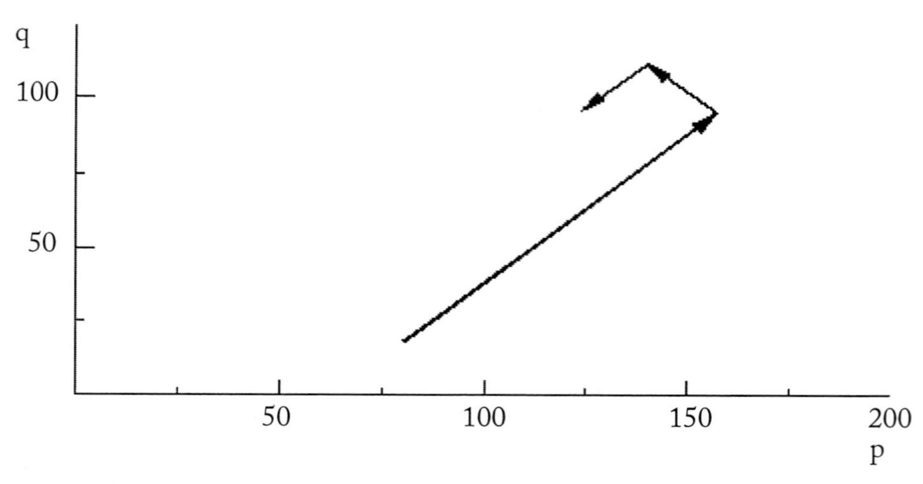

FIGURA 10.34 - Trajetória de tensões

25- Foram executados três ensaios de cisalhamento direto em uma amostra de argila (6,0 x 6,0 cm), com velocidade muito baixa, de forma que não se permitiu acréscimos de poropressões durante todo o ensaio. Os resultados são apresentados na **Tabela 10.9**:

TABELA 10.9 - Dados do ensaio

ENSAIO	1º	2º	3º
Força Normal (kN)	0,36	0,72	1,44
Força Cisalhante (kN)	0,2	0,39	0,79

a) ache os parâmetros efetivos de resistência ao cisalhamento desta amostra (Resposta: $\phi' = 28{,}7°$);
b) se fosse executado um ensaio triaxial CD nesta amostra, qual seria o σ'_1 na ruptura, quando o σ'_3 na ruptura fosse 175 kPa? (Resposta: $\sigma'_1 = 498{,}5$ kPa).

26- Em um ensaio triaxial $\overline{CU}$ em uma amostra saturada, no primeiro estágio aplicou-se uma tensão confinante de 100 kPa. Após esta fase, fechou-se a torneira de drenagem e aplicou-se a tensão desvio, lendo-se as poropressões, obtendo na ruptura respectivamente 140 kPa e -35 kPa. Ache o parâmetro **A** de poropressão para esta amostra.

SOLUÇÃO:

As pressões neutras só surgirão na segunda fase do ensaio, portanto:

$$\Delta u_w = AB(\Delta\sigma_1 - \Delta\sigma_3)$$

ou ainda:

$$A = \frac{\Delta u_w}{B(\Delta\sigma_d)} = \frac{-35}{1(140)} = -0{,}25$$

27- Uma argila saturada foi submetida a um ensaio UU com σ_3 = 100 kPa. Na ruptura, mediu-se σ_d = 100 kPa e u_w = 170 kPa. Qual o valor do parâmetro de poropressão **A**?
(Resp.: **A** = 0,7).

SOLUÇÃO:

Neste caso as duas fases do ensaio UU induzem acréscimos de poropressão. Considerando **B** = 1, devido à argila estar saturada na primeira fase anisotrópica, o acréscimo será:

$$\Delta u_a = B\,\Delta\sigma_3 = 1 \times 100$$

Na segunda fase da aplicação da tensão desvio:

$$\Delta u_d = B\,A(\Delta\sigma_1 - \Delta\sigma_3) = 1 \times A(200-100)$$

$$\Delta u_a + \Delta u_d = \Delta u_w = 170\,kPa$$

como lido no ensaio, temos:

$$170 = 1 \times 100 + 1 \times A(200-100)$$

$$A = 0{,}7$$

28- Uma amostra inalterada de uma argila orgânica, normalmente, adensada foi submetida a um ensaio **CU**, com tensão efetiva de consolidação σ_c = 330 kPa, obtendo os resultados mostrados na **Tabela 10.10**:

TABELA 10.10 - Dados do ensaio

σd (kPa)	ε (%)	u_W (kPa)
0	0	0
30	0,06	15
60	0,15	32
90	0,3	49
120	0,53	73
150	0,9	105
180	1,68	144
210	4,4	186
240	15,5	238
ód (kPa)	å (%)	u_W (kPa)

a) trace as trajetórias de tensão totais e efetivas para este ensaio;
b) ache o ângulo de atrito efetivo a partir da linha Kf no diagrama **p' x q**.

SOLUÇÃO:

a) i- os valores de **p, p'** e **q** são apresentados na **Tabela 10.11**:

TABELA 10.11 - **Valores de p, p' e q**

σ_3	σ_d	u_w	σ_1	p	q = q'	p'
kPa	kPa	kPa	kPa	kPa	kPa	kPa
330	0	0	330	330	0	330
330	30	15	360	345	15	330
330	60	32	390	360	30	328
330	90	49	420	375	45	326
330	120	73	450	390	60	317
330	150	105	480	405	75	300
330	180	144	510	420	90	276
330	210	186	540	435	105	249
330	240	238	570	450	120	212

ii- as trajetórias de tensões totais e efetivas são apresentadas na **Figura 10.35**:

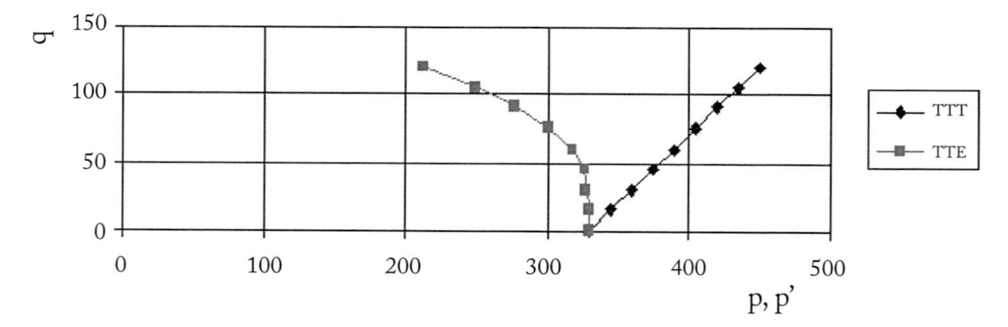

FIGURA 10.35 - **Trajetórias de tensões totais e efetivas**

b) i- a linha Kf é mostrada na **Figura 10.36**, por ser uma argila normalmente adensada **α'** = **c'** = 0

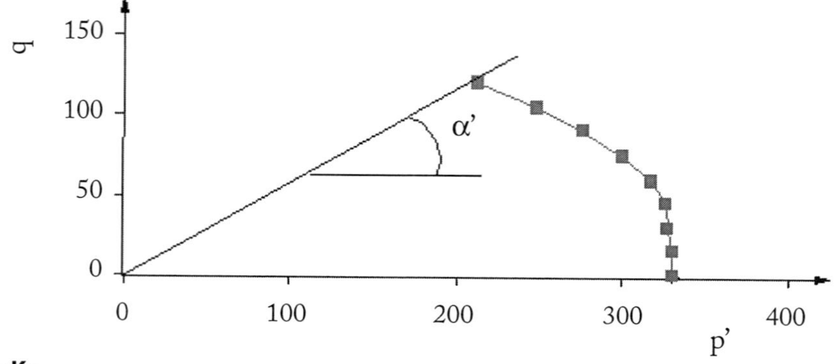

FIGURA 10.36 - **Linha K_f**

ii- cálculo de φ':

$$\alpha' = \text{arc tan } \frac{120}{212} = 29{,}5^{\circ}$$

iii-cálculo de φ':

$$\text{sen } \varphi' = \tan \alpha' = \tan 29{,}5^{\circ} = 0{,}566$$

$$\varphi' = \text{arc sen } 0{,}566 = 34{,}5^{\circ}$$

29- Uma argila normalmente adensada tem $\varphi' = 28^{o}$ e $\varphi_{CU} = 20^{o}$. Pretende-se executar um ensaio $\overline{CU}$ nesta argila com tensão confinante de 150 kPa. Qual deverá ser o valor de σ'_1 e de u_w na ruptura? (Resposta.: σ'_1 = 244,1 kPa e u_w = 61,9 kPa).

30- Em um ensaio de cisalhamento direto em uma areia, aplicou-se uma tensão vertical de 36 kPa. Sabendo-se que o $K_0 = 1/3$ e que na ruptura a tensão cisalhante (no plano de ruptura) era de 10,39 kPa, pede-se os esforços nos planos **AA'** e **BB'** nas seguintes situações:
a) imediatamente antes da aplicação da força cisalhante;
b) na ruptura.
(Resposta: **Tabela 10.12**)

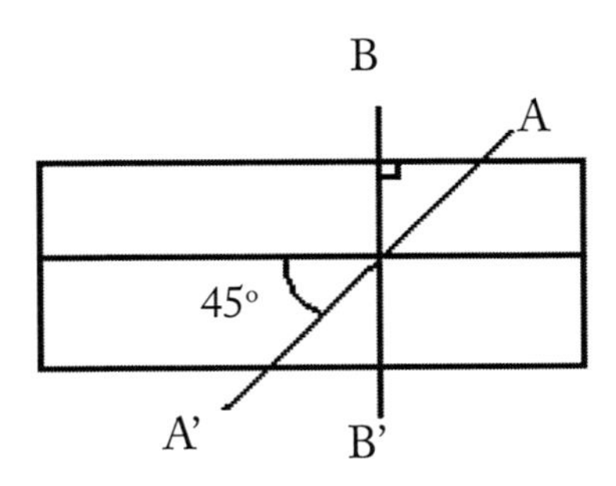

FIGURA 10.37 - Caixa de cisalhamento

TABELA 10.12 - Resposta do problema 30

	$\sigma'_{AA'}$	$\sigma'_{AA'}$	$\sigma'_{BB'}$	$\sigma'_{BB'}$
a)	24	12	12	0
b)	28,6	-3,0	42,0	-10,4

31- Em um ensaio CU com medida de pressão neutra, em uma amostra de argila com σ'_{pa} = 75 kPa, obteve-se, em 4 círculos de ruptura, os resultados mostrados na tabela. Ache as envoltórias de ruptura drenada e não drenada desta argila considerando o pré-adensamento da amostra.

TABELA 10.13 - Dados do problema 31

σ_3 (kPa)	σ_d (kPa)	u_w (kPa)
25	37,8	-15
50	50,9	-8,8
100	104	48
200	207,9	96

32- Dois corpos de prova de uma argila saturada foram submetidos a ensaios de compressão triaxial sob a tensão confinante de σ_C = 280 kPa. O primeiro ensaio foi do tipo CU; o segundo do tipo CD. No primeiro ensaio, a ruptura ocorreu com um acréscimo de tensão axial de 220 kPa, sendo a pressão neutra na ruptura de 134 kPa. Determine, para o ensaio CD, a tensão principal maior na ruptura, em kPa, sabendo-se que as envoltórias (total e efetiva) de ruptura desta argila passam pela origem.

33- Dada a série de leituras obtidas na ruptura de uma amostra saturada em um ensaio $\overline{CU}$, ache:

a) parâmetros efetivos de resistência ao cisalhamento;
b) parâmetros totais de resistência ao cisalhamento;
c) linha Kf';
d) linha Kf.

TABELA 10.14 - Dados do problema 32

σ_3 (kPa)	σ_d (kPa)	u_w (kPa)
150	192	80
300	341	154
450	504	222

34- Ensaios triaxiais $\overline{CU}$ executados em amostras retiradas no perfil abaixo forneceram c_{CU} = 0 e ϕ_{CU} = 17° e c' = 0 e ϕ' = 30°. Qual a resistência drenada e não drenada que se deve esperar em campo em um plano horizontal a 3 m de profundidade.

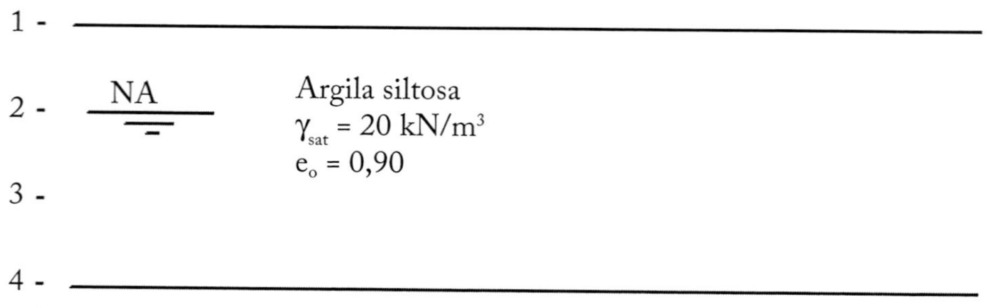

1 -

2 - NA

Argila siltosa
γ_{sat} = 20 kN/m³
e_o = 0,90

3 -

4 -

FIGURA 10.38 - Perfil do terreno

35- Em um ensaio triaxial drenado, executado em uma amostra de argila normalmente adensada aplicou-se uma tensão confinante de 50 kPa. Após o adensamento, aumentou-se σ_3' e σ_1' até a ruptura. Qual é a relação $\Delta\sigma_1'/\Delta\sigma_3'$ no momento da ruptura, para que as tensões normais e cisalhantes no plano de ruptura sejam respectivamente 200 e 100 kPa.

REFERÊNCIAS BIBLIOGRÁFICAS

Antunes Martins – INFLUENCE SCALE AND INFLUENCE CHART FOR THE COMPUTATION OF STRESSES DUE, RESPECTIVELY, TO SURFACE POINT LOAD AND PILE LOAD. Proc. 2nd Int. Conf. Soil Mech. Found. Eng. Rotterdam, 1948.

Atterberg, A. – DIE PLASTIZITÄT DER TONE. Int. Mitt. Für Bodenkunde, 1911.

Barden, J.P. – PRIMARY AND SECONDARY CONSOLIDATION OF CLAY AND PEAT. Geotechnique, vol. 18, 1968.

Bardet, J.P. - EXPERIMENTAL SOIL MECHANICS. Prentice-Hall, 1997.

Barron, R. A. – CONSOLIDATION OF FINE-GRAINED SOILS BY DRAIN WELLS. Trans. ASCE, vol.113, 1948.

Biot, M.A. - GENERAL THEORY OF THREE-DIMENSIONAL CONSOLIDATION. Journal of Applied Phisics, vol. 12, 1942.

Boussinesq, J. – APPLICATIONS DES POTENCIALS A LÉTUDE DE LÉQUILIBRE ET DUE MOUVEMENT DES SOLIDES ELASTIQUE, 1885.

Caputo, H.P. - MECÂNICA DOS SOLOS E SUAS APLICAÇÕES. Livros Técnicos e Científicos, 1980.

Carrillo, N. – SIMPLE TWO AND THREE-DIMENSIONAL CASES IN THEORY OF CONSOLIDATION OF SOILS, Journal Math. Phys. Vol. 21, 1962.

Casagrande, A – RESEARCH ON ATTERBERG LIMITS OF SOILS, Public Roads, vol. 13, 1932.

Casagrande, A. – CLASSIFICATION AND IDENTIFICATION OF SOILS. Trans. ASCE, 1948.

Casagrande, A. - SEEPAGE THROUGH DAMS. Contribution to Soil Mechanics 1925-1940, Boston Society of Civil Engineering, Boston, 1937.

Cernica, J.N. - GEOTECHNICAL ENGINEERING SOIL MECHANICS. John Wiley and Sons, 1995.

Coduto, D.P. - GEOTECHNICAL ENGINEERING PRINCIPLES AND PRACTICES. Prentice Hall, Inc, 1998.

Coloumb, C. A. – ESSAI SUR UNE APLLICATION DES REGLES DES MAXIMIS ET MINIMIS A QUELQUES PROBLEMES DES STATIQUE RELATIFS A L'ARQUITETURE. Mem. Acad. Roy. Pres. Divers Savants, Paris, vol. 7, 1776.

Das, B. M. – ADVANCED SOILS MECHANICS. McGraw-Hill, 1983.

Badillo, E. J. & Rodriguez, A. R. – MECANICA DE SUELOS. Limusa, México, 1975.

Darcy, H. – LES FONTAINES PUBLIQUES DE LA VILLE DE DIJON. Dalmont, Paris, 1856.

Fredlund, D. G. & Rahardo, H. – MECHANICS FOR UNSATURATED SOILS. Wiley, New York, 1993.

Freire – Dissertação de Mestrado apresentada no Programa de Pós-Graduação em Geotecnia da UnB - 1995.

Hazen, A. – WATER SUPPLY. American Civil Engineering Handbook, Wiley, New York, 1930.

Hvorslev, M. J. – TORSION SHEAR TEST AND THEIR PLACE IN THE DETERMINATION OF THE SHEARING RESISTANCE OF SOILS. Proc. ASTM, vol. 39, 1932.

Jimenez-Salas. J. A. – MECÁNICA DEL SUELO Y SUS APLICACIONES A LA INGENIERIA, Madrid, 1951.

Lambe, T.W & Withman, R.V. – SOIL MECHANICS. Wiley, New York, 1979.

Leinz, V. & Amaral, S.E. - GEOLOGIA GERAL, Companhia Editora Nacional, 1978.

Manso, E. – ANÁLISE GRANULOMÉTRICA DOS SOLOS DE BRASÍLIA PELO GRANULÔMETRO A LASER. Dissertação de Mestrado apresentada no Programa de Pós-Graduação em Geotecnia da UnB - 1999.

Mindlin, R.D. – FORCE AT A POINT IN THE INTERIOR OF A SEMI INFINITE SOLID. Journal of Applied Phisics 7, 1936.

Mitchell, J. K. – FUNDAMENTALS OF SOIL BEHAVIOUR. Wiley, New York, 1960.

Murrieta, P. – APOSTILHA DE GEOTECNIA 2. Universidade Brasília, 1993.

Newmark, N. M. - INFLUENCE CHARTS FOR COMPUTATION OF STRESSES IM ELASTIC SOILS. University of Illinois Engineering Experiment Station, Bulletin nº 338, 1942.

Nogami, J. S. & Villibor, D. F. - UMA NOVA CLASSIFICAÇÃO DE SOLOS PARA FINALIDADES RODOVIÁRIAS. Anais do Simpósio Brasileiro de Solos Tropicais em Engenharia. Rio de Janeiro, 1981.

Pacheco Silva, F. - UMA NOVA CONSTRUÇÃO GRÁFICA PARA DETERMINAÇÃO DA PRESSÃO DE PRÉ-ADENSAMENTO DE UMA AMOSTRA DE SOLO. COBRAMSEF, vol. 1 tomo 1, 1970.

Proctor, E.R – DESIGN AND CONSTRUCTION OF ROLLED EARTH DAMS, Eng. News Record, 1933.

Rendon-Herrero, O. – UNIVERSAL COMPRESSION INDEX EQUATION. Journal of the Geotechnical Engineering Division, ASCE, vol. 106, nº GT11, 1980

Richart, F. E. – REVIEW OF THE THEORIES FOR SAND DRAINS. Trans. ASCE, vol. 124, 1959.

Schaffernak, F. – UBER DIE STANDICHERHEIT DURCHILAESSIGER GESCHUETTRTER DAMME. Algem. Bauzeitug, 1917.

Schlichter, C. S. - THEORETICAL INVESTIGATION OF THE MOVEMENT OF WATER OF GROUND WATER. U. S. Geol. Survey Ann. Rept. 19, 1899.

Schmertmann, J. H. – UNDISTURBED LABORATORY BEHAVIOUR OF CLAY. Trans. ASCE, vol. 120, 1953.

Silveira - Dissertação de Mestrado apresentada no Programa de Pós-Graduação em Geotecnia da UnB - 1991.

Sivaram, B & Swamee, P. – A COMPUTATIONAL METHOD FOR CONSOLIDATION COEFFICIENT. Soils Foundation, Tokyo, vol. 17, nº 2, 1977.

Skempton, A. W. - SOIL MECHANICS IN RESPECT TO GEOLOGY. Proc. Yorkshire Geol. Soc. Part 1, nº 3, 1953.

Skempton, A.W. - The Pore Pressure Coefficient A and B" - Geotechnique 4, vol. 4, 1954.

Terzaghi, K. & Peck, R.B. – SOIL MECHANICS IN ENGINEERING PRACTICE. Wiley, New York, 1948.

Terzaghi, K. – ERDBAUMECHANIK AUF BODENPHYSIKALISCHER GRUNDELAGE. Vienna, Deuticke, 1925

Vargas, M. – INTRODUÇÃO À MECÂNICA DOS SOLOS, McGraw-Hill do Brasil, 1978.